ENQUÊTE

SITUATION DE L'AGRICULTURE EN FRANCE

EN 1879

ENQUÊTE

SUR LA

SITUATION DE L'AGRICULTURE

EN FRANCE

EN 1879

Faite à la demande de M. le Ministre de l'Agriculture et du Commerce

PAR

LA SOCIÉTÉ NATIONALE D'AGRICULTURE

**Organisation de l'Enquête
et Réponses des Correspondants de la Société**

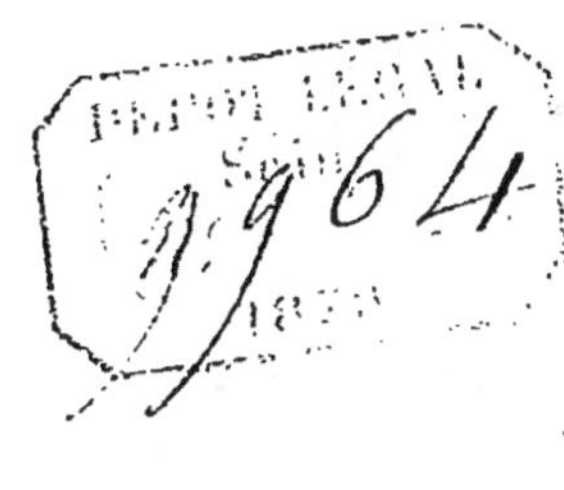

PARIS

IMPRIMERIE ET LIBRAIRIE DE Mme Ve BOUCHARD-HUZARD

JULES TREMBLAY, GENDRE ET SUCCESSEUR

RUE DE L'ÉPERON, 5.

1879

ENQUÊTE

SUR LA

SITUATION DE L'AGRICULTURE EN FRANCE

EN 1879.

La Société nationale d'agriculture a reçu, dans sa séance du 9 avril 1879, une lettre par laquelle M. TIRARD, ministre de l'agriculture et du commerce, l'invite à faire une enquête sur la situation de l'agriculture en France, et sur les moyens d'assurer sa sécurité et ses progrès.

Cette lettre est ainsi conçue :

Paris, le 7 avril 1879.

MONSIEUR LE PRÉSIDENT, *il s'est produit, dans ces derniers temps, parmi les personnes qui s'adonnent à la pratique de l'agriculture, une agitation qui a vivement éveillé l'attention du Gouvernement de la République. Les esprits sont-ils émus par un ensemble de faits auxquels il faudrait attribuer pour l'avenir un caractère permanent ou par des événements purement exceptionnels ?*

Ces deux opinions partagent les législateurs et les économistes, comme les agriculteurs eux-mêmes, et il im-

porte au Gouvernement d'avoir sur ce sujet des renseignements précis.

Comme Ministre de l'agriculture, j'ai le devoir de rechercher les causes qui provoquent les plaintes des cultivateurs et, pour atteindre ce but, de poursuivre une enquête approfondie auprès des personnes le mieux en situation d'éclairer les pouvoirs publics sur le véritable état des choses.

C'est à ce titre que je m'adresse, aujourd'hui, à la Société nationale d'agriculture de France, c'est-à-dire à l'un des organes les plus autorisés de l'industrie agricole. Par les savants qu'elle compte dans son sein, par les nombreux correspondants qu'elle possède dans toutes les parties de la France, cette Compagnie est parfaitement à même d'éclairer le Gouvernement sur la grave question dont il s'agit.

J'ai donc l'honneur de vous prier, monsieur le Président, de saisir votre Société du questionnaire suivant, en la priant de vouloir bien m'adresser un rapport contenant les réponses aux diverses propositions qui se trouvent consignées ci-dessous :

1° Quelle était la situation de l'agriculture avant l'année 1861, c'est-à-dire avant l'époque où les traités de commerce ainsi que les différents actes législatifs qui régissent actuellement la production et le commerce des grains, le commerce de la boulangerie et celui de la boucherie, aient modifié le régime économique de notre industrie agricole ?

Il conviendrait d'indiquer cette situation aux points de vue :

De la division de la propriété;

Des assolements;

De la production des céréales;

De l'élevage des animaux domestiques et de leurs produits (lait, laine, viande, travail, volailles);

De la production des cultures industrielles, en distinguant particulièrement celles de la Vigne, de la Betterave à sucre, du Houblon, du Tabac, du Colza, du Mûrier, etc.;

Des industries annexes (distilleries, magnaneries, fromageries, sucreries, etc.);

De l'outillage agricole;

De l'emploi des engrais commerciaux et du fumier;

De la quantité relative des bras à la disposition des cultivateurs (gens à gages, tâcherons et journaliers);

Des salaires des ouvriers agricoles (en distinguant ceux des ouvriers loués à l'année de ceux des journaliers pris temporairement);

De la dépense en main-d'œuvre nécessaire pour les diverses cultures;

Des prix à façon des divers travaux de culture;

Du capital d'exploitation et des profits;

Des charges pesant sur le sol (impôts, prestations, taxes diverses);

Des frais de transport et de vente;

Des débouchés.

2° Quelle est actuellement, en prenant la moyenne des six dernières années, la situation de l'industrie agricole aux différents points de vue énoncés dans la question précédente :

Dans la région des céréales?

Dans les pays d'herbage?

Dans les contrées à cultures arbustives (région des Vignes, de l'Olivier et du Mûrier)?

3° Quelle est la condition, dans ces diverses régions naturelles, du propriétaire (grand, moyen et petit)?

Du fermier (grande culture, moyenne culture, petite culture)?

Du métayer?

De l'ouvrier agricole?

4° Quelles sont les causes générales et secondaires, permanentes et accidentelles, qui ont amené les changements signalés dans la situation de l'agriculture ?

Dans quelle mesure chacune d'elles a-t-elle agi ?

Et, en particulier, dans quelles proportions les intempéries, quand elles sont persistantes, comme en 1878, peuvent-elles réduire le rendement d'une récolte de Froment, diminuer la qualité du grain et augmenter les frais du cultivateur ?

Par quels moyens (procédés culturaux, moissonnage et autres) l'agriculteur peut-il remédier partiellement à ces mauvais effets ?

5° Quelle influence la législation sur les grains, le commerce de la boulangerie, celui de la boucherie et les traités de commerce ont-ils exercée sur la situation présente ?

6° Quelles sont les améliorations et les réformes culturales qu'il serait possible aux cultivateurs de réaliser dans un avenir prochain, pour changer leur situation, accroître leur profit et les mettre davantage et autant que cela est possible à l'abri des crises qui se produisent périodiquement ?

7° Par quelles mesures et par quels encouragements spéciaux, l'État pourrait-il concourir à cette œuvre de progrès ?

Ainsi que vous le remarquerez, monsieur le Président, l'enquête à laquelle la Société nationale d'agriculture de France est conviée, doit avoir pour objectif de permettre d'apprécier nettement les conditions de la production des diverses denrées alimentaires ou propres aux usages industriels, de constater l'état de la propriété, de déterminer les difficultés de tout ordre avec lesquelles nos cultivateurs peuvent se trouver aux prises, d'indiquer les obstacles qu'ils rencontrent; et, d'un autre côté, de rechercher les moyens d'écarter ces obstacles et de surmonter ces difficultés, afin d'asseoir la prospérité de la première, de la plus grande des industries, sur des bases aussi inébranlables que possible et de la rassurer sur l'avenir.

Il vous paraîtra, sans doute, comme à moi-même, fort important de relever et d'apprécier par les faits eux-mêmes la part d'influence que les actes promulgués de 1858 à 1863 ont pu exercer sur l'état actuel de l'agriculture, et de faire ressortir, par une comparaison toute naturelle, la part des responsabilités qui, dans cette situation, pourrait incomber aux circonstances extérieures.

Aussi je ne saurais trop recommander à la Société de ne s'attacher qu'aux faits parfaitement établis et justifiés par des exemples très-probants ou des chiffres soigneusement vérifiés; d'écarter surtout les allégations vagues ainsi que les généralisations qui ne reposent que sur des rumeurs dont l'authenticité, si l'on veut remonter aux sources, échappe à l'examen; enfin de prendre toujours pour points de comparaison ou d'appréciation, les exploitations ou les cultivateurs qui, dans chaque région agricole, y représentent le plus exactement la situation de l'économie rurale.

Je compte sur le zèle, le dévouement et les lumières de votre Compagnie pour mener à bonne fin cette enquête qui exige une connaissance approfondie de la science et de la pratique agricole; un attachement sincère à l'agriculture, à ses progrès, à sa prospérité, ainsi qu'au bien-être de ceux qui l'exercent; un coup-d'œil sûr, impartial, comme un esprit absolument dégagé de tout parti pris, en un mot, toutes les qualités qui distinguent particulièrement l'honorable Société dont vous dirigez les travaux.

Je vous serai obligé de me transmettre, aussitôt que vous le pourrez, le résultat des délibérations de la Société nationale d'agriculture, afin que le Gouvernement, éclairé sur

*le véritable état des choses et se dégageant de toute exagé-
ration, puisse préparer, s'il y a lieu, les mesures qu'il
conviendrait d'adopter pour donner satisfaction aux demandes légitimes, et faire cesser une émotion qui pourrait
devenir préjudiciable aux intérêts de l'agriculture.*

*Recevez, monsieur le Président, l'assurance de ma con-
sidération la plus distinguée.*

Le Ministre de l'agriculture et du commerce,

P. TIRARD.

———————

Les huit Sections de la Société se sont réunies le 16 avril,
et chacune a nommé deux Commissaires pour constituer la
Commission chargée de présenter un Rapport à la Société.

Les Commissaires élus ont été :

Pour la *Section de grande culture*, MM. Bella et Pluchet;
Pour la *Section des cultures spéciales*, MM. Lavallée et
Chatin;
Pour la *Section de silviculture*, MM. Clavé et des Cars;
Pour la *Section d'économie des animaux*, MM. Gareau et
Gayot;
Pour la *Section d'économie, de statistique et de législation
agricoles*, MM. de Parieu et Passy;
Pour la *Section des sciences physico-chimiques agricoles*,
MM. Barral et Boussingault;
Pour la *Section d'histoire naturelle agricole*, MM. Dau-
brée et Prillieux;
Pour la *Section de mécanique agricole et des irrigations*,
MM. Delesse et Hervé Mangon.
La Commission a constitué son Bureau en nommant :
M. BOUSSINGAULT président et M. J.-A. BARRAL secrétaire.

Elle a ensuite décidé qu'une lettre serait envoyée aux correspondants par M. le Secrétaire perpétuel. Cette lettre, dont le texte a été adopté à l'unanimité par la Société dans sa séance du 30 avril 1879, comme étant l'expression de ses désirs, est ainsi conçue :

Paris, le 30 avril 1879.

« MONSIEUR,

« La Société nationale d'agriculture a reçu de M. le Ministre de l'agriculture et du commerce l'invitation de procéder à une enquête sur la situation agricole en France. Vous trouverez ci-incluse la lettre de M. le Ministre.

« La Société vous sera reconnaissante de vouloir bien concourir à faciliter la mission qu'elle a à remplir, en lui envoyant sur les questions posées par M. le Ministre tous les documents et toutes les réponses que vous croirez être de nature à faire jaillir la vérité. Mais elle vous prie de particulièrement insister sur les changements qui se sont produits autour de vous dans la situation de l'agriculture, en comparant les faits d'aujourd'hui avec ceux que vous avez pu constater dans la période qui a précédé l'année 1861.

« La Société vous demande donc de vouloir bien notamment répondre à celles des questions suivantes sur lesquelles vous connaîtrez des faits positifs, des chiffres précis et bien contrôlés, en vous appuyant, autant que possible, sur vos observations personnelles et la pratique de votre exploitation :

« Quelles différences existent, dans votre localité, entre la période qui a précédé 1861 et la situation de l'agriculture durant les six dernières années, en ce qui concerne :

« 1° La division de la propriété ;

« 2° La production des céréales ;

« 3° L'élevage, l'engraissement et les produits divers des animaux domestiques ;

« 4° La production des plantes industrielles (Vignes, Betteraves, Houblon, Tabac, Colza, Mûrier, etc.);

« 5° La production forestière;

« 6° Les industries agricoles (distilleries, sucreries, fromageries, huileries, magnaneries, féculeries, etc.);

« 7° L'outillage agricole, le drainage, les irrigations et les autres améliorations foncières;

« 8° L'emploi des engrais commerciaux et du fumier;

« 9° Le nombre des bras employés à l'agriculture et le prix de la main-d'œuvre;

« 10° Les impôts fonciers et autres qui grèvent la propriété;

« 11° La viabilité, les transports et les débouchés.

« La Société vous prie de lui signaler d'ailleurs quelles sont, suivant vous, les causes des changements que vous avez constatés autour de vous, et de dire dans quelle proportion les intempéries y ont contribué.

« Si vous croyez devoir répondre à la question n° 5, posée dans la lettre de M. le Ministre de l'agriculture, la Société vous prie d'insister sur les faits constatés dans votre localité et qui motivent votre opinion.

« Je rappelle que cette question n° 5, est ainsi libellée :
« *Quelle influence la législation sur les grains, le com-*
« *merce de la boulangerie, celui de la boucherie et les*
« *traités de commerce ont-ils exercée sur la situation pré-*
« *sente ?* »

« Enfin, il sera intéressant d'indiquer quelles sont, à vos yeux, les améliorations et les réformes qu'il serait possible de faire pour assurer la prospérité de l'agriculture.

« La Société vous demande de lui faire connaître les documents et les publications qui vous paraîtront susceptibles de l'éclairer sur la situation de l'agriculture de votre localité, soit dans le passé, soit dans le présent.

« Je vous prie, Monsieur, de bien vouloir répondre à cette lettre dont vous comprenez certainement toute l'importance, dans le plus bref délai qu'il vous sera possible, le 31 mai au plus tard.

« En vous remerciant à l'avance, au nom de la Société nationale d'agriculture, je vous prie d'agréer l'expression de mes sentiments les plus distingués et les plus dévoués.

« *Le Secrétaire perpétuel,*

« J.-A. BARRAL. »

La Société a décidé, dans la séance du 28 mai 1879, que les réponses seraient imprimées et distribuées à chacun des membres, mais que l'impression serait limitée à l'œuvre *personnelle* des correspondants ou des membres de la Société. Les épreuves de leurs réponses ont été envoyées à chacun des correspondants qui avaient fait parvenir des Notes pour l'enquête.

L'ensemble des réponses a été mis en ordre, en suivant la classification des départements en régions, adoptée par le Ministère de l'agriculture et du commerce pour les concours régionaux.

Les réponses des correspondants ont été reproduites textuellement, sauf quelques suppressions imposées par l'obligation d'exécuter le paragraphe 2 de l'art. 11 du décret du 23 août 1878, ainsi conçu : « Toute communication (lettres, Mémoires ou ouvrages) adressées à la Société, qui n'auraient pas pour objet unique des questions agricoles ou se rattachant à l'agriculture, ne pourrait être admise. » Dans le cas où des suppressions ont été faites, une note l'indique au bas de la page.

Iʳᵉ RÉGION. — NORD-OUEST.

Cette région comprend les départements du Calvados, de l'Eure, d'Eure-et-Loir, de la Manche, de l'Orne, de la Sarthe, de la Seine-Inférieure.

DÉPARTEMENT DU CALVADOS.

1. — *Réponse de M. C. de Witt.*

Val Richer, par Lisieux le 1ᵉʳ juillet 1879.

Peu de parties de la France ont subi depuis vingt ans une transformation aussi considérable que les vallées normandes s'étendant de la plaine de Caen à la mer. Avant l'année 1861, dans le canton de Cambremer, en particulier, la division de la propriété était à peu près la même qu'aujourd'hui, mais l'état de la culture était extrêmement différent. Une grande partie des terres était consacrée aux céréales, l'assolement généralement adopté était triennal : Blé, Avoine et jachère. Quelques jachères seulement étaient en Trèfle. Les prairies et les cours plantées de Pommiers occupaient souvent un tiers de la propriété. Dans les terres de labour, les Pommiers comptaient pour la plus large part dans le produit, car les Blés ne donnaient généralement pas plus de 9 à 12 hectolitres à l'hectare. L'outillage agricole était grossier et modeste. La main-d'œuvre était déjà rare et la tendance des paysans était d'envoyer leurs enfants dans les villes ; cependant un ouvrier journalier se payait alors 2 francs pendant les mois d'été, 1 fr. 75 pendant les mois d'hiver ; les femmes 1 fr. 25 en été et 1 franc en hiver, sans nourriture. Les journées n'étaient augmentées qu'au moment des foins et de la moisson. Les valets de labour étaient payés de 250 à 300 francs, les servantes de ferme de 200 à 250 francs. Chaque fermier possédait un certain nombre de vaches, mais la production des laiteries était encore restreinte, sauf sur quelques points particuliers; les chemins n'étaient pas encore ouverts dans toutes les directions et les débouchés n'étaient pas très-nombreux. Le fumier de ferme était à peu près seul employé dans les terres de labour. On y ajoutait quelquefois un peu de chaux et de marne.

C'est dans cet état de la culture environnante que j'ai commencé à appliquer dans mon agriculture les procédés perfectionnés et les machines. Les cultures sarclées étaient dispendieuses, cependant les femmes étaient peu occupées et je pouvais disposer d'un assez grand nombre de bras. Peu à peu la situation s'est modifiée autour de moi, la population a diminué, et la main-d'œuvre est arrivée à un prix de plus en plus élevé. Les journées d'hommes sont aujourd'hui de 2 fr. 75 à 3 francs, celles de femmes de 1 fr. 75 à 1 fr. 50. Les valets coûtent 450 à 500 francs, les servantes de ferme 350 à 500 francs.

En présence de cette condition onéreuse de la culture et grâce à une étude plus sérieuse de la qualité et de la nature des terres, les propriétaires de nos régions ont presque tous entrepris le difficile et coûteux travail d'une transformation complète dans leur agriculture. Les fermes de labour se louaient difficilement et les fermiers y faisaient mal leurs affaires. Peu à peu les terres arables ont été transformées en herbages, en pâturages, en prés à faucher ou en cours plantées. La production du Blé et de l'Avoine tend de plus en plus à disparaître. Les produits sont peu abondants et leur prix sur le marché ne s'est point élevé. Le bétail, au contraire, a, depuis vingt ans, vu sa valeur s'augmenter continuellement. La viande se vend un tiers plus cher qu'il y a vingt ans et la consommation en est fort augmentée; le beurre et le fromage ont doublé de

prix et la production a augmenté dans une proportion infiniment plus considérable. Les femmes, très-recherchées
pour le travail des laiteries, se sont en outre adonnées à
l'élevage de la volaille, et c'est là ce qui amène l'augmentation énorme de leurs salaires. Les cultures sarclées, devenues impossibles, rapporteraient infiniment moins dans
leurs plus beaux produits que ne le fait la production de
l'herbe en foin ou en pâturage, sans main-d'œuvre et par
conséquent à peu de frais. Nos terres froides et lourdes produisent facilement les herbes, tandis qu'elles étaient difficiles
à labourer et toujours gagnées par les plantes parasites. En
somme, les terres arables disparaissent peu à peu de nos régions et elles sont partout remplacées par les herbages et
les plantations de Pommiers.

Cette transformation a amené une élévation considérable
dans le taux des fermages partout où elle est accomplie, et
une difficulté proportionnelle à louer les terres arables.

---

2. — *Réponse de M. Le Sénéchal.*

Corbon, le 24 juin 1879.

Je n'habite pas la vallée d'Auge depuis assez longtemps
pour répondre, comme j'aimerais à le faire, au questionnaire que vous avez bien voulu m'adresser. C'est en Auvergne que j'ai passé la plus grande partie de ma vie.

Cependant, je puis vous assurer que la richesse publique
a fait d'immenses progrès dans ces dernières années et que
l'aisance, une aisance relative, règne dans la classe des ouvriers agricoles. La main-d'œuvre est plus chère, beaucoup
plus chère qu'en 1861 ; mais les produits du sol, sauf les
grains, ont augmenté de valeur dans une proportion plus
grande encore.

La prospérité incontestable des *pays à herbages* est due,

j'en ai la conviction, aux lois sur le commerce de la boulangerie et de la boucherie ; aux traités de commerce qui assurent la liberté des échanges ; au développement des voies de communication ; à la vulgarisation de l'instruction et aussi, il ne faut pas le taire, à la confiance que nos institutions inspirent aux populations.

DÉPARTEMENT DE L'EURE.

3. — *Réponse de M. Besnard.*

Guitry, le 24 mai 1879.

J'ai l'honneur de vous transmettre, pour le département de l'Eure et plus particulièrement pour l'arrondissement des Andelys, les réponses aux questions que vous m'avez adressées au nom de la Société nationale d'agriculture.

Je suivrai l'ordre adopté par le questionnaire pour établir les différences qui existent entre la période qui a précédé 1861 et la situation de l'agriculture durant les six dernières années.

1° Il n'y a aucun changement dans la division de la propriété.

2° La production des céréales est la même.

3° L'élevage des moutons a diminué de 1/5° ; pour les autres espèces, l'élevage est le même que par le passé. L'engraissement et les divers produits des animaux ont augmenté de 1/8° environ.

4° La production de la Betterave a décuplé.

5° La production forestière n'a pas varié.

6° Quatre très-grandes sucreries ont été montées dans le département et plusieurs petites distilleries du système Champonnois.

7° L'outillage agricole s'est accru de 1/6°. Peu de nouveaux travaux de drainage et d'irrigation ont été entrepris.

8° L'emploi des engrais commerciaux s'est accru de 1/20°.

9° Le nombre de bras employés à l'agriculture est resté le même, par suite de l'immigration d'ouvriers étrangers ; mais, comme l'importance des travaux s'est accrue de 1/5° environ, en réalité, la main-d'œuvre est devenue rare dans la même proportion. Les salaires se sont accrus dans le rapport de 2 à 3.

10° Pour les impôts fonciers et autres, les chiffres précis me font défaut. A cet égard, la situation est celle des autres départements.

11° Trois chemins de fer départementaux ont été créés et le réseau des chemins vicinaux a continué à se développer ; les transports sont devenus plus faciles et les débouchés plus nombreux.

DÉPARTEMENT D'EURE-ET-LOIR.

4. — *Réponse de M. le marquis d'Argent.*

Bouville, près Cloyes, 12 mai 1879.

Depuis l'enquête de 1866, j'ai continué de faire valoir la ferme de Bouville en y introduisant, autant que possible, les méthodes nouvelles, sans cependant changer l'assolement et le genre de culture que mon Rapport signalait à cette époque.

Mes travaux me valurent la prime d'honneur en 1869, et un rappel en 1876. Jusque aujourd'hui je n'ai pas cessé de donner tous mes soins à mon faire-valoir ; c'est donc en pleine connaissance de cause que je puis vous donner les renseignements suivants.

Je me borne à vous donner les appréciations générales ; toutes questions de chiffres étant traitées aussi complétement que possible dans les rapports de l'enquête agricole de 1866.

Depuis 1866, la terre produit toujours dans les mêmes proportions qu'elle le faisait à cette époque, pourvu qu'on lui donne la quantité voulue d'engrais et le travail nécessaire pour une bonne culture ; mais la valeur des dernières récoltes, le prix de la main-d'œuvre et des engrais ont bien changé : de là vient la crise que subit l'agriculture.

Le libre-échange est la cause que tous nos produits agricoles ont baissé de prix. L'industrie de la laine, l'ancienne richesse de la Beauce, détruite par la concurrence des laines d'Amérique, avait réduit l'élevage du mouton à ne donner de bénéfice que par la production de la viande ; ce bénéfice se perd maintenant par l'invasion des moutons allemands sur nos marchés.

L'engraissement et l'élevage des bêtes à cornes cessent, eux aussi, d'être rémunérateurs par l'arrivage d'animaux étrangers, morts ou vivants ; les Blés étrangers amenés presque en franchise sur nos marchés les encombrent, et le cultivateur est obligé de livrer ses récoltes à un prix tellement bas qu'il ne rentre pas même dans ses frais.

Le libre-échange est donc pour l'agriculture une perte considérable sur tous ses produits ; perte qui n'est compensée par aucun avantage, puisque l'étranger produit à meilleur marché que nous : on ne peut donc espérer d'exportation.

L'attention du Gouvernement doit être appelée plus spécialement encore sur la question de la main-d'œuvre.

L'ouvrier devient de plus en plus exigeant, les prix sont augmentés de plus de moitié, et, malgré cela, il est presque impossible de se procurer les bras indispensables.

Cela provient de la propagation des idées de l'Internationale qui signale le patron comme l'ennemi de l'ouvrier et professe qu'il faut ruiner le patron pour enrichir l'ouvrier. L'homme de la campagne qui entend préconiser tous les jours ces théories dans les cabarets par une presse immorale, finit par s'y rallier, parce qu'elle flatte ses passions ; alors il méprise sa famille qui ne peut lui donner la richesse, hait le maître qu'il ne sert qu'à regret, puis enfin part pour ces chantiers créés à profusion dans notre département pour construire des lignes de chemin de fer inutiles, qui n'auront pour résultat que de dépenser des sommes considérables. Tous ces hommes là sont perdus pour l'agriculture : jamais ils ne reprendront la charrue.

En résumé, les causes de l'état de souffrance où se trouve l'agriculture, sont :

1° Les impôts trop élevés ;

2° Le libre-échange qui nous ruine ;

3° La rareté de l'ouvrier qui ne peut être remplacé par aucune machine.

Les remèdes seraient donc :

1° La diminution des impôts, et surtout en ne laissant pas les conseils municipaux ruiner les communes par des constructions inutiles ;

2° Le retour à un système protecteur pour les Blés, les laines et la viande ;

5° Moraliser l'ouvrier en lui inculquant l'amour de Dieu, le respect pour son maître ; cesser de l'attirer dans les chantiers où il reçoit des salaires que l'agriculteur ne peut pas donner, et réglementer les cabarets (1).

---

(1) Deux lignes ont été supprimées conformément à la prescription rappelée à la page 9.

DÉPARTEMENT DE LA MANCHE.

5. — *Réponse de M. le comte de Pontgibaud.*

Paris, 9 mai 1879.

Éloigné de chez moi en ce moment par un deuil de famille, je ne puis répondre que très-sommairement, pour le canton de Montebourg (Manche), aux questions que vous me faites l'honneur de m'adresser en conformité de la circulaire ministérielle.

1° La propriété se divise en suivant des proportions assez normales. Le prix en est soutenu et cependant irrégulier.

Il en est de même des fermages, qui ne peuvent être calculés d'après un prix courant. Néanmoins les disproportions tendent à disparaître, sous l'influence de l'ouverture des voies de communication et de l'amendement des terrains.

Le nombre des veaux engraissés par un abreuvage économique (lait coupé et farines) s'est accru dans des proportions notables.

Carentan est devenu un marché de premier ordre. En consultant le mouvement de ses marchés, dont la statistique est exactement faite, il serait facile de se rendre compte du chiffre des exportations agricoles. On peut consulter aussi les états publiés par la chambre de commerce de Cherbourg.

Le prix des beurres a fléchi cette année. En 1878, l'engraissement des bêtes de boucherie n'a pas été rémunérateur, à cause de l'introduction du bétail étranger.

Grand avilissement des prix, en ce qui touche l'espèce porcine, par suite des envois d'Amérique.

De même pour les grains et farines.

L'emploi des engrais commerciaux est à l'état d'expérimentation.

Les terrains, de plus en plus transformés en herbages,

sont l'objet de fumures très-fréquentes au moyen de composts, de fumiers, de tangues et terreaux. L'emploi de la chaux se vulgarise. Sur les bords de la mer, les Varechs sont avidement recueillis par les populations riveraines.

Les impôts fonciers sont assez lourds et généralement supportés par les propriétaires.

La main-d'œuvre se fait de plus en plus rare. Les prix offerts détachent les femmes d'autres industries moins lucratives, telles que le tissage et la filature au rouet ou au fuseau.

A l'époque des moissons, une pratique détestable consiste à louer des ouvriers *à la place* et pour *un jour seulement* : le taux étant très-variable et subordonné aux variations de l'atmosphère, il en résulte une perte de temps et une fatigue considérable. Le labeur du jour succède à des marches nocturnes souvent très-longues et sans compensation. Trois ou quatre heures de marche précèdent et suivent la mise en œuvre.

Les anciennes forêts, presque entièrement défrichées, ont fait place à des pacages destinés surtout à l'élevage des moutons et des génisses. Ce dernier commerce est le plus rémunérateur et préféré par la petite culture.

Peu d'industries agricoles ; on commence à faire distiller des marcs de Pommes, après le pressurage qui a fait les cidres.

La fabrication de cette boisson pourrait être l'objet d'une grande amélioration.

L'introduction de charrues perfectionnées a rendu les labours plus corrects ; le hersage devient plus énergique : les cultivateurs reculent devant les dépenses d'un *sarclage* rendu très-coûteux par la pousse abondante des Folles-Avoines, des Chardons et de l'Ivraie. C'est une des causes de la transformation des labours en clos herbus.

Cette transformation nécessite le creusement de fossés et d'abreuvoirs. L'effet de ce travail, en perforant les croûtes pierreuses de calcaire ou de grès rouge, a pour effet d'assainir le sol et de faire circuler les eaux autrefois stagnantes.

Il en est de même des lignes ouvertes par les voies de communication à la circulation directe de l'air et des eaux.

Une canalisation à ciel ouvert, dans les parties marécageuses, contribuerait puissamment à la transformation du sol.

Le système de *curage* adopté est défectueux, parce qu'il est inégal. Les artères principales seraient beaucoup mieux entretenues, si le curage était *mis en adjudication*, comme l'entretien des chemins. Rien ne profiterait plus à l'hygiène publique et à l'amélioration des fonds. Le drainage viendrait ensuite compléter l'œuvre principale.

J'allais oublier de signaler une industrie florissante, dans le canton de Montebourg, celle des pépinières plantées en jeunes Pommiers et en Épines. Les plants de Pommiers et d'épines ont triplé de valeur en quelques années : il est vrai de dire que la main-d'œuvre est considérable. La *demande* surpasse l'*offre*.

En un mot, j'estime qu'une protection modérée relèverait puissamment l'industrie agricole du canton de Montebourg et de l'arrondissement de Valogne capables de devenir *éminemment exportateurs*, si les produits étrangers ne venaient faire concurrence aux produits indigènes.

Le commerce local se soutient par l'industrie ingénieuse des habitants et par la qualité du sol, qui sert à maintenir la supériorité des produits.

---

6. — *Réponse de M. Camille Boudy.*

Pontorson, le 24 juin 1879.

Ce pays, situé partie en Bretagne, partie en Normandie, et à proximité des ports de Saint-Malo et de Granville, s'adonne plus particulièrement aux productions du bétail et des céréales.

Les spéculations animales s'appliquent à la production du beurre par la vache laitière de race cotentine, et à l'élevage du poulain. Ces deux spéculations ont été prospères, jusqu'à présent, par les débouchés faciles qu'elles ont trouvés.

La principale production céréale est celle du Froment qui s'accommode très-bien, en bonne culture, du climat et de la nature des terres de ce pays.

Depuis vingt ans, le prix de revient du Blé a dû être augmenté sensiblement par le renchérissement de la main-d'œuvre, du loyer des terres et par les impôts nouveaux qui pèsent directement ou indirectement sur l'agriculture. Le prix de vente est cependant resté stationnaire, et, sans tenir compte de ce qui se produit cette année par le fait des importations étrangères, en présence d'une récolte exceptionnellement mauvaise, d'où il résulte une perte d'au moins 10 francs par hectolitre pour le producteur français, on peut dire que depuis longtemps le prix du Blé, produit en France, n'est pas suffisamment rémunérateur.

Cette dépréciation tiendrait à ce que les pays nouveau venus dans la mise en valeur des terres, l'Amérique et la Russie, notamment, peuvent, malgré la distance qui les sépare de nos ports, nous livrer leurs céréales, exemptes de droits d'entrée, à des prix inférieurs à nos prix de revient, grâce à l'immensité d'un sol encore vierge et à bas prix, et à l'aide de machines nouvelles dont l'emploi en France est moins possible, par suite du morcellement de notre sol et de la division des héritages.

Si le producteur français continuait à ne rien gagner ou à perdre sur la culture du Blé, il finirait par renoncer à cette importante culture qui deviendrait, alors, l'objet d'un monopole en faveur de l'étranger. Nous croyons qu'il est de l'intérêt de tout consommateur français que le soin de fournir notre principale denrée reste confié, autant que possible, à des mains nationales.

Un droit de douane de quelques francs par hectolitre de Blé, représentant les impôts qui peuvent correspondre à cette quantité de produits du sol, augmenterait, sans doute, le prix de la marchandise livrée en France, mais il pèserait aussi sur le bénéfice de l'importateur étranger ; et ce droit, compensateur plutôt que prohibitif, qui cette année eût représenté des dizaines de millions, en restant dans notre pays reviendrait aux consommateurs eux-mêmes par l'emploi judicieux que l'Etat pourrait en faire.

L'agriculteur français se trouvant mieux rétribué de son travail en vendant son Blé à un prix plus élevé, achèterait davantage au commerçant ou à l'industriel manufacturier, occuperait plus d'ouvriers ou les payerait plus cher, consommerait plus de vin au profit de nos contrées vinicoles, dont quelques-unes exagèrent le rôle des débouchés extérieurs qu'elles attribuent à l'Empire, et ne font pas assez de cas de la consommation intérieure développée par les chemins de fer. On semble trop ignorer aussi que l'Angleterre, les Etats-Unis et la Russie, qui ont le plus à gagner sur nous avec la liberté commerciale, sont précisément les pays qui nous achètent relativement moins de vins. C'est ainsi que, pendant les trois dernières années de l'Empire, années 1867, 1868 et 1869, les totaux de nos exportations furent, en hectolitres de vins, pour ces trois années, de 995,447 hectolitres pour la Suisse, contre 1,008,509 pour l'Angleterre ; de 830,249 pour le petit Etat du Rio de la Plata, contre 570,845 pour les Etats-Unis ; de 523,014 pour la Belgique, contre 80,665 seulement pour la Russie.

L'Angleterre qui passe pour être entrée dans la voie du libre-échange, en 1846, ne fit-elle pas alors un acte de protection pour son industrie manufacturière, base de sa prospérité commerciale, en faisant faire à ses rares et richissimes propriétaires le sacrifice des droits d'entrée sur les céréales, en faveur de sa nombreuse population ouvrière ? Mais, en France, un pareil système produirait un effet diamétralement opposé à celui qu'on se proposait d'atteindre en Angleterre avec les apparences du libre-échange. En dépréciant la valeur de nos produits agricoles par la concurrence étrangère, on porterait atteinte à la valeur du travail du plus grand nombre ; c'est-à-dire qu'on léserait les intérêts des deux tiers de notre population, et nos manufactures n'en seraient pas pour cela mises à même de lutter avantageusement contre celles de l'Angleterre, qui jouissent de l'avantage que procure le bas prix des deux principales matières premières de l'industrie, la houille et le fer.

La protection pour les manufactures et la libre concurrence étrangère pour l'agriculture appelleraient encore plus dans les villes nos populations rurales déjà trop portées à déserter nos campagnes, pour courir vers des salaires plus élevés, et pour n'atteindre le plus souvent que la misère qu'engendrent les chômages fréquents de l'industrie manufacturière.

L'encouragement le plus efficace qui puisse être donné à l'agriculture consistera toujours dans la bonne rémunération du travail du cultivateur. Cette rémunération peut lui arriver par le savoir-faire dû à une bonne instruction agricole, et par les avances dont il pourra disposer, mais il ne faut pas qu'une concurrence écrasante vienne lui enlever tout cela.

C'est cependant ce qui arriverait si, par exemple, le Blé et le bétail étrangers nous parvenaient à des prix de vente au-dessous de leur prix de revient en France. Ce ne serait plus, alors, la vie à bon marché, ce serait bien réellement la ruine de notre agriculture, c'est-à-dire la ruine de la France.

La liberté absolue du commerce extérieur, autrement dit libre-échange avec l'étranger, nous a toujours paru un idéal incompatible avec l'état actuel des nationalités dont les intérêts sont trop souvent divergents ou hostiles. Nous croyons qu'il y a lieu de s'occuper du libre-échange intérieur avant de songer au libre-échange extérieur.

On comprend aisément qu'il puisse répugner à un gouvernement aussi bien intentionné que le nôtre, de se prêter à l'établissement de droits de douanes sur les principales denrées alimentaires ; mais ne serait-il pas encore moins juste et moins rationnel d'obliger les cultivateurs à faire le sacrifice de la juste rémunération de leur dur labeur au profit du producteur étranger, qui n'a pas nos charges nationales à supporter, et au profit, plus apparent que réel, des consommateurs urbains, déjà trop favorisés par rapport aux populations rurales ?

Peut-être pourrait-on sortir de cette situation délicate à la satisfaction du plus grand nombre, en établissant que les droits de douane, perçus sur le Blé et la viande ou le bétail de provenance étrangère, seraient déposés à une caisse quelconque pour y fructifier, et serviraient à venir en aide aux malheureux de chaque commune de France en cas urgent de cherté des vivres. A ces conditions, le consommateur nécessiteux, loin d'avoir à se plaindre des droits de douane en question, n'aurait qu'à se féliciter de leur établissement, puisque ces droits serviraient à une caisse de prévoyance destinée à le secourir en cas de besoin.

DÉPARTEMENT DE LA SEINE-INFÉRIEURE.

7. — *Réponse de M. Eugène Marchand.*

Fécamp, 16 juin 1879.

Dans un ouvrage ayant pour titre : *Etude statistique, économique et chimique sur l'agriculture du pays de Caux,* que la Société nationale d'agriculture de France m'a fait l'honneur de publier dans le recueil de ses *Mémoires* de 1866, après l'avoir récompensé de sa grande médaille d'or, j'ai fait connaître la situation de l'agriculture dans la belle et riche région de la France que j'avais particulièrement explorée pendant la période décennale écoulée de 1853 à 1862.

Les études auxquelles j'ai continué de me livrer depuis cette époque, quoique suivies avec moins d'assiduité que les premières, vont me permettre de répondre brièvement aux questions posées par la Société nationale d'agriculture, dans sa lettre-circulaire du 30 avril dernier, dont j'ai eu le regret de ne pouvoir prendre connaissance que depuis le commencement du mois de juin, à mon retour d'un voyage qui m'a tenu éloigné de chez moi pendant plus de sept semaines.

Le questionnaire que j'ai sous les yeux, et auquel je vais répondre en énumérant ses *desiderata*, ce questionnaire me demande : *Quelles sont les différences que je puis signaler entre la période qui a précédé 1861, et la situation de l'agriculture dans ma région, durant les six dernières années, en ce qui concerne :*

1° *La division de la propriété?* — Des notaires, consultés à ce sujet, ont été unanimement d'accord pour me donner l'assurance que, dans ce pays, il n'y a pas eu, depuis vingt ans, de modifications appréciables dans l'état général de la propriété. Le morcellement ne s'est pas accru, et, par conséquent, je puis encore admettre que la contenance moyenne des 20,364 fermes, dont l'existence dans le pays de Caux a été constatée dans mon ouvrage précité (p. 36), oscille toujours, selon les cantons, entre 6^h.13 et 19^h.30, et qu'elle est toujours aussi, et en moyenne de 11^h.29 pour toutes les fermes de la contrée, envisagées dans leur ensemble.

2° *La production des céréales?* — Les habitudes culturales, basées sur le retour triennal du Froment sur le même sol, n'ont pas varié, ou plutôt n'ont éprouvé que des modifications insensibles. Il est donc permis de croire que l'étendue des terres consacrées à la production des céréales est restée toujours sensiblement la même.

Les rendements du Blé à l'hectare paraissent aussi être restés stationnaires, en moyenne, pendant la période décennale 1863 à 1872, car il est difficile de tenir compte de la légère augmentation qu'il me serait permis de signaler : elle ne s'élèverait pas à un demi-hectolitre de grain. Maintenant, en ce qui concerne les six dernières années, je devrais constater un petit amoindrissement dont la somme moyenne serait peut-être légèrement supérieure à un demi-hectolitre aussi par hectare, mais dont je dois rattacher l'existence à l'influence incontestablement dépressive exercée sur le rendement moyen général par la dernière récolte, celle de 1878. J'ajouterai que, dans cette période sexennale, la statistique n'a pas eu à constater ces années d'exceptionnelle abondance, telles que 1854, 1857 et 1863, qui ont pu être observées dans le cours des deux précédentes périodes décennales, quoique l'année 1875 ait encore été très-remarquable par l'intensité de sa production.

Quoi qu'il en soit, il semble que l'on doit admettre que le rendement des terres en céréales est resté à peu près stationnaire, dans le pays de Caux, depuis 1860. Cependant, il aurait dû s'élever, surtout depuis 1872, parce que, depuis cette époque, l'emploi des engrais livrés par le commerce à l'agriculture est devenu plus large et plus soutenu dans les fermes de la contrée. D'ailleurs, les agents de fertilisation que l'on a pris l'habitude de désigner sous le nom d'engrais chimiques, y prennent maintenant une place digne d'être notée, et leur influence devrait s'être fait sentir d'une façon plus heureuse que ne semblent l'indiquer les renseignements que j'ai pu me procurer sur ce sujet. Je reviendrai, plus loin, sur cette appréciation.

3° *L'élevage, l'engraissement et les produits des animaux domestiques?* — A cet égard, la réponse est difficile, parce que des enquêtes sérieusement accomplies pourraient seules fournir les éléments d'une saine appréciation. Cependant, il est permis de croire que le mouvement d'accroissement de la population bovine, entravé par les ravages exercés à la suite de nos désastres de 1870-71, par l'invasion de la péripneumonie, a repris son mouvement ascendant, tandis que celui de la population ovine, arrêté dans sa marche, depuis longtemps rétrograde, est devenu stationnaire, et pourra reprendre son développement régulier. Il est bien certain, au moins, que dans plusieurs fermes de la contrée, des cultivateurs, en croisant leur ancienne race avec celle de dishley, sont parvenus à créer des métis particulièrement précoces pour la boucherie, à laquelle ils peuvent être livrés à l'âge de quinze à seize mois, ce qui assure des profits largement rémunérateurs, que les moutons exploités en vue de la production de la laine sont, depuis longtemps, impuissants à procurer.

4° *La production des plantes industrielles?* — Les Betteraves à sucre, le Colza et le Lin sont seuls cultivés dans la contrée.

La facilité des transports par les voies ferrées a déterminé un accroissement sensible de la superficie des terres consacrées à la production des Betteraves à sucre, ce qui, par contre-coup, a déterminé en même temps la production d'une plus grande quantité de Betteraves fourragères.

La culture du Colza, toujours largement rémunératrice, tend à s'étendre, et, s'il est encore vrai qu'elle ne prend que les dix centièmes environ de la superficie cultivée dans toute la contrée, il est certain que, dans plusieurs cantons, elle occupe une étendue à peu près égale à la moitié de celle qui est consacrée à la production du Froment.

Quant au Lin, sa culture s'est trouvée assujettie à une décadence très-prononcée, par suite des insuccès auxquels elle aboutissait. Il semblerait que les terres de la contrée, fatiguées de produire cette précieuse plante textile, étaient impuissantes à satisfaire ses exigences, mais l'emploi rationnel des phosphates associés aux sels de potasse et aux sels azotés, est venu redonner confiance aux cultivateurs qui s'étaient laissé décourager par de mauvaises récoltes. Il semble donc permis d'espérer de voir bientôt la plante en question reprendre, dans l'agriculture cauchoise, la place qu'elle y occupait encore il y a trente ans.

5° *La production forestière?* — Cette production est très-restreinte dans le pays de Caux. Je manque de renseignements à son égard.

6° *Les industries agricoles?* — Seules, les distilleries de Betteraves existent dans la contrée ; leur nombre y est resté stationnaire depuis 1866. Il tendrait plutôt à diminuer qu'à s'accroître.

7° *L'outillage, le drainage, etc.?* — Ainsi que je l'ai établi dans mon *Étude sur l'agriculture du pays de Caux*, l'étendue des terres susceptibles d'être drainées que l'on peut rencontrer dans la contrée n'excède pas 23,000 hectares, sur une superficie générale de 368,752 hectares, soit environ les six centièmes de celle-ci. L'amélioration de ces terres, dont les arrondissements du Havre et d'Yvetot ne contiennent que 3,247 hectares, se poursuit lentement, et nécessitera encore un bien long temps pour s'accélérer.

Quant à l'outillage agricole, il s'améliore et s'augmente de jour en jour, surtout par l'introduction des diverses charrues perfectionnées, des semoirs, des machines à battre, des coupe-racines, des hache-paille, des moulins à concasser les grains, etc. Sous ce rapport, les progrès sont sensibles partout. Les machines à moissonner et à faucher commencent aussi à prendre leur place dans quelques fermes.

8° *L'emploi des engrais commerciaux et du fumier?* — J'ai déjà répondu à cette question (§ 2). J'ajouterai seulement que le nombre des animaux entretenus dans les fermes étant resté à peu près, à l'époque présente, ce qu'il était il y a dix ans, la production du fumier est aussi restée stationnaire, mais que l'on donne à celui-ci, d'une façon plus générale, les soins nécessaires pour assurer la conservation de sa valeur. Malgré cela, il y a encore beaucoup à faire à cet égard, dans un grand nombre d'exploitations.

9° *La viabilité, les transports et les débouchés?* — La viabilité, déjà très-particulièrement bonne en 1860, dans la Seine-Inférieure, s'est encore perfectionnée si considérablement, depuis cette époque, par la création d'un certain nombre de chemins, dits de grande communication, et par l'amélioration du service de la petite vicinalité, que l'on ne peut hésiter à affirmer que les intérêts généraux du pays n'exigent guère, sauf peut-être sur quelques parties très-limitées, une extension nouvelle des voies destinées à leur donner satisfaction.

Il résulte, de cette situation, que les moyens de transport sont excellents, et que les débouchés sont mieux assurés que par le passé, puisque de nombreuses et bonnes routes mettent tous les centres cantonaux, dans lesquels se tiennent, à jours fixes, des halles et marchés, en rapport non-seulement avec les foyers de production, mais encore avec les voies ferrées qui sillonnent le département, et permettent le transport rapide, vers les grands centres de population, des denrées que l'agriculture produit en s'enrichissant. Les ports maritimes, assis sur les rivages de la Manche, et ceux qui, depuis Rouen jusqu'au Havre, desservent les bords de la Seine, acquièrent aussi une plus grande importance, par suite du développement du service vicinal. Ils contribuent efficacement à assurer l'écoulement de nos produits vers les rivages étrangers, surtout vers l'Angleterre, qui nous en enlève des quantités considérables, par un mouvement d'aspiration qu'elle ne paraît pas disposée à laisser se tarir, puisqu'elle est, plus que jamais, incapable de se suffire à elle-même.

C'est ainsi que, en 1876, la dernière année sur laquelle les livres de douane que je viens de consulter ont pu me donner des renseignements précis, l'on a vu passer des ports français dans ceux du Royaume-Uni :

31,202,240 kilog. de beurre frais et salé.
  440,893 — de fromages.
31,684,882 — d'œufs représentant environ 47,600,000 douzaines.
125,368,364 — de Pommes de terre.
26,178,655 — de tourteaux de graines oléagineuses contre 10,517,280 kilog. de ces graines importées des ports anglais dans nos moulins à huile.
1,182,281 quintaux métriques de céréales en grains.
  603,872 — — en farines.

et puis des chevaux, des bestiaux et des viandes fraîches et salées pour une valeur de 7,756,680 francs.

En **1864**, la même nation ne nous avait enlevé de ces produits que les quantités suivantes :

10,770,540 kilog. de beurre frais et salé.
  58,973 — de fromages.
22,095,262 — d'œufs représentant environ 33,173,000 douzaines.
22,345,500 — de tourteaux de graines oléagineuses.

et des chevaux, des bestiaux, des viandes fraîches et salées pour une valeur de 7,945,317 francs.

De ce qui précède, il résulte que la situation de l'agriculture, dans le pays de Caux, est restée à peu près stationnaire, je devrais même dire complétement stationnaire depuis 1862. Mais lorsque l'on songe aux difficultés que l'on éprouve lorsque l'on veut obtenir des renseignements exacts sur l'intensité moyenne de la production agricole, il devient évident que, si ces renseignements sont fournis par les cultivateurs eux-mêmes, sans aucun contrôle direct, ils restent toujours au-dessous de la vérité. C'est, sans aucun doute, le cas de la situation en présence de laquelle je me trouve en ce moment, car je n'ai pu contrôler l'exactitude des chiffres recueillis, comme je l'avais fait dans la période 1853 à 1862. Dès lors, en tenant compte de l'emploi déjà signalé, plus considérable à l'époque actuelle que dans les temps antérieurs, des agents de fertilisation, je me crois autorisé à admettre que, en réalité, cette situation s'est bonifiée, et que, pour la culture du Froment en particulier, l'intensité moyenne de la production faite par l'agriculture du pays de Caux, considérée dans son ensemble, ne saurait être inférieure, depuis 1862, à 26 hectolitres et demi, et même à 27 hectolitres par hectare. Néanmoins, pour les discussions qui vont suivre, j'admettrai encore, comme vrai, le rendement moyen de 25 hectolitres (24h.92) posé dans mon ouvrage précité (p. 534). Bien certainement il n'est pas exagéré.

J'ai admis, dans ce livre, que le coût moyen de production de l'hectolitre de Froment doit être fixée à 14 fr. 85. Je dois aujourd'hui relever l'importance de ce chiffre, parce que le taux de location des terres, comme celui des salaires du personnel employé aux travaux de la culture, se sont élevés, depuis 1860, d'environ un sixième, ou 15 à 16 pour 100, de ce qu'ils étaient alors. Dans ces conditions, le compte des frais de culture, détaillé à la page 589 de l'ouvrage indiqué, doit se rectifier ainsi :

		Fr.		Fr.	Fr.
14 journées d'hommes à		2.40	au lieu de	2 »	33.60
21 — de femmes ou d'aides à.		1.75	—	1.50	36.75
10 — d'hommes à		4.10	—	3.50	41 »
10 — de femmes à		2.90	—	2.50	29 »
30 — de cheval à		3 »	—	2.70	90 »
Battage des gerbes					44.50
Total des salaires					274.85
Semence et intérêt sur sa valeur					58.72
Loyer de la terre					125 »
Impôt augmenté de 50 pour 100					17.25
Amortissement du capital d'exploitation					40 »
Fumier et intérêt sur sa valeur					111.02
Prix de revient des produits obtenus de la culture d'un hectare de Blé					626.84
A déduire pour la paille récoltée					195 »
Prix de revient *net* des 25 hectolitres de grain produit.					431.84

Cela donne, pour le coût moyen de chaque hectolitre de Froment rendu à la halle, la somme de 17 fr. 27, au lieu de 14 fr. 85, établi par moi en 1866, et accepté ensuite par les hommes compétents qui, plus tard dans la contrée, me firent l'honneur de le discuter avec moi. Le prix de revient s'est donc accru de 2 fr. 42; mais si, comme j'en suis convaincu, le rendement moyen par hectare est voisin actuellement de 27 hectolitres, l'on trouve que chacun de ceux-ci ne coûte à produire que 16 francs. Pour que la situation fût aussi bonne que dans la période 1853-62, il faudrait que le rendement moyen fût voisin de 29 hectolitres, sans être inférieur à ce taux. Il paraît malheureusement certain qu'il n'est pas aussi fort que cela.

Sous ce rapport, la situation de l'agriculture, dans ma contrée, ne s'est donc pas améliorée.

Est-ce une raison pour réclamer, comme on le fait aujourd'hui, des droits protecteurs contre l'introduction des Blés et des bestiaux étrangers? C'est ce que je vais examiner maintenant.

Qu'il me soit permis de rappeler, à ce sujet, que c'est la seconde fois, depuis 1861, époque où fut proclamée la liberté du commerce, que nous entendons formuler ces revendications, avec une ardeur qui ne se ralentit pas. En 1866, comme aujourd'hui, l'on affirmait que l'agriculture allait succomber en France sous le régime de la liberté des transactions commerciales, appliquée aux produits similaires de ceux qu'elle livre à la consommation publique, si cette liberté était maintenue, et cependant, fort heureusement, elle est toujours vivante et bien vivante, quoi que l'on en dise. Tandis que les plaintes virulentes de 1866 s'étaient apaisées bien vite, à la suite de l'enquête à laquelle le gouvernement d'alors fit procéder avec tant de solennité, cette année, ces plaintes s'accentuent de nouveau, à la suite d'une crise déterminée par les résultats d'une mauvaise récolte, qui aurait pu avoir les plus déplorables conséquences, si l'étranger n'était venu à notre secours. Il n'y a peut-être rien d'étonnant à cela, car c'est le propre de la nature humaine de toujours s'inquiéter, lorsqu'elle voit se modifier temporairement les conditions normales du développement de sa prospérité.

On s'est donc effrayé, et l'on a jeté l'épouvante dans l'esprit de certains cultivateurs français, en leur laissant envisager les dangers qu'ils peuvent avoir à redouter, et que l'on a exagérés, selon moi, des progrès de l'agriculture dans le nouveau monde. On leur a dit, et on le leur a répété avec une grande insistance, que le commerce américain est en état de livrer ses Blés au prix de 11 francs l'hectolitre en les versant dans les wagons du chemin de fer venant les prendre au bateau dans l'un de nos ports. Je me suis ému moi-même de cette situation, et voici les renseignements qui m'ont été donnés tout récemment par des commerçants et des courtiers bien au courant de la question. Ces renseignements, je dois le faire remarquer, sont encore en concordance avec ceux qui m'ont fait dire déjà, à la page 604 de mon livre, en 1866, que l'Amérique, la Russie et l'Egypte ne peuvent plus nous approvisionner, lorsque nos Blés sont vendus à moins de 17 francs l'hectolitre.

Il paraît certain aujourd'hui, d'après le dire des hommes les plus dignes de foi, que, dans les années d'abondance, le prix de revient *moyen* de l'hectolitre de Froment, dans les fermes américaines dont les produits peuvent descendre jusqu'à la Nouvelle-Orléans, par le chemin fluvial du Mississipi (ce sont ceux que l'Amérique peut nous livrer au plus bas prix) n'est pas inférieur à 8 francs, ci. . . . .   **fr. c.**   8 »

Et que les frais de transport par bateau jusqu'à la Nouvelle-Orléans ne peuvent pas être moindres que 3 fr. 25, ci. . .   3.25

Par conséquent, le prix de revient de l'hectolitre de Froment rendu dans ce port ne peut être évalué à moins de. . . . .   11.25 et jamais, du reste, sur le marché de New-Orléans, il n'est tombé à un taux plus affaibli.

Mais, à ce prix de revient sur le marché américain, il convient d'ajouter les frais dont il se trouve augmenté par le fait du transport du grain et sa livraison au commerçant français, dans l'un de nos ports, celui du Havre par exemple.

Voici le décompte de ces frais, tel que je puis le déduire des renseignements qui m'ont été donnés :

Mesurage du grain et chargement dans le port d'expédition.   0.40

Fret et assurance jusqu'à l'arrivée en France. 3.65
Déchet de route à 1 pour 100 sur 20 francs. 0.20
Franchise de 3 pour 100 au profit des assureurs qui ne paient
   l'indemnité contre les risques de mer qu'autant que la mar-
   chandise a subi une dépréciation de plus de 3 pour 100. . .   0.60
Droits de douane à 2 1/2 pour 100 sur la valeur du Blé. . . .   0.50
Frais de déchargement, pesage et mise en wagon. 0.48
Commission de vente à 2 pour 100. . . . .   0.40

Prix de revient minimum de l'hectolitre de Blé américain
   rendu au Havre et mis en wagon sur le quai d'embarquement. 17.48
Mais il convient de tenir compte du bénéfice prélevé par le
   négociant américain et de la différence de la valeur des
   monnaies des deux pays. En portant de ce double chef, la
   somme figurée en ligne. 2.52

ce qui n'a rien d'exagéré, bien au contraire, l'on trouve que
   l'Amérique ne peut nous livrer ses Blés sur le marché
   français à un taux inférieur à 20 francs par hectolitre,
   comme on le voit par ce total. . . . .   20 »

Dans tous les cas, ce taux ne pourrait être inférieur à
17 fr. 48, c'est-à-dire à un chiffre légèrement supérieur à
celui auquel le cultivateur français peut l'obtenir dans ses
années de moyenne récolte, car il est bien remarquable
que c'est toujours un chiffre voisin de celui-ci, qui se trouve
posé partout, à l'époque actuelle, par tous les hommes qui,
sans idée préconçue, se préoccupent de cette question, et
recherchent la vérité avec le désir de la connaître.

Mais dans les années d'abondance, le prix de revient
s'abaisse dans notre pays : il y tombe quelquefois, au
moins dans un grand nombre de fermes, à un taux voisin
de 11 francs par hectolitre, et même quelquefois, mais
dans des circonstances exceptionnelles, à un taux encore
plus affaibli. Alors la concurrence étrangère ne saurait être
redoutable si elle pouvait devenir possible, ce qui n'est
pas à présumer, car il faudrait que l'intensité de la production s'élevât, dans les fermes américaines, dans des
limites qu'il ne serait possible d'y atteindre que par
l'adjonction au sol de ce pays, d'une quantité d'engrais
complémentaire de sa fertilité actuelle. Or, ces engrais ont

Enquête.   3

un cours commercial régi par les lois ordinaires de l'offre et de la demande, et quoi qu'il arrive, l'on ne saurait les employer en Amérique à des conditions plus avantageuses qu'en Europe.

D'un autre côté, au contraire, dans les années de mauvaise récolte, dans les années où l'élévation du prix du pain est à redouter, l'intérêt général n'est et ne peut être sauvegardé que par l'introduction, dans notre pays, de la quantité de Blé manquant pour assurer la régulière alimentation de sa population. C'est ce qui est arrivé précisément à la suite de la dernière récolte dont le déficit, pour subvenir aux besoins de la consommation générale ordinaire, a été estimé à 20 millions d'hectolitres de Blé.

Ainsi, dans les années d'abondance, pas de concurrence possible sur notre marché intérieur, de la part des Blés étrangers. Dans les années de récolte moyenne, les prix de revient étant à peu près égaux pour les Blés de la production nationale et ceux de la production exotique, l'avantage reste aux cultivateurs nationaux, puisque l'expéditeur et l'importateur français doivent, chacun de leur côté, prélever un bénéfice dont l'influence se fait sentir en diminuant les chances de succès de la spéculation qu'ils peuvent être tentés d'opérer. Ce double bénéfice doit, en effet, toujours être prélevé avant la présentation du grain sur le marché.

Quant aux époques où notre production nationale est insuffisante, le devoir à accomplir est tout tracé ; il est impérieusement commandé par les besoins de la population tout entière, et pour sa sécurité : c'est de favoriser, par tous les moyens possibles, l'accès sur nos marchés, et dans nos ports, de tout ce qui est nécessaire pour combler le vide résultant de l'abaissement du chiffre de la récolte. Peut-on, alors, frapper les Blés étrangers d'un droit de 3 francs par 100 kilog. à leur entrée en France, comme on ose le demander avec tant d'éclat? Le peut-on, même, dans les temps où les récoltes sont normales? Lorsqu'elles sont abondantes, la taxe serait illusoire, car la concurrence, n'existerait pas.

Eh bien! recherchons les conséquences qu'entraînerait avec elle l'application d'un pareil impôt. Celui-ci aurait pour effet nécessaire, immédiat et fatal, de provoquer le renchérissement du prix du Blé, dans des limites *au moins égales* à son importance. Or, le pain, aliment de première nécessité, entre pour une large part dans l'alimentation de la classe ouvrière, à la ville comme à la campagne, et rien ne peut l'y remplacer avec économie, puisque par la nature des éléments qui entrent dans sa composition, il constitue le plus parfait des aliments complets que l'adulte puisse utiliser. Mais pour faire un kilog. de pain, il faut employer plus d'un kilog. de Blé. Il faut, selon les circonstances, 104 à 107^k.5 de Blé pour produire 100 kilogr. de pain. Pour la discussion, j'admettrai la parité, car je ne veux rien exagérer.

Dans ces conditions, le prix des 100 kilog. de pain, produits par 100 kilog. de Blé, quel que soit son taux, sera donc augmenté de 3 francs, au *minimum*, par l'application de l'impôt, soit de 3 centimes par kilog. C'est peu de chose, très-peu, même, dit-on. Eh bien! Voici la consé-quence :

Dans un ménage d'ouvriers, composé du père, de la mère et de deux enfants âgés de 8 et 9 ans, on consomme, tous les jours, au moins 3^k.6 de pain, équivalent à un impôt quotidien de 0 fr. 108, soit, pour l'année entière, un impôt de 39 fr. 42.

Dans un autre ménage d'ouvriers, où, à côté du père et de la mère, existent quatre enfants âgés de 9, 7, 5 et 3 ans, on mange, en 14 jours (deux semaines), 51 kilog. de pain. Et, comme il y a 52 semaines dans le courant d'une année, cela fait 1,326 kilog. de pain, correspondant à un impôt, annuel aussi, de 39 fr. 78.

Maintenant, si l'on considère la vie d'un célibataire

dans la force de l'âge, et consommant, par jour, 1,500 grammes de pain (cette consommation est souvent plus élevée), on trouve que l'impôt, payé par cet homme seul, ne serait pas inférieur à 16 fr. 40.

Ne sont-ce pas là des résultats s'appliquant à la vie réelle, d'une grande et incontestable gravité? Il est permis de croire que les partisans de la protection quand même, n'y ont pas songé.

Mais, si la loi, par impossible, autorisait le prélèvement de cet impôt, celui-ci serait-il profitable aux intérêts des cultivateurs, surtout à ceux dont les exploitations, par leur étendue, sont voisines ou au-dessous de la moyenne contenance? Ce sont les plus nombreux, et peut-être, aussi, les plus dignes de protection.

Eh bien! les cultivateurs, quelle que soit leur situation, ont tous de la peine à se procurer les bras étrangers nécessaires à l'accomplissement des travaux dont leur ferme est le théâtre, et ils se plaignent de l'élévation toujours croissante des salaires des hommes dont ils utilisent les services... Est-ce que ces hommes, en raison même des difficultés de l'existence qu'ils rencontreraient pour eux et leur famille, n'exigeraient pas, à leur tour, une plus large et plus complète rémunération? Et de plus, un grand nombre d'entre eux n'émigrerait-il pas avec plus d'empressement encore qu'aujourd'hui, vers les villes, où beaucoup d'attraits joints à des moyens de vivre plus assurés, — ils le croiraient du moins, — les attirent sans cesse? Les cultivateurs atteints, paralysés ainsi dans l'exécution de leurs travaux, ne seraient-ils pas, aussitôt, appelés à subir les conséquences fâcheuses du nouvel état de choses, dont ils auraient provoqué la création, et qui ne profiterait à personne, pas même à eux ni à leur famille, considérés comme consommateurs? Ceux qui ont des enfants, subiraient encore mieux le contre-coup de ce funeste et malencontreux relèvement du prix du pain, lorsqu'ils auraient à confier l'éducation de ceux-ci à des chefs d'établissements ; car, ces chefs, on peut en être assuré, ne consentiraient pas à supporter, pour leur propre compte, ce renchérissement du plus indispensable des aliments.

Constatons-le, maintenant, la liberté du commerce des denrées alimentaires dont l'origine ou la production se trouvent confinées dans les exploitations agricoles, a été avantageuse à la nation, sans être préjudiciable aux cultivateurs qui, sous ce nouveau régime, ont pu vendre leurs Blés à des taux plus rémunérateurs et supérieurs, en moyenne, à ceux qu'ils avaient obtenus sous l'ancien et peu regrettable régime de l'échelle mobile.

En conséquence, je me crois autorisé à dire que les lois de protection que l'on réclame actuellement, seraient préjudiciables à tout le monde, et je reste convaincu qu'elles seraient particulièrement nuisibles aux progrès de l'agriculture, *qui ne trouverait en elle qu'un privilége en faveur de la routine.*

Les cultivateurs, en effet, ont en général une grande tendance à résister aux idées de progrès, et je puis, je dois le dire, leur résistance à écouter les conseils de la science, quoique s'affaiblissant un peu, est encore presque aussi affligeante, aujourd'hui, qu'elle l'était il y a vingt ans. Sans doute, on en trouve plus qu'autrefois dont les exploitations sont dans un état de progrès incontestable, et leur nombre augmente peu à peu, mais cette augmentation est trop lente, et l'on a peine à comprendre la force de résistance qui met obstacle à son plus rapide développement. Cela est dû, peut-être, au moins pour une certaine part, — c'est même ma conviction, — à ce que sous le manteau de la science, des esprits superficiels, quelquefois trop ignorants des grandes lois qui doivent toujours présider à l'accomplissement des travaux que le cultivateur entreprend sur ses terres, ainsi qu'à la réalisation des opérations qu'il projette d'accomplir dans ses étables, — cela, dis-je, est dû peut-être à ce que des esprits superficiels jettent, dans les fermes, des doctrines dont la fausseté apparaît vite à ceux qui savent voir et raisonner. Ce sont, surtout, je ne crains pas de l'affirmer, les faux savants qui apportent le plus grand obstacle au développement du progrès agricole, et qui contribuent le plus à maintenir les cultivateurs dans ces habitudes routinières dont il faut, à tout prix, savoir les faire sortir.

C'est donc par l'instruction agricole, régulièrement distribuée, que l'on arrivera à pousser l'agriculture française dans la voie du progrès où elle devrait être engagée depuis longtemps. J'en trouve un exemple frappant dans ce qui se passe dans les fermes si nombreuses où l'alimentation du bétail est encore considérée comme un mal nécessaire. L'engraissement de ce bétail, son exploitation en vue de la production du lait, sont, en général, bien loin de s'accomplir, dans ces fermes, dans les conditions avantageuses que les conseils de la science, s'ils y étaient mieux écoutés et suivis, permettraient de réaliser si bien.

A ce sujet, je dois encore m'élever contre la pensée des hommes qui réclament l'application de droits considérables sur chaque tête de bétail que l'étranger nous envoie. En échange de ce nouvel impôt, on n'offre aucune compensation aux consommateurs qui, sans protection maintenant contre les audacieuses exploitations dont ils sont l'objet de la part des bouchers, ne cessent de voir s'élever le prix de la viande dans des proportions d'autant plus inquiétantes que l'on est loin d'apercevoir le terme où l'augmentation s'arrêtera. Comme le pain, la viande est cependant un aliment de première nécessité dont il faut s'efforcer d'accroître l'usage dans l'intérêt des jeunes générations. Il ne faut donc pas la frapper de droits prohibitifs, et la sagesse conseillerait, même, de l'exonérer de ceux dont elle est grevée par les octrois, si le dégrèvement pouvait être profitable aux consommateurs, ce dont il est permis de douter, quand on pense aux résultats de certaines suppressions de taxes opérées dans ces derniers temps.

Si un droit pareil à celui que l'on réclame contre l'intro-

duction des animaux étrangers pouvait être établi, il faudrait, au moins, prohiber d'une façon absolue la sortie de
nos bestiaux, que nous ne produisons pas en quantités suffisantes pour nos besoins, et celle même de toutes les denrées alimentaires produites par nos cultivateurs, car il serait
injuste de laisser provoquer, sans compensation, leur renchérissement, qui ne cesse de s'accroître sous l'influence
de ces exportations incessantes.

A cet égard, le tableau général du commerce de la France
avec ses colonies et les puissances étrangères, pendant
l'année 1876, publié par l'administration des douanes,
fournit des renseignements intéressants. J'ai déjà repro-
duit les chiffres qu'il contient, relativement aux produits
que l'Angleterre est venue prendre dans nos ports pendant le cours de cette année. Voici, maintenant, d'autres
chiffres bien dignes, aussi, d'attention.

COMMERCE GÉNÉRAL DE LA FRANCE AVEC LES PUISSANCES ÉTRANGÈRES PENDANT LES ANNÉES 1871 A 1876, VALEURS EXPRIMÉES EN MILLIONS DE FRANCS.

MATIÈRES IMPORTÉES OU EXPORTÉES.	1871	1872	1873	1874	1875	1876	TOTAUX.
	m.	m.	m.	m.	m.	m.	m.
Céréales { importées.....	499.1	206.3	364.5	386.8	193	299.5	1.949.2
Céréales { exportées.....	81.8	344	289.4	214.7	240.7	213.2	1.383.8
Argent *sorti* de France pendant les 6 années......							565.4
Chevaux, bestiaux, viandes fraîches et salées..... { importés.	234.9	232.3	201.2	135.3	152.7	209.2	1.165.6
Chevaux, bestiaux, viandes fraîches et salées..... { exportés.	30.5	57.5	82.2	83.9	89.4	81.8	425.3
Argent *sorti* de France pendant les 6 années......							741.3
Fromages et { importés....	37.4	37.8	38.7	34	40.2	45.8	238.9
beurres. . { exportés....	54.9	69.4	89.6	98.9	107.5	116.3	536.6
Argent *venu* en France...							302.7
Œufs exportés. Il n'y a pas eu d'importations......	31.3	46.3	44.7	49.2	48.8	51	271.3
Argent *venu* en France...							271.3
Grains à ense- { importés..	40.2	20.8	4.3	4.5	6.6	10.7	87.1
mencer.... { exportés..	13.9	24.3	26	21.2	29.8	33.3	148.5
Argent *venu* en France...							61.4
Pommes de terre { importés.	17.8	8.5	11	6.5	8.5	32	84.3
et légumes secs { exportés.	9.2	13.7	16.7	13.3	17.6	21	91.5
Argent *venu* en France...							7.2

En récapitulant ces chiffres qui, on le voit, ne s'appliquent qu'au commerce des denrées alimentaires, on trouve les résultats suivants ramenés à l'année moyenne :

L'introduction des céréales a coûté à la France. . .	94,400,000 fr.
Et celle des chevaux, du bétail, des viandes fraîches et salées.	123,500,000
Soit en tout, pour l'année moyenne.	217,900,000 fr.

Mais, d'un autre côté, la France a reçu par l'exportation :

De ses Pommes de terre et légumes secs.	1,200,000 fr.
ses grains à ensemencer.	10,200,000
ses œufs.	45,300,000
ses beurres et de ses fromages.	50,400,000
En tout.	107,100,000 fr.

D'où une différence de 110,800,000 francs au préjudice de la nation.

Les droits protecteurs que l'on réclame compenseraient-ils ce préjudice qui, en définitive, n'est que la conséquence forcée de la résistance que les cultivateurs persistent à opposer à la loi du progrès? C'est une question qui mérite la peine d'être étudiée, maintenant.

On peut admettre que la consommation quotidienne de la population de la France en pain doit être évaluée seulement à 500 grammes par tête, à cause des enfants et des vieillards, quoique ce chiffre soit probablement un peu faible. Pour une population de 36 millions d'habitants, cela fait une consommation de 18 millions de kilog. de pain par jour, représentant, à 3 centimes par kilog., un impôt quotidien de 540,000 francs, ou pour l'année entière. . . . . 107,100,000 fr.

Si à cette somme l'on ajoute encore l'impôt dont la consommation de la viande serait frappée si l'on accordait aux réclamants leur demande, impôt dont je ne possède pas les éléments d'appréciation, mais qui serait, selon toute probabilité, supérieur à. 50,000,000

L'on trouve que les consommateurs auraient à supporter une contribution indirecte d'au moins. 247,100,000

Sans que l'agriculture considérée dans sa généralité ait réellement à en tirer le plus léger bénéfice.

Je me résume, donc, en concluant qu'il ne faut pas toucher à la liberté du commerce des subsistances dans ses rapports avec la production et la consommation étrangères, et que les cultivateurs doivent se faire, eux-mêmes, leurs propres protecteurs, en entrant, comme ils le peuvent et comme ils en ont le devoir, dans la voie de progrès que la science ne cesse de leur montrer largement ouverte devant eux.

---

8. — *Réponse de M. Fauchet.*

Rouen, le 31 mai 1879.

A la demande : « Quelles différences existent dans notre localité entre la période qui a précédé 1861 et la situation de l'agriculture durant les six dernières années réunies, » il est répondu :

1° *Division de la propriété.*

La propriété a, de plus en plus, tendance à se diviser et aujourd'hui elle est beaucoup plus morcelée que dans la période qui a précédé 1861 ; mais ce morcellement, de plus en plus grand, n'est point la conséquence des traités de commerce, il a pour cause principale le partage des propriétés, à la suite de décès, entre héritiers, et aussi la vente par lots de grandes propriétés en vue d'en obtenir un prix supérieur, en les mettant à la portée d'un plus grand nombre d'acquéreurs.

Le morcellement signalé est surtout excessif dans les cantons de Grand-Couronne et d'Elbeuf et une partie de celui de celui de Duclair (terres de vallée).

Ce morcellement excessif de la propriété a nécessairement augmenté la production, mais il en a notablement élevé le prix de revient, les frais généraux se trouvant répartis sur une exploitation trop restreinte.

2° Production des céréales.

Jusqu'à présent, la production des céréales de chaque espèce est restée à peu près la même sous le rapport de la part relative qu'elles ont occupée dans l'assolement.

Cette production, toutefois, a augmenté en raison des défrichements qui ont été pratiqués et par suite, aussi, d'un plus grand rendement obtenu à l'hectare, conséquence naturelle d'une culture plus perfectionnée.

Cette augmentation, dans le rendement, peut être évaluée comme suit :

		hectol.	
Pour le Blé		1.50	à l'hectare.
— le Méteil		0.50	—
— le Seigle		2.50	—
— l'Orge		3.70	—
— l'Avoine		6.50	—

Mais, d'un autre côté, l'avilissement qui s'est produit de 1861 à 1866 sur le prix des céréales comme conséquence de leur libre introduction, à la suite des traités de commerce, prix qui, pour le Blé, était descendu de 23 fr. 07, moyenne de six années de 1855 à 1860, à 19 fr. 64 l'hectolitre, moyenne des six années de 1861 à 1866, ayant eu pour résultat la transformation d'une certaine partie des terres arables en herbages, a diminué le produit de cette culture dans une proportion qu'on peut considérer comme compensant l'augmentation obtenue dans le rendement et comme conséquence des défrichements effectués.

A l'appui des considérations qui précèdent, voici le prix comparatif de l'hectolitre des Blés pour trois périodes différentes : la 1ʳᵉ de 1855 à 1860, la 2ᵉ de 1861 à 1866 et la 3ᵉ de 1875 à 1878.

1re PÉRIODE.		2e PÉRIODE.		3e PÉRIODE.	
Fr.		Fr.		Fr.	
1855....	29.32 l'hect.	1861....	19.64 l'hect.	1873...	25.62 l'hect.
1856....	30.75 —	1862....	23.31 —	1874...	24 » —
1857....	24.37 —	1863....	19.78 —	1875...	18.85 —
1858....	16.75 —	1864....	17.58 —	1876...	20.04 —
1859....	16.74 —	1865....	16.41 —	1877...	24.32 —
1860....	20.24 —	1866....	19.61 —	1878...	21.71 —
Moyenne.	23.03 —	Moyenne.	19.64 —	Moyenne.	22.55 —

Ce relevé démontre qu'en comparant les deux périodes de six ans consécutives, de 1855 à 1860 et de 1861 à 1866, il y a eu, pour la 2e période, baisse de 3 fr. 39 par hectolitre ; si on compare ensemble les deux périodes extrêmes, à savoir celle de six ans qui a précédé les traités de commerce et celle des six dernières années de 1873 à 1878, on voit que le prix moyen de cette dernière période, bien que supérieur de 2 fr. 91 à celle de 1861 à 1866, est encore inférieur de 48 centimes à la première.

La moyenne de la dernière période s'abaisserait encore si on y ajoutait le prix du Blé pour les quatre premiers mois de 1879 qui ne ressort qu'à 18 fr. 50 l'hectolitre.

Il faut, en outre, considérer que le prix actuel est d'autant moins rémunérateur, par rapport à la période de 1855 à 1860, que, depuis cette époque, le prix de revient, par suite de l'élévation du prix de la main-d'œuvre, a augmenté de 35 à 40 pour 100 la part que prend la main-d'œuvre dans le prix de revient du Blé.

En vue de démontrer l'influence qu'a dû avoir, sur l'agriculture du département, l'accroissement de l'excédant des importations sur les exportations qui s'y sont effectuées, on a cru devoir consigner le relevé, par année, des importations et exportations en grains et farines de céréales qui ont eu lieu par les bureaux de douanes du département, savoir : Le Havre, Rouen et Dieppe, d'après les constatations qui ressortent du relevé des douanes de 1857, époque à partir de laquelle les importations et exportations, *par port* et *par nature de marchandises*, ont été consignées sur les tableaux annuels, à 1876 inclusivement, dernier état qu'il était possible à l'opinant de consulter.

Période de 1857 à 1860.

GRAINS ET FARINES.

	IMPORTATIONS.	EXPORTATIONS.
	quintaux métriques.	quintaux métriques.
Année 1857	235,808	13,852
— 1858	19,010	300,414
— 1859	33,662	386,206
— 1860	2,206	66,671
Totaux..	290,686	767,143

Excédant des exportations pour la période, 476,457 quintaux métriques, soit, par année moyenne, 144,114 quintaux métriques.

Période de 1861 à 1876.

	IMPORTATIONS.	EXPORTATIONS.	PROPORTION de la récolte de l'année avec une récolte moyenne.
	quintaux métriques.	quintaux métriques.	
Année 1861	3,123,723	84	3/4
— 1862	971,599	12,477	Récolte moyenne.
— 1863	207,901	109,219	8/7**
— 1864	47,919	74,991	10/9
— 1865	32,332	312,633	19/20
— 1866	164,090	694,031	6/7
— 1867	1,307,087	66,101	5/6
— 1868	1,306,945	188,860	8/7
— 1869	271,358	226,674	15/14
— 1870	1,630,045	198,808	État de guerre.
— 1871	2,325,569	148,610	7/10**
— 1872	553,518	688,672	6/5
— 1873	1,137,313	282,511	10/12
— 1874	2,159,534	236,283	4/8
— 1875	472,755	409,391	Moyenne.
— 1876	1,436,676	286,407	19/20**
Totaux..	17,148,364	3,935,752	

Excédant des importations, 13,212,612, soit, par année, 825,788 quintaux métriques.

Cet excédant des importations sur les exportations de céréales dans le département serait encore considérablement augmenté s'il eût été possible de réunir les documents relatifs aux années 1877 et 1878 dans lesquelles, surtout en 1878, les importations de grains ont pris une importance si considérable.

On peut juger, par l'exposé qui précède, de la situation défavorable dans laquelle s'est trouvée l'agriculture du département, si l'on considère que, dans la période de 1857 à 1860, c'étaient les exportations qui l'emportaient de 476,457 quintaux par an sur les importations, tandis que, de 1861 à 1876, ce sont les importations qui l'emportent de 825,788 quintaux par an sur les exportations, moyenne que les années 1877 et 1878 élèveraient certainement à plus d'un million de quintaux.

3° L'élevage, l'engraissement et les produits des divers animaux.

L'élevage et l'engraissement des animaux de l'*espèce bovine* ont pris, dans le département, un accroissement notable, conséquence de l'avilissement du prix des céréales et surtout des graines oléagineuses qui a fait restreindre les emblavures en Blé et en graines oléagineuses et fait convertir en herbages une partie de la superficie qui leur était réservée dans l'assolement.

Si l'on compare le nombre d'animaux de l'espèce bovine entretenus pendant les six années de 1855 à 1860 avec les six dernières de 1873 à 1878, on constate que la deuxième période a produit, par rapport à la première, une augmentation d'environ 20 pour 100, le nombre s'étant élevé de 185,380 têtes, en 1860, à 221,415 têtes en 1878.

De 1818 à 1860, l'augmentation avait été beaucoup plus considérable, elle s'était élevée de 92,500 têtes en 1818, à 185,000 en 1860, soit de 100 pour 100.

Le prix de vente sur pied des animaux de l'espèce bovine, malgré le plus grand nombre d'animaux entretenus, s'est progressivement élevé par suite d'une consommation beaucoup plus considérable.

Ce prix qui était, en moyenne, de 1 fr. 39 le kilog. de viande nette pendant la première période de 1854 à 1860, a été, pendant la période de 1873 à 1878, de 1 fr. 72 en moyenne.

Mais le prix de la vente au détail n'est pas resté dans le même rapport avec le prix de vente sur pied qu'avant les traités de 1860. Alors, le prix moyen de la viande en détail ne dépassait pas celui de la vente sur pied, le cinquième quartier, autrement dit les issues, le cuir et le suif, étant suffisant pour faire face aux frais généraux et à un bénéfice légitime. Mais aujourd'hui il y a, entre ces deux prix, un écart considérable, conséquence du bas prix auquel sont descendus les peaux et les suifs par suite de la libre entrée de ces produits et c'est, nécessairement, le consommateur qui paye cette différence.

Le rétablissement de droits sur les cuirs et suifs aurait donc pour conséquence l'abaissement du prix de la viande de boucherie en détail.

Jusqu'à présent, le prix de la viande sur pied n'a pas encore eu, dans la contrée, à souffrir d'une manière notable de l'importation américaine, soit comme viande salée, soit comme viande conservée par les procédés frigorifiques, ces importations n'en étant encore qu'à l'état d'essai ; mais l'accroissement que subit, de jour en jour, cette importation, celle qui commence à se produire pour les bestiaux vivants, surtout pour l'Angleterre, doivent être une cause de crainte sérieuse pour l'agriculture du département qui, outre qu'elle se verra fermé le débouché important qu'elle avait sur l'Angleterre, est exposée à voir le département lui-même envahi par ces produits animaux.

En ce qui concerne l'*espèce ovine*, si le prix de vente sur pied s'en est maintenu élevé, cela tient à la diminution considérable qui s'est produite dans l'élevage de cette espèce, diminution qui n'est pas moindre de 35 pour 100 et qui a été la conséquence de l'entrée en franchise des laines étrangères.

Ainsi, le prix de la laine en suint qui, de 1857 à 1860, était, en moyenne, de 2 fr. 52 à 2 fr. 58 le kilog., est tombé à 1 fr. 50 en 1876 et 1877, et à 1 fr. 40 en 1878. Cette différence de 1 fr. 10 par kilog. en moins sur le prix de vente de la laine, appliquée à un mouton d'engrais acheté à six mois et conservé jusque après l'engraissement, c'est-à-dire trois ans, produisant trois toisons pesant ensemble 12 kilog., donne une perte de 13 fr. 20 et augmente le prix de la viande de 38 centimes environ par kilog. en admettant le poids moyen net de 35 kilog. par mouton.

Aussi n'est-il pas étonnant que le nombre de moutons entretenus dans le département qui était, en 1860, de 485,309 têtes (statistique du ministère de l'agriculture), soit redescendu, en 1873, au chiffre de 327,586 têtes (statistique de l'agriculture publiée, en 1876, par le ministère de l'agriculture).

Ce mauvais résultat de l'élevage de l'espèce ovine est d'autant plus déplorable que cette espèce est indispensable dans la plus grande partie des exploitations pour tirer parti des terrains vagues et pâtures, et surtout pour la production d'un fumier plus riche que celui de l'espèce bovine et qui a l'avantage immense d'éviter les frais de transport d'une partie de ces fumiers au moyen du parcage, avantage surtout important pour la fumure des terres éloignées du centre de l'exploitation.

L'espèce *porcine* est, elle-même, gravement atteinte par l'exportation considérable à laquelle se livre l'Amérique et qui, dans l'année fiscale 1877-1878, n'a pas été moindre de 272 millions de francs dont une grande partie a été importée en France.

Dans le seul mois de décembre 1878, il est entré dans le port du Havre 3,465,880 kilog. de viande de porc et autres salaisons et 1,032,900 kilog. de saindoux.

En présence de telles importations, il n'est pas surprenant que, malgré la diminution dans l'élevage qui s'est produite, surtout depuis une année, le prix de la viande de porc sur pied ait baissé de 10 à 15 centimes par kilog. et que l'élevage des animaux de cette espèce ait cessé d'être rémunérateur et menace de le devenir encore moins, par suite des importations considérables de lard salé de l'Amérique.

4° Production des plantes industrielles.

Le département, comme plantes industrielles, ne cultive que les Betteraves, le Colza, le Lin et, en minime proportion, le Chanvre et le Houblon.

		hect.
On peut évaluer la culture du Colza à.		11,712
—	celle du Lin et du Chanvre à.	2,656 (328 seulement de Chanvre).
—	celle de la Betterave à sucre à.	839
—	celle du Houblon à.	29

Ces diverses cultures souffrent énormément de la concurrence des graines et fruits oléagineux et des Lins étrangers introduits en franchise et des alcools étrangers frappés à leur introduction en France d'un droit insuffisant, plus que compensé par les primes dont jouissent les alcools de Prusse entre autres, à leur sortie de cette nation.

Aussi, ces cultures tendent-elles à diminuer chaque jour et les distilleries agricoles de Betteraves à disparaître peu à peu.

L'industrie des alcools qui, comme celle du sucre, a pour résultat d'accroître la quantité de viande livrée à la consommation et celle du fumier destiné à l'engrais des terres a besoin d'être efficacement protégée.

Cette situation défavorable, qui est pour cette industrie

la conséquence de la concurrence des alcools étrangers, est encore aggravée par le chiffre élevé du droit qui frappe ce produit à l'intérieur.

L'industrie des sucres de Betteraves est également en souffrance, mais dans des proportions moins considérables que celle de l'alcool de Betteraves. La cause de cette souffrance est due principalement à l'élévation du droit qui, à l'intérieur, frappe la production du sucre indigène.

5° Production forestière.

La superficie occupée par le sol forestier est de 95,841 hectares, dont 33,204 hect. 58 par les bois et forêts de l'Etat, 597 hect. 40 par ceux des communes et 62,040 hectares par ceux des particuliers.

Le revenu moyen par hectare peut être évalué :

		Fr.
Pour l'exploitation en futaies à.		2,000
—	en taillis de 30 ans à.	1,000
—	en taillis de 25 à 16 ans de. . . .	700 à 300 fr.
—	en taillis au-dessous de 15 ans de.	250
—	en broussailles de.	40

Les forêts de l'Etat et des communes, soumises au régime forestier, sont convenablement traitées ; mais celles des particuliers exploitées, en général, à de très-courtes périodes, sont compromises dans leur avenir. On y fait peu ou point d'améliorations.

Les principaux débouchés ont lieu dans le département, pour les bois de charpente, ceux de chauffage et les écorces ; il n'est point fait d'exportation. Les importations sont, au contraire, considérables, surtout en bois de charpente et d'industrie, les produits du sol forestier étant insuffisants pour le département dont les besoins ont considérablement augmenté, depuis vingt ans, par l'établissement des chemins de fer.

6° Industries agricoles.

Ces industries, en ne comprenant sous cette désignation que celles annexées directement à la ferme dans le département, à savoir, les distilleries et les fromageries (les huileries, sucreries et féculeries étant généralement dans la contrée des industries spéciales et non annexées à la ferme); les *distilleries*, comme on l'a déjà indiqué dans la réponse n° 4, sont on ne peut plus en souffrance par suite des causes énumérées dans cette réponse. Aussi l'avilissement anormal du prix des alcools a-t-il déterminé, depuis plusieurs années, la fermeture d'une grande partie des distilleries annexées à la ferme et cette suppression s'accentue-t-elle de plus en plus, chaque année, au grand détriment de l'engraissement du bétail et de la fumure des terres pour lesquels les pulpes étaient d'une si grande ressource.

Aujourd'hui, on ne compte plus guère que dix distilleries de Betteraves dans le département.

Il n'y existe qu'une seule sucrerie agricole, dans l'arrondissement de Dieppe.

Quant aux *fromageries*, on aurait pu croire que les Traités de 1860 étaient de nature à augmenter considérablement l'exportation de leurs produits.

S'il est vrai que, sous l'empire de la législation de 1860, l'exportation se soit accrue, de 2 millions 7 par année moyenne, chiffre qu'elle atteignait antérieurement à 1860, à 8 millions 3 qu'elle a atteint, également par année moyenne, depuis 1861, il faut reconnaître, d'un autre côté, que les importations se sont élevées dans une proportion beaucoup plus considérable, puisque de 7 millions 5, chiffre moyen annuel auquel elles s'élevaient avant 1860, elles ont atteint, depuis 1861, le chiffre moyen annuel de 17 millions, de sorte que, en résumé, l'excédant des importations sur les exportations qui n'était que de 5 millions par an avant 1860 s'est élevé à 8 millions 3, également par an, depuis 1861, soit une augmentation d'excédant dans les importations de 3 millions 3 par an, pour cette dernière période.

Les *beurres* seuls ont largement profité, jusqu'à présent, de la législation de 1860. Dans la période qui a précédé 1860, en effet, l'excédant des exportations sur les importations était de 19 millions 3 en moyenne par an: il s'es élevé, depuis 1861, à 42 millions 2.

Mais cette situation favorable de l'industrie beurrière est déjà fortement menacée par l'exportation, par l'Amérique, des produits de cette industrie exploitée en grand par les Américains et qui déjà viennent concurrencer les nôtres sur des marchés que l'on pouvait considérer comme leurs débouchés naturels.

L'exportation des *œufs* a également pris de l'accroissement depuis les Traités de 1860 et l'excédant de l'exportation de cette denrée qui, avant 1860, n'était en moyenne, par an, que de 11 millions environ, s'est élevé, depuis 1861, à 25 millions 3 par année moyenne.

Mais si on considère que, dans une exploitation moyenne de 50 hectares, le produit des œufs ne dépasse pas le chiffre de 400 à 500 francs on voit que l'amélioration signalée, de ce chef, a une influence bien minime sur le résultat de l'exploitation.

7° Outillage agricole, drainage, irrigations et autres améliorations foncières.

On peut affirmer que l'outillage agricole s'est singulièrement amélioré, tant sous le rapport de l'emploi d'instruments plus perfectionnés que sous celui d'instruments nouveaux, tels que semoirs, machines à battre, faucheuses et moissonneuses mécaniques, râteleuses, etc.

Une statistique spéciale dressée à cet effet pour le département donne les chiffres suivants :

	1873 Statistique décennale du Ministère de l'agriculture.	1878 Statistique départementale.
Machines à battre à manége.....	6,001	6,804
— à vapeur.....	48	105
— à l'eau......	Non relevées.	34
Extirpateurs et scarificateurs....	—	Non relevés.
Fouilleuses................	—	Non relevées
Faucheuses................	86	402
Moissonneuses.............	43	259
Râteleuses................	—	1,391
Faneuses.................	—	42
Semoirs.................	—	488

Desséchements. — En 1860, il avait déjà été desséché ou assaini plus de 4,000 hectares de marais ou de terres inondées sans écoulement aucun et, à cette époque, il restait à peu près 1,272 hectares de marais à dessécher.

L'application de la loi de 1860 a modifié cette situation et, aujourd'hui, il reste bien peu de marais improductifs.

Quant au *drainage*, il a pris, également, une extension très-remarquable, surtout dans l'arrondissement de Neufchâtel où dominent les terrains susceptibles de recevoir l'application de cette opération.

Voici, à ce sujet, la statistique du drainage pratiqué dans le département à diverses époques :

ARRONDISSEMENTS.	En 1860		En 1878	
	terres à drainer hect.	terres drainées hect.	terres à drainer hect.	terres drainées hect.
Dieppe........	9,777	9	10,221	106.87
Le Havre.....	882	3.90	947	52.81
Neufchâtel......	34,142	516.92	31,446	1,570.92
Rouen........	20,315	34.39	18,655	57 »
Yvetot........	2,367	3 »	2,450	61 »

Les drainages qui ont été effectués dans le département

sont revenus aux propriétaires au prix moyen de 300 francs par hectare et le bénéfice sur le revenu annuel a souvent dépassé 50 francs par hectare.

Les *irrigations* ont moins progressé et les améliorations se sont bornées à un meilleur égouttement des eaux, par l'application d'un nivellement plus judicieux et, encore, les exploitations sur lesquelles cette amélioration a été effectuée sont-elles assez rares.

D'ailleurs, le système des irrigations, dans l'état actuel et naturel des cours d'eau, n'est praticable que pour les prairies adjacentes à ces cours d'eau.

Il est hors de doute qu'il serait désirable que des travaux pussent être faits pour étendre l'irrigation aux plateaux qui souffrent si souvent de la sécheresse ; mais ce serait là un travail immense et, en raison de la difficulté d'arriver à ménager à la fois les intérêts de l'agriculture et ceux de l'industrie, il est peut-être téméraire de songer à utiliser les cours d'eau naturels pour les appliquer à l'irrigation des plateaux. Si cependant ce problème pouvait être résolu, il est indubitable qu'il en résulterait un avantage immense pour le pays.

La pratique du *marnage* est restée ce qu'elle était, c'est-à-dire que les terres sont marnées tous les vingt à ving-cinq ans dans la proportion de 300 à 500 hectolitres à l'hectare, suivant la nature des terrains, dans la généralité du département.

L'emploi des *engrais* autres que le fumier a pris un assez grand développement pour venir en aide à une moindre production du fumier, conséquence de l'entretien d'un nombre moins considérable de moutons et des exigences d'une culture plus perfectionnée, et il a été suppléé à cette insuffisance dans les exploitations perfectionnées, encore malheureusement en trop petit nombre, au moyen de noir animal, de résidus de diverses fabriques, et surtout du guano et de tourteaux de graines oléagineuses dont l'emploi, dans la contrée, est très-répandu, et plus récemment, mais dans des limites encore très-restreintes, des engrais chimiques.

Les *défrichements* ont eu peu d'importance dans le département. Ils ont été presque insignifiants dans les arrondissements de Dieppe, du Havre, d'Yvetot, de Rouen où on les estime à 4/100ᵉˢ de la surface du sol depuis trente ans. Ils ont été assez nombreux et satisfaisants dans l'arrondissement de Neufchâtel.

8° *Emploi des engrais commerciaux et du fumier.*

En ce qui concerne la production du fumier, on peut admettre qu'en moyenne, dans le département, il est entretenu à peine une demi-tête de gros bétail par hectare, si ce n'est dans les arrondissements du Havre et d'Yvetot où ce chiffre s'élève de 66 à 75 centièmes de tête par hectare.

En admettant une production annuelle de 15,000 kilogrammes de fumier par tête, on voit que les exploitations qui n'entretiennent qu'une 1/2 tête par hectare n'ont à leur disposition que 7,500 kilogrammes de fumier, pour le tiers de cet hectare destiné à recevoir du fumier dans l'assolement triennal suivi dans le département, ce qui représente une fumure de 22,500 kilogrammes à l'hectare, quantité évidemment insuffisante pour une culture améliorée, et, encore, cette proportion n'est-elle pas atteinte dans beaucoup d'exploitations où il n'est entretenu que 1/4 de tête par hectare.

Les exploitations qui entretiennent 2/3 de tête par hectare ont à leur disposition 10,000 kilogrammes pour fumer le 1/3 d'un hectare ou 30,000 kilogrammes à l'hectare, proportion encore un peu faible.

Enfin, quelques rares exploitations entretiennent une tête de gros bétail par hectare et peuvent alors fumer leurs terres à la dose de 45,000 kilogrammes de fumier à l'hectare, proportion à peine suffisante.

On supplée à cette insuffisance du fumier, dans les exploitations aisées et intelligemment dirigées, par l'emploi, comme on l'a déjà indiqué dans la réponse n° 7, de guano, de tourteaux, de noir animal, de suie de cheminée, de cendres, d'engrais humain (dans l'arrondissement de Dieppe), d'herbes marines, de saumures et sels de morue dans les cantons qui avoisinent la mer.

Mais les exploitations où l'on a recours à ce supplément d'engrais sont encore en petit nombre.

On a fait aussi, dans ces derniers temps, quelque peu usage des phosphates de chaux naturels.

L'emploi des engrais chimiques est encore peu répandu.

9° Nombre de bras employés à l'agriculture et prix de la main-d'œuvre.

Le nombre de bras est insuffisant, par suite de la préférence donnée aux travaux de l'industrie qui peut donner à ses ouvriers un salaire supérieur à celui que peut attribuer le cultivateur.

Cette insuffisance de bras a également pour cause l'émigration vers les villes des jeunes garçons et des jeunes filles qui peut être évaluée à 10 pour 100.

Les grands travaux des villes contribuent, en outre, à cette émigration.

Quant au *salaire* des ouvriers et des domestiques, il a, depuis trente ans, augmenté de 33 à 40 pour 100 et, malgré cela, la somme de travail obtenue des ouvriers agricoles est moins considérable que par le passé.

Le *salaire des journaliers* employés en dehors du temps de la récolte est, aujourd'hui, pour les hommes, de 2 fr. 50 et, pour les femmes, de 1 fr. 50, plus la boisson ; pendant le temps de la récolte et jusqu'à la fin des ensemencements d'automne, il est en moyenne de 3 fr. 50 pour les hommes et de 2 fr. pour les femmes.

Quant aux domestiques attachés à la ferme :

Les premiers charretiers sont payés de 500 à 550 francs,

logés et nourris ; les deuxièmes et troisièmes charretiers, de 400 à 450 francs, logés et nourris ; les valets de cour 350 francs, logés et nourris ; les servantes 300 francs, logées et nourries ; les gardiens de troupeaux de vaches ou de moutons, de 400 à 500 francs, logés et nourris.

10° Impôts fonciers ou autres charges qui grèvent la propriété.

A l'exception de la construction ou des grosses réparations des bâtiments, des assurances des bâtiments contre l'incendie qui sont ordinairement payées 1/2 par le propriétaire et 1/2 par le fermier, au moyen d'une assurance collective, les charges qui grèvent la propriété sont ordinairement mises, par les baux, à la charge du fermier.

Ces charges, en dehors du prix de location, sont les suivantes :

	Fr. c.	
Impôts directs, environ.	16.50	par hectare.
Prestations en nature.	3 »	—
Assurance mobilière.	1 »	—
1/2 de l'assurance immobilière.	0 50	—
Assurance contre la grêle.	2 »	—
Charges locales pour le bureau de bienfaisance.	0 50	—
Entretien locatif des bâtiments et couvertures.	6 »	—
Entretien des haies et fossés.	1 »	—
Entretien des chemins (main-d'œuvre) le caillou supposé trouvé sur la ferme.	1 »	—
Redevances en nature.	0 50	—
Boisson aux ouvriers employés par le propriétaire.	0 30	—
Charrois pour le propriétaire.	2 »	—
Ensemble.	34.30	par hectare.

11° La viabilité, les transports et les débouchés.

Le département est dans des conditions très-convenables sous le rapport de la viabilité.

Il ne comporte pas moins de :

590 kilomètres de routes nationales.
847 — de routes départementales.
4,177 — de chemins de grande communication.
4,332 — de chemins vicinaux ordinaires.

Soit 9,946 kilomètres de routes diverses de terre.

Il comprend en plus :

371 kilomètres de chemins de fer d'intérêt général.
87   —   de chemins de fer d'intérêt local.

Il est en outre traversé, de l'est à l'ouest, par la Seine, dont les endiguements, en même temps qu'ils ont livré à l'agriculture des milliers d'hectares d'alluvions, ont permis à des navires d'un tonnage qui souvent dépasse 2,000 tonneaux, de remonter jusqu'à Rouen.

Les transports sont donc rendus faciles, et cette facilité est encore appelée à s'accroître par la création projetée de plusieurs tronçons de chemins de fer d'intérêt local et d'un certain nombre de chemins de fer routiers.

Seulement, les tarifs des chemins de fer demanderaient à être diminués.

Les transports pour les exportations s'effectuent soit par la Seine, soit par les chemins de fer jusqu'aux ports d'embarquement, disséminés sur le littoral et qui facilitent les *débouchés* qui ont lieu surtout vers l'Angleterre, pour tous les produits agricoles, et vers la Suède et la Norvége pour les Seigles.

Les transports de la ferme aux marchés qui l'environnent, aux ports d'embarquement ou aux chemins de fer qui doivent y faire arriver les produits, sont effectués par le fermier lui-même.

Conformément à l'invitation qui lui en a été faite par la circulaire de la Société nationale d'agriculture de France, le soussigné croit devoir donner son avis sur la 5ᵐᵉ Question posée à la Société par la circulaire ministérielle, savoir : Quelle influence ont exercée sur les grains, le commerce de la boulangerie, celui de la boucherie, la législation sur les grains et les traités de commerce ?

Le soussigné est d'avis que cette influence a été des plus défavorables à l'agriculture du département, en abaissant

le prix de vente de ses produits, surtout dans ces dernières
années, depuis que l'introduction des Blés américains
s'est développée à un tel point que, malgré une récolte
complètement insuffisante, comme celle de 1878, qui eût
dû avoir pour conséquence l'élévation des prix de vente,
dans des proportions normales, ce prix s'est de plus en
plus abaissé et est arrivé depuis longtemps déjà à un taux
qui constitue une perte très-sensible pour le cultivateur.

Il en est de même de l'entrée en franchise des laines,
des fruits et graines oléagineux et des Lins étrangers qui
a privé l'agriculture de l'avantage qu'elle trouvait dans
l'entretien de nombreux troupeaux de moutons et dans
les cultures industrielles, et qui venait en déduction du prix
de revient du Blé.

Quant au commerce de la boulangerie, la consommation
du pain n'a pas augmenté. Le consommateur est bien loin
d'avoir profité du bas prix des Blés, dans la proportion de
cet abaissement.

La liberté de la boulangerie, en multipliant les établissements, a nécessairement réduit leur importance relative,
de sorte qu'aujourd'hui, les frais généraux étant répartis
sur un moins grand nombre de sacs de farine travaillés
dans chaque boulangerie, le prix du kilogramme de pain
s'en élève nécessairement, surtout par suite de la suppression de la taxe du pain.

Pour ce qui est du commerce de la boucherie, le consommateur n'a pas davantage profité de l'abaissement qui
s'est produit dans ces derniers temps sur le prix de la vente
de la viande sur pied. On en a déjà indiqué la cause principale dans la libre entrée des cuirs, peaux et suifs étrangers qui, en diminuant la valeur que le boucher retirait
du cinquième quartier, a dû nécessairement élever le prix
de la vente au détail. Une autre cause est due à la difficulté, pour les bouchers, de placer les bas morceaux qu'ils
ne peuvent plus vendre qu'à des prix très-réduits, ce qui
les oblige à élever le prix des morceaux des qualités
moyennes et supérieures.

Il est donc indispensable, sous tous les rapports, selon l'avis du soussigné, que l'agriculture soit placée sous les mêmes conditions de protection que l'industrie, et que des droits qui ne seraient que la représentation des charges qui pèsent sur l'agriculture française et que n'ont pas à supporter les produits étrangers, soient établis sur l'importation des grains, graines et fruits oléagineux, sur les Lins, la laine, les cuirs, peaux et suifs, et qu'une majoration rationnelle du tarif, soumis à l'appréciation des Chambres, ait lieu pour les bestiaux, viandes fraîches et salées, et autres produits similaires à ceux de l'agriculture française qui ne sont pas suffisamment protégés par le tarif proposé, et que ce tarif reçoive les modifications qui ont été adoptées dans la réunion générale des Sociétés agricoles du département de la Seine-Inférieure tenue le 13 février 1879, à Rouen.

Le soussigné émet avec insistance l'avis qu'aucun traité de commerce ne soit renouvelé ou conclu, de manière à ne pas engager l'avenir, mais qu'un tarif général soit établi sous forme de loi.

La circulaire ministérielle renferme encore une question qui n'est pas reproduite dans le questionnaire de la Société nationale d'agriculture de France, c'est celle relative au *capital d'exploitation* et aux profits que le cultivateur peut en retirer.

Le soussigné ne croit pas inutile de donner quelques renseignements sur cette question, en ce qui concerne le département.

Le capital d'exploitation n'est, en moyenne, que de 500 francs par hectare, dont 75 francs en instruments; 250 francs en bestiaux; 125 francs en avances au sol, travaux préparatoires, ensemencements, et en provisions en magasin pour attendre la récolte.

Ce capital d'exploitation, pour une culture perfectionnée, devrait être porté de 800 à 900 francs par hectare et, pour une culture intensive, de 1,000 à 1,200 francs.

Le capital affecté moyennement, dans le département, à l'exploitation et qui, chez un grand nombre de fermiers, est même encore inférieur à 500 francs par hectare, est donc insuffisant; mais les moyens de crédit pour l'accroître manquent complètement à l'agriculteur.

Le fermier n'a pas généralement de crédit en banque. Ses opérations se réalisent à trop long terme pour qu'elles puissent, dans l'état actuel des choses, prendre place parmi les opérations commerciales. Le banquier ne prête ordinairement qu'à trois mois et sur signatures connues, tandis que les valeurs actives du cultivateur ne sont, le plus souvent, réalisables qu'à l'expiration d'une année.

En outre, le prêteur voit lui échapper sa garantie, le mobilier garnissant la ferme, comme les récoltes à en provenir, étant affectés par privilége à la garantie du propriétaire.

Aussi le cultivateur qui a un capital insuffisant est-il obligé de recourir à des emprunts à très-gros intérêts, qui sont le plus souvent pour lui une cause de ruine; car, souvent, il doit emprunter à 8 et 10 pour 100, et même plus, des capitaux qui lui rapportent à peine 4 à 6 pour 100, suivant les années, sans avoir pour son travail et son industrie d'autre compensation que l'entretien de sa famille, qui passe dans les frais généraux.

Conclusion.

En attendant que le dégrèvement des impôts qui frappent, à l'intérieur, le cultivateur ou ses produits, la création de grands travaux qui lui permettent de profiter, sur les plateaux, des bienfaits de l'irrigation, l'organisation d'un système de crédit agricole réellement accessible et profitable au cultivateur, la création de chemins de fer d'intérêt local et de chemins de fer routiers qui facilitent et rendent plus économiques les transports, aient pu placer l'agriculture dans des conditions de production plus favorables, il est essentiel d'établir, provisoirement, à l'importation des produits agricoles étrangers, des droits qui compensent les charges qui grèvent l'agriculture française, droits que les tarifs qui les auront fixés pourront toujours modifier ou même faire disparaître, lorsque le moment en sera venu. Mais il semble complétement illusoire de se contenter de promettre à l'agriculture, comme compensation de ses charges, des facilités que, depuis dix-huit ans, elle attend en vain et qu'elle attendra longtemps encore.

---

9. — *Réponse de M. Verrier.*

Rouen, le 29 mai 1879.

J'allais me mettre à l'œuvre pour résumer tous les renseignements que j'avais recueillis, et dire aussi ce que je savais déjà, quand j'ai eu l'heureuse chance de prendre connaissance d'un Rapport très - complet qui vous a été adressé par mon honorable collègue et ami, M. Fauchet.

Ce lumineux Rapport résume tellement, et d'une manière si complète ce que je pense, et que je vous aurais dit beaucoup moins bien, que je ne puis que m'y référer absolument.

Ce travail est, d'ailleurs, appuyé par des documents certains, indéniables, qui lui donnent toute autorité.

La vérité est que notre agriculture souffre beaucoup de l'avilissement du prix des céréales, des graines oléagineuses, des Lins, des cuirs, des suifs, des laines, conséquence naturelle de la législation de 1860.

Le prix de la main-d'œuvre qui a presque doublé depuis vingt-cinq ans, le rendement du travail qui a diminué d'un tiers depuis le même espace de temps, les charges de toute nature qui pèsent sur notre agriculture, lui rendent la situation très-précaire. Aussi trouve-t-on difficilement, aujourd'hui, des fermiers, pour les grandes exploitations surtout. Il n'y a guère que les moyennes et les petites cultures qui vivent, à la condition que le chef de la famille, sa femme et ses enfants feront la plus grande partie de la besogne.

Ce tableau paraîtra peut-être forcé, et on pourra m'opposer de grandes cultures qui prospèrent, je n'y contredis pas ; mais ce ne sont là que des exceptions et qui tiennent à des situations particulières qui ne sont pas la règle : la vérité est dans ce que je dis.

Voilà pour le présent ; mais au moins l'avenir nous ouvre-t-il des horizons plus encourageants ? Il est permis d'en douter si nous restons dans les situations économiques où nous sommes aujourd'hui.

En effet, que doit donc le plus redouter notre agriculture nationale ? la concurrence étrangère. Eh bien ! cette concurrence vient seulement de se manifester par ses effets, et déjà nous en ressentons lourdement le contre-coup. Que sera-ce donc quand ce nouveau monde, si vaillant en toutes choses, aura donné tout ce qu'il peut, et il peut tant !

Mais, encore, est-il le seul à nous menacer de l'encombrement de ses produits ? Non assurément.

La Russie, l'Allemagne, l'Autriche, l'Italie, sont loin de pouvoir consommer toute la viande qu'ils produisent, et les états de douanes sont là pour nous dire les ressources alimentaires que nous pouvons attendre de ce côté.

Est-ce un bien, est-ce un mal ? Le question n'est pas là. Le fait dominant, c'est que notre agriculture souffre et qu'elle a besoin qu'on lui vienne en aide pour pouvoir soutenir la concurrence étrangère. Il lui faut ou des droits protecteurs, ou la diminution des charges qui l'écrasent aujourd'hui ; voilà, au moins ce qui me paraît nécessaire pour ce qui nous concerne.

La question est grave et délicate, je le sais ; mais entre les mains si puissantes de la Société nationale, elle ne peut que recevoir une solution conforme aux vrais intérêts de notre agriculture nationale ; aussi, est-ce avec confiance que je m'y abandonne.

2ᵉ RÉGION. — OUEST.

Cette région comprend les départements des Côtes-du-Nord, du Finistère, d'Ille-et-Vilaine, de la Loire-Inférieure, de Maine-et-Loire, de la Mayenne, du Morbihan.

DÉPARTEMENT DES COTES-DU-NORD.

10. — *Réponse de M. Edmond de Roquefeuil.*

Kergréc'h, par Tréguier, le 29 mai 1879.

Exploitant moi-même et par métayage, depuis près de trente ans, dans deux parties tout à fait distinctes du département, d'abord sur le littoral, dans le pays de Tréguier, une des parties les plus fertiles de ce qu'on appelle la ceinture dorée ou le jardin à céréales de la Bretagne, et aussi dans le canton de la Chèze, au centre de la province, pays, au contraire, peu favorisé par les circonstances climatériques et privé des engrais de mer, je crois me trouver dans des conditions favorables pour pouvoir donner un aperçu assez exact sur la situation de l'agriculture du département des Côtes-du-Nord, en m'appuyant sur mes observations personnelles et la pratique de mes exploitations.

1° *Division de la propriété.*—La division de la propriété

va toujours croissant, sous l'empire de notre législation, imposant le partage égal, et privant le père de famille de la
liberté primordiale et du droit naturel de disposer de son
bien, après lui, au mieux des intérêts de ses descendants.

Cette division a produit une hausse générale progressive
du prix de location de la terre ; les petites fermes, les pièces
de terre isolées, dont le prix va toujours en augmentant,
se louent un prix tellement élevé que, dès qu'une mauvaise récolte se produit ou une baisse un peu forte des
denrées locales, les petits fermiers ne parviennent pas à
payer leurs fermages, ou ne les paient qu'en se privant,
pour ainsi dire, du nécessaire. Les grandes fermes, elles-
mêmes, appartenant à des moyens propriétaires, appauvris
à chaque génération par le partage égal, se louent aussi
excessivement cher. Le mal, de ce côté, n'a fait que grandir
progressivement depuis 1861, comme avant cette époque,
en s'aggravant beaucoup, depuis que l'invasion des denrées
étrangères est venue, sans entraves, encombrer nos marchés
et faire naturellement la baisse sur les principaux produits
de notre agriculture.

2° *Production des céréales.*— La production des céréales
ne s'est guère modifiée, pas plus sur notre littoral que dans
l'intérieur des terres, depuis 1861. Se vendant, en moyenne,
moins cher depuis nos malheureux traités de commerce, tandis que le prix de location de la terre s'est élevé, ainsi que les
impôts de toute nature, les céréales sont un produit moins
rémunérateur et couvrent à peine leurs frais de production ;
mais le cultivateur n'ose pas en restreindre trop la culture,
surtout depuis qu'il voit que les débouchés du bétail tendent à se fermer, aussi, comme ceux des céréales, par suite
de l'invasion des viandes d'Amérique. Nous trouvons, dans
nos ports, d'excellent lard à 60 centimes le kilogramme,
prix auquel nous ne pourrions pas vendre nos porcs vivants
sans y perdre, et l'on n'ignore pas aussi les menaces de
baisse pour les animaux de l'espèce bovine que ne manquera pas d'occasionner l'importation croissante des viandes

Enquête.   5

salées et fraîches et même des animaux vivants du Nouveau-Monde.

3° *L'élevage, l'engraissement*, etc. — Pour rester entière-ment dans la vérité, il faut dire cependant que la baisse des céréales avait poussé le cultivateur vers l'élevage du bétail ; on commençait à donner un peu plus d'importance aux racines et autres fourrages artificiels et à mieux soigner les prairies naturelles ; mais si la baisse redoutée pour les animaux fait de nouveaux progrès, l'élan qui s'était pro-duit, de ce côté, s'arrêtera promptement. Les débouchés étaient largement suffisants pour tous les produits du bé-tail avant 1861, grâce à notre voisinage de la mer et aux chemins de fer nous donnant accès aux marchés de Paris. Ils sont les mêmes depuis, et si une légère amélioration dans la production est survenue, c'est parce que la culture des céréales est devenue moins avantageuse.

4° *Plantes industrielles*. — Le département cultive trois plantes industrielles, le Lin, le Chanvre et le Colza. La culture du Colza était même très-peu importante avant les traités ; elle a complétement disparu du département, comme cela devait être, depuis que l'importation croissante a pro-duit la baisse.

La culture du Chanvre ne se fait que sur une petite échelle pour les besoins locaux ; son importance a peu varié.

Quant au Lin, il occupait un quinzième environ des terres du littoral et ne se cultivait qu'en petit dans l'inté-rieur. C'était, sans contredit, la culture la plus lucrative ; mais, depuis le libre-échange, elle est beaucoup moins avantageuse et a diminué à peu près de moitié.

5° *Production forestière*. — Assez importante dans l'inté-rieur, nulle sur le littoral, cette production n'a subi aucun changement marqué comme importance, mais elle est aussi fortement atteinte par l'importation des fers étrangers qui a éteint à peu près nos principaux hauts-fourneaux qui consommaient une grande quantité de bois.

6° Nous n'avions, pour ainsi dire, qu'une seule *industrie agricole*, le teillage mécanique du Lin. Presque toutes nos usines, crées avant 1861 dans ce but, ont été tuées par les traités de commerce. Le teillage à la main, qui occupait aussi un grand nombre de bras de femmes, d'enfants, d'infirmes et d'hommes valides, a perdu également beaucoup. Dans le canton de Tréguier, entre autres, nous avions deux de ces usines qui ont cessé de fonctionner.

Nous y avons aussi une belle huilerie, mais elle souffre aussi beaucoup de la baisse sur les huiles.

7° *L'outillage agricole* a contribué à s'améliorer petit à petit depuis 1861, comme auparavant, sans qu'on puisse remarquer aucune différence bien sensible entre ces deux périodes.

8° *L'emploi des engrais commerciaux et du fumier* n'a pas changé non plus d'une manière appréciable; il y a cependant une tendance à acheter moins d'engrais, depuis deux ans, surtout, que la baisse des produits coïncide, *ce qui ne s'était jamais vu dans le passé*, avec de mauvaises récoltes.

Du reste, ce n'est que dans l'intérieur que la culture fait un grand usage des engrais commerciaux. Sur toute la zône du littoral, la fumure au fumier est généralement complétée par le goëmon ou varech, que produisent abondamment nos côtes, et par le sable coquillier (tréz ou maërl) qui sert surtout comme amendement.

Habitant, à l'embouchure de la rivière de Tréguier, une commune qui forme un cap et a une grande étendue de côtes, très-riches en goëmons, surtout, et possédant aussi des bancs coquilliers, je puis constater *de visu* l'état du commerce de ces engrais ou amendements, et je vois notre nombreuse flotille de bateaux qui, depuis de longues années, était activement occupée à transporter ces précieuses ressources, condamnée, en grande partie, au chômage. Aussi notre nombreuse population maritime souffre dans des proportions affligeantes, que ceux qui vivent au milieu d'elle peuvent seuls apprécier. Les hommes valides, qui ne vont pas à la pêche d'Islande, ont la ressource d'aller s'embarquer dans nos grands ports; mais les marins, un peu vieux ou frappés de quelque infirmité et qui ne trouvent pas à naviguer au commerce, sont condamnés à de rudes privations, avec toute leur famille, qui les aide pour la récolte du goëmon épave et du goëmon de rive.

Les cultivateurs vendant mal leurs produits manquent de capitaux, et achètent, à tort probablement, le moins possible d'engrais ; aussi ces précieux produits ont baissé de près de moitié et on trouve difficilement à les vendre, même en consentant à cette forte baisse.

9° Le nombre des bras employés à l'agriculture reste à peu près le même que dans le passé, sur notre littoral, où nous n'avons guère d'autre émigration que celle des marins, et dont les proportions ont peu changé depuis longtemps.

Dans l'intérieur, au contraire, un très-grand nombre de travailleurs valides vont passer quatre ou cinq mois pour faire la récolte des foins, des céréales, et les premiers ensemencements en Vendée, dans le Maine et l'Anjou, attirés vers ces contrées par des salaires plus élevés, provenant du manque de bras dont tout le monde connaît l'abominable et triste cause principale. Aussi les ouvriers agricoles se trouvent maintenant en nombre insuffisant, au moment des grands travaux, et les salaires ont augmenté d'un tiers au moins en été, surtout depuis que cette émigration s'est accentuée.

10° *Les impôts* fonciers et autres grèvent la propriété, dans les Côtes-du-Nord, comme dans le reste de la France.

Nos immenses armées permanentes et notre bureaucratie, de plus en plus nombreuse, notre corps enseignant officiel, dont le budget augmente chaque année, quand il est évident que l'initiative privée suffirait largement à l'enseignement et surtout à la bonne éducation de la nation, si nous avions la vraie liberté de l'enseignement, sont autant de causes qui ont élevé notre budget à un chiffre exorbitant, écrasant de plus en plus la propriété foncière et lui rendant très-difficile, pour ne pas dire impossible, la lutte avec la concurrence étrangère qui n'a pas les mêmes charges à supporter.

11° La viabilité est très-satisfaisante, sauf pour les chemins ruraux que l'on oublie, tandis que l'on emploie de gros millions à construire des théâtres, comme l'Opéra, pour la démoralisation du peuple, de splendides boulevards ou des palais, etc., etc. Une fois sortis de ces bourbiers ruraux, qui s'améliorent cependant un peu dans les parties riches du département, grâce à l'initiative privée, le transport des produits s'effectue facilement vers nos ports de mer, nos chemins de fer et nos canaux.

Quant aux débouchés, ils sont à peu près les mêmes que dans le passé. La vente des grains, des bestiaux et de tous les produits de la culture n'offrait aucune difficulté sous le régime protecteur de l'échelle mobile, notre agriculture prospérait et faisait des progrès incessants depuis la Restauration, et sous le règne de Louis-Philippe et la première partie de l'Empire.

Il résulte de tout ce qui précède qu'à nos yeux, la principale cause des souffrances actuelles de notre agriculture, en dehors des mauvaises récoltes qui sont un accident de tous les temps, et des vices de notre législation, est évidemment l'abandon subit et sans transition du système protecteur. Les traités de commerce n'ont pas favorisé nos débouchés, largement suffisants dans le passé, mais ont rompu les digues de la production étrangère qui, n'étant pas grevée des mêmes charges, a pu nous inonder, malgré les prix relativement élevés des transports, comme c'était facile à prévoir, et comme le voyaient clairement tous les esprits non aveuglés par les utopies libre-échangistes.

Quant aux réformes et améliorations qu'il nous semble possible de faire pour rétablir et assurer la prospérité de l'agriculture, elles sont nombreuses et de l'ordre le plus élevé et, puisqu'on veut bien nous le demander, nous nous faisons un devoir de les indiquer sommairement :

1° Avant tout, donner aux jeunes générations, grâce à des écoles tenues par des maîtres vraiment civilisés, c'est-à-dire chrétiens, une éducation solidement chrétienne, afin de leur inspirer l'amour de la famille, de la paroisse, de la patrie, un profond sentiment du devoir, des goûts, simples, honnêtes et laborieux.

De cette façon, les mœurs s'amélioreraient, l'émigration vers les villes serait restreinte, et l'on aurait des familles agricoles d'autant plus nombreuses et valides qu'une éducation plus chrétienne aurait contribué à les rendre moins égoïstes et vicieuses (1).

2° Respecter toutes les libertés de droit naturel, et surtout cette liberté primordiale du père de famille de disposer de sa fortune, aussi bien après sa mort que de son vivant, en créant la liberté de tester. Sinon le morcellement, avec ses désastreuses conséquences, ira toujours en s'aggravant, au détriment de la prospérité générale.

3° Consulter les hommes les plus sages, les plus éclairés du pays, afin d'aviser aux moyens de réformer nos lois, de manière à diminuer, petit à petit, le budget, qui enlève à l'agriculture, comme aux autres industries, une partie notable de ses capitaux, pour les employer à des dépenses dont beaucoup sont improductives, inutiles ou même nuisibles.

5° *Supprimer en toute hâte les traités de commerce*, qui nous lient sans aucun véritable avantage, et revenir à un système de protection qui impose aux produits étrangers, à leur entrée chez nous, des droits équivalents au moins aux charges de tous genres qui pèsent sur notre production nationale.

---

(1) Quatre lignes ont été supprimées conformément à la prescription rappelée à la page 9.

6° Encourager vigoureusement l'agriculture, en mettant de fortes primes à la disposition des comices et autres Sociétés agricoles. Réparer ainsi, autant que possible, le dommage immense résultant de l'application des théories du libre-échange.

Si l'on entrait franchement dans la voie de ces réformes indiquée par le simple bon sens, notre agriculture redeviendrait prospère, elle reprendrait sa marche progressive, la production nationale augmenterait dans de fortes proportions, l'abondance produirait petit à petit une baisse favorable aux consommateurs, dont les capitaux resteraient dans le pays, au lieu d'aller enrichir l'agriculture de l'Amérique, de la Russie ou même de l'Inde, comme cela a lieu maintenant.

---

11. — *Réponse de M. Kersanté.*

Brenan-en-Ploubalay, le 26 mai 1879.

En présence des souffrances générales que subit depuis plus d'une année le monde agricole français et du découragement qui envahit son esprit, naturellement si ardent au travail et si plein d'espérances, il appartenait au Gouveanement de prendre en main l'initiative d'une information officielle sur les causes de ces alarmes, afin de témoigner du grand intérêt qu'il porte à l'agriculture et de prouver aux vingt-cinq millions de travailleurs qu'occupe cette industrie-mère, qu'il entend, avant tout et sans acception de théorie préconçue, sauvegarder les intérêts et la sécurité de leur existence.

Il résulte de la lettre ministérielle, adressée à la Société nationale, que ce que le Gouvernement tient à savoir, c'est quelle était la situation de l'agriculture française avant la législation douanière de 1861, et quelle a été celle situation sous l'empire de cette législation; et enfin quelle influence elle a pu exercer sur la crise actuelle. C'est en comparant ces époques que l'on pense pouvoir apprécier l'*efficacité* ou l'*inefficacité* de cette législation.

I. — Déjà, avant 1861, la propriété présentait, dans ce département, une division telle qu'il n'existait plus de grandes exploitations agricoles : elles étaient rares au-dessus de 50 hectares et nombreuses au-dessous de 25 hectares.

Depuis 1861 ce mouvement du morcellement n'a pas cessé de s'accroître, imposé par deux causes principales, savoir :

1° L'application des principes du code civil dans le partage des héritages où l'amour de la propriété fait que chacun exige son lopin de terre;

2° Et l'intérêt des vendeurs de biens, qui fait qu'aujourd'hui, en présence de cette passion pour la possession du sol et de cette vérité qu'il existe beaucoup plus de petites bourses que de grandes, ils ont pris l'habitude de diviser les propriétés pour les vendre par lots ou parcelles de minime étendue. Ce moyen de provoquer la concurrence amène les prix de vente à des chiffres exagérés qui, pris comme base d'appréciation, donnent souvent à la terre une valeur factice et fausse.

Est-ce un bien ?

Oui, si l'on considère l'amélioration des parcelles possédées qui, généralement, forment tout le domaine d'hommes économes et laborieux qui étaient la crème des ouvriers ruraux et qui, devenus propriétaires, pour tirer parti d'un terrain très-cher, concentrent tous leurs soins pour en accroître la production.

Mais *non*, si l'on considère l'intérêt général de l'agriculture qui manque de bras et que l'éparpillement de ces exploitations en miniature prive de la meilleure partie de ses ouvriers en surchargeant les produits de frais de revient.

Ces petits propriétaires, en effet, qui, auparavant, prêtaient leur concours au travail des exploitations plus importantes de leur voisinage, préfèrent vivre maigrement sur leurs parcelles insuffisantes, où ils sont indépendants et n'ont d'ordre à recevoir de personne, plutôt que de reprendre l'outil de l'ouvrier salarié. En outre, la position de cet ouvrier émancipé du salaire fait envie à ceux qui n'ont point encore de suffisantes économies pour acquérir aussi leur petit domaine, et les rend plus exigeants quand ils louent leurs services, soit à la *journée*, soit à l'*année*. Cet entraînement de l'exemple est très-puissant, et impose à la véritable exploitation agricole un surcroît de charges par l'augmentation du salaire de la main-d'œuvre.

Si donc, au point de vue de la moralisation des masses populaires, que la possession de la propriété rattache aux idées d'ordre et de probité, la division des héritages présente des avantages, il est incontestable qu'au point de vue de l'économie rurale et du véritable progrès agricole, elle est préjudiciable au développement des sérieuses améliorations culturales : irrigations, drainage, assolements, etc. Ce morcellement s'est accru d'un *vingtième* depuis 10 ans.

En outre, devant cette gêne de l'agriculture, les ouvriers ruraux se sont vus nécessaires ; leur esprit s'est nourri d'égoïsme et de suffisance au point que, par ténacité d'orgueil, ils préfèrent rester dans le chômage et dans une pénurie quotidienne évidente, plutôt que de céder sur le taux des salaires qu'ils ont la volonté d'imposer au cultivateur qui n'en peut mais ; ou bien s'en aller au loin chercher et accepter des salaires souvent inférieurs à ceux que leur offre le pays natal.

C'est à ces froissements des relations entre maîtres et serviteurs que l'on doit, en grande partie, la dépopulation des compagnes qui alarme, depuis quinze ans, l'agriculture. Avec la disparition du respect de l'*autorité*, a disparu le culte du foyer domestique chez l'enfant, qui a hâte de quitter l'école pour prendre son vol vers l'inconnu.

Nous sommes donc, à cet égard, en France, dans le courant d'un esprit de mépris de toute autorité, et d'insubordination qui condamne le cultivateur à restreindre sa main-d'œuvre, et à mal faire ses travaux agricoles, tout en payant très-cher celle, incertaine et insuffisante, qui lui reste. Et cet esprit funeste, qui envahit toutes les couches du travail national, la France le doit, incontestablement, à une instruction primaire mal dirigée, déplorable, funeste, qui fait, des enfants du cultivateur, de petits philosophes, dont la paresse égale la suffisance ; au lieu d'en faire des sous-officiers intelligents, laborieux et instruits de la grande armée agricole.

II. — Le prix de la location des terres ne s'est pas élevé depuis 1861 de plus d'un *quart* à un *cinquième* de ce qu'il était auparavant. Et cette élévation ne s'est produite qu'en proportion des facilités de débouché et de transport acquises aux exploitations, par la création des routes nouvelles et des chemins de fer.

Les propriétés qui se sont trouvées ainsi favorisées ont vu leurs prix de fermage s'élever de 40 à 50 francs l'hectare pour les terres inférieures, et de 75 à 95 francs l'hectare pour celles de bonne qualité.

On peut donc affirmer que ce sont les nouvelles facilités de transport pour les engrais et l'écoulement des produits, qui ont été la cause vraie de l'augmentation des prix de fermage.

III. — Les anciens assolements ont subi peu de modifications. Le département, inféodé aux traditions de l'assolement *triennal*, le conserve sur la plus grande partie de son territoire. C'est qu'il a sa raison d'être à cause des produits qui doivent être demandés à un sol à peu près complétement dépourvu de calcaire. Les *Sarrasin*, *Pommes de terre*, *Carottes*, *Choux*, *Betteraves*, *Trèfles*, remplissent la première sole ; le *Blé* ou *Seigle* la seconde ; l'*Avoine* et l'*Orge* la troisième. Mais l'*Orge* et le *Trèfle* ne réussissent bien que dans la région du littoral.

Dans cette région, qui est voisine de la mer, où les *tangues* et sables *coquilliers* ont pu être économiquement administrés à la terre, l'assolement a été transformé, dans beaucoup de propriétés, en assolement *biennal*. Et cette amélioration a été due aux impulsions persévérantes des Comices cantonaux qui, placés à la porte des cultivateurs, sont seuls capables de vulgariser et de faire accepter les bonnes méthodes indiquées par la science agronomique.

Aussi, grâce à ces impulsions, ces Comices, aussi modestes que dévoués, ont fait introduire très-largement dans les cultures les plantes fourragères ; ils ont poussé au développement de l'élevage du bétail, et, par suite, à la fabrication d'une plus grande somme de fumiers.

C'est à ces améliorations que l'on doit le progrès qui a été réalisé, depuis vingt ans, dans l'agriculture de ces contrées. *Voies* de transport et *vulgarisation* de la science agronomique, voilà les causes vraies de ce progrès.

IV.—Dans le département des Côtes-du-Nord la base de l'agriculture est la production des *céréales*. On avait pensé que, sous l'étreinte de l'obligation de soutenir la lutte contre la concurrence étrangère à laquelle la législation de 1861 la livrait pieds et poings liés, cette industrie allait faire, dans la voie des améliorations, des efforts capables de doubler l'ancien rendement du sol. Mais l'agriculture n'est pas une usine, qu'on améliore sûrement par l'adjonction de ressorts ou rouages supplémentaires qui lui donnent la puissance de doubler sa production. Le sol est un instrument soumis à toutes les éventualités de désorganisation. Par le froid, par les tempêtes, par la grêle, par la chaleur, par les invasions d'insectes, ou l'envahissement de végétations parasites, il est amené à tromper chaque année les espérances du cultivateur. Ces efforts ont été faits avec la plus persévérante ardeur, et ils ont poussé le progrès agricole à un degré qu'il sera difficile de dépasser d'une manière notable, à moins de faire de grands sacrifices d'argent.

Et, cependant, malgré cette ardente impulsion, qui criait à l'agriculture : *Vaincre ou mourir*, je dois constater que, si la superficie cultivée du sol s'est agrandie d'au moins un *huitième*, la somme de rendement à l'*hectare* n'a pas dépassé celle antérieure à 1861, dans la mesure qu'on devait attendre.

Avant cette époque, la moyenne du rendement à l'hectare était :

1° Pour le Blé, de 1,400 kilogrammes ; elle est arrivée depuis à 1,700 kilogrammes.

2° Pour le Seigle, de 1,300 kilogrammes ; elle est arrivée depuis à 1,500 kilogrammes.

3° Pour l'Orge, elle était de 1,500 kilogrammes ; elle est arrivée, depuis, à 1,800 kilogrammes.

4° Pour le Sarrasin, elle était de 1,300 ; elle est arrivée depuis à 1,600.

Depuis 1861, l'emploi, en agriculture, des *chaux* de la Mayenne, des *noirs* de Dunkerque, des *guanos*, des *phosphates*, des *tangues* de mer et des *sables coquilliers*, a été pratiqué sur une large échelle. Mais les frais de transport de ces engrais et amendements, que ne protègent pas les tarifs des chemins de fer, sont très-élevés ; et leur prix, rendus sur le terrain des exploitations, augmente, d'une manière considérable, le *prix de revient* du produit. Car, il ne suffit pas, pour soutenir une industrie, d'en augmenter la production, si, pour y arriver, on est obligé de faire des avances que cette augmentation ne fait que compenser.

Il n'est donc pas admissible que, en présence des efforts faits par le cultivateur, depuis 1861, la production des céréales puisse recevoir, dans l'avenir, une augmentation capable d'abaisser son prix de *revient* au taux qui lui est indispensable pour pouvoir lutter contre l'Amérique, dont nous signalerons plus loin la puissance agricole (§ XIV).

V.—Mais, en présence des alarmes de l'agriculture française, dont les produits, chargés d'un lourd *prix de revient* pour les grains, n'en restent pas moins à *vil prix* sur les marchés, les partisans, qnand même, du système douanier du *libre-échange*, disent : *Si la culture des grains vous laisse de la perte, faites de la viande !*

Les cultivateurs n'ont pas attendu ce conseil pour en faire. C'est là que, depuis deux ans, il se réfugient en présence du bas prix des céréales. Si, en effet, cette branche agricole avait un écoulement assuré de ses produits, l'*engraissement* et la *vente* du bétail seraient, pour le cultivateur, une ancre de salut. Mais quelle est la situation ?

Le bétail, qui garnit aujourd'ui les exploitations dans ce département, est supérieur en *nombre* et en *qualité* à ce qu'il était il y a vingt années. Quand l'agriculteur a vu s'ouvrir devant lui les débouchés que procure la multiplicité des chemins et routes, des lignes de bateaux à vapeur, des chemins de fer, et, s'accroître, sans cesse, le prix de la main-d'œuvre et de toute chose nécessaire à la vie, il a compris qu'il fallait, pour vaincre ces obstacles, agrandir le champ de l'exploitation, et améliorer les méthodes culturales pour augmenter le rendement. Se rappelant le vieil *adage* que, pour faire du *Blé*, il faut faire du *pré*, c'est-à-dire, entretenir un plus grand nombre de têtes de bétail, et fabriquer une plus grande somme de fumiers, il a agrandi ses surfaces fourragères, fait entrer dans ses assolements la culture des racines, et donné à l'élevage des soins particuliers.

Aussi, on peut affirmer que la quantité de bétail des diverses races, sauf la race ovine, s'est augmentée d'un *sixième* à un *septième*.

La population chevaline qui était, il y a vingt ans, de 95,000 chevaux environ, pour le département, dépasse aujourd'hui 110,000.

Les sujets de la race bovine, qui s'élevaient en nombre à environ 275,000 têtes, dépassent aujourd'hui 290,000.

Ceux de la race porcine, qui s'élevaient à environ 100,000, dépassent aujourd'hui 112,000.

Enfin, les moutons, dont le nombre était d'environ 185,000, ne dépassent pas aujourd'hui 140,000 têtes. Mais la *qualité* s'est améliorée par croisement avec les races anglaises. Cependant, le gros de cette population ovine consiste dans les petits moutons de *landes*, et de ceux de marais, dits *prés-salés*, qui vivent sur les rivages de la mer.

C'est surtout depuis la guerre funeste de 1870 que l'élevage a pris un essor énergique, stimulé par l'abondance des demandes d'achat que nécessitait le vide fait sur le territoire par les désastres de cette guerre. Cette exportation à l'intérieur, d'un département à l'autre, a suffi pour donner un mouvement important au commerce du bétail. Mais le vide s'est comblé, et la baisse des animaux sur pied, comme celle du prix des laines, est revenue *sauf en ce qui concerne les chevaux*, et l'élevage des autres races s'arrête.

L'engraissement ne se pratique dans ce département que pour les besoins intérieurs, sauf dans sa partie sud-ouest, où l'engraissement du bœuf, assez suivi, permet d'exporter le trop plein en Angleterre. Mais cette exportation est peu importante, et chaque jour entravée. L'exportation des veaux dans les mêmes ports était, autrefois, très-active ; mais ce courant a cessé par le motif que l'Angleterre exige des *veaux forts*, et d'un âge plus avancé que ceux qui sortent des exploitations bretonnes qui, dans le but de la production du *beurre*, les envoient à la vente à un mois, sinon auparavant.

En outre, malgré le libre-échange stipulé dans les traités de commerce, les autres nations, et *surtout l'Angleterre*, en ce qui concerne le bétail, donnent, à chaque instant, à leur agriculture, une *protection* telle qu'elle est, contre la France dupée, une véritable *prohibition* de passer la frontière. Et c'est facile.

Aussitôt que le besoin s'en fait sentir, on prétexte une *épizootie*, basée sur un rapport d'un inspecteur anglais, et le tour est fait ; le cultivateur français, le drapeau du libre-échange à la main, attend sur la rive que le bon plaisir d'un peuple lui ouvre la barrière. Voilà le *libre-échange*, sans conditions préventives.

L'écoulement à l'intérieur a donc été le principal espoir du cultivateur. Un produit, surtout, qui ne coûtait pas à l'éleveur de grands frais de main-d'œuvre et d'engraissement, c'était le *porc*. Les besoins de la charcuterie et des armements maritimes, notamment pour la pêche de la morue, donnent à ce produit des débouchés assurés, et à des prix rémunérateurs. Mais là aussi, depuis un an, la déception a été complète.

Les lards américains ont envahi tous les ports français; ils se sont répandus sur tous les marchés, et ont fait, à la production nationale, une concurrence devant laquelle elle a dû baisser pavillon.

Ce produit revient à l'éleveur français, quand il est prêt à la vente, de 60 cent. à 65 cent. le kilogramme pour le vendre 75 cent.; et le détaillant ne peut pas le payer ce prix, sans avoir l'espoir de revendre la viande *pure*, de 1 fr. à 1 fr. 20 cent. le kilogramme. Or, les lards américains, en baril, prêts pour la consommation, se sont offerts de 50 cent. à 60 cent. le kilogramme; et les produits français, sauf quelques achats pour la charcuterie, sont restés sans acheteurs; et les grains utilisés pour l'engraissement n'ont rien rapporté.

L'accessoire seul s'est mieux maintenu que le principal, c'est-à-dire le *beurre*.

Avant 1861, le prix variait de 1 fr. à 1 fr. 50 le kilogramme. De 1861 à 1870, il a varié de 1 fr. 50 à 2 fr. 20; et, depuis la guerre, il s'est élevé jusqu'à 3 fr. 50 le kilogramme. Mais sur la fin de l'année 1878 et dans les premiers mois de 1879, il était retombé à 1 fr. 80 le kilog., et son cours paraissait marcher sur la pente de baisse qui entraîne les autres produits; il s'est relevé, depuis deux mois, au cours de 2 fr. 80 le kilogramme.

La baisse si sensible qu'il avait subie avait pour cause des importations considérables de beurres américains qui, quoique très-inférieurs en *qualité* au beurre de Bretagne, avaient pris pied dans toutes les préparations culinaires. Mais l'importation, qui a diminué, peut revenir, et anéantir chez le cultivateur français, cette source de bénéfices.

L'emploi des bêtes à cornes, dans les travaux de l'agriculture, n'est pratiqué que dans une très-petite partie du département. De sorte que leurs produits consistent uniquement en *beurre* et *viande*.

VI.—La culture des *plantes industrielles* n'a fait que des progrès insignifiants, depuis 1861, dans le département des Côtes-du-Nord. Les *Lins* et *Colzas*, seuls, y figurent dans les assolements.

Les *toiles* de Lin qui, autrefois, avant 1860, occupaient les pauvres et les ouvriers dans la fabrication manuelle, et leur procuraient les moyens de vivre dans l'aisance, et qui faisaient l'objet d'un grand commerce, avaient été la cause d'une ardeur locale dans la culture de cette plante textile. Mais, la concurrence étrangère, déchaînée sur la France par la législation de l'Empire, a forcé la filature et le tissage français à se transformer pour abaisser ses *prix* de *revient*, au grand dommage de la *qualité* du produit; l'industrie locale des toiles a été tuée, et l'ardeur des producteurs de Lin s'est considérablement refroidie. La partie nord-ouest, seule, du département, continue cette culture dans un but d'exportation ; les autres parties se renferment à cet égard dans la production de ce qui peut être nécessaire pour la toile du ménage. Les prix d'achat offerts par l'industrie sont insuffisants.

On évalue à un *quart* la diminution de cette culture depuis 1861. Et cela est d'autant plus regrettable que, par leurs succès dans toutes les expositions, les *Lins de Bretagne* sont très-appréciés.

Il en a été ainsi du *Colza*. Il y a une vingtaine d'années, sa culture, stimulée par un écoulement avantageux de la graine, avait pris place dans toutes les exploitations nord du département. Mais, depuis l'invasion des Colzas étrangers, la baisse des prix, la nature épuisante de cette plante, l'incertitude de sa bonne venue, etc., ont découragé le cultivateur ; et les Colzas sont de plus en plus délaissés et disparaissent des assolements.

Dès 1866, l'étendue des cultures de Lin était de 6.52 pour 100 au-dessous de celle constatée en 1841.

VII. — L'outillage agricole perfectionné s'est largement accru depuis vingt années. Ce progrès a eu pour cause la disparition de la main-d'œuvre. En présence de la désertion des campagnes par la jeunesse agricole, désertion qui, depuis 1861, a pris les porportions alarmantes que tout le monde connaît, les *Comices agricoles*, sentinelles vigilantes préposées à la garde des intérêts de l'agriculture, poussèrent les cultivateurs par la prédication, l'enseignement pratique et l'exemple, vers l'emploi de tous les instruments perfectionnés qui pourraient être utilisés dans chaque exploitation.

Aussi, il n'existe plus une exploitation, de quelque importance, qui ne possède ses *araires*, ses *charrues* en fer, ses *herses*, ses *houes* à cheval, son *batteur* mécanique, son *hache-paille*, etc. Par ce moyen, l'agriculture de ces contrées a pu faire face à ses obligations, en remplaçant, en partie, la main-d'œuvre qui l'abandonnait, par ces machines.

Mais, les exploitations étant divisées en de nombreuses parcelles et plantées de pommiers, les *moissonneuses* n'avaient pu être employées au coupage, ni le *semoir* aux semailles, que dans de très-rares exploitations. Depuis deux ans ces instruments se multiplient dans nos campagnes, et le cultivateur s'est vite familiarisé avec leur emploi, malgré la conformation de son sol qui est défectueuse.

Il y a donc peu de choses à faire à cet égard.

Quant aux améliorations du *drainage* et des *irrigations*, que voulaient encourager les lois de 1845 et 1847, et celles de **1854** et **1856**, elles furent poursuivies avec ardeur avant **1860**. Mais, depuis, au lieu de prendre un nouvel essor sous une législation faite pour obliger l'agriculteur à faire rendre à la terre un surcroît de productions, elles n'eurent que de rares partisans. Les *irrigations* n'existent qu'à l'état rudimentaire de travaux consistant dans d'étroites rigoles, destinées à l'arrosage des prairies naturelles.

Le *drainage* a été délaissé à cause de l'incertitude de son fonctionnement, surtout depuis que les ingénieurs de l'État n'en sont plus chargés, et à cause des frais considérables qu'il entraîne pour un résultat incertain. Le drainage, construit avec des tuyaux de poterie, n'a jamais réussi complétement, et a été pour beaucoup, dans l'abandon dont il a été l'objet. Et, cependant, il est le plus sûr moyen d'amélioration de nos vastes étendues de terres vagues. Mais, la question d'argent, d'*avance au sol*, est ici prépondérante ; et tant que l'Etat ne viendra pas au secours du *défricheur* ou *améliorateur* par des subventions fixes par hectare, il n'y a rien à attendre de ce côté. Car tout se résume toujours dans la comparaison des prix de *revient* avec le prix de *vente*.

VIII. — Les charges écrasantes que supporte l'agriculture, et qui se sont accrues d'un *tiers* depuis **1861**, ont été une autre cause qui a contraint le cultivateur à faire tous ses efforts pour doubler, s'il eût été possible, la somme habituelle de ses engrais de ferme, dans le but d'augmenter considérablement la production sur une même étendue de terre. Pour cela, il a multiplié son bétail, mieux conservé les purins et enrichi ses fumiers.

Mais la fabrication des fumiers de ferme ne pouvait suffire pour fertiliser une terre dépourvue de certains principes fertilisants que le fumier de ferme ne lui apportait pas. Il devait s'adresser aux engrais commerciaux. Il a fait, à cet égard, de remarquables progrès. Autrefois, il ne connaissait que l'emploi des *noirs* de raffinerie, qu'il apppliquait à sa culture de Sarrasin. Mais, depuis, grâce à la vulgarisation des données de la science agronomique, et à l'espoir qu'elles lui donnaient d'accroître les produits de son travail, il n'a plus hésité à faire des avances à la terre, et les *guanos*, les *phosphates*, les *marnes* et la *chaux* sont largement entrés dans ses fumures.

Mais, en augmentant le produit de la terre, le cultivateur a-t-il, au moins, approché du but qu'il poursuit : la *diminution* du *prix de revient?*

Nullement ; car, ce prix qui était, il y a vingt ans, de *seize francs*, au plus, par hectolitre, est aujourd'hui, d'après le compte détaillé des frais d'exploitation : de *vingt francs quarante centimes*, ou *vingt-cinq francs cinquante centimes* les 100 kilog. de Blé.

En outre, dans les conditions climatériques de nos régions, on ne peut pas pousser l'engraissement des terres au-delà de la mesure indiquée par une expérience séculaire, sous peine de voir naître et grandir beaucoup de pailles et peu de grains, et de voir la *verse* détruire, dans un instant, toutes les espérances d'un coûteux travail.

IX.—Les bras que, avant 1861, l'agriculture trouvait en abondance dans nos contrées moyennant la nourriture et des salaires modérés, et, au moyen desquels elle exécutait un travail très-soigné du sol, lui ont de plus en plus fait défaut, comme je l'ai déjà fait remarquer.

Il existe aujourd'hui, entre ces deux époques, une différence en moins, pour le temps actuel, de moitié ; c'est-à-dire que là où l'on trouvait dix ouvriers disponibles pour s'engager aux travaux de la ferme, on n'en rencontre pas cinq aujourd'hui. Et cet ouvrier qui, avant 1861, se contentait d'un salaire de 60 centimes par jour, outre la nourriture, exige aujourd'hui, dans les mêmes conditions, 1 fr. 25. C'est 100 pour 100 d'augmentation.

Quant aux *serviteurs gagés* à l'année, et dont aucun agriculteur ne peut se passer, sinon celui qui a la bonne fortune d'avoir une nombreuse famille de travailleurs bien élevés, au lieu d'un salaire annuel qui variait alors de

100 à 130 francs, le cultivateur n'en trouve plus à moins de 250 à 300 francs, plus la nourriture et le logement.

Si, au moins, en faisant ces sacrifices, les cultivateurs pouvaient compter sur leur concours dévoué et assidu ; mais non ! Les plus ignares même, pourvu qu'ils aient la poche garnie, passent une partie de leur temps dans les *cabarets* voisins, où ils se posent en profonds politiques ; et si, en rentrant à la ferme, ils reçoivent les remontrances qu'ils méritent, ils rompent leur engagement, demandent leur compte, partent, et laissent le pauvre cultivateur se débattre dans l'impuissance de faire ses travaux. Car les instruments ne dispensent pas d'ouvriers intelligents.

Ainsi, *disette* et *cherté* de la main-d'œuvre, et impossibilité de compter sur celle qui reste ; voilà, à cet égard, la situation de l'agriculture.

La plus importante mesure gouvernementale à prendre, pour améliorer cette situation, serait de fermer hardiment la moitié des cabarets, et de rendre le juge cantonal plus sévère en présence de ces ruptures capricieuses d'engagement.

X. — L'agriculture supporte, *comme impôts*, non-seulement ceux qui la frappent *directement* comme industrie du sol, mais aussi sa quote-part de tous les autres impôts de l'Etat.

La *question* de ces charges et impôts est certainement la plus grave ; car c'est de là que lui vient la plus grande gêne.

Les *impôts directs*, dont elle est grevée, ont augmenté depuis 1861 dans une proportion vraiment désespérante ; car il faut les payer, que la récolte soit bonne, ou qu'elle soit médiocre ou mauvaise.

Je n'en donnerai qu'un exemple, scrupuleusement relevé sur les bulletins officiels d'une exploitation.

	Fr.
En 1860 l'exploitation a payé pour contributions foncières, mobilières, personnelles et portes et fenêtres, la somme de.	209.94
En 1865, quatre ans après les traités de commerce.	269 »
Et en 1879 elle paie la somme de.	304.31

Soit une augmentation de près d'un tiers !

Elle est en outre chargée d'un impôt :

1° De prestation en nature ;

2° Sur les chiens ;

3° Sur les chevaux et voitures ;

4° De patente sur les batteurs mécaniques ;

5° D'octroi pour entrer ses denrées au marché ;

6° D'enregistrement et de timbre pour tout acte de bail et de mutation ;

7° Sur le sel indispensable à l'exploitation ;

8° Sur les boissons vendues au commerce, etc.

Si, à ces charges obligatoires, on ajoute celles d'assurances dont un cultivateur intelligent et prévoyant doit se couvrir, on arrive à une dépense qui approche, de ce chef, à près de la moitié de la valeur des produits demandés au sol, nets des frais de culture !

XI. — Grâce aux prêts qui ont été faits aux départements par le Trésor public, les voies de transports ont été multipliées et améliorées depuis une dizaine d'années. Elles ont augmenté d'un *quart* dans ce département, et ce fait a eu pour résultat de faciliter les communications entre communes, et entre les exploitations agricoles et les foires et marchés, que l'absence de chemins praticables empêchait, autrefois, les cultivateurs de fréquenter.

Il y a, de ce chef, une atténuation des frais de transport pour les bestiaux et les grains, et plus d'activité dans les transactions.

Les frais seuls de transport des engrais, qui viennent toujours de loin, par les chemins de fer, sont trop élevés, et arrêtent des améliorations qui, sans cela, seraient déjà tentées.

Mais, si cette amélioration de la voierie publique a été favorable à l'agriculture nationale, elle a donné, d'un autre côté, à la concurrence étrangère le moyen rapide de venir la combattre sur son propre terrain, sous la protection d'une entière liberté. Et il est indubitable que, si cette concurrence avait été plus puissante, l'agriculture française eut été très-maltraitée. Mais, à armes égales, elle n'a pas reculé devant la lutte, et s'est bien soutenue.

XII. — Les conditions de l'exploitant, qu'il soit propriétaire ou fermier, sont les mêmes au point de vue du résultat cherché dans le travail. Si c'est le premier qui fait valoir sa propriété, il n'a pas à payer, à la fin de l'année, la charge de la location ; mais il doit trouver, dans les produits de son travail, non-seulement la valeur du prix de la location, mais aussi sa rémunération personnelle qui est la prime légitime des risques qu'il a courus.

Si c'est un fermier qui exploite, il faut qu'il trouve dans ce même produit, la valeur du prix de location et aussi sa rémunération personnelle pour son pénible travail.

Or, quand les produits de ces travaux ne peuvent s'écouler qu'à *vil prix*, comme il arrive depuis un an, l'exploitant propriétaire perd la plus grande partie de son revenu, mais peut attendre une année meilleure, tandis que le fermier doit vendre ses produits, *quand même*, pour faire honneur à ses engagements et payer son propriétaire. Il ne lui reste pas, souvent, de quoi faire face aux besoins de sa famille, et sa position est très-alarmante.

C'est, pour l'un et l'autre, ce qui arrive cette année ; et nul doute que si 1880, comme tout l'annonce, est aussi calamiteux que l'année présente pour ces pionniers du sol, nous verrons les fermiers s'éloigner, de plus en plus, du travail ingrat de l'agriculture.

Une fois que le découragement et la défiance se seront emparés des masses rurales, l'agriculture commencera la marche rétrograde de sa décadence.

Il est une vérité qui n'a jamais été contestée : c'est *que toute industrie qui perd de l'argent cesse son travail!* Et quand l'agriculture sera condamnée à vendre 25 francs les 100 kilog. du Blé qui lui en coûte 25 fr. 50, personne ne niera que ses soldats ont raison de déserter ses rangs, puisque, perdant leur rémunération, ils ne retrouvent même pas leurs déboursés.

XIII. — Beaucoup de personnes mettent à la charge des intempéries de l'année dernière la détresse des agriculteurs, et les obstacles à l'écoulement de leurs céréales. Il y a, ici, un mélange de *vérité* et d'*erreur*. Indubitablement les perturbations atmosphériques ont eu sur la *qualité* inférieure des céréales une influence funeste, ainsi que sur la diminution de leur rendement. Mais cette influence n'a pas été telle que la récolte de Blé fût impropre à la consommation. Ce grain a été, presque partout, d'une bonne seconde *qualité*; et, en subissant la perte causée par le *nettoyage*, il peut défier en *qualité*, les Blés américains. Comment se fait-il, alors, qu'en présence d'une récolte qui ne dépasse pas quatre-vingt-dix millions d'hectolitres (ce que constaterait une statistique véridique s'il en existait une en France), cette denrée n'ait pas trouvé un prix dépassant 25 francs les 100 kilog. ?

La liberté accordée à la concurrence étrangère répond suffisamment, car la cause ne peut en être cherchée ailleurs.

Bien des fois, en effet, depuis 1861, les mêmes intempéries ont produit les mêmes effets. Mais, quand la somme générale de la récolte du Blé était, comme en 1878, au-dessous du rendement d'une année moyenne, le cultivateur trouvait dans les prix de *vingt-huit à trente francs* les 100 kilog., une compensation qui le garantissait, *sans lui donner de grands bénéfices*, contre la perte des avances qu'il avait confiées à la terre, et maintenait sa confiance dans l'avenir. Son travail ne subissait pas d'interruption, et son personnel ne subissait également aucune réduction de salaires. Du reste, la récolte de 1878, n'étant que d'un cinquième inférieure à une récolte ordinaire, était suffisante pour l'alimentation de la France, sans que le prix du Blé dépassât 30 francs les 100 kilog.

, Quant aux frais supplémentaires, ces intempéries n'en occasionnent pas de notables. Quelques dépenses de sarclages, et c'est tout.

Donc, ce qui se passe cette année prouve que la *cause* de la *vileté* de prix du Blé et de la viande de porc, qui alarme si gravement le monde agricole, ne doit pas être cherchée dans ce que le questionnaire ministériel appelle : *les causes secondaires* qui, telles que les *intempéries*, étaient bien jusqu'à ce jour des causes de gêne momentanée, et non pas des causes de ruine, mais bien dans ce qu'il appele : *les causes générales* et *permanentes*, dans lesquelles je range, sans hésiter, la production agricole de l'Amérique. C'est l'abondance de cette production qui, ne trouvant pas de placement sur son sol, voit, sur nos frontières, la porte ouverte à la libre importation, et s'empresse d'en prendre possession pour y passer ses marchandises en échange des capitaux de la France qu'elle emporte, et, pour quiconque a visité les Etats-Unis, cette abondance ne fera que s'accroître et restera la cause *permanente* de la vileté des prix en France. Je le prouverai dans le paragraphe qui suit.

XIV. — *Libre-échange et protection.* Ces deux systèmes, que les théoriciens, qui ne regardent que ce qui *devrait être*, et rarement ce *qui est*, placent en face l'un de l'autre, comme deux combattants intraitables, résolus à vaincre ou mourir, ne sont pas si ennemis que cela. Chacun d'eux a sa raison d'être et doit être préféré sur l'autre, *suivant* les *faits* et les *circonstances* indicateurs du véritable intérêt d'un pays. C'est dans ce grand livre de la *nature*, que la providence tient toujours ouvert à nos yeux, que nous devons chercher nos motifs de décision, quand il s'agit, comme dans la situation, de réalités qui touchent si intimement à la *prospérité* ou à la *décadence* de l'agriculture d'un grand peuple ; et non pas seulement dans les œuvres d'hommes illustres, qui, éblouis par le rayonnement d'une *liberté* qu'ils jugeaient capable de faire régner, entre les peuples, la concorde et l'harmonie, et, entre les *intérêts*, la conciliation et la justice, n'ont prévu ni la duplicité des hommes, ni la puissance despotique des faits.

Il résulte des considérations que les demandes du questionnaire m'ont amené à formuler dans ce Rapport, qu'un fait existe, *incontestable, douloureux* : « c'est la *détresse* de l'agriculture française, dont les grains dorment dans les greniers, sans espérance d'écoulement rémunérateur. »

Il ne faut plus alléguer que ce marasme est momentané, qu'il est dû à l'infériorité de la qualité de nos *grains*. J'ai répondu à cette allégation sous le paragraphe **XIII** ci-dessus. et j'ai cherché ailleurs la cause de cette dangereuse situation. J'en indiquerai plus loin la puissance ; mais je veux signaler pourquoi le *libre-échange* n'a pas plutôt ruiné l'agriculture, sous l'empire de la législation de 1861, et pourquoi, en le maintenant aujourd'hui, il atteindra rapidement ce résultat.

Quand cette législation a consacré, d'une manière si légère et si hardie, la libre importation des grains étrangers en France, et qu'elle livrait ainsi la première industrie du pays à toutes les éventualités de la concurrence internationale, le législateur avait au moins pour excuse qu'aucun peuple, alors, n'était en possession d'une production capable d'écraser, par le flot de son abondance, la production de l'agriculture française. Il avait foi dans le courage, la vigilance, et le savoir du cultivateur français, et savait, qu'à armes égales, il lutterait victorieusement contre la concurrence à laquelle il condamnait désormais son travail.

En fait, alors, quelle était la situation ?

La Russie seule produisait le Blé à un prix de *revient* qui lui permettait de le vendre, rendu à Marseille, *moins cher* que le cours des Blés français. Quant à l'Angleterre, au lieu d'en vendre, elle était obligée d'en acheter, chaque année, pour son alimentation, plus de *vingt-cinq millions d'hectolitres.* Elle n'était pas à craindre.

Or, depuis 1861, il arrivait que les Blés de Russie et du Danube, rendus à Marseille, trouvaient leur placement dans les contrées méridionales, qui n'en produisent jamais la somme nécessaire pour leur consommation. Et comme ces lieux de production n'en jetaient pas une grande abondance sur les marchés français, cette concurrence ne pouvait porter aucun préjudice à la production nationale. Il en était de même pour le bétail.

D'un autre côté, les grains du *centre*, de l'*ouest* et du *nord* de la France, qui perdaient ainsi les marchés du midi, trouvaient largement, en Angleterre, des marchés ouverts à leur exportation. Et les capitaux français, qui allaient se placer en Russie pour l'achat des grains, rentraient en France, par les régions du nord, comme prix des ventes faites à l'Angleterre.

Pendant ce laps de temps, s'il y avait *importation* au *midi*, elle n'excédait pas l'exportation faite par le *nord*; et cette compensation faisait qu'en définitive, l'agriculture française suffisait à nourrir la France.

Voilà une situation où le *libre-échange* pouvait être appliqué au commerce des produits agricoles; car, s'il y avait là *libre concurrence*, il y avait aussi *égalité* dans les moyens de combattre. C'est la réponse à la cinquième question ministérielle.

Je répéterai donc *qu'à armes égales, le cultivateur français* accepte le *système du libre-échange*; mais que, l'*égalité* des frais de production est une condition *absolue* de l'établissement de ce système comme loi de douane.

Mais la situation qui résulte, pour l'Europe, de l'arrivée des États-Unis sur ses marchés de céréales, est-elle semblable à celle que je viens d'analyser?

Avant de répondre à cette question, je tiens à détruire une erreur qui consiste à proclamer, dans un but de flatter les classes ouvrières, que, sous l'empire du *libre-échange*, le Blé doit être moins cher que sous le système de la *protection*, Cette allégation, qui peut être vraie, dans certains cas exceptionnels, n'est propre qu'à semer dans les masses des préventions funestes et sans fondement contre les déterminations que les pouvoirs publics, dans leur patriotisme éclairé, peuvent prendre dans un sens contraire ; car cette allégation est fausse et démentie par les *faits*, quatre-vingt-dix-neuf fois sur cent !

J'en donnerai pour exemple ce qui s'est passé dans ce département ; et je prendrai *cinq années* du régime protectionniste, comparées à *cinq années* du régime libre-échangiste.

Le prix moyen du Blé, *par décalitre*, a été, avant 1861, savoir :

		Fr.
En 1856 de	....	2.26
1857 de	....	1.76
1858 de	....	1.38
1859 de	....	1.55
1860 de	....	1.97
	Total des cinq années	8.92

Il a été depuis la législation de **1861**, savoir :

		Fr.
En 1861 de	....	2.34
1862 de	....	2.03
1863 de	....	1.57
1864 de	....	1.49
1865 de	....	1.51
	Total pour ces cinq années	8.94

Il résulte de cette comparaison, que, pendant les cinq années du libre-échange, les grains ont été plus chers, par décalitre, en somme totale, de **2** centimes.

Les *faits* de la *production* dominent les *systèmes*, et sont plus forts que les théories. Et la production américaine, seule, peut aboutir à un abaissement exceptionnel, parce qu'elle est exceptionnelle, elle-même.

Or, si je compare cette *production*, qui s'est révélée d'une manière si éclatante aux Etats-Unis, depuis une année, avec la *production* contre laquelle l'agriculture française avait à lutter, et a énergiquement lutté, sous l'empire de la législation de 1861, au lieu de pays modérément producteurs, je trouve un pays, *dont j'ai parcouru*, en 1874, *les immenses défrichements*, et *dont j'ai vu la puissance agricole*, qui reçoit chaque année des milliers de nouveaux travailleurs, auxquels il livre *gratuitement* toutes les terres qu'ils peuvent cultiver ; dont le sol vierge n'exige, pour produire avec abondance, que des travaux superficiels de culture ; où les *taxes*, ou impôts, sont très-minimes ; où les voies de transport, encore arriérées en 1874, ont pris, depuis, un développement prodigieux ; un pays, enfin, où l'étendue des terres cultivables et des prairies naturelles est sans limites, et où l'abondance de la production des produits agricoles augmentera chaque année pour arriver à une force qui défiera toute concurrence du travail européen en Europe! Ce qui, jusqu'à ce jour, enchaînait l'expansion de ce mouvement d'exportation et l'arrêtait, c'était l'absence de *voies de tranport*, en quantité suffisante, pour procurer aux Etats du *centre* et de l'*ouest* les moyens d'amener, aux ports de l'Atlantique, des grains dont ils ne savaient quoi faire. Et cela est si vrai, qu'il était commun de voir, dans ces contrées, des quantités considérables de *Maïs* servir à alimenter le feu du foyer de l'exploitation.

Le *Texas*, avec ses pampas, fournirait du bétail à demi sauvage, à la moitié du pays ; le *Missouri*, l'*Iowa*, l'*Illinois* sont d'une richesse incalculable en prairies et terres de plaine. L'Illinois qui n'était, il y a vingt-cinq ans, qu'un pays presque désert, contient, en ce moment, plus de *huit millions* d'hectares défrichés, dont la majeure partie en terres *dites de prairies*, c'est-à-dire de plaines, et très-productives. Il n'est pas rare d'y rencontrer des propriétés produisant, par leur grande étendue, et au même propriétaire, jusqu'à *dix-huit mille tonnes* de grain de Maïs par

an ! Avant la création des débouchés, ces immenses récoltes étaient livrées, lors de la maturité, au pacage de
troupeaux de *vaches*, *bœufs*, *cochons* et *volailles*, sans
grand souci des pertes qui en résultaient.

Peut-on admettre qu'en présence des facilités d'écoulement que donnera à ces producteurs prodigieux la liberté
des frontières européennes, ils continueront à brûler leurs
grains, ou à les faire saccager par le bétail ?

Evidemment non !

En économiste clairvoyant et prudent, il faut plutôt
compter, comme sur une certitude, que le développement
de cette phénoménale production, en grains comme en
viandes, ne s'arrêtera pas ; et chercher les *moyens*, que
commande le patriotisme, de mettre l'agriculture nationale en mesure de résister et de vivre, en présence des
menaces de cette situation nouvelle.

Mais quels seront ces moyens ?

Il est chimérique de les attendre d'une transformation,
vers l'élevage, de l'agriculture française, ou d'un plus
grand perfectionnement de ses méthodes culturales. Les
considérations qui remplissent ce Rapport prouvent qu'elle
est parvenue, à cet égard, à un degré très-élevé d'avance-
ment.

L'élevage du bétail ne sauverait rien. Pourquoi ?

Parce que l'agriculture américaine, qui trouve, au Texas,
des bœufs à 40 francs par tête, écrasera notre production
de la viande, comme elle écrase notre production de Blé.
Elle n'est grevée, pour le Blé rendu sur nos marchés, que
d'un *prix de revient, tout compris*, de 19 fr. 25 par
100 kilog., pendant que la même quantité revient à l'a-
griculture française à 25 fr. 50, et cela d'après des éléments de détail parfaitement contrôlés ; elle pourra encore
abaisser son prix dans l'avenir, et vendre à 20 francs les
100 kilog., en gagnant sa rémunération, tandis que, si
l'agricultur français, pour écouler son grain, est condamnée à réduire à ce taux son prix de vente, il perdra

plus de 5 francs par 100 kilog., et se hâtera de quitter la profession agricole. Il en sera ainsi pour la viande. Et, quand le découragement sera complet, et la désertion accomplie, l'importateur, maître alors du marché français, y fera la loi ; les prix de vente seront à sa merci, ainsi que l'alimentation de la France, et l'on verra si la vie sera à *bon marché !*

Notre agriculture n'a donc plus, comme sous la législation qui expire, l'espoir de trouver, dans sa propre force, le moyen de lutter contre ce nouvel adversaire. Chargée de frais de *production* qui ne font que s'accroître chaque jour, tandis que ceux de son adversaire, qui sont d'un *cinquième* en moins, diminueront encore, elle ne se trouve plus, pour combattre, sur le terrain de l'*égalité*, et, n'ayant qu'un *fusil à pierre* pour se défendre contre un *fusil à aiguille*, elle serait fatalement condamnée à la défaite !

Il faut donc absolument rétablir cette *égalité* dans les moyens de la lutte, et l'on ne peut les trouver que dans l'établissement de *droits compensateurs*, frappant, à l'entrée en France, les Blés étrangers d'une somme approximativement égale à la différence existant entre le *prix de revient*, en France, de 100 kilog. de Blé, et le même prix des 100 kilog. de Blé américain rendus au Havre. Bien que l'écart évident soit bien supérieur à 3 francs, il suffirait, comme l'ont demandé beaucoup d'associations agricoles, de fixer à ce *chiffre* ce droit de *douane* compensateur. Il appartiendra ensuite aux pouvoirs publics de soulager le travail agricole en le dégrevant d'une partie des charges qui l'entravent, et d'obtenir, des compagnies de chemins de fer, une diminution de *moitié*, au moins, des frais qu'elles imposent au transport des engrais commerciaux.

Dans ces conditions, qui ne sont que les résultats d'une juste appréciation des *faits*, nul doute que l'agriculture ne reprenne courage et ne traverse, sans déchoir, la nouvelle situation qu'elle est condamnée à subir.

En agissant ainsi, du reste, les pouvoirs publics de la

France ne feront que suivre l'exemple des Etats-Unis eux-mêmes qui, *pays des vraies libertés*, n'ont pas hésité, eux, à imposer, sur leurs frontières, aux produits étrangers qui viennent disputer les *marchés américains* aux produits *américains*, des droits *très-élevés* avec lesquels ils ont rempli leur trésor public, payé l'immense dette de leur guerre civile, et secondé le développement du travail national dont les résultats nous étonnent et dont, cependant, nous ne voyons encore que les premiers éclairs.

Il serait par trop naïf, de la part de la France, d'ouvrir à deux battants les portes de ses frontières au commerce d'une nation qui nous a toujours fermé les siennes. Il est possible, en effet, que, dans la situation présente, maintenant qu'elle a la puissance, elle propose de les ouvrir moyennant la *réciprocité !*

Je tâcherai d'apprécier, sous le paragraphe suivant, tout ce que cette *stipulation* a de dangereux dans un traité de commerce.

Les droits *compensateurs* sont donc l'application la plus élémentaire de la justice internationale. C'est pour cela qu'ils ne doivent pas dépasser la juste mesure nécessaire pour maintenir l'*égalité* de frais de *production*, et qu'ils doivent se concilier avec les principes du *libre-échange* à cet égard.

Puisque, en effet, l'*égalité* est rétablie entre les *producteurs*, quand, à leur entrée en France, les Blés étrangers ont payé un droit de douane de 3 francs par 100 kilog., et les viandes *mortes* ou sur *pied* un même droit de 10 francs pour 100 kilog. en poids, il y a lieu de prendre en considération l'intérêt du *consommateur*, afin d'assurer, entre cet intérêt et celui de *producteur*, une conciliation équitable.

Or, j'ai établi que le prix de 30 francs pour les 100 kilog. de Blé était, pour l'agriculteur français, un prix rémunérateur dans les années même de mauvaises récoltes, et, en outre, que la somme de grains que ces récoltes produisent est presque toujours suffisante à l'alimentation de la France.

Il y aura donc lieu de supplier les pouvoirs publics de consacrer ces *droits compensateurs* par la loi du *tarif général*, et de *stipuler* que, quand le cours des Blés, en France, établi par la moyenne des mercuriales, atteindra 30 francs les 100 kilog., la *libre importation* aura lieu de plein droit, aussitôt après la publication du *décret* attestant ce fait.

Par ce moyen, les *consommateurs*, qu'on représente toujours comme sacrifiés par l'établissement des droits *compensateurs*, et dont les *trois quarts* sont les cultivateurs eux-mêmes et leurs serviteurs, ne pourront élever de plaintes légitimes; car le Blé, à 30 francs les 100 kilog., met le prix du pain, si l'on veut bien rétablir la taxe, à 31 centimes le kilog., c'est-à-dire à moins de *trois sous et demi la livre !*

Et le *producteur* et le *consommateur*, que cette compensation satisfait pleinement, continuent l'œuvre de leurs travaux, chacun dans sa sphère, le *premier* sans *perte* d'argent, et le *second* sans *réduction* de salaire ; car, que lui importe que le pain soit à 2 *sous la livre,* s'il n'a pas d'argent pour l'acheter, par suite de la réduction des salaires ?

Dans le cas contraire, on verrait se perpétuer ce que nous voyons cette année : le cultivateur diminue son personnel ; l'ouvrier, au lieu de *six jours*, ne travaille plus que *trois* à *quatre jours* par semaine, et la réduction de ses salaires est donc de plus de 33 pour 100 ; et, quand l'agriculture souffre autant qu'en ce moment, le pain reste à 32 *centimes* le kilog. ! Si donc l'ouvrier avec le libre échange économisait par jour 2 *centimes* par kilogramme de pain, il le paye encore trop cher, puisqu'il ne gagne pas de quoi en acheter. Sans la taxe, il sera toujours le jouet des boulangers, qui, cette année, ne devraient pas vendre le pain plus de 26 centimes le kilogramme et qui l'ont vendu 32.

XV. — La question de savoir s'il est avantageux ou non d'enchaîner l'agriculture française dans les liens de traités de commerce contractés avec l'étranger est très-controversée. C'était la forme qu'avait revêtue la législation de 1861.

Il est résulté de l'expérience faite, sous l'empire de ces traités, que cette forme est très-dangereuse, attendu que des événements imprévus viennent trop souvent donner des regrets d'avoir aliéné la liberté du gouvernement pour un temps qu'il faut subir.

Dans notre situation actuelle, devant les perspectives de l'avenir que nous présage la marche fiévreuse du travail agricole aux Etats-Unis, la France doit se borner à établir son *tarif général*, qui constituera, à la frontière, l'*égalité de droits* pour tous les produits agricoles étrangers, d'où qu'ils viennent, et qui conservera aux pouvoirs publics leur liberté d'action.

Cependant, on ne doit pas proscrire, d'une manière absolue, les *traités de commerce*. Comme ils forment un contrat synallagmatique qui oblige la nation traitante dans les mêmes termes que la France s'oblige elle-même, et qu'ils assurent aux industries et au commerce internationaux, pour le temps convenu, une sécurité et une stabilité sur lesquelles ils peuvent baser l'étendue de leurs opérations, il est utile d'y avoir recours, *quand on peut obtenir* d'y comprendre les garanties que réclame l'intérêt national. Sinon, il faut y renoncer.

Ainsi, dans une tentative de ce genre, que la France ferait auprès du gouvernement des Etats-Unis, qui possède actuellement un *tarif* presque *prohibitif*, il est certain qu'on obtiendrait immédiatement l'entrée libre des céréales, à la condition de lui accorder, à titre de *réciprocité*, l'entrée libre en France pour les siennes. Cette *stipulation de la réciprocité*, que je vois figurer dans beaucoup de vœux d'associations agricoles, comme la base nécessaire des traités de commerce, cache justement le *piége* que ces

Enquête.   7

vœux ont pour but d'éviter. En effet, de même que le système *libre-échangiste*, cette *stipulation* doit être subordonnée à la puissance des faits.

Pour démontrer cette vérité, je prendrai pour exemple un traité avec le gouvernement des États-Unis, qui viendra dire à la France : « *Je supprime* tous les droits d'entrée à mes frontières sur vos produits agricoles, et je vous demande la *réciprocité* pour l'entrée des miens en France. »

N'est-il pas évident, vu la puissance de la production de ce pays et le *prix de revient* des produits, que nous avons appréciés plus haut, que, si la France traitait sur cette base de la *réciprocité*, elle serait profondément dupée? On ne peut donc pas demander sagement qu'en cas de *traités de commerce*, ils aient seulement pour base la *réciprocité*, qui est un leurre, en dehors de l'*égalité* des frais de production; car ce serait admettre, dans le cas qui m'occupe, que la France, en accordant à l'Union la libre importation des grains, pourrait, usant de *réciprocité*, écouler les siens sur les marchés américains au cours de 13 *francs* les 100 *kilog.* pour le Blé, qui, nous l'avons vu, est le cours du pays, et qui coûte aux Français 25 fr. 50 à produire! Ce serait absurde et insensé, la réciprocité serait nulle pour la France.

Les pouvoirs publics français vont heureusement recouvrer, à cet égard, leur liberté d'action ; et nous avons la ferme espérance qu'ils tiendront d'une main ferme le drapeau des intérêts de l'agriculture française, en conciliant ce que peuvent avoir de praticable les deux systèmes *libre-échangiste* et *protectionniste*, en accordant aux produits *étrangers*, dont le *prix de revient* est au moins égal à celui du *produit similaire* français, la *liberté d'entrée*; et en *frappant* celui qui ne se présente pas avec les caractères de cette *égalité, d'un droit compensateur* qui la rétablisse.

Procéder en dehors de ces principes, c'est livrer l'avenir de la patrie à toutes les éventualités de la décadence finale; et accepter, aujourd'hui que les conditions économiques

de chaque nation sont transformées, la *liberté commerciale*
dans la crainte, comme en 1861, que l'étranger ne demande plus nos *vins* et nos *soies*, dont le passé nous montre
qu'il fait une si chétive consommation, ce serait sacrifier
les réalités vivantes des intérêts nationaux aux *chimères* et
aux incertitudes de l'avenir.

Que les pouvoirs publics se pénètrent bien plutôt de
cette *vérité*, démontrée par les faits, que la France est assez
riche en produits alimentaires pour se suffire à elle-même,
lorsque son agriculture est soutenue dans la marche de
ses travaux, et que, pour ses *vins* comme pour ses *soieries*,
le véritable consommateur, c'est le peuple français.

DÉPARTEMENT DU FINISTÈRE.

12. — *Réponse de M. Briot de la Mallerie.*

Kerlagatu (Finistère), 16 mai 1879.

Puisque la Société nationale d'agriculture croit que
dans les circonstances graves, dans lesquelles nous nous
trouvons, l'avis de ses délégués de province peut être utile,
je regarde comme un devoir de répondre à sa confiance en
apportant mon grain de sable pour l'aider à résoudre des
problèmes, qui depuis 40 ans se posent devant nous. J'espère que mes réponses pourront être d'autant plus sérieuses que j'ai toujours étudié avec soin le mouvement du
pays, et que mes travaux agricoles m'ont valu la grande
prime d'honneur en 1861. Avant de répondre aux questions qui sont posées, je crois qu'il est indispensable d'étudier et de bien fixer le champ de bataille sur lequel le
combat des protectionnistes et des libres-échangistes va
s'engager.

Par suite d'événements, que je n'ai pas à examiner ici,

il est *incontestable* que la France navigue déjà depuis longtemps à pleines voiles sur l'océan de la démocratie : le suffrage universel, cette grande loi du nombre, domine partout. Il y a donc lieu d'en tenir grand compte et d'examiner de quel côté sont les plus gros intérêts engagés
dans la question.

La France actuelle comporte 58 millions d'habitants qui
se divisent de la manière suivante :

1° Dix millions de citadins et ouvriers, qui ne produisent
aucune denrée alimentaire et consomment beaucoup.

2° Dix millions cultivant la Vigne, le Mûrier, les forêts,
tous ouvriers qui ne produisent ni Blé, ni viande.

3° Dix-huit millions de ruraux qui cultivent le sol et produisent particulièrement du Blé et de la viande.

Mais sur les dix-huit millions attachés au sol, il y a huit
millions de journaliers et de gens à gage qui, loin de produire leur nourriture, achètent au contraire à peu près
tout ce qu'ils consomment.

Il n'y a donc, en réalité, que dix millions de cultivateurs
qui produisent le Blé et la viande nécessaires à leur entretien et qui vendent le surplus aux autres. Il est encore à
remarquer que ces dix millions de cultivateurs emploient
le quart de leur récolte pour les semences et pour leur
nourriture, et que, par conséquent, la hausse ou la baisse
des produits n'a aucun effet sur le quart qui est employé ou
consommé sur place.

Ainsi, dans l'état actuel des choses, il y a 28 millions
d'habitants qui demandent la vie à bon marché et sont forcément libres-échangistes pour le pain et la viande ; et, d'un
autre côté, il y a 10 millions seulement de propriétaires ou
de fermiers, produisant Blé et viande, qui sont nécessairement intéressés pour les trois quarts à la hausse des produits alimentaires.

Voilà donc le champ de bataille actuel, tel que les événements, les siècles et le progrès l'ont fait.

28 millions de bouches d'un côté, 10 millions de l'autre.

Dans ces conditions, il faudrait être insensé pour croire un seul instant, que sous le régime du suffrage universel, il sera possible à un gouvernement, *quel qu'il soit*, d'obtenir que les 28 millions se soumettent aux volontés protectionnistes des 10 autres millions, quand il s'agira des choses de première nécessité comme le pain et la viande.

Nous devons donc, dès maintenant, en prendre notre parti et aviser, et surtout ne pas compter sur une protection qui est bien plus *nuisible qu'utile* à nos 10 millions de cultivateurs que M. Pouyer-Quertier, avec ses finasseries ordinaires, a essayé de mettre dans son jeu, quitte à les jeter par dessus le bord le jour où il aura obtenu une protection de 50 pour 100 pour ses cotonnades. Il n'est pas difficile, en effet, de démontrer combien les agriculteurs seraient dupés s'ils écoutaient les beaux discours de M. Pouyer-Quertier, et étaient assez simples pour les prendre au sérieux.

Comme nous venons de le prouver, la statistique en main, il n'y a que 10 millions de cultivateurs pouvant avoir ou croyant avoir intérêt à une protection.

Ces 10 millions de travailleurs produisent, année moyenne, environ 100 millions d'hectolitres de Blé ; mais, comme nous l'avons dit, il faut en retirer le quart, soit 25 millions d'*hectolitres* pour la semence et la nourriture sur place des producteurs.

Reste donc 75 millions à livrer au commerce. Si vous divisez ce chiffre par celui des producteurs, qui sont 10 millions, vous voyez que chaque producteur n'a, en moyenne, que 7 hectol. 5, ou 500 kilog. à livrer au commerce.

Or, on demande un droit de 3 francs par quintal de Blé, ce qui fait que chacun de nos 10 millions de producteurs bénéficierait, en moyenne, de 15 francs de protection sur la récolte annuelle ; voilà la panacée universelle avec laquelle on prétend guérir toutes les souffrances de l'agriculture. Quand on pense que des hommes sérieux, même des professeurs d'agriculture, ont cru mériter le prix Montyon en prônant un pareil remède, on croit rêver. Ne se moque-t-on pas de nos cultivateurs en leur offrant une protection de 15 francs par famille et par année, tandis que M. Pouyer-Quertier et ses amis leur extorquent au moyen des 60 pour 100 de protection sur ses cotonnades plus de 100 francs par famille, tandis que l'aristocratie des maîtres de forges, au moyen de 50 pour 100 de protection, leur font payer la masse de fer indispensable à l'industrie agricole le double de la valeur réelle du fer; il n'y a pas une seule exploitation agricole qui ne soit grevée chaque année, outre les impôts ordinaires, de plus de 300 francs au profit de l'aristocratie du coton, de la forge et de leurs collègues des autres industries privilégiées. — Qu'on supprime les charges écrasantes inventées par une aristocratie industrielle, dix fois plus âpre à la curée que l'ancienne aristocratie seigneuriale, et l'on peut être certain que l'agriculture ne viendra pas réclamer ce triste os de 15 francs par famille, dans la grande curée que méditent Messieurs les protectionnistes, qui sont presque tous de grands faiseurs de coups de Bourse.

Quoi, c'est au moment où la guerre, la marine, les établissements hospitaliers ne savent plus, par suite du renchérissement de toutes les subsistances, comment aligner leurs budgets, c'est au moment où l'Etat a été forcé, par suite du renchérissement matériel de la vie, d'augmenter de 40 pour 100 le traitement de tous les employés, que l'on viendrait encore, sous couleur de protection, occasionner une hausse formidable et factice sur toutes les denrées de première nécessité ? Et l'on a pu penser, un seul instant, que les 28 millions d'habitants, dont j'ai parlé, permettront au gouvernement, *quel qu'il soit*, de souscrire à de pareilles énormités — cela n'est pas possible.

Cela posé, voici ma réponse aux sept questions posées dans la lettre de M. le Ministre de l'agriculture.

1° Ce sont les intempéries qui, depuis deux ans, ont causé tout le mal en notre pays. Hivers pluvieux, humides, conséquence : les céréales envahies par les mauvaises herbes et les insectes ; petit rendement et mauvaise qualité du Blé ; les frais n'ont pas varié. — Les hommes ne peuvent rien contre ces calamités ; la patience et l'espoir pour l'avenir sont les seuls remèdes.

Avant 1861, l'agriculture de notre contrée avait déjà réalisé de grands progrès. Mais c'est à partir de cette épo-qu'il a été bien plus accentué.

Sous l'influence des traités de commerce, nous avons beau-coup exporté, surtout en Angleterre, des Pommes de terre, du beurre, des bestiaux.

A partir de cette époque, nos fermages ont monté dans une proportion inconnue jusqu'alors et les tenanciers se sont enrichis. Nos fermes ordinaires ont monté de prix, de 800 francs à 1,400 francs, aujourd'hui.

La production des céréales a peu augmenté depuis 1860 ; mais la production animale a doublé de valeur.

Aucune culture industrielle ne s'est établie en Bretagne.

La main-d'œuvre a augmenté dans une forte proportion, la journée qui était de 1 franc en moyenne, est actuellement de 1 fr. 50 ; les débouchés se sont élargis par les chemins de fer.

2° La région des céréales souffre par suite de deux an-nées mauvaises.

Mais il y a compensation sur le prix des animaux qui monte toujours.

Il nous est arrivé du lard d'Amérique en grande masse ; mais comme il est de mauvaise qualité (il n'y a que du gras, le maigre est conservé en Amérique et vendu à part très-cher), il n'a pas eu une influence appréciable sur nos marchés ; aussi le lard du pays se vend toujours comme avant, de 1 fr. 60 à 1 fr. 80 le kilog., tandis que celui d'Amérique se vend de 0 fr. 80 c. à 1 fr. le kilog. Cette introduction a été un bienfait ; elle a permis à une couche

sociale qui ne mangeait jamais de viande, de mettre le pot-
au-feu deux fois par semaine.—Quant à la viande de bœuf,
elle est toujours de 1 fr. 40 à 1 fr. 80 le kilog., selon qualité et morceau. Les importations d'Amérique n'ont eu
aucune influence et les bons bœufs sont toujours à la hausse.
Aussi on élève beaucoup et on soigne dix fois mieux qu'en
1860.

3° Dans notre quartier, c'est la moyenne culture avec des
fermes à prix d'argent; elles varient de 10 à 30 hectares et
de 600 à 1,500 francs de prix de ferme. Les fermiers sont à
l'aise et payent très-régulièrement; il y a aussi des domaines
congéables; c'est une bonne propriété très-avantageuse au
colon, quand il est actif et travailleur.

La terre, ici, augmente toujours de valeur; *exemple*, le
7 mai dernier, on a vendu à Paris, devant le tribunal, pour
cause de licitation, deux domaines congéables dont je faisais la recette pour l'un de mes parents.

En 1860, ils rapportaient 900 francs et valaient environ 30,000 francs; je les avais portés à 1,600 francs de
rente, en 1875. — Or, à Paris, ils ont atteint, devant le
tribunal, le prix énorme de 69,050 francs; ce qui, avec les
frais et les charges d'une licitation, les portera, pour l'acquéreur, à 80,000 francs. — Cependant ces domaines,
comme qualité de terre, n'ont rien de remarquable; ils ne
se touchent pas, sont dans des communes différentes et ont
encore des landes à défricher.

4° Les intempéries ont causé tout le mal; les procédés
culturaux plus ou moins progressifs, n'y peuvent rien.

5° Les traités de commerce de 1860 ont fait un bien
immense; ils ont enrichi le propriétaire qui a doublé ses
fermages et enrichi en même temps le fermier, qui a trouvé
dans la hausse une vente fructueuse de tous ses produits;
le beurre a monté de 0 fr. 60 c. à 1 fr. 20 le demi-kilog.,
la viande de 1 fr. 10 à 1 fr. 65 le kilog., les Pommes de
terre de 5 francs à 5 fr. 70 par hectolitre.

6° Nos cultivateurs ont participé aux concours régionaux

et même aux concours universels de Paris, où ils ont remporté des prix. Ils connaissent parfaitement toutes les méthodes les plus avancées de la culture : aussi ils ont apporté chez eux tout ce qui peut s'adapter en ce moment à leur sol, leur capital et leur degré d'instruction ; — ils ne sont point insensibles au progrès ; mais ils n'adopteront jamais d'autres méthodes qu'après avoir vu qu'elles donnent du bénéfice net.

7° Pour moi, c'est ici la question importante, la question capitale. Si la République veut être un grand gouvernement, un gouvernement modèle, que tous les peuples imiteront, il faut qu'elle abandonne les ornières du passé et qu'elle fasse promptement les grandes choses que les précédents gouvernements n'ont pas su ou n'ont pas voulu faire.

Pour l'agriculture, il y a surtout trois questions capitales qui, si elles étaient résolues promptement, donneraient un essor immense inconnu à tous les pays.

1° Abaissement général du taux de l'intérêt pour la conversion immédiate de la rente. Quand le cultivateur fait des économies, le banquier ne lui offre que 2 pour 100 de son argent ; mais quand il a besoin d'argent, le même banquier n'en donne qu'à 6 pour 100. Le Crédit foncier donne à 5.80, plus une masse de formalités qui rendent l'institution illusoire. — Quand le taux légal sera abaissé, les capitaux se porteront davantage vers le sol qui seul peut donner la prospérité générale à toutes les industries.

2° Faire exécuter très-promptement tout le réseau projeté des chemins de fer et des chemins vicinaux : quand on occupera un million d'hommes à ce travail, on donnera d'abord de l'aisance aux familles des ouvriers ; mais on facilitera aux cultivateurs les moyens de tirer du sol tous les trésors qui y sont encore enfouis.

3° Enfin, opérer un large dégrèvement sur tous les impôts qui entravent d'un côté le travail, de l'autre la consommation. Les capitaux nécessaires à ce dégrèvement peuvent se trouver de suite et sans bourse délier; en effet, aujourd'hui c'est la France, c'est Paris qui possèdent le monopole du commerce des capitaux du monde; c'est à Paris que se font à peu près tous les emprunts d'Etats. Pourquoi le gouvernement ne mettrait-il pas un droit sur tous les emprunts étrangers qui font le drainage de nos capitaux français pour aller se perdre en Russie, en Turquie, en Egypte, d'où il est si difficile de les faire revenir. On peut être certain qu'un droit sur tous les emprunteurs besoigneux ne leur ferait pas quitter le marché de Paris qui, aujourd'hui, leur est indispensable.

Telles sont les réponses que je devais faire aux questions posées par notre docte Société. Je souhaite quelles puissent être bonnes à quelque chose ; mais je souhaite bien plus vivement encore que le Ciel nous fasse la faveur de nous envoyer de grands ministres comprenant les grandes choses et sachant les exécuter promptement, avec esprit de suite.

14 juin 1879.

Depuis cet écrit, M. Pouyer-Quertier a encore fait des siennes à Rouen.

Il prétend que la France est ruinée, et il ne tient aucun compte des chiffres suivants :

Depuis 1860, la guerre du Mexique nous a coûté.	1	milliard.
Les Prussiens nous ont pris.	5	—
La guerre de 1870 nous a coûté.	3	—
La Turquie et l'Égypte nous ont *volé*.	1	—
Nous avons des économies à la Banque.	2	—
Total.	12	—

Cependant, depuis 1860, nous avons payé notre adminis-

tration, réorganisé l'armée et fait des travaux publics;
nous avons tellement économisé que la rente est à 117 fr.
Alors, que M. Pouyer-Quertier veuille donc bien nous dire
où la France a *pris* les 12 milliards qui ont passé par ses
caisses et qui, il est vrai, ont été si mal employés?

La vérité pour tous ceux qui n'ont pas encore perdu le sens
commun, c'est que, depuis 1860, la France a joui d'une
prospérité inconnue, que les salaires ont doublé, que la
France s'est relevée de ses désastres, que les propriétaires se
sont enrichis, qu'ils ont doublé les prix de fermes parce
que les fermiers s'étaient aussi enrichis. L'agriculture serait
bien heureuse si, par de nouveaux traités de commerce,
améliorés par l'expérience, elle pouvait jouir, dans la période
qui va suivre, de la même prospérité qu'elle a vue depuis
1860 et que M. Pouyer-Quertier appelle la *ruine* de la
France (1).

---

13. — *Réponse de M. le vicomte de Champagny.*

Morlaix, le 24 mai.

La division de la propriété tend à s'accroître.

L'étendue cultivée sous céréales reste jusqu'à présent
stationnaire, mais cette culture devient de moins en moins
rémunératrice.

L'élevage et l'engraissement du bétail, la viabilité, l'outillage agricole se sont notablement développés et perfectionnés. Sous le rapport des irrigations et des desséchements, quelques progrès sont faits, beaucoup restent à faire.

(1) Seize lignes ont été supprimées conformément à la prescription rappelée à la page 9.

La production du Lin, qui était notre principale culture commerciale, s'est beaucoup réduite, en attendant qu'elle disparaisse.

La rareté de la main-d'œuvre commence à se faire sentir sur quelques points. Toutefois, nous souffrons moins, sous ce rapport, que d'autres parties de la France.

Mais à quoi bon chercher, dans cette étude comparative de deux époques, la cause du mal, lorsque cette cause est dans un fait datant d'hier : l'invasion des Blés d'Amérique, et dans une législation qui nous rend la lutte impossible et qui fera disparaître la culture du Blé du sol de la France?

Demain, la même chose se produira pour la viande, et là encore la lutte nous sera impossible pour la même raison, parce que, malgré tous les perfectionnements de la culture, de la viabilité, etc., un pays surchargé d'impôts ne saurait lutter, pour l'économie de la production, avec un pays exempt des mêmes charges.

En Bretagne, avec notre climat marin, l'industrie du bétail nous est avantageuse, et, à la condition de la prendre pour base de notre agriculture, nous résisterons peut-être à la crise un peu plus longtemps que d'autres parties de la France ; mais enfin, quand l'introduction de la viande étrangère se fera dans de vastes proportions, ce qui ne tardera certainement pas, ce sera notre ruine aussi ; nous succomberons les derniers, mais enfin nous succomberons.

Voilà pourquoi la plupart des Comices agricoles de France ne voient qu'un remède à la crise : une législation douanière établissant à l'entrée des produits étrangers un droit compensateur équivalent à l'impôt qui pèse sur la production des objets similaires en France.

Si ce droit eût existé cette année, la fâcheuse influence d'une mauvaise récolte sur la fortune agricole de la France ne se fût fait sentir que dans de bien moindres proportions ; le prix du Blé se serait suffisamment élevé pour diminuer les pertes des agriculteurs, sans que pour cela l'élévation du prix du pain eût été bien sensible. D'ailleurs, pour empêcher la surélévation des denrées alimentaires, n'a-t-on pas la ressource de la taxe du pain, de la taxe de la viande, qui restreignent, il est vrai, dans de justes limites les bénéfices des intermédiaires, mais sauvegardent les intérêts du consommateur, sans blesser la vitalité des forces productives ?

En résumé, avec la concurrence nouvelle et irrésistible des produits américains, la décadence rapide de notre agriculture nationale semble la conséquence inévitable de la continuation du régime douanier actuel.

La modification de ce régime par l'introduction de droits compensateurs est le seul remède sérieux.

Si on ne veut pas absolument accepter aujourd'hui ce remède, au moins qu'on ne s'engage pas au maintien du régime actuel par des traités de commerce qui nous lient. J'ai la conviction qu'un Ministre de l'agriculture qui les renouvellerait dans les circonstances présentes, et nous obligerait ainsi à n'établir à l'entrée des produits agricoles étrangers que des droits nuls ou insuffisants, attacherait son nom à la ruine de l'agriculture française.

DÉPARTEMENT D'ILLE-ET-VILAINE.

14. — *Réponse de M. le comte du Pontavice.*

Château des Renardières, par Fougères, 14 mai 1879.

La situation de l'agriculture de 1852 à 1861 était d'une prospérité sans égale, c'est à cette situation que l'Empire a dû ses années de grande popularité. C'est de 1851 à 1860 que la transformation agricole s'est faite, c'est véritablement de cette époque que date le bien-être du cultivateur, et ce sont les sommes gagnées alors qui ont permis aux fermiers de faire encore quelques économies après les traités de commerce. En voici l'explication :

Sous le régime de la protection toutes les denrées se vendaient bien, les fermiers avaient encore de vieux baux, à des prix fort modérés ; alors ils réalisèrent de grands bénéfices. Le fermier acheta l'un de la rente, l'autre de la terre, et ceux-ci furent les plus nombreux. Alors il arriva qu'au moment de la mise à exécution des Traités de commerce, l'agriculture de l'Ouest était dans une ère de prospérité inconnue jusque-là.

Les Traités de commerce arrêtèrent l'élan ; s'il n'y eut pas de souffrances, il y eut déjà des plaintes, et partout on entendait dire : « Cela ne va plus si bien. » Malgré cela les cultivateurs continuèrent à faire des affaires relatives ; les fermiers trouvèrent encore à écouler leurs produits, car l'Amérique n'expédiait pas en d'aussi grandes proportions ; puis, comme presque tous avaient acheté de la terre dans la période de 1851 à 1861, ils ajoutaient le revenu de leurs achats aux bénéfices nouveaux qu'ils pouvaient réaliser et trouvaient ainsi le moyen de faire de nouveaux placements.

Les petits fermiers trouvaient dans la vente du beurre un débouché lucratif. Mais le beurre a baissé depuis que le marché anglais s'approvisionne en Amérique et la gêne a remplacé l'aisance.

Cependant, il eût été possible de soutenir la concurrence si les choses étaient restées ce qu'elles étaient au début des Traités. Le cultivateur de l'Ouest perdait, il est vrai, sur la culture du Blé ; mais son intelligence pratique l'aurait bientôt amené à ne plus faire de Blé que comme un *mal nécessaire*, et il se serait livré exclusivement à l'élevage du bétail qui était lucratif, et dans un temps très-court, il serait arrivé que le cultivateur n'aurait plus fait de Blé que pour sa consommation personnelle. J'avoue que j'en donnais l'exemple et le conseil.

Avec son bétail, ses herbes abondantes, l'agriculture de l'Ouest pouvait encore prospérer. Mais, aujourd'hui, devant la concurrence du bétail étranger, nous cherchons en vain quel parti nous allons tirer de nos terres.

Je n'hésite donc pas à dire, que si des tarifs efficaces, ne viennent pas protéger l'agriculture, le prix de location de la terre diminuera dans une proportion effrayante et par conséquent la valeur intrinsèque de la France.

Pour répondre à l'article 5 qui me semble le plus important de la lettre ministérielle, je dirai que les agriculteurs perdent, au moins, 4 francs par quintal sur ce que le Blé leur coûte à faire venir ; car, lorsque l'on a compté location de la terre, impôts, travail, engrais, outillages, il n'est pas de Blé qui ne revienne rendu à la halle à 30 fr. le quintal, tandis que les prix moyens des dix dernières années sont à peine de 26 à 27 francs.

Comme je l'ai dit, le prix du bétail étant rémunérateur, nous diminuions nos emblavures pour nous livrer à l'élevage ; mais, aujourd'hui, l'entrée en franchise du bétail étranger sur une grande échelle va rendre la lutte impossible. Les porcs, les moutons ne trouvent plus d'acheteurs ; il arrive sur nos marchés de province des wagons remplis de troupeaux, que les bouchers s'entendent pour faire venir des pays étrangers.

Les animaux de l'espèce bovine ont sensiblement baissé de prix, les cuirs n'ont plus de valeur ; nos cultivateurs, en un mot, ne savent plus comment faire pour se procurer l'argent nécessaire à leurs besoins. Ils vendent à tout prix et à vil prix, et malgré cela le boucher ne baisse pas les siens. Voilà, quant au bétail, la position nouvelle qui nous est faite par l'entrée en franchise du bétail étranger.

Les Lins et les Chanvres ont aussi baissé dans une grande proportion ; car les mêmes lins que nous vendions, de 1850 à 1862 150 francs les 100 kilog., nous avons de la peine à les vendre 100 francs.

Quant aux dépenses, elles ont augmenté ; l'industrie a pris les bras, et nous payons nos domestiques de ferme 40 pour 100 de plus qu'en 1860.

Les ouvriers ont doublé leurs prix pour le charronnage, la ferrure, les constructions de toutes sortes. Les impôts n'ont pas diminué, bien au contraire.

Voilà le tableau vrai. L'avenir agricole n'est donc pas brillant, et il est, pour moi, de toute évidence que l'agriculture française, dans l'Ouest, est ruinée si des droits compensateurs énergiques ne viennent pas mettre une digue à l'envahissement des produits étrangers.

Voilà la situation de l'arrondissement que j'habite et où je cultive depuis plus de trente ans. Cet avis est partagé par tous ceux qui, comme moi, font de l'agriculture.

Le 3 mai, je présidais la Société d'agriculture de l'arrondissement composé des agriculteurs des cinq cantons. À l'unanimité, moins la voix d'un *huissier*, la Société a demandé les droits compensateurs suivants :

3 francs par quintal sur les Blés.

5 francs sur les farines.

7 fr. 50 par 100 kilog. de viande vivante.

15 francs par 100 kilog. de viande morte.

30 francs par 100 kilog. sur les viandes salées.

20 francs par 100 kilog. sur les beurres.

20 francs par 100 kilog. sur les graisses et saindoux.

2 fr. 50 par 100 kilog. sur les Avoines, Orges, Sarrasins, etc.

Voilà quel serait le palliatif aux maux dont est menacée l'agriculture française.

Cette appréciation est le résultat de l'expérience et mon avis doit être d'autant moins suspect, que, comme membre de la Commission d'enquête, je votai pour la liberté commerciale, trompé que j'étais alors par les fausses théories des Michel Chevalier et autres, et des agriculteurs journalistes.

------

15. — *Réponse de M. E. Bodin.*

Rennes, les Trois-Croix, 24 mai 1879.

Le système économique inauguré en 1860 a été incontestablement favorable à la Bretagne, pays exportateur surtout, se trouvant exceptionnellement placé pour se créer des débouchés en Angleterre.

Les cultivateurs n'ont pu se plaindre de ce régime, mais cet état de choses prospère a eu pour conséquence une augmentation exagérée dans la valeur locative de la terre.

Si ces faits sont indiscutables, on ne peut nier non plus que, depuis deux ans, l'agriculture est fortement atteinte ; une gêne excessive existe chez les cultivateurs. Une baisse dans la valeur locative n'est pas douteuse. Jamais encore des prix si peu rémunérateurs ne s'étaient rencontrés en présence d'une mauvaise récolte et de la perspective d'une mauvaise récolte.

L'importation étrangère a été la seule cause de ce fait et on ne peut se dissimuler que la facilité des transports, qui n'existait pas en 1861, comme aujourd'hui, rendra de plus en plus ces importations plus importantes et plus redoutables pour la production locale. Cette concurrence étrangère est-elle un fait passager ou doit-elle être considérée comme permanente ? Toute la difficulté se résume dans cette question.

Tout nous fait craindre que les Américains particulièrement continuent à nous envoyer leurs céréales. En effet, ils sont organisés pour produire plus que jamais, et la navigation de leurs grands fleuves étant améliorée, nul doute qu'ils ne soient plus à même encore de nous apporter leurs Blés.

Notre agriculture a fait beaucoup de progrès, mais elle est restée entre les mains d'une catégorie de gens peu instruits et ne disposant pas de capitaux suffisants. Les difficultés causées par la main-d'œuvre extrêmement coûteuse, augmentent chaque année.

Il n'est pas possible de faire modifier rapidement le genre de production dans tout un pays : la nature du sol, les habitudes de vieille date ne s'y prêtent pas toujours. Aussi je crois que, tout en ne demandant pas le principe de la protection, l'agriculture ne peut se maintenir qu'en étant traitée comme les autres industries, qui sont toutes protégées plus ou moins, par un droit fixe compensateur.

Ce droit devrait représenter pour l'agriculture les charges et impôts de toute nature, qui ont été toujours en augmentant et pèsent presque exclusivement sur la terre.

Je dirai plus : si les Blés du sol étranger menacent les nôtres d'une concurrence plus facile que celle contre laquelle ont à lutter les diverses industries, les droits protecteurs de nos produits agricoles deviennent d'autant plus nécessaires et doivent être d'autant plus élevés.

Il n'est pas besoin de prouver que si notre pays peut être prospère lors même que la concurrence étrangère le priverait de telle ou telle industrie, il ne peut vivre sans son agriculture.

16. — *Réponse de M. de Lorgeril.*

Château de la Bourbansaye, Pleugueneuc, le 31 mai 1879.

1° *Division de la propriété.* — Dans ce pays, la division de la propriété s'accentue tous les jours davantage. Les copartageants d'un héritage, déjà propriétaires fonciers, tiennent essentiellement à s'agrandir; aussi l'émiettement de la propriété s'accroît-il chaque jour.

2° *La production des céréales.* — La production des céréales est encore le revenu le plus certain, bien que, dans les années désastreuses que nous traversons, les intempéries des saisons ajoutées à l'introduction en franchise des grains étrangers, aient rendu le produit illusoire ; mais si la production des grains *n'est pas rémunératrice*, elle nous garantit du moins de la famine. La majeure partie des grains est aujourd'hui absorbée pour la nourriture de la population.

3° *L'élevage* a encore donné quelques résultats satisfaisants, dans ces dernières années ; mais la crise qui sévit tend à réduire considérablement cette branche d'industrie. L'engraissement ne se fait pas sur une grande échelle; on n'engraisse guère qu'en vue de la consommation locale.

4° La production des *plantes industrielles* tend à disparaître, par suite de l'élévation des prix de culture, de l'appauvrissement du sol, qui s'en fatigue, et surtout par le bas prix que le commerce veut ou peut payer. La culture du Colza est presque complètement abandonnée.

5° La *production forestière* n'offre plus de transactions, par suite du chômage des constructions navales. Les bois de Chêne sont aujourd'hui presque exclusivement vendus aux chemins de fer pour faire des traverses.

6° Nous ne possédons pas d'établissements d'industrie agricole, tels que distilleries, sucreries, etc.

7° L'*outillage agricole* s'est beaucoup amélioré ; mais la division infinie de la propriété, la multiplicité des clôtures empêchera d'ici longtemps l'usage des machines à vapeur, si utilement employées dans les vastes domaines d'Angleterre et d'Amérique.

8° L'emploi des *engrais commerciaux* tendrait à se généraliser, surtout l'emploi des phosphates fossiles; mais la fraude dont ils sont l'objet arrête cet essor.

9° Le nombre des *ouvriers agricoles* tend chaque jour à diminuer, principalement à cause de la concurrence que les entrepreneurs de travaux publics font à l'agriculture. Les ouvriers qui nous quittent sont à jamais perdus pour nous. Ils vont grossir l'armée des travailleurs des villes.

10° Les *impôts* s'aggravent tous les jours, surtout les impôts indirects, les patentes, etc., etc. Si la crise agricole persiste, il sera bientôt impossible de les acquitter.

11° Le gouvernement s'occupe *avec trop de zèle*, sans doute dans un but de popularité, de la confection de nouvelles routes, de nouveaux ports et de chemins de fer. Par contre, la petite vicinalité est complétement abandonnée, et cela au grand détriment de la culture, qui éprouve les plus grandes difficultés, souvent des impossibilités pour transporter ses engrais et les amendements que la terre réclame.

Il est arrivé souvent que des terres sont restées sans culture par cette impossibilité matérielle.

Dans la lettre de M. le Ministre de l'agriculture et du commerce du 7 avril 1879, nous lisons, art. 5 : « Quelle influence la législation sur les grains, le commerce de la boulangerie, celui de la boucherie, et les traités de commerce ont-ils exercée sur la situation présente ? »

On a beaucoup écrit, on a longuement discuté sur la législation, sur l'échelle mobile, sur les traités de commerce qui lui ont succédé. Cette question intéresse vivement toutes les industries et le commerce, mais elle est vitale pour l'agriculture. Au moment où il s'agit de les renouveler ou de les modifier, chacun doit formuler ses opinions ou apporter à ceux qui seront chargés de trancher cette question le tribut de ses observations et celui d'une expérience acquise. Mais, dira-t-on, que peut-on ajouter pour élucider cette question que les économistes, les agriculteurs les plus éminents, les plus autorisés, ont discutée, ont envisagée et traitée à tous les points de vue... *Presque rien*, je l'avoue.

D'ailleurs, M. le Ministre de l'agriculture n'a-t-il pas naguère formulé son opinion sur cette question vitale pour nous, quand il a dit à la séance publique de la Société nationale d'agriculture de France :

« C'est en favorisant la fertilité des terres, c'est en créant partout des moyens de communication qui ne laissent inerte aucune de nos richesses ; c'est en vulgarisant les conquêtes de la science, c'est en facilitant à tous l'usage des instruments perfectionnés, c'est en répandant l'instruction à pleines mains, c'est en inspirant aux habitants des campagnes le sentiment de leur vraie valeur, *c'est en les fixant au sol, par l'attrait d'un travail raisonné*, c'est par tous ces moyens, *bien plus sûrement que par des artifices de douane*, que nous parviendrons à donner à notre agriculture une force de production qui lui permettra d'envisager *sans effroi* les progrès réalisés dans d'autres contrées. »

Que peut-on répondre à une théorie, que peut-on opposer à un programme si nettement exprimés par la parole solennelle du Ministre de l'agriculture ?... Evidemment rien !

Aussi est-ce la mort dans l'âme, plutôt pour remplir un devoir que pour formuler une protestation inutile, que je viens ici, à mon tour, présenter quelques-unes des objections qui se sont élevées dans mon jugement, et combattre la continuation ou le renouvellement des traités de commerce ou de libre-échange inaugurés sous l'Empire et qui ont été si funestes à notre agriculture.

L'agriculture n'est-elle pas, en effet, la mère de toutes les industries, puisqu'elle leur fournit non-seulement presque toutes les matières premières qu'elles sont appelées à transformer, mais encore puisqu'elle pourvoit à la nourriture de tous ses ouvriers, comme à celle de tous les habitants du pays? Ainsi la protéger, c'est favoriser l'existence de la nation entière : ce serait donc une faute si on la sacrifiait aux exigences du commerce.

Elle seule peut être appelée à résoudre peut-être un jour le grand problème de *la vie à bon marché*. Mais, préalablement, il faut qu'elle soit prospère, et mise à l'abri des fluctuations commerciales. Il ne faut pas, surtout, que l'agriculture des nations rivales, qui souvent n'ont à payer aucune des charges qui nous sont imposées, puisse être admise sur nos marchés, à lui faire concurrence, à user librement, gratuitement de nos ports, de nos routes, de nos canaux, qui ont été créés, qui sont entretenus à grands frais par les caisses de l'Etat, que l'agriculture nationale contribue, sous mille formes d'impôts, à remplir.

N'est-ce donc pas assez de la lutte journalière qu'elle a à subir contre les intempéries des saisons, contre tous les *fléaux* dus souvent à l'importation des produits exotiques ; lui faudra-t-il encore avoir à lutter contre la rivalité des produits de terres vierges, que notre vieux sol épuisé a tant de difficultés à produire pour la consommation? C'est cette situation que nos législateurs ont à envisager, que nos gouvernants ont le devoir d'éloigner de nous ; c'est elle que les économistes, les agriculteurs les plus éminents ont examinée, contre laquelle ils ont protesté dans leurs discours, dans leurs écrits, en jetant un cri d'alarme (1).

(1) Discours de M. Dehaut à l'assemblée des Sociétés agricoles de France ; discours de M. de Monicault, président de la Section d'agriculture des agriculteurs de France ; discours de M. Niel, député, à Muret ; Note de M. Gujot, 26 avril ; Note de M. Gossin, professeur d'agriculture.

Dans nos campagnes de Bretagne, nos craintes du présent ne sont pas moins vives et sont également justifiées.

Non-seulement la vente des grains ne couvre pas, surtout dans ces dernières années, le prix de revient, mais les beurres, l'une de nos principales branches de production, ont diminué, depuis un an, de près de 50 pour 100.

Par suite des intempéries de saisons, l'insuffisance de rendement, complétée par la mauvaise qualité des grains recueillis, aurait produit une perte sensible pour nos agriculteurs ; mais l'introduction en franchise de tous droits, a produit sur nos marchés une baisse telle que les récoltes dernières ont été un désastre général pour notre agriculture.

L'agriculture est une industrie. Elle diffère essentiellement des autres industries en ceci : c'est que, pour les industries de fabrication, on peut les développer avec quelques sacrifices pécuniaires, en donnant plus d'importance, plus de développement à des usines ; mais pour rendre plus productif un établissement agricole, pour le créer il faut, outre des sommes considérables, un temps plus long encore pour pouvoir faire produire à la terre les choses indispensables à la nourriture journalière des hommes et des bestiaux. Pour qu'il puisse prospérer, il faut en outre qu'il rapporte à ceux qui s'y livrent, un salaire rémunérateur. Depuis quelque temps, l'agriculture ne subit que des pertes, et, sans être prophète, on peut affirmer, que si cet état se prolonge, la banqueroute de bien des fermiers sera inévitable ; par suite, l'abandon des fermes, la désertion des ouvriers ruraux qui, ne trouvant que privations dans leur labeur journalier, reflueront sur les villes. Mais, si un jour, comme cela s'est produit il y a quelques années, les récoltes venaient à manquer dans les pays devenus nos pourvoyeurs, qu'arriverait-t-il ? Chose horrible à prévoir... la famine serait à nos portes.

Dans cet état de choses qui semble se développer, comment « inspirer, comme nous le conseille **M.** le Ministre, aux habitants des campagnes, le sentiment de leur valeur en les fixant au sol par l'attrait d'un travail raisonné? »

Mais si notre agriculture ne *peut rémunérer* suffisamment des travailleurs ; si les salaires sont insuffisants pour leur assurer *le nécessaire*, s'ils ne trouvent, après le travail accompli, que privations de toute espèce ; si, par ailleurs, la concurrence que l'Etat fait périodiquement aux cultivateurs, en décrétant des travaux gigantesques, exécutés avec le produit de leurs contributions excessives, en embrigadant par l'intermédiaire de ses entrepreneurs leurs ouvriers agricoles, qui, une fois habitués aux salaires élevés des travaux publics, abandonnent *pour toujours* le travail des champs ; comment, dans ces conditions, lutter contre une concurrence multiple et comment surtout *fixer au sol* les ouvriers laboureurs *par l'attrait d'un travail raisonné?...* Un pareil régime tend fatalement a créer une armée innombrable de travailleurs déclassés, prêts au moindre prétexte, à se mettre en grève, par suite, à faire courir des dangers réels à la société, à la civilisation. Encore si ces travaux entrepris laissaient l'espoir de voir renaître la prospérité commerciale, à ceux qui en payent l'exécution ! Mais non, si la production du sol, sous l'empire de ces lois néfastes, tend à diminuer, les chemins de fer deviendront inutiles à l'agriculture, si notre marine continue (ce qui est à redouter, puisque nous n'avons plus de colonies) à disparaître, à quoi serviront ces bassins construits, jusqu'à ce jour, avec autant de luxe que d'imprévoyance? A quoi a servi, jusqu'à ce jour, le bassin de Saint-Malo, celui de Saint-Brieuc, où depuis sa construction, pas un navire, pas même une embarcation n'a pu entrer ; celui de Brest, créé au milieu de sa rade, qui devait, disait-on, servir d'atterrissement, de premier débarquement aux transatlantiques, qui, aujourd'hui, semblent avoir renoncé à cette *escale* de la rade de Brest qui ne leur offrait, sans compensation aucune, que les dangers d'une entrée et d'une sortie difficile, plus un retard considérable pour atteindre le point d'arrivée ?

D'après le chiffre d'une statistique à l'exactitude de laquelle je crois, le nombre des propriétaires fonciers serait de 9 millions.

7,500,000 représenteraient le chiffre des petits propriétaires ; quel serait le chiffre représentant la famille, les serviteurs de ces propriétaires ? Nécessairement il est très-considérable. Aussi, quand les affaires agricoles prospèrent, quand tous ces agriculteurs grands et petits ont vendu avantageusement leurs denrées, nous les voyons, aux jours de marchés, faire des achats souvent considérables, en vêtements, outils, etc., et même en objets de luxe produits de l'industrie manufacturière. Quand, au contraire, la vente est difficile ou nulle, comme il faut avant tout payer les *contributions*, pourvoir aux dépenses obligatoires, nul n'achète et le commerce de fabrication industrielle languit, à son tour, et souffre. C'est ce qui a fait très-justement dire : Quand *l'agriculture prospère, tout prospère dans un Etat.*

Pourquoi l'agriculture est-elle fondée à demander un droit protecteur pour ses produits ?

Parce que nul gouvernement ne peut et ne *doit* se désintéresser quand il s'agit d'assurer l'alimentation publique. Admettons le libre-échange bien établi, bien appliqué. Il peut se présenter un jour (comme cela est déjà arrivé) que l'insuffisance de produits alimentaires dans un pays voisin stimule l'exportation et, par suite, occasionne une surélévation de prix dans la valeur des choses alimentaires. Dans ce cas, l'exportation doit être interdite par le gouvernement, c'est son droit, c'est encore plus son devoir. Et encore qu'une guerre survienne, comme la guerre de Crimée, et que l'intendance de l'armée ait besoin de toutes les ressources alimentaires du pays, que deviendrait alors la prétendue liberté de commerce, le libre-échange ?

L'Angleterre, pendant de nombreuses années, a dû protéger ses produits agricoles, en développant l'activité de ses cultures par des taxes d'importation très-élevées. Si, aujourd'hui, elle semble y avoir renoncé, c'est que ne pouvant suffire à la nourriture de sa population d'ouvriers industriels, qui sont les principaux pourvoyeurs des objets fabriqués qui approvisionnent les marchés du monde entier, dans cet intérêt de premier ordre pour son commerce, elle doit favoriser l'introduction de toutes les matières premières indispensables à son industrie, qui doivent arriver au point de fabrication ou de transformation au plus bas prix possible. Elle favorise donc la liberté du commerce, autant qu'elle le peut, n'ayant que peu de crainte d'une concurrence impossible. Les résultats de la concurrence que l'on voudrait nous imposer, et qu'il est impossible à notre agriculture écrasée d'impôts, de soutenir, nous conduisent fatalement :

1° A la diminution des prix de fermage;

2° A l'abandon de la culture d'une partie du territoire;

3° A l'abaissement de la fortune publique, puisque des sommes importantes sortiraient du pays pour acquérir les denrées de première nécessité;

4° A la diminution des matières premières indispensables à l'industrie;

5° A la possibilité d'une disette, même d'une famine.

Par ces motifs :

Nous croyons qu'ils est indispensable, pour éviter de pareils maux, d'insister pour que, dans les lois ou traités à venir, « les produits agricoles étrangers ayant des similaires dans l'agriculture française, soient soumis à un droit compensateur représentant la somme d'impôts payés par les agriculteurs sur les produits similaires. »

Ce vœu n'est, du reste, que la reproduction de vœux déjà émis par des agriculteurs éminents.

———

DÉPARTEMENT DU MORBIHAN.

17. — *Réponse de M. de Bouëtiez de Kerorguen.*

Lorient, 19 mai 1879.

Placé au centre de la Bretagne, agriculteur et chargé de représenter les intérêts de l'agriculture au Conseil général du Morbihan depuis vingt-sept ans, je me préoccupe vivement de la situation qui sera faite à nos producteurs par la législation à intervenir.

Pour toute la Bretagne, les lois du libre-échange avaient été, à mon avis, la cause de la prospérité exceptionnelle de notre agriculture depuis 1861 jusqu'à la fin de l'Empire.

C'est donc avec une préoccupation très-vive que j'entrevois leur modification. Cependant, en suivant avec attention les discussions auxquelles ces lois ont donné lieu dans la presse et ailleurs, j'ai été amené à penser que les conditions de l'industrie agricole se trouvaient changées sur certains points, par l'état de l'Europe, du continent Américain, et surtout en présence de la production énorme de l'Australie.

Certaines branches de l'industrie agricole souffrent réellement, ou mieux, pour notre pays de petite culture, ont cessé de jouir de la même prospérité.

D'autres sont très-inquiètes de l'avenir. Il y a donc lieu de venir en aide aux unes et de rassurer les autres.

Ceci dit, j'aborde les questions que vous me faites l'honneur de me poser, et je vais y répondre de mon mieux, en me tenant *exclusivement* au point de vue de l'agriculture bretonne et morbihannaise surtout.

Depuis 1861, jusqu'à la guerre de 1870 et les malheureux événements qui en ont été la suite, notre agriculture, qui consiste principalement dans l'élève du bétail (c'est ce que nous exportons le plus), avait suivi une progression ascendante telle que la valeur des propriétés, soit comme location, soit comme valeur vénale, avait augmenté de plus du tiers.

1° La propriété s'était divisée dans une proportion sérieuse, les économies rurales recherchant surtout leur emploi, par l'achat des terres.

2° La production des céréales avait augmenté, mais dans une faible proportion. Les moyennes obtenues par hectare s'étaient améliorées d'environ un cinquième par une culture plus intelligente et l'adoption d'assolements inconnus auparavant, mais la quantité des terres consacrées à la culture des céréales avait plutôt diminué, malgré les nombreux défrichements de landes.

3° L'élevage des animaux domestiques, la production du beurre avaient augmenté de moitié environ ; quant à l'engraissement, il fait peu de progrès.

4° La culture des plantes industrielles est presque nulle. Elle ne s'est pas améliorée sensiblement.

5° L'exportation des poteaux de sapin du pays (pin maritime) a pris, depuis 10 ans, une extension considérable, exportation qui a doublé le prix de ces bois. Sous l'influence de ce commerce, fait avec l'Angleterre, les semis de pin se sont beaucoup développés.

Les navires arrivent chargés de charbon de terre et retournent avec un frèt de poteaux destinés à soutenir les galeries des houillères. Ces frèts sont très-peu élevés, c'est ce qui a permis à ce commerce de se développer, avec une telle intensité, que les sapinières de la Bretagne en ont été presque épuisées au grand avantage, au reste, du pays.

6° Les industries agricoles sont encore à l'état rudimentaire. Les établissement créés ont peu prospéré.

Quelques papeteries employant la paille comme matière première paraissent cependant réussir, mais l'écoulement de leurs produits se fait à l'intérieur.

7° L'outillage agricole s'est sensiblement amélioré ; le bas prix des fers y a contribué.

8° L'emploi des engrais s'est développé. quoique encore d'une manière insuffisante.

9° Malgré le nombre d'ouvriers attachés à l'arsenal maritime de Lorient. plus des deux tiers des bras sont encore employés à l'agriculture.

10° L'impôt foncier, pris isolément, serait facilement supporté par le propriétaire, si à cette charge ne venaient s'ajouter tous les impôts de consommation qui atteignent encore le producteur, sous forme d'octroi et autres. Les charges vicinales concernant la voierie, l'impôt des chevaux et voitures, sont appliquées avec une rigueur fâcheuse.

Pour n'en citer qu'un exemple, le char à bancs du fermier, servant à son exploitation, paie le demi-droit, 7 fr. 50. S'il s'en sert *même par hasard*, pour aller à la messe ou à une assemblée, on l'impose comme voiture de luxe. Il y a là des réformes à réclamer; malheureusement, le cultivateur vit loin des centres; isolé, il paie, ne sachant comment faire entendre sa voix.

11° La viabilité vicinale, la viabilité des chemins ruraux, surtout, laisse énormément à désirer; l'entretien des routes devrait être, non une charge communale, mais une charge gouvernementale ou tout au moins departementale.

Ainsi que je l'ai dit en commençant, la liberté du commerce a contribué à l'amélioration de l'agriculture en Bretagne, jusqu'à cette année (qui paraît devoir être mauvaise); le département du Morbihan n'a pas eu à se plaindre de ses récoltes, depuis 1861. La prospérité a donc été croissante.

Est-ce une raison pour repousser toutes modifications dans la législation et les tarifs?

Assurément non. Les conditions politiques extérieures se sont modifiées et doivent conseiller la prudence. Les nations voisines, l'Amérique elle-même, ont cru devoir recourir à des tarifs protecteurs; nous ne sommes plus assez puissants pour dédaigner de le faire à notre tour.

Une législation, prudemment étudiée à ce sujet, nous

paraît donc nécessaire, et serait un moyen de rassurer les intérêts agricoles qui commencent à s'alarmer et à craindre la concurrence étrangère.

Des droits compensateurs des charges nouvelles qui nous grèvent, nous semblent indispensables. Ces droits, pour être utiles, doivent être modérés.

En dehors de cela, ou plutôt comme corollaire de ces mesures, il me semble que nous devons étudier et appliquer tout ce qui peut augmenter la production agricole et diminuer les frais.

Ce but ne pourra être atteint qu'en complétant l'éducation agricole des populations rurales ; en leur faisant connaître l'emploi des meilleurs instruments aratoires, les ressources des engrais commerciaux ; en assurant la pureté et la valeur de ces engrais ; enfin, en vulgarisant les méthodes propres à faire donner plus à la terre et à meilleur marché, ce qui, en France, offre encore un vaste champ.

Malheureusement, l'esprit d'association n'existe pas en France, dans les campagnes surtout. L'action des associations agricoles est excessivement limitée, parce que les ressources dont elles disposent leur sont mesurées avec une parcimonie aussi regrettable que peu raisonnée.

Aucune dépense n'est aussi productive que celle des encouragements qui sont distribués par leur canal.

Elles connaissent les besoins et les ressources de chaque région, elles savent ce qui devrait être fait pour augmenter une richesse qui tourne à l'avantage de tous, et dont une forte part rentre sous des formes multiples dans les coffres de l'État.

Mais comment beaucoup faire, avec le peu qui leur est accordé ?

Les encouragements décernés chaque année à l'agriculture, par le canal des Comices et Associations départementales, représentent à peine *quinze mille francs par* département. Cette somme devrait être quatre fois plus

forte, et pour les 5,000.000 fr. donnés par le Ministre de
l'agriculture, le Ministre des finances verrait ses recettes
monter de 10,000,000 de plus à chaque exercice.

Je terminerai cette trop longue lettre en répondant à la
dernière question contenue dans la lettre que vous m'avez
fait l'honneur de m'adresser.

Les procès-verbaux de notre Conseil général, mais surtout une modeste publication, qui paraît chaque mois, à
Lorient sous le nom de *Bulletin agricole*, sont les seules
publications susceptibles d'éclairer sur la situation de l'agriculture morbihannaise.

Notre *Bulletin* qui puise dans divers journaux, et principalement dans le *Journal de l'agriculture*, s'efforce de faire
l'éducation de nos populations si peu éclairées.

3ᵉ RÉGION. — NORD.

Cette région comprend les départements de l'Aisne, du
Nord, de l'Oise, du Pas-de-Calais, de la Seine, de Seine-et-
Marne, de Seine-et-Oise et de la Somme.

DÉPARTEMENT DE L'AISNE.

18. — *Réponse de M. Vallerand.*

Ferme de Moufflaye, par Vic-sur-Aisne, 8 juillet 1879.

Je vous demande bien pardon de n'avoir pas répondu
plus tôt à la demande de renseignements que vous m'avez
adressée relativement au renouvellement des traités de

commerce. Je dois vous avouer qu'en agissant ainsi, j'ai cédé à une sorte de découragement en présence de l'attitude prise par M. le Ministre de l'agriculture vis-à-vis des démarches faites par les députations agricoles.

Il est à présumer que nous ne serons pas plus heureux auprès des Chambres. Les choses se passeraient sans doute autrement, si chaque député ou sénateur était propriétaire d'une ferme de 150 à 200 hectares et qu'il ne puisse pas arracher un sou de son fermier depuis un certain nombre d'années, ainsi que cela a malheureusement lieu ici.

Nous avons beau répéter, crier par-dessus les toits que l'agriculture se ruine ; on nous tourne le dos ou bien on rit de nous, comme cela a eu lieu, même dans les journaux sérieux. Pour prouver que l'agriculture souffre, il ne suffit pas que la propriété foncière ait baissé de 30 à 40 pour 100 dans les adjudications publiques, il ne suffit pas que les trois quarts des fermes soient à louer, à céder ou à vendre, il ne suffit pas que les agriculteurs soient saisis, que l'on vende leur mobilier et leurs récoltes à l'encan ; c'est cependant ce qui a lieu tous les jours. Nous avons ici beaucoup de fermiers qui ont des arrérages de 30, 40 et même de 80,000 francs sur leurs redevances. Les propriétaires sont obligés de rentrer dans leurs fermes et de faire valoir eux-mêmes ; d'autres qui voient arriver la fin de leurs baux, offrent à leurs fermiers de renouveler en baisse ; j'en pourrais citer beaucoup : si je ne le fais pas, c'est par pure discrétion. Mais rien de tout cela n'est fait pour convaincre ni les législateurs, ni les ministres, ni encore moins les économistes. Périsse l'agriculture, périsse la France, mais vivent leurs théories !

Que pensez-vous qu'il faille faire, direz-vous ? Le contraire de ce que l'on a fait jusqu'à présent, répondons-nous. Oui, c'est certain, il fallait faire le contraire de ce que l'on a fait. A l'enquête agricole qui a eu lieu en 1862 et dont je faisais partie, un vieil et habile agriculteur de l'Aisne, déposant à l'enquête, en réponse à la question que lui posait le président, M. le sénateur Suin : Que pensez-vous des traités de commerce? répondait énergiquement : *La mort de l'agriculture.* La réponse parut très-dure; mais, en somme, c'était la vérité. La même question nous fut posée en qualité de commissaire en ce qui concerne le bétail et tout particulièrement le mouton ; j'ai répondu comme le vieil agriculteur : La mort de l'élevage. M'étais-je trompé? non, sans doute, puisque de *trente-deux millions* de têtes que comptait alors l'espèce ovine, nous en avons à peine *vingt millions* aujourd'hui. Ces chiffres ont, ce me semble, leur éloquence.

Pourquoi cette disparition? Elle est toute simple. Le mouton est une bête à laine en même temps qu'une bête de boucherie, un animal à viande. On a vu, autrefois, lorsque les laines étaient chères, des animaux dont la peau valait autant que la chair. On avait dit aux cultivateurs, pour les consoler de l'entrée libre des laines étrangères : « Jamais on « ne pourra se passer des laines françaises ; plus il entrera « de laines étrangères, plus on aura besoin des laines françaises et plus leur prix s'élèvera. » Les laines étrangères sont venues et les laines françaises ont baissé. Les laines des races à viande, surtout, sont sans valeur : elles valent 70 à 75 centimes la livre au plus et donnent des toisons d'un poids insignifiant.

Pendant que l'élevage du mouton français est abandonné, l'élevage étranger augmente ; l'Allemagne et la Hongrie nous inondent de leurs produits, les africains et les persans pleuvent comme les sauterelles sur le marché de la Villette. Ils sont chétifs, ils font peur, ils ne sont même pas castrés ; mais qu'importe, ils coûtent bon marché, ils donnent une viande détestable, le boucher la vend comme viande de bonne qualité, le consommateur la paye comme telle ; le boucher s'enrichit, le cultivateur, l'éleveur français se ruine et tout est dit.

Enquête.   9

Pourquoi n'élevez-vous pas, nous dira-t-on, puisque la viande est chère? Donnez-nous de la terre à 10 francs de fermage comme en Hongrie, dirons-nous, à *deux* francs comme en Australie, des ouvriers à 1 franc par jour comme dans le Meklembourg, des moujiks à un sou comme en Russie, nous vous ferons tout ce que vous voudrez. Donnez-nous des terres vierges à 18 francs l'hectare une fois payés, payant 18 cent. de contribution, comme en Amérique, et nous vous ferons du Blé à bas prix.

Je me résume : l'agriculture française se ruine, cela est incontestable ; elle se ruine parce qu'elle produit à perte : ses dépenses dépassent ses recettes. En vain objectera-t-on que nous sommes en arrière, que nous ne faisons aucun progrès. Les concours régionaux, l'Exposition universelle prouvent le contraire. Ce qui nous manque, ce sont des armes égales à l'intérieur, comme à l'extérieur. En France, l'industrie est protégée au détriment de l'agriculture. Elle nous fait une concurrence écrasante sur le marché de la main-d'œuvre, et, de plus, lorsqu'elle a satisfait à ses commandes et qu'il lui faut travailler à perte, elle ferme ses usines et son personnel déborde sur nos fermes. On vient nous demander de l'ouvrage que l'on ne peut pas et que l'on ne veut pas faire, et c'est nous qui avons la charge d'héberger et de nourrir les ouvriers sans travail. Demandez plutôt à mon honorable collègue et ami M. Bertin, de Roye, l'un des vôtres, il vous dira si je suis dans le vrai.

Jusqu'à présent l'agriculture a rempli sa tâche : elle meurt à la peine, elle l'a dit, et, au surplus, on le voit bien. Que nos législateurs, qui ne l'ignorent point, aient le courage de remédier au mal, que la presse, la presse agricole surtout, fasse son devoir; c'est à elle à éclairer tout le monde, mais plus particulièrement ceux qui tiennent les rênes du gouvernement; il y a là plus qu'une question agricole, il y a une question sociale, une question nationale, il ne faut pas être bien clairvoyant pour le voir : car si l'agriculture nationale tombe, elle entraînera dans sa chute et les gouvernants et les gouvernés, en un mot, la France entière.

P.-S. Il arrive en ce moment *trente cinq mille* moutons étrangers par semaine à la Villette. Que les éleveurs français aillent s'y frotter avec de la terre à 100 fr. l'hectare et 20 fr. d'impôts.

DÉPARTEMENT DU NORD.

19. — *Réponse de M. Vandercolme.*

Rexpoede, le 20 juin 1879.

1° La division de la propriété a peu changé, la propriété n'est pas trop divisée.

2° En ce qui concerne la production des céréales, tous les deux ans, le Blé revient sur la même pièce ; il faudrait un intervalle de trois ans.

3° L'élevage est en progrès. Tous les veaux mâles provenant de vaches croisées Durham sont engraissés.

4° Il est à désirer que la culture de la Betterave puisse continuer à s'étendre. C'est généralement un produit rémunérateur.

6° L'agriculture est donc intéressée à la prospérité des distilleries et sucreries.

7° Presque toutes nos terres sont drainées ; on a commencé en 1849.

8° On emploie beaucoup d'engrais commerciaux. Il est profondément regrettable que, dans la plupart des fermes, par la construction vicieuse des fosses à fumier, les cultivaters pe dent, en moyenne, 25 pour 100 de la valeur de leur fumier ; les nombreuses expériences que j'ai faites m'ont donné ce chiffre. La dépense qui serait nécessaire pour éviter cette perte, est insignifiante.

9° Ici, les bras employés à l'agriculture ne manquent pas. Depuis trois ou quatre ans, les salaires n'ont pas augmenté : l'ouvrier fait moins de besogne et doit être mieux nourri.

11° Depuis quelques années, beaucoup de chemins vicinaux ont été empierrés. La culture en profite, mais la propriété aussi ; ce qui n'est pas juste, c'est que le cultivateur paye tous les frais.

Depuis trois ou quatre ans, l'agriculture subit une crise, qui, par sa longue durée, devient désastreuse. Peu de cultivateurs ont les ressources nécessaires pour y faire face. Cette situation est, généralement, attribuée à l'insuffisance de plusieurs récoltes successives et au prix peu rémunérateur qu'on en a obtenu.

La moitié des terres labourables est consacrée au Blé : ce n'est pas rationnel, les cultivateurs en conviennent ; ils attribuent le rendement que j'obtiens, et qui est supérieur au leur, à ce que je laisse un intervalle de trois ans entre deux récoltes de Blé.

Une difficulté, qui est énorme, c'est de prouver aux agriculteurs qu'il leur serait avantageux de ne donner au Blé que le tiers de leurs terres labourables.

Je ne me sens plus l'énergie nécessaire pour recommencer ce que j'ai fait en 1849, afin de prouver l'utilité du drainage. J'ai cultivé à mes risques et périls, pendant trois ans, la moitié d'une de mes fermes sise à Killem. Les résultats obtenus ayant été avantageux au fermier, la cause du draina ge a été gagnée.

20. — *Réponse de M. Alfred Dupont.*

Douai, 8 mai 1879.

1° Relativement à la division de la propriété, rien de nouveau.

2° La production des céréales, diminuée à cause du bas prix, résultat de la concurrence étrangère, diminuera encore.

3° Pas d'élevage dans la région, si ce n'est pour l'entretien de la lactation (race bovine), et le remplacement vaille que vaille (race chevaline) chez les petits cultivateurs. La production de la laine a été ruinée par la concurrence des laines étrangères.

4° L'Œillette et le Colza supprimés à peu près par les oléagineux étrangers ; cultures ruineuses, tandis que l'huile est protégée par un droit de 6 francs les 100 kilog. Le Tabac exclu par les exigences de la régie, et la préférence accordée au Tabac étranger. La Betterave diminuée par l'abaissement du prix de vente, réduit d'abord de 24 à 20 les 1,000 kilog., réduit à l'heure qu'il est à 17, avec des exigences de densité, le tout imposé à la sucrerie par la concurrence étrangère et les bonis de la raffinerie.

5° Production forestière nulle dans notre voisinage immédiat.

6° Sucrerie et distillerie en grande souffrance par l'effet de la concurrence étrangère.

7° L'outillage agricole s'est perfectionné par l'introduction, dans les *grandes exploitations*, des moissonneuses, faucheuses, râteaux à cheval ; malheureusement la culture très-morcelée dans l'arrondissement n'en permet pas l'emploi généralisé. Le drainage suffisamment connu et pratiqué.

8° Les engrais commerciaux s'emploient tous les jours davantage ; mais souvent ils sont adultérés. Le fumier de ferme domine toujours et est de mieux en mieux traité.

9° L'agriculture manque de bras ; les salaires sont augmentés depuis vingt ans de plus des 2/3 et le travail à la journée devient inabordable par une double cause : élevation du prix de journée, diminution du travail accompli dans le même temps.

10° Les impôts directs et indirects prodigieusement surélevés et accroissant dans une proportion considérable les charges de l'agriculture.

Un fait d'ailleurs, plus fort que tous les raisonnements révèle sa souffrance : l'impossibilité dans certaines communes de renouveler les baux parvenus à terme, quelquefois absolue, d'autrefois relative, c'est-à-dire subordonnée à la diminution des 1/5 à 1/4 du fermage antérieur.

11° La viabilité tous les jours meilleure, mais très-insuffisante à compenser les effets de : 1° le renchérissement de la main-d'œuvre ; 2° l'abaissement des prix par l'effet de la concurrence étrangère ; 3° les charges.

La question n° 5 posée par M. le Ministre, exigerait un Mémoire. Une réponse sommaire peut s'y formuler ainsi. La libre introduction des grains étrangers limite forcément le prix *des céréales*, et empêche le cultivateur de trouver, dans les années malheureuses pour lui, une compensation dans les prix, au déficit dans la *quantité*. Pour *le bétail*, l'introduction tous les jours plus considérable du bétail étranger provenant de pays affranchis de nos charges, lui crée une concurrence ruineuse.

Le remède, le *seul remède*, serait l'établissement, à nos frontières maritimes et terrestres, de droits compensateurs, c'est-à-dire équivalents à nos charges, sur les produits similaires de l'étranger, qui en sont exempts en tout ou en partie.

DÉPARTEMENT DU PAS-DE-CALAIS.

21. — *Réponse de M. Alexandre Adam.*

Boulogne-sur-Mer, 17 juin 1879.

Je me bornerai à exprimer mon opinion personnelle sur la question n° 5 posée en ces termes :

« Quelle influence la législation sur les grains, le com-
« merce de la boulangerie, celui de la boucherie et les trai-
« tés de commerce ont-ils exercée sur la situation pré-
« sente ? »

En ce qui concerne la boulangerie et la boucherie que j'ai rendues entièrement libres ici, pendant ma longue administration comme maire, vingt-quatre ans environ, et qui ont continué à l'être depuis, la concurrence qui en est résultée a produit l'abaissement des prix et l'amélioration des qualités. La liberté a suffi pour prévenir toute exagération dans ces branches de commerce comme dans toutes les autres.

Quant aux traités de commerce, ils ont eu cet avantage de donner plus de fixité aux opérations commerciales sur les grains que la législation mobile qui les avait précédés. Les opérations à long terme, basées sur la connaissance des ressources et des besoins et sur la probabilité des récoltes, ont pu être entreprises par le commerce sérieux, sans avoir à craindre que des circonstances imprévues ne vinssent, par le jeu de l'échelle mobile, déjouer les calculs les mieux fondés.

En résumé, la période écoulée depuis 1860 a été plus avantageuse à l'agriculture que celle qui l'avait précédée, puisque le prix moyen du Blé, par hectolitre, est descendu près de 2 francs moins bas ; et, d'un autre côté, il en a été de même pour les consommateurs, puisque ce prix s'est élevé près de 4 francs moins haut que le prix moyen atteint sous le régime antérieur à 1860.

Quant à la crise commerciale, industrielle et agricole qui sévit en ce moment, non-seulement en France, mais presque partout en Europe, je crois qu'elle est due à des causes générales dont les conséquences sont inévitables, et doivent amener la liquidation de toutes les industries qui n'ont pu se soutenir qu'au moyen de droits protecteurs dont l'agriculture, qui en a été privée, a supporté en partie les frais. Quelque pénible que soit cette liquidation forcée des établissements qui ne peuvent soutenir la concurrence à laquelle il fallait s'attendre par suite des transformations incessantes qui résultent des progrès qui ont lieu partout et que rien ne peut arrêter, il faut se contenter d'en atténuer les effets, en conservant, pour le moment, le *statu quo*. Rétrograder par des élévations de droits de douane qui ne sauveraient pas des industries condamnées à une liquidation inévitable, serait ajouter de nouvelles souffrances à celles qui sont sans remède ; continuer à marcher dans la voie du progrès, par des abaissements *immédiats* des droits de douane existants, dans un moment de crise générale, serait priver les industries protégées du temps nécessaire pour opérer sans secousse une liquidation inévitable. Je crois donc que les traités de commerce peuvent, avec avantage pour tous, être renouvelés à condition de réciprocité, et que le tarif général des douanes, en accordant pour son application le délai nécessaire aux industries qui ne se soutiennent que par la protection, ne doit plus contenir que des droits fiscaux, sans protection privilégiée en faveur de l'industrie, aux dépens de l'agriculture, qui a tant à gagner à l'application progressive du système de la liberté commerciale.

Seul encore existant des fondateurs de la Chambre de commerce de Boulogne, créée en 1819, et dont le programme a été, dès son début, la réalisation progressive des principes de la liberté commerciale avec tous les ménagements dus

aux industries préexistantes, je me suis toujours inspiré de
la nécessité de marcher vers le but proposé, en combattant
le système des prohibitions, qu'on n'ose plus défendre aujourd'hui, et des droits protecteurs accordés exclusivement
à l'industrie. L'agriculture a, comme j'en suis convaincu,
joué longtemps le rôle de dupe en se laissant traîner à la
remorque par les industries privilégiées, qui ont usurpé
le titre de défenseur du travail national. Voici ce qu'en disait la Chambre de commerce de Boulogne-sur-Mer, en
1834, et ce qu'elle confirmait, en 1854, vingt ans après :

« S'il fallait en croire les manufacturiers réunis en co-
« mité qui se qualifient de *défenseurs du travail national*,
« comme si le commerce n'était pas, lui aussi, un travail
« national nourrissant d'innombrables familles d'ouvriers,
« leur allouant des salaires plus élevés, leur assurant plus
« d'indépendance, de bien-être, de progrès intellectuel et
« moral que le travail des ateliers ne l'a jamais su faire ; à en
« croire, disons-nous, ces manufacturiers, la France ne se-
« rait pas plus avancée aujourd'hui qu'il y a vingt ans ; la
« prohibition ou des droits prohibitifs seraient encore fata-
« lement nécessaires à leur existence ; la moindre modifi-
« cation dans les tarifs serait le signal de leur ruine ; des
« multitudes d'ouvriers seraient sans pain, etc., etc.

« Contre de telles propositions l'évidence proteste, etc. »
En 1866, la Société d'agriculture de l'arrondissement de
Boulogne-sur-Mer partageait les mêmes sentiments quand
elle applaudissait le discours que je lui adressais, comme
son Président, en lui signalant les résultats du triomphe
éclatant remporté par les défenseurs du système de la
liberté commerciale qui assurait le développement du travail national.

Il est temps de faire justice de cette prétention d'être les
seuls défenseurs du travail national, de la part d'industriels
qui ont réalisé d'immenses fortunes dont leurs ouvriers
n'ont pas profité, et qui voudraient conserver un système
qui les mettait à l'abri de la concurrence si nécessaire pour

donner satisfaction aux nombreux consommateurs qui représentent le véritable travail national. C'est ce que font avec courage, en ce moment, les organes les plus distingués et les plus intelligents des intérêts agricoles, qui s'efforcent d'éclairer quelques sociétés d'agriculture qui, ne connaissant que les intérêts apparents de leurs communes, de leurs cantons, ou de leur département, les confondent avec les intérêts agricoles de toute la France. On a cherché à les égarer en exploitant les crises momentanées et inévitables qui surgissent dans un siècle où tout subit des évolutions si rapides, si inattendues pour ceux qui n'ont pas suivi depuis longtemps la marche incessante des progrès toujours croissants de l'esprit humain vers un but auquel il faut arriver, le libre-échange, c'est-à-dire la satisfaction aussi complète que possible des besoins des ouvriers du travail national, ceux de l'agriculture et du commerce comme ceux de l'industrie.

Que les industriels protectionnistes sollicitent la réduction des charges qui pèsent en France sur toutes les industries, rien de mieux. Mais qu'ils n'oublient pas que les industries étrangères ont aussi, chez elles, des taxes locales à supporter, et que leurs produits sont, en outre, grevés de frais de transport considérables jusqu'à nos ports où ils payent les droits fiscaux dont la douane les frappe, ce qui constitue une protection plus que suffisante pour les produits français.

L'égalité de traitement par le tarif des douanes pour toutes les industries, agricole, commerciale et manufacturière, et la réciprocité dans les traités de commerce avec les nations étrangères, tel est le système libéral auquel il faut arriver pour donner satisfaction aux intérêts légitimes de tous les consommateurs qui représentent le véritable travail national. Telle est ma conviction, résultant de plus de soixante ans d'expérience, que je prends la liberté de soumettre à l'appréciation de la Société nationale d'agriculture.

22. — *Réponse de M. le comte de Marne.*

Rumaucourt, 14 mai 1879.

Vous me faites d'honneur, en m'envoyant la lettre de M. le Ministre de l'agriculture, d'appeler mon attention sur les questions importantes qu'elle vise, et de me demander, au nom de la Société nationale d'agriculture, d'y répondre.

Ce n'est sans doute qu'un supplément d'enquête que désire M. le Ministre, car la lumière me semble résulter des délibérations approfondies qui ont eu lieu récemment dans les grandes réunions agricoles, les Sociétés départementales, les Comices cantonaux, et s'être faite aussi au sein des pouvoirs publics.

La détresse générale de notre industrie-mère et les réclamations qui se produisent de toutes parts justifient, du reste, la sollicitude et l'insistance de M. le ministre.

Je vais essayer de répondre succinctement aux diverses questions posées.

1re *Question.* — Quelle était la situation de l'agriculture avant l'année 1861, c'est-à-dire avant l'époque où les traités de commerce ainsi que les différents actes législatifs qui régissent actuellement la production et le commerce des grains, le commerce de la boulangerie et celui de la boucherie, aient modifié le régime économique de notre industrie agricole?

Avant les traités qui ont appliqué dans toute leur rigueur les principes de l'école libre-échangiste à l'industrie agricole, la situation était acceptable, les propriétés rurales étaient assez recherchées, les propriétés rurales étaient toujours louées à des prix suffisants, les fermiers pouvaient faire quelques économies et achetaient ; la vie n'était pas trop chère. Aussi tout le monde, propriétaires, patrons et ouvriers, qui ne recherchent ni les gros intérêts, ni les grands bénéfices, ni les salaires élevés, étaient généralement satisfaits.

Après les traités, il y a eu d'abord un temps d'arrêt, puis des dépréciations successives, la vie a augmenté — ceci est bien à remarquer, — enfin, après nos désastres, la situation tendue sous tous les rapports, s'est accentuée et, de mal en pis, l'industrie agricole est tombée au plus bas. La propriété a diminué de 25 pour 100, les fermages sont réduits de moitié dans certaines localités lorsque la terre n'est pas complètement délaissée; mais, vu la concurrence toujours croissante des villes et des travaux publics, le salaire n'a pas baissé, au contraire. Les bras font de plus en défaut.

D'où il résulte, selon nous, que les traités de 1860 n'ont pas été favorables à l'agriculture, qui s'est finalement affaissée sous les charges excessives imposées après la guerre.

L'on chercherait en vain, dans ma contrée, du moins, des causes déterminantes de cette situation dans la division de la propriété, dans le mode d'assolement, dans la production des céréales, dans l'élevage des animaux domestiques et de leurs produits, dans la production des cultures industrielles, dans l'outillage agricole, dans l'emploi des engrais commerciaux et du fumier. Rien n'a été changé dans cette période de 20 ans, si ce n'est le prix de revient.

Vous savez comment on cultive dans le Pas-de-Calais : il serait difficile de faire mieux dans l'état actuel de la science agricole. Mon département est, avec le Nord, à la tête du progrès, et la variété des produits est commandée, et par le sol et par les nécessités de la situation. Notre agriculture ne se maintient à cette hauteur qu'à grands frais. Si les prix ne sont plus rémunérateurs, elle se ruine sans pouvoir diminuer ses dépenses. Elle a été forcée de restreindre et même de supprimer ses troupeaux de moutons, et elle s'est vue obligée d'augmenter l'achat de ses engrais commerciaux, sans compensation.

J'ai parlé des charges excessives qui pèsent sur la propriété rurale : je crois devoir insister sur ce point qui est capital.

J'ai sous les yeux un travail comparatif très-curieux, d'où il résulte d'après le budget de 1876, et depuis lors les choses n'ont guère changé, que les charges afférentes à la propriété agricole, c'est-à-dire, de la part qu'elle paye de la contribution directe, personnelle, mobilière, enregistrement, mutations, contributions indirectes, etc., etc., se monteraient à 2,349,752,000 francs sur 5,085,750,000 fr. de revenu réel agricole ;

Que les charges afférentes à la propriété foncière urbaine, calculées de la même manière, seraient seulement de de 564,833.875 francs, sur 5,000,000,000 francs de revenu réel ;

Qu'enfin, les charges de la propriété mobilière ne s'élèveraient qu'à 578,355,759 francs sur 14,000,000,000 francs de revenu réel.

24,085,750,000 formeraient le total de revenu réel de la France, celui des contributions indirectes serait de 3,492,939,634 francs.

Il résulterait de ces chiffres que la propriété agricole payerait 44 1/2 pour 100 de son revenu, tandis que la propriété foncière urbaine et la propriété mobilière ne seraient frappées, la première que de 11 1/4 pour cent et la deuxième que de 4 pour 100.

Ceci est topique. J'ai trouvé cette appréciation comparée dans un livre publié par M. F. Dolivier, ancien conservateur des hypothèques et aujourd'hui cultivateur, sous ce titre : l'*Agriculture et les Finances ;* elle me paraît exacte de tous points.

Que l'on s'étonne donc de la prospérité toujours croissante de la propriété foncière urbaine et mobilière et de l'état précaire de la propriété rurale et de ceux qui en vivent ?

Sur la dernière partie de la première question, mon avis

est que les transports par chemins de fer sont trop élevés , que nos voies de communications doivent être achevées ; que le crédit agricole doit être fondé ; que la coalition des bouchers soit réprimée ; que les gros bénéfices réalisés par les bouchers et les boulangers sont disproportionnés avec le prix réel des produits ; enfin que la vie à bon marché devienne une réalité.

2ᵉ *Question.* — Quelle est actuellement, en prenant la moyenne des six dernières années, la situation de l'industrie agricole aux différents points de vue énoncés dans la question précédente?

J'ai répondu implicitement à cette question ; j'ai dit que la variété de culture était une nécessité de notre assolement ; ce n'est qu'à force de sacrifices et sans compensation que l'agriculture cherche à se soutenir, surtout depuis les six dernières années. Les intempéries des saisons, les importations excessives de la Russie et surtout de l'Amérique, qui ne supportent aucune de nos lourdes charges, ont amené dans notre industrie des résultats désastreux. Du reste, dans l'état actuel des choses, que la récolte soit bonne, moyenne ou mauvaise, le cultivateur, d'ailleurs trop tardivement fixé sur l'importance de cette récolte, n'a aucune chance de vendre à des prix rémunérateurs.

3ᵉ *Question.* — Quelle est la condition, dans ces diverses régions naturelles, du propriétaire (grand, moyen et petit), du fermier, de l'ouvrier agricole?

La situation est mauvaise pour les uns comme pour les autres.

La terre baisse de prix, les loyers suivent une décroissance notable, les fermiers sont obérés ou ruinés, et l'ouvrier est forcé d'aller chercher à la ville, au détriment de sa santé et de sa moralité, des salaires qu'on ne peut plus lui donner.

4ᵉ *Question.* — Quelles sont les causes générales et secondaires, permanentes et accidentelles, qui ont amené les changements signalés dans la situation de l'agriculture? etc.

Ces causes, j'en ai indiqué plus haut les principales, il en est d'autres sans doute qui m'échappent.

Les faits atmosphériques amènent trop souvent de cruelles déceptions ; ils sont nombreux et souvent persistants, ils font l'infériorité de notre industrie. Le cultivateur ne peut compter sur les produits de son capital, de son labeur, de ses sacrifices que le jour où la récolte est enlevée du sol. Il peut sans doute, par des soins intelligents et toujours coûteux, diminuer le mal : il ne saurait jamais l'éviter d'une manière absolue.

5ᵉ *Question.* — Quelle influence la législation sur les grains, le commerce de la boulangerie, celui de la boucherie et les traités de commerce ont-ils exercée sur la situation présente ?

J'ai dit les résultats des traités de commerce ; je pense qu'ils doivent être remaniés.

Je ne demande pas des droits d'importation exagérés sur nos produits, mais je désire que ces droits soient suffisants pour nous laisser tirer profit de nos cultures variées ; que la culture de la Betterave, des Lins, des graines oléagineuses et des grains reste possible ; que l'élevage des bestiaux soit rémunérateur. Je laisse le soin aux pouvoirs publics de fixer les chiffres compensateurs utiles.

6ᵉ *Question.* — Quelles sont les améliorations et les réformes culturales qu'il serait possible aux cultivateurs de réaliser dans un avenir prochain, pour changer la situation, accroître leurs profits et les mettre davantage, et autant que possible, à l'abri des crises qui se produisent périodiquement ?

Je maintiens que ce n'est pas des réformes culturales, dans ma région, du moins, qu'on doit attendre l'amélioration de la situation ; l'agriculture est ici au niveau du progrès acquis et ne saurait à présent produire davantage et autre chose.

La Betterave, qui est la base de notre culture actuelle,

est entravée dans son développement par les impôts excessifs qui frappent les sucres et les alcools. Pour nous mettre à l'abri des crises, il est urgent de nous laisser faire des profits qui amoindriraient, au moins, les conséquences de ces crises.

On nous parle souvent de l'Angleterre, de la libre Angleterre qu'on nous cite comme modèle, voire même au point de vue économique. Sans doute elle est dans le vrai, et elle a parfaitement raison de persister dans son régime qui lui a permis d'opérer, depuis vingt années, des réductions de droits qui peuvent être évaluées à 700 millions; mais la France, qui a été au contraire surchargée pendant la même période, de 750 millions, n'a pas le même intérêt à persévérer dans un système qui la dupe et la ruine.

C'est à l'aide de la douane que l'Amérique acquitte sa dette, résultat de la guerre de sécession. Pourquoi ne suivrions-nous pas cet exemple, d'autant mieux que c'est elle qui, en ce moment, nous menace le plus de ses produits?

7ᵉ *Question.* — Par quelles mesures et par quels encouragements spéciaux, l'Etat pourrait-il concourir à cette œuvre de progrès ?

D'abord, en traitant l'industrie agricole comme il traite les autres industries et le commerce. Les immunités sont pour celui-ci et celles-là, l'agriculture est au contraire la bête de somme toujours sacrifiée. Nous réclamons donc l'égalité de traitement en tout et partout.

En résumé, que demande-t-elle à l'Etat pour vivre ? .

Que le crédit agricole soit fondé ;

Que les voies de communication soient complétées ;

Que les tarifs de transports par chemins de fer soient abaissés ,

Que les octrois des villes, pesant presque exclusivement sur les produits agricoles, soient ramenés à des proportions modérées ;

Que le système actuel d'impôts, qui l'écrase particulièrement, soit modifié dans le sens de l'égalité;

Que les charges soient diminuées en restreignant les dépenses et par l'économie;

Que le régime économique de 1860 soit modifié dans le sens égalitaire, compensateur et de la réciprocité.

Enfin elle voudrait que l'ensemble de notre législation spéciale, le Code rural, si l'on veut, toujours promis et toujours attendu, depuis l'instruction agricole jusqu'aux règlements intérieurs de nos marchés, fût l'objet d'études sérieuses et de résolutions propres à l'encourager, à lui rendre la vie qui l'abandonne.

Elle ne veut pas affamer le peuple, comme on l'en a bien injustement accusée, mais elle désire maintenir ses droits, comme elle entend produire dans des conditions normales et rémunératrices.

---

23. — *Réponse de M. le marquis d'Havrincourt.*

Paris, le 23 mai 1879.

Mes réponses sont succinctes, parce que le temps me manque pour leur donner plus de développement. Elles regardent la région que j'habite, le sud du Pas-de-Calais.

Quelles différences existent dans l'arrondissement d'Arras, entre la période qui a précédé 1861 et la situation de l'agriculture durant les six dernières années, en ce qui concerne :

1° *La division de la propriété?*

La propriété continue à se diviser progressivement, normalement, par suite des partages en famille. Les cultivateurs cherchent toujours à réunir leurs parcelles de terre, mais ces réunions ont un effet insensible à côté des divisions perpétuelles et régulières : les traités de commerce n'y sont pour rien.

2° La production des céréales?

Elle a diminué en surface, mais augmenté en rendement, par suite de l'augmentation des ensemencements en Betteraves. Les prix ont été satisfaisants jusqu'à la campagne 1878-1879.

Les traités de commerce ne paraissent pas avoir eu une nfluence fâcheuse sur les prix des Blés, jusqu'en 1878. Alors l'Amérique a exporté des quantités de Blé énormes, à un bas prix qu'elle n'avait pas atteint jusqu'ici, et cela pour deux causes : 1° l'abondance de la récolte, 2° l'amélioration de la navigation des grands fleuves, qui permet aux forts navires d'aller charger dans l'intérieur de ce continent, et d'amener, sans frais de déchargement et de rechargement ses produits jusqu'en Europe. La récolte française avait été mauvaise, par suite de la verse générale des Blés, et cependant l'importation américaine a fait baisser énormément le prix des céréales.

Les traités de commerce ne sont pour rien dans cette baisse ; mais nos rapports avec l'Amérique étant devenus inverses de ce qu'ils étaient, c'est-à-dire, l'Amérique ne recevant plus, comme autrefois, nos exportations qu'après les avoir frappées d'énormes droits de douane, et étant devenue à son tour productrice et exportatrice, *toutes les conditions économiques de notre agriculture et de notre industrie sont changées.*

3° L'élevage, l'engraissement et les produits divers des animaux domestiques?

Le nombre des bêtes à cornes, leur élevage, leur engraissement surtout, ont suivi une progression constante. La consommation de la viande a énormément augmenté : il y a maintenant un ou plusieurs bouchers dans la plupart des communes, *pour la viande de bœuf.*

Il en est autrement pour la race ovine. Tous les jours le nombre des moutons diminue, et aussi sa viande est excessivement chère. Bientôt on renoncera, dans le pays que j'habite, à avoir des moutons, par suite de l'avilissement du prix des laines. Quelque belles qu'elles soient, les cultivateurs ne voient plus d'acheteurs. Les laines extra-belles dishley-mérinos, qui se vendaient 3 fr. le kilog., ont eu cette année bien de la peine à obtenir 1 fr. 60 c. pour la tête, et encore il fallait bien prier les courtiers. Tous les fabricants *étaient approvisionnés de laines d'Australie.*

4° La production des plantes industrielles, Betteraves, Houblon, Tabac, Colza, etc ?

La culture de la Betterave a constamment augmenté et a produit des améliorations culturales, en travail et en engrais, qui ont amené l'agriculture à un état de progrès *qu'on ne pourra guère dépasser.* Les semoirs, les machines à battre, les faucheuses, les moissonneuses, dont il n'y avait que quelques spécimens dans les expositions, sont maintenant répandus partout.

Le Houblon et le Tabac ne sont pas cultivés dans l'arrondissement d'Arras. La culture du Lin se maintient, ainsi que celle des Pavots (Œillettes), mais celle du Colza diminue chaque jour, par suite de l'importation des Arachides.

5° La production forestière?

Elle est la même. On n'a pas défriché depuis dix ans. Les bois se vendent très-bien et se sont bien vendus encore cette année, malgré une forte importation de sapins.

6° Les industries agricoles?

Les sucreries et les distilleries ont augmenté en nombre et en importance de 1860 à 1870 ; mais, depuis cette époque jusqu'à ce jour, sauf dans la campagne 1876-1877, les prix des sucres et des alcools se sont tellement avilis devant la concurrence des sucres étrangers *primés*, et aussi à cause de la mauvaise législation qui régit ces industries, comme surtout des droits énormes qui les écrasent et qui arrêtent la consommation, que ces deux industries ont été perpétuellement à l'état de crise aiguë.

La sucrerie n'offre que 16 à 17 francs des 1,000 kilog. de Betteraves. La culture ne les a pas acceptés et reste avec ses Betteraves invendues.

Il est résulté de l'avilissement des prix des Betteraves, du Blé et de la laine, une crise qui a fait baisser les prix des ventes et des loyers des terres de 1,5 à 1/6. Un assez grand nombre de propriétaires, et particulièrement les hospices, n'ont pu relouer leurs terres. Beaucoup de propriétaires ont été forcés de faire cultiver leurs terres à leurs frais.

7° L'outillage agricole, le drainage, les irrigations et les autres améliorations foncières agricoles?

Comme je l'ai déjà dit, l'outillage agricole a fait des progrès énormes. Les instruments les plus perfectionnés se vulgarisent de plus en plus.

Il y a peu de drainages et d'irrigations dans l'arrondissement d'Arras.

8° L'emploi des engrais commerciaux et du fumier?

La production du fumier a augmenté, par suite de l'augmentation du bétail, laquelle suit toujours la culture de la Betterave.

Les engrais commerciaux, surtout les tourteaux, ont toujours été employés dans le Pas-de-Calais; mais, la culture de la Betterave étant intensive, en a augmenté l'emploi. On répand maintenant une grande quantité de nitrates. On n'emploie plus guère le guano.

Ici, comme dans les questions précédentes, l'influence des traités de commerce a été nulle.

9° *Le nombre des bras employés à l'agriculture et le prix de la main-d'œuvre ?*

L'introduction des machines a eu pour cause le manque de bras, malgré l'aide considérable que donne à l'agriculture le travail de toutes les femmes, des filles et des enfants.

Il y a deux causes à ce manque de bras :

D'une part, l'augmentation de travail : sarclages, buttages, arrachages d'herbes parasites, qu'amène la culture intensive.

D'autre part, la fâcheuse disposition qu'ont les jeunes gens et les jeunes filles à abandonner les travaux des champs pour ceux de l'aiguille ou pour le séjour des villes, dès qu'ils ont un peu d'instruction.

Sans doute l'instruction est une nécessité. Aussi on ne peut que déplorer qu'au contraire de ce qui se passe en Allemagne, chez nous, dès qu'un jeune homme sait quelque chose, il ne veut plus être valet de charrue, bouvier, berger, garçon de ferme, ni moissonneur. Les filles veulent toutes être ouvrières, ou modistes, ou servantes en ville. Aussi le prix de la main-d'œuvre est-il, depuis 1861, augmenté de plus de moitié, et le travail de l'ouvrier a diminué en quantité et en qualité. Il y a quelques localités, comme la mienne et ma culture, qui sont privilégiées, mais elles sont bien rares. Il n'y a qu'un cri et qu'une plainte chez tous les agriculteurs. Bon nombre se retirent, dès qu'ils le peuvent, et les fermes sont excessivement difficiles à louer.

10° *Les impôts fonciers et autres qui grèvent la propriété ?*

Les impôts pour l'Etat, pour le département et pour la commune, forment un total énorme.

En dehors de l'impôt foncier, la plupart des communes sont grevées de 30, 70 et jusqu'à 80 centimes extraordinaires. Toutes ont emprunté pour faire leurs chemins et leurs rues, pour bâtir des écoles et des mairies, réparer, augmenter, reconstruire leurs églises et leurs presbytères. Enfin, il y a partout une fièvre d'améliorations, de bien-être de toute espèce. Il faut reconnaître que la production agricole et industrielle, l'aisance générale en sont les conséquences ; mais il faut reconnaître aussi que le présent est affreusement chargé pour l'avenir, et que la corde étant ainsi tendue, dès que l'agriculture, qui, dans de bonnes années, peut tout au plus suffire à ses avances, vient à souffrir d'une mauvaise année et être momentanément en perte, elle arrive promptement à des désastres. C'est ce que l'on voit à peu près en ce moment.

11° *La viabilité, les transports et les débouchés ?*

Sous ces trois rapports, il y a des progrès prodigieux depuis 1861. Les avances faites par l'Etat ont enfanté celles par les départements, les communes et les particuliers. Partout il y a des chemins excellents. Les chemins de fer d'intérêt local, dus à l'initiative des départements, sont venus répandre la vie et l'industrie dans tous nos centres ruraux.

La transformation est prodigieuse. La production du pays est arrivée jusqu'à une *pléthore* qui nous gêne, et lorsque les dettes du présent seront liquidées et les impôts diminués, la richesse de la France dépassera, jusque dans nos plus petites communes, tout ce qu'on pourrait imaginer, *si l'on peut écouler ses produits.*

Quelle influence la législation sur les grains, le commerce de la boulangerie, celui de la boucherie et les traités de commerce ont-ils exercée sur la situation présente ?

Jusqu'en 1878, les Blés et les bestiaux se sont vendus fort cher : les traités de commerce ne leur ont donc pas fait de tort.

Depuis un an seulement, les importations de Blés et de viandes d'Amérique ont été considérables. Elles continueront probablement, et il y a de ce côté des dangers sérieux et qui méritent un examen d'autant plus approfondi que l'Amérique a établi des tarifs très-élevés sur presque tous nos produits.

Les laines, les sucres, qui représentent, pour l'agriculture, des intérêts énormes, souffrent d'une manière permanente des importations et des traités actuels. Il y a urgence à y porter remède.

Quant à la crise dont on se plaint si vivement, et qui est très-réelle, elle existe dans toute l'Europe, et, il faut bien le dire, la cause en sera à peu près permanente.

Elle provient de ce que la vapeur, la télégraphie, le perfectionnement prodigieux des machines, ont doublé l'activité humaine et la production de toutes les nations. Chaque nation produit plus qu'elle ne peut consommer et cherche à exporter chez les nations voisines. L'Europe, sauf la France et l'Angleterre, s'entoure de protections. Les Etats-Unis font de même. Voilà pourquoi nous ne trouvons plus à placer nos produits, tandis que l'Angleterre a l'immense débouché des Indes et de ses colonies.

DÉPARTEMENT DE SEINE-ET-MARNE.

24. — *Réponse de M. Decauville.*

Egrenay, 16 mai 1879.

La division de la propriété augmente les frais de culture et par conséquent le prix de revient des récoltes.

Le gouvernement doit favoriser par tous les moyens la réunion des parcelles.

L'assolement varie suivant la nature du sol et la situation de l'exploitation.

L'assolement le plus répandu dans le département de

Seine-et-Marne est l'assolement triennal. La jachère y est remplacée par la Betterave, la Pomme de terre, le Colza et le Lin.

La Luzerne, le Sainfoin et le Trèfle sont cultivés comme fourrages artificiels. La culture de la Betterave a augmenté la production du Blé et du fourrage. L'installation de distilleries dans la ferme a contribué à augmenter le prix de la main-d'œuvre et permet aux fermiers d'occuper autant d'ouvriers toute l'année.

Dans les fermes où il existe une distillerie, les récoltes sont plus régulières, plus abondantes ; la quantité des bestiaux est plus grande et ils sont mieux nourris.

L'élevage et l'engraissement des animaux ont diminué dans le département depuis quinze ans.

Le bas prix de la laine a amené la suppression d'une grande partie des bons troupeaux métis mérinos, qui ont existé pendant longtemps dans le département. Quelques-uns ont été remplacés par des troupeaux croisés avec des races précoces, plus faciles à nourrir et donnant moins de laine.

Le peu d'écart existant entre le prix des bestiaux maigres et celui des bestiaux gras a diminué l'engraissement de l'espèce bovine.

L'augmentation des animaux maigres provient en partie de l'emploi du bœuf pour faire les labours profonds, et les transports dans toutes les exploitations où il existe sucrerie, féculerie ou distillerie. L'outillage agricole est plus important, : les instruments pour cultiver la terre sont plus perfectionnés. La machine à battre existe dans toutes les fermes, et des entrepreneurs de batteuses se transportent dans les villages pour faire le battage de la petite culture ; l'emploi des faucheuses et des moissonneuses augmente tous les ans.

Les premiers drainages faits en France ont été exécutés dans le département de Seine-et-Marne il y a trente ans ; cependant il existe encore beaucoup de terres humides. J'ai vu cette année des fermes entières inondées pendant plusieurs mois, l'écoulement de l'eau ne pouvant pas se faire même superficiellement.

Je crois nécessaire de provoquer la réunion des propriétaires intéressés, pour leur proposer de faire des fossés assez larges et ayant assez de pente pour l'écoulement des eaux et pour faciliter les travaux de drainage.

Beaucoup de drainages faits avec des pentes minimes, les collecteurs arrivant dans des fossés n'ayant pas un écoulement facile, ne fonctionnent pas suffisamment dans les années très-humides.

C'est justement dans ces années que l'assainissement est le plus nécessaire. Le gouvernement doit demander, au besoin exiger des riverains ou des communes, le curage avec nivellement des fossés.

L'emploi des engrais commerciaux est avantageux pour compléter la fumure.

On peut obtenir d'abondantes récoltes en employant exclusivement les engrais chimiques ; mais, dans une bonne culture, pour obtenir une végétation régulière et des récoltes assurées, il faut l'emploi du fumier fabriqué à la ferme avec des animaux bien nourris, l'engrais chimique n'étant que l'appoint nécessaire pour obtenir le maximum de récoltes.

Les salaires des ouvriers agricoles ont augmenté de 35 à 40 pour cent depuis quinze ans. Malgré cette augmentation, les bras sont plus rares ; les ouvriers manquent dans certains moments dans les fermes où il n'y a pas la possibilité d'occuper la même quantité d'ouvriers toute l'année.

L'emploi des machines est indispensable pour battre, faucher, moissonner et faire les binages des plantes sarclées.

Le capital d'exploitation nécessaire est de 1,000 francs par hectare ; le profit est très-variable et souvent négatif depuis plusieurs années. L'impôt foncier a surtout augmenté par les charges communales ; les frais de transport, malgré le bon état des routes et les chemins de fer, ont augmenté par l'augmentation du prix de la main-d'œuvre, et le prix beaucoup plus élevé des chevaux et des bœufs.

Les débouchés dans le département de Seine-et-Marne sont faciles. Dans les six dernières années, il y a eu trois bonnes récoltes, deux médiocres et une mauvaise en 1878.

Une série de mauvaises récoltes amène beaucoup de gêne dans la culture, les prix n'étant plus en rapport avec le plus ou moins d'abondance.

La situation des fermiers dans le département a été bonne jusqu'en 1868. Les fermages ont augmenté ; la situation est devenue moins bonne à partir de cette époque et mauvaise depuis deux ans. Quelques fermes restent à louer ; les fermages seront renouvelés sans augmentation et probablement avec diminution, si les choses restent dans le même état.

La situation des ouvriers s'est améliorée ; le travail est plus régulier dans les fermes ; ils n'ont plus de chômage ; les travaux sont moins pénibles, les plus rudes étant faits par les machines.

Les ouvriers gagnent de 3 à 5 francs par jour, et de 7 à 10 francs pendant la moisson.

Les ouvriers nourris gagnent 1 fr. 50 de moins.

Si le gouvernement ne peut pas donner de protection pour le Blé et la viande, il pourrait frapper d'un droit d'entrée l'Avoine, le Maïs, la mélasse et toutes les matières pouvant produire de l'alcool ; modifier la loi sur les sucres et l'alcool, de manière à favoriser la culture de la Betterave, et permettre aux agriculteurs de donner de l'extension à cette culture qui augmente le prix de la main-d'œuvre, la production de la viande et diminue le prix de revient du Blé.

25. — *Réponse de M. Garnot.*

Villaroche, 18 mai 1879.

Il nous est bien difficile d'entrer individuellement dans de grandes considérations sur les traités de commerce, sur les tarifs généraux, sur les tarifs conventionnels et autres.

Nous aurions mauvaise grâce, alors que les économistes eux-mêmes sont si peu d'accord, à vouloir traiter des questions aussi vastes et aussi brûlantes.

Nous devons, tout simplement, nous placer au seul point de vue agricole, et chercher à obtenir pour l'agriculture des tarifs avantageux, et surtout fondés sur des bases d'égalité et de réciprocité.

En plaidant notre cause, nous ne ferons que suivre l'exemple du commerce et de l'industrie qui se remuent avec activité pour faire connaître aux pouvoirs publics et au pays leurs désirs et leurs besoins.

En cherchant les causes et en étudiant, dans tous ses détails, la crise que subit l'agriculture, nous devons tâcher d'indiquer les remèdes qu'il est possible d'y apporter.

Nous sommes tous d'accord pour dire que les souffrances de l'agriculture française sont réelles.

Cherchons à établir une comparaison entre les progrès faits chez nous, et ceux faits dans les autres pays, et particulièrement en Amérique depuis plusieurs années.

En France, les terres emblavées en Froment étaient, en 1840, d'environ 5 millions d'hectares, aujourd'hui elles sont de 7 millions, et le rendement moyen qui était à la même époque de 11 hectolitres à l'hectare, n'a progressé que de 5 hectolitres.

En Amérique, la production de toutes céréales qui était en 1850 de 300 millions d'hectolitres, est arrivée aujourd'hui à environ 600 millions.

La production du froment seul en Amérique est de

250 millions d'hectolitres, tandis qu'en France nous en produisons à peine 100 millions; la population des deux pays étant à peu près la même, on peut juger ce que l'Amérique peut exporter.

Pour tous les produits de notre industrie, les différences sont à peu près les mêmes.

Pour les bestiaux, les importations, en France, ont doublé depuis deux ans; celles des viandes ont suivi la même progression.

Pendant le même laps de temps, l'Amérique a augmenté dans la même proportion ses exportations en viandes fraîches, salées ou conservées, sans oublier les alcools, les huiles, les laines, enfin tous les produits similaires aux nôtres.

Nous voyons avec peine que la France et l'Amérique sont placées dans des conditions tout-à-fait inégales.

Notre territoire agricole se trouve en partie occupée par la petite propriété, qui manque généralement de l'instruction et du capital nécessaires pour faire une culture progressive dans un sol qui est loin d'être toujours de première qualité; tandis qu'en Amérique, la propriété est possédée par de grands propriétaires, qui disposent de capitaux considérables, et qui ont en plus les connaissances utiles en agriculture.

L'augmentation des impôts, des loyers, des frais généraux, des engrais et des salaires, fait que ceux qui pratiquent la culture intensive, ne peuvent établir leur prix de revient qu'à un taux beaucoup plus élevé que les Américains qui trouvent dans leur sol une fertilité qui manque au nôtre.

N'oublions pas que leurs machines perfectionnées, employées sur de grands espaces, diminuent beaucoup leurs frais de main-d'œuvre.

Voyons donc dans l'avenir un grand danger pour l'agriculture française, et tâchons de signaler, à qui de droit, les moyens de l'atténuer.

Pour arriver à ce résultat, reportez-vous d'abord aux

deux rapports de MM. Jacquemart pour les sucres, et Muret pour les alcools, qui signalent les abus de la législation des États voisins qui nous inondent de leurs produits, en nous portant un préjudice considérable. Favorisez la culture de Betteraves qui nous donne pain et viande, et qui, mieux que tout ce que l'on cherche, peut diminuer notre prix de revient, en produisant à meilleur marché.

Les ouvriers y trouveront leur compte, puisqu'ils sont occupés, au printemps et l'été, aux binages et sarclages des Betteraves, et l'hiver dans les usines.

Demandons des tarifs bien calculés qui protégent le travail national.

Demandons des actes qui répandent l'instruction dans nos campagnes et que l'on termine les voies de communication, surtout celles de nos chemins ruraux.

Demandons la révision du cadastre pour établir plus d'uniformité dans la distribution des impôts.

On nous dit bien souvent : si vous ne faites pas de Blé, faites de la viande. Cette idée est bien discutable, car nous sommes aussi menacés par l'un que par l'autre, et toute transformation d'assolement demande du temps et de l'argent, ce qui manque presque toujours en agriculture.

On nous dit aussi qu'il ne faut pas imposer les produits qui servent à l'alimentation ; croyez-vous que si, comme nous disons plus haut, nous diminuons nos ensemencements de céréales, les consommateurs n'y perdront pas plus qu'en supportant un léger impôt sur les Blés importés ? Le Trésor, je crois, y perdra bien davantage.

Sans demander la taxe du pain, il est pourtant bon de faire remarquer que le pain est beaucoup plus cher que le Blé, et personne ne se plaint.

Pour nous résumer, je crois qu'il est dans l'intérêt de tous de demander à l'entrée en France :

Un impôt minime sur les Blés, Avoine, Maïs et autres produits similaires ;

Un impôt de 10 pour 100 de la valeur sur les viandes vivantes, salées et conservées ;

Un impôt sur les alcools, sucres, laines, huiles et autres.

Demander aussi que la loi sur le prix de l'alcool pour le vinage des vins à prix réduit soit votée au plus tôt.

Surtout, ce que nous demandons tous, c'est de chercher à profiter de tous les moyens possibles pour favoriser la culture des Betteraves, la principale industrie qui puisse sortir l'agriculture, en France, de la crise malheureuse qu'elle subit trop longtemps, et dont, si l'on n'y prend garde, on ne peut prévoir la fin.

DÉPARTEMENT DE LA SOMME.

26. — *Réponse de M. Hecquet d'Orval.*

Port-le-Grand, près Abbeville, le 30 septembre 1879.

Quelles différences existent dans votre localité, entre la période qui a précédé 1861 et la situation de l'agriculture durant les six dernières années, en ce qui concerne :

1° La division de la propriété.

La division de la propriété, en Basse-Picardie, est restée sensiblement la même que pendant les années qui précédèrent 1861.

Si l'on consulte les anciens *terriers* de beaucoup de communes, on est étonné du nombre de parcelles qui les composaient déjà il y a plusieurs siècles.

Dans les temps modernes, cette division ne s'est pas accrue autant qu'on pourrait le supposer, parce que le morcellement des héritages s'est trouvé, à peu près, compensé par des agglomérations de parcelles. Elles sont dues au puissant attrait que la possession du sol exerce sur les

habitants de notre contrée. Pour satisfaire ce goût général
ici, la petite culture a opéré de véritables prodiges de travail et d'économie.

Petites cultures. — L'indépendance et le bien-être que
la culture ménagère procure aux familles ouvrières, leur
ont fait également rechercher, depuis un demi-siècle, les
fermages de 1, 2 ou 3 hectares, voisins de leurs habitations.
De leur côté, les propriétaires des champs les plus rapprochés des villages ont souvent trouvé avantageux de les
partager entre ces petits tenanciers, dont la prospérité
s'est ordinairement développée, grâce à l'esprit d'initiative
soutenu par une laborieuse et persévérante activité.

Nous avons eu sous les yeux des exemples fréquents de
communes rurales passées, en peu d'années, de la pauvreté à l'aisance, par le seul effet de la division de grandes
pièces de terre en petits fermages.

La vérité nous impose la pénible obligation de constater
que ces heureuses transformations ne se produisent plus
depuis que notre pays est tombé dans la période des calamités. Une réaction regrettable commence même à se manifester. Où s'arrêtera-t-elle ?

2° *La production des céréales*.

De 1861 à ces dernières années, la production des céréales fut à peu près stationnaire dans notre contrée.
Maintenant, elle tend à décroître là où le sol n'est pas de
haute fertilité. Les frais de main-d'œuvre accrus dans des
proportions inouïes, l'émigration vers les villes, des ouvriers ruraux, l'accroissement progressif d'impôts de plus
en plus onéreux et, pour comble, l'avilissement du prix de
nos céréales, en présence des grains exotiques indemnes
de la plupart des charges qui écrasent les nôtres, ont jeté
notre agriculture, grande, moyenne et petite, dans un
profond découragement.

Ce malaise qui s'accroît sensiblement, depuis quelques

années, se traduit par un abaissement de la valeur des terres de médiocre fertilité, de beaucoup les plus nombreuses, parfois même par leur abandon. Nous pouvons en citer des exemples, au chef-lieu même de notre canton. A Nouvion-en-Ponthieu, des terres affermées naguère 50 francs l'hectare, ne trouvent maintenant preneur *à aucun prix* et restent en friches depuis plusieurs années.

3° *L'élevage, l'engraissement et les produits divers des animaux domestiques.*

Chevaux. — L'industrie chevaline n'a pas décru ici depuis quarante ans. L'excellente race boulonnaise y reste toujours l'objet de soins intelligents. Une alimentation abondante et substantielle lui conserve ses qualités de force et de précocité. Le commerce la recherche et, jusqu'à présent, elle n'a eu à redouter aucune concurrence. Mais, malgré des cours qui paraissent élevés, elle rémunère faiblement les producteurs.

Plusieurs d'entre eux ont trouvé quelque avantage à remplacer leurs poulinières par des bœufs dont l'alimentation est moins onéreuse, surtout dans le voisinage des sucreries qui leur fournissent des pulpes de Betterave.

Races bovine et porcine. — La hausse progressive prix de la viande a développé, depuis quarante ans, l'élevage et l'engraissement des bêtes à cornes et des porcs. C'est la conséquence d'un accroissement de consommation dont on ne peut prévoir le terme. Mais, de ce côté, les cultivateurs redoutent aussi de prochaines déceptions; l'invasion du bétail américain menace leur industrie.

Espèce ovine. — Contrairement à ce que nous venons de constater pour l'espèce chevaline, le gros bétail et les porcs, la diminution des bêtes à laine s'accentue de plus en plus depuis 1861. On l'attribue principalement à l'insuffisance des droits de douane sur les laines étrangères dont la concurrence exagérée s'oppose au libre développement de la production nationale.

A ce très-sérieux motif de l'avilissement inouï du prix de nos laines, tombé de près de 50 pour 100, vient s'ajouter la difficulté, tous les jours plus grande, de se procurer des bergers actifs, soigneux et probes. Bien qu'avantageusement rétribués, les hommes de cet état, comme les autres employés agricoles, ne sont pas restés sourds à l'appel incessant fait aux mauvaises passions, aux convoitises haineuses. Comme, de lenr côté, les cultivateurs cherchent naturellement à se soustraire le plus qu'ils peuvent à l'hostilité systématique de leurs subordonnés, quand c'est possible, ils remplacent les moutons par des bêtes à cornes pour supprimer les bergers. Ces derniers sont, en effet, par la nature même de leur profession, de tous les agents ruraux, les plus difficiles à surveiller et, trop souvent, deviennent les tyrans de leurs patrons.

4° La production des plantes industrielles.

Colza. — La culture du Colza a diminué ici depuis 1861.

Pavots. — Celle des Pavots favorisée par des prix plus rémunérateurs reste, à peu près, stationnaire. Elle convient particulièrement à la culture ménagère qui, au moment où c'est nécessaire, peut consacrer aux binages et à la récolte tous les bras de la famille.

Lin. — Le Lin n'est semé que sur des sols de fertilité exceptionnelle; sa culture donnait de riches produits dans plusieurs communes de l'arrondissement d'Abbeville. Trop souvent répétée, elle cessa de prospérer vers 1855. Des modifications rationnelles dans les assolements ont mis plus de distance entre les ensemencements de Lin qui purent être repris, avec quelques succès, depuis peu d'années.

Chanvre. — Le Chanvre fut longtemps la plante favorite des alluvions des vallées de la Somme et de ses affluents.

On l'alterne souvent avec le Froment, dans un riche assolement biennal, soutenu par d'abondantes fumures. Des ouvriers spéciaux achètent le Chanvre sur pied, le récoltent et lui font subir les préparations nécessaires pour en livrer la filasse au commerce. Cette industrie s'associait heureusement aux travaux agricoles, mais on l'abandonne peu à peu, par suite de l'émigration, vers les villes, des hommes qui s'y livraient.

Betteraves. — Les cultures de Betteraves ont pris une assez large extension depuis 1861 à cause de la création successive de trois sucreries importantes dans l'arrondissement. On expédie aussi des Betteraves pour des établissements plus éloignés, tant par les voies ferrées que par les bateaux de la Haute-Somme. Quoi qu'il en soit, cette culture souvent improvisée sur des terres de médiocre fertilité, imparfaitement fumées, a donné lieu à de nombreux mécomptes. Elle tend maintenant à se localiser sur les sols fertiles et profonds.

5° *La production forestière.*

Les défrichements dont on abusa ici, de 1832 à 1845, ont diminué la richesse forestière de la contrée. Aussi la valeur des bois s'y est-elle un peu relevée malgré l'activité des tourbages, l'extension de l'usage de la houille, l'abandon des constructions en charpente et torchis remplacées, peu à peu, par la brique. Aussi, depuis vingt ans, les propriétaires prévoyants ont-ils renoncé à convertir leurs bois en terres labourables. La tendance actuelle les porterait plutôt à replanter en bois les terres médiocres dont le prix de location s'avilit progressivement par suite de l'émigration des ouvriers ruraux et des souffrances de la culture. On continue aussi, comme par le passé, à planter en bordures, les arbres à haute tige si utiles pour protéger nos villages, vergers et pâtures contre la violence des vents de mer.

*6° Les industries agricoles (distilleries, sucreries, fromageries, hui-
leries, magnaneries, féculeries, etc...).*

Une seule distillerie et trois sucreries, dont la principale
fonctionne aux portes d'Abbeville. A proprement parler,
l'industrie fromagère n'existe pas ici. Les fromages faits
dans les fermes y sont consommés à l'état frais. Pas de
féculeries.

*7° L'outillage agricole, le drainage, les irrigations et les autres amé-
liorations foncières.*

Vers 1825, sous l'influence de la propagande due aux
écrits de notre illustre maître Mathieu de Dombasle, on
commença à s'occuper ici de l'introduction des instruments
de culture perfectionnés. Le mérite de cette initiative revient, tout entier, aux propriétaires éclairés de notre contrée
qui, pour la plupart, exploitent, de temps immémorial,
tout ou partie de leurs terres. En 1833, on ouvrit, à
l'Hôtel de ville d'Abbeville, une exposition agricole et industrielle. Il s'y trouvait divers instruments agricoles nouveaux, entre autres des charrues de fonte exposées par
M. Caron, propriétaire-agriculteur de Saint-Valery-sur-
Somme.

L'impulsion donnée par Mathieu de Dombasle, encouragée par la plupart des grands propriétaires, n'était
pas restée stérile. En 1836, plusieurs propriétaires-agri-
culteurs de l'arrondissement s'adjoignirent quelques fermiers éclairés et fondèrent notre Comice.

Son premier concours eut lieu le 7 juin 1838.

A partir de ce jour, le public fut appelé annuellement
à voir fonctionner les instruments nouveaux, contre lesquels
la masse des cultivateurs conserva longtemps encore bien
des préjugés.

Vers 1864, l'outillage agricole perfectionné fut enfin
adopté d'une manière générale, même par la petite culture

qui avait résisté plus longtemps que la grande. N'omettons pas de faire observer que c'est sous le rapport du matériel, que notre agriculture a fait le plus de progrès depuis quarante ans.

Drainage. — La nature perméable du sol de nos plaines et de nos coteaux y rend le drainage inutile. Mais, pour les terres d'alluvions du bassin de la Somme et les polders du Marquenterre, il y a nécessité absolue de se défendre incessamment contre l'envahissement et la stagnation des eaux. Elles s'écoulent à la mer au moyen d'écluses à clapets établies dans les digues où aboutissent les canaux collecteurs d'un système de drainage par fossés, adopté de temps immémorial, et qui fonctionne sous la direction d'associations syndicales.

Irrigations. — Les irrigations, rares ici, ne sont appliquées qu'à quelques prairies des vallées. Faute d'eau, elles sont impossibles sur nos plaines et nos côteaux à sous-sol calcaire.

Améliorations foncières. — Pour la plupart, les propriétaires exploitants exécutent les améliorations foncières nécessaires aux terres qu'ils cultivent. Ceux qui afferment leurs biens sont généralement disposés à faire les dépenses d'améliorations réclamées par leurs fermiers, quand elles paraissent utiles. Souvent même, ils en prennent l'initiative. Ces travaux consistent d'ordinaire en constructions rurales, plantations de Pommiers à cidre, de bordures d'arbres à haute tige pour abriter, contre la violence des vents de mer, les fermes, vergers et pâtures, en clôtures, érections de digues contre l'invasion des bas-champs par les marées, travaux de desséchement et plantations forestières.

8° L'emploi des engrais commerciaux et du fumier.

L'emploi des engrais commerciaux reste encore limité aux cultures des propriétaires exploitants.

Cendres de tourbe. — Néanmoius, beaucoup de cultivateurs sèment, au printemps, des cendres de tourbe sur leurs prairies artificielles et sur leurs Blés.

Salicornia maritima. — Dans le voisinage de Saint-Valery, ainsi que sur les plateaux qui dominent la rive droite de la baie de Somme, les moyennes et petites cultures obtiennent d'excellentes récoltes de Blé par l'enfouissement, avant la semaille d'automne, d'herbes marines vertes, désignées sous les noms de *passe-pierre, coquerons* ou *cambrons* (*salicornia maritima*). Ces plantes qui poussent dans la baie de Somme, sur les sables glaiseux baignés par les marées, sont vendues sur pied, par parcelles, à la criée, vers la fin de septembre.

La coupe d'un hectare atteint souvent de 150 à 200 fr., prix auquel il faut ajouter les frais de fauchage et de transport onéreux et difficiles, parce que ces travaux ne peuvent se faire que dans l'intervalle des marées.

Caqures de harengs. — Des cultivateurs de notre voisisinage emploient depuis quelques années, et nous employons nous-même avec succès, les caqures de harengs provenant des saleurs de Boulogne. Ces engrais, semés à la volée et enfouis par un léger extirpage avant la semaille des Blés d'automne, ont donné d'excellents résultats dans nos cultures. Il est regrettable que leur stock, proportionné au plus ou moins d'abondance des pêches, puisse rarement suffire aux demandes.

Poudrette, tourteaux, etc. — Les poudrettes provenant des vidanges d'Abbeville, les tourteaux de graines oléagineuses, le guano et le nitrate de soude sont employés par quelques agriculteurs.

Fumier. — Le fumier de ferme est regardé, avec raison, comme de beaucoup le plus efficace, le plus durable, le plus avantageux de tous les engrais, le seul sur lequel puisse être basée toute culture normale rationnelle. Malheureusement, quoiqu'il soit apprécié ici à sa juste valeur, il n'y est pas toujours l'objet d'assez de soins.

Les propriétaires exploitants et le Comice d'Abbeville font, depuis longtemps, de persévérants efforts pour propager les bonnes méthodes de conservation des fumiers et des purins; les premiers, par l'exemple d'installations rationnelles; le Comice, par des primes spéciales. Sous ce rapport, les grandes cultures sont en voie de progrès, mais les petites exploitations laissent encore bien à désirer.

9° Le nombre des bras employés à l'agriculture et le prix de la main-d'œuvre.

De tous les obstacles qui paralysent le développement de la production agricole, le plus grand est, sans contredit, le manque de bras nécessaires et, il faut bien le reconnaître, cet obstacle paraît insurmontable.

Dans l'intérêt de certaines doctrines, dont la grande majorité des agriculteurs combat l'exagération, on a tenté de faire remonter la responsabilité des souffrances de la culture à l'absentéisme des grands propriétaires. Cette argumentation est en contradiction si manifeste avec les faits qu'elle ne comporte même pas de réfutation. Personne n'ignore, en effet, que la plupart des grands propriétaires exploitent tout ou partie de leur domaine et y résident. Quand ils s'absentent momentanément, ce dont ils ont le droit au même titre que les autres citoyens, ils restent toujours représentés par des agents qui dirigent leurs travaux. Donc pas d'interruption, pas de chômage dans leur œuvre agricole.

Emigration des ouvriers ruraux. — Il n'en est pas de même quand les ouvriers et autres employés ruraux abandonnent les travaux des champs. Or, malgré la hausse si considérable des salaires agricoles, on se porte de plus en plus vers les grands centres. Le prétexte est de gagner davantage. Mais, en réalité, on veut échapper au contrôle de la famille et jouir impunément des plaisirs malsains, si faciles à cacher dans les garnis des villes.

Les jeunes filles n'échappent pas plus que les garçons à la fièvre de l'émigration. Comme eux, elles se dégoûtent tous les jours davantage de la vie en plein air, des rudes, mais salubres travaux des champs. Toute leur ambition est d'entrer dans quelque atelier de couture ou de s'élever au rang de demoiselle de magasin. C'est là qu'elles réalisent leurs rêves de toilette et de coquetterie.

Rien ne peut arrêter ce courant. L'importance des salaires doublés depuis quarante ans ne pouvant retenir aux champs les ouvriers actifs et industrieux, l'absentéisme abaisse de plus en plus le niveau de l'habileté professionnelle. Aussi les difficultés du service agricole sont devenues telles que, parmi les fermiers, ceux qui peuvent embrasser une autre carrière s'empressent d'abandonner l'agriculture.

10° Les impôts fonciers et autres qui grèvent la propriété.

Les impôts de toute nature pesaient déjà bien lourdement en 1861, sur la propriété foncière et le travail agricole. Ils ont prodigieusement augmenté après nos désastres. C'est un mal qui s'accroît sans cesse, car les charges fiscales, loin d'avoir atteint leur niveau, s'élèvent d'année en année. Pressurée à outrance, l'agriculture nationale ne peut s'illusionner sur l'impossibilité de lutter contre celle de pays où le sol fertile ne coûte presque rien et où la quotité des impôts ruraux est insignifiante.

11° La viabilité, les transports et les débouchés.

L'application de la loi de 1836 sur les chemins vicinaux a produit d'admirables résultats dans l'arrondissement d'Abbeville. Il est sillonné de voies nombreuses, bien entretenues et du plus grand secours pour l'agriculture. Les chemins de fer, les ports d'Abbeville, de Saint-Valery et du Crotoy, la canalisation de la Haute-Somme lui offrent un ensemble de débouchés et de moyens de transport tout à fait avantageux.

Conclusion.

Une expérience laborieusement acquise pendant quarante années d'exploitation rurale, nous a permis, en répondant aux onze questions posées par la Société nationale d'agriculture, de résumer impartialement la situation agricole de notre contrée. Nous venons de faire la part des progrès, des ressources, des souffrances. Terminons par l'examen de la question n° 5, posée par M. le Ministre de l'agriculture et recommandée à l'attention des correspondants de la Société par la lettre de M. le Secrétaire perpétuel du 30 avril. Dans celle du 28 juin, il veut bien nous assurer *que nous avons pleine liberté pour répondre à toutes les questions posées et à celles que l'expérience pourra nous suggérer.*

Vœux des associations agronomiques. — Profitons-en pour joindre nos vœux à ceux de nos honorables collègues de la Société des agriculteurs de France, des Comices d'Amiens, d'Abbeville, de Doullens et de Montdidier, en réclamant comme équitable et prudente, l'imposition d'un droit de douane *très-modéré* sur les céréales étrangères qui, tout en laissant au commerce la plus grande liberté d'action, tempérerait l'avilissement artificiel des prix.

Dangers de l'abandon des cultures de céréales. — Qu'il soit aussi permis à nos patriotiques appréhensions d'insister ici sur des dangers dont on n'a pas assez tenu compte en protégeant une concurrence à outrance contre notre production nationale. Lorsque la spéculation, devenue l'arbitre souveraine du marché, aura ruiné la culture française par un système d'agiotage contre lequel ne pourra lutter le travail agricole de notre pays, qu'adviendra-t-il de la consommation elle-même, le jour où des circonstances atmosphériques, toujours à redouter, auront détruit les moissons américaines? Qu'adviendra-t-il, le jour où une guerre, suivie du blocus de nos ports et de nos frontières, interceptera les arrivages?

Dans l'une ou l'autre de ces hypothèses de simple bon sens, les sources de notre alimentation se trouveront subitement taries, et la France entière sera réduite à l'état de ville assiégée, cette France que son sol est destiné *à pourvoir en abondance de tout ce qu'il faut à la vie*, comme le disait, au xvie siècle, un de nos plus anciens économistes.

On peut donc l'affirmer hautement, l'existence des travailleurs agricoles qui composent les deux tiers de la population de la France, ainsi que la sécurité de notre consommation, sécurité si étroitement liée à l'indépendance même du pays, dépendent essentiellement de l'extension progressive de la culture de nos céréales et de la production de notre bétail.

Des vérités aussi évidentes n'auraient pas besoin d'être démontrées si tant d'esprits distingués ne se laissaient éblouir, aussi facilement, par l'absolu de certaines théories.

Rien, selon nous, de plus anti-patriotique que de laisser consommer la ruine de notre agriculture au profit de pays où la terre presque sans valeur, riche d'un humus épais accumulé par tant de siècles, est à peu près indemne des charges publiques auxquelles suffit le produit des douanes; de pays où le cultivateur ne paye pas ce dur impôt du sang, si lourd pour notre sol qu'il prive de ses travailleurs les plus jeunes et les plus vigoureux.

Faisons des vœux pour que nos législateurs, justement préoccupés des légitimes intérêts de l'alimentation publique, ne s'abandonnent pas à un optimisme que rien ne justifie et prennent les mesures indispensables pour arrêter la ruine du sol de la France!

4ᵉ RÉGION. — CENTRE.

Cette région comprend les départements de l'Allier, du Cher, de l'Indre, d'Indre-et-Loire, de Loir-et-Cher, du Loiret et de la Nièvre.

DÉPARTEMENT DU CHER.

27. — *Réponse de M. Gallicher.*

Lissay, le 30 juin 1879,

1° Quelle était la situation de l'agriculture avant l'année 1861, c'est-à-dire avant l'époque où les traités de commerce ainsi que les différents actes législatifs qui régissent actuellement la production et le commerce des grains, le commerce, de la boulangerie et de la boucherie aient modifié le régime économique de notre industrie agricole :

A. *Au point de vue de la division de la propriété ?* — Le département du Cher, auquel s'appliquent les réponses que nous allons faire aux questions de la circulaire de M. le Ministre de l'agriculture, compte :

420,000	hectares	de terres labourables.
80,000	—	de prés et pâturages.
40,000	—	de landes, pâtures, terres vagues.
120,000	—	de forêts, bois feuillus et pépinières.
15,000	—	de Vignes.
8,000	—	de jardins, vergers, chenevières.

La population y a peu de densité, 47 habitants par kilomètre carré.

Il occupe le point central de la France. Son sol généralement calcaire, sec, perméable, en a fait un pays à céréales et à moutons.

Ces renseignements étaient nécessaires pour l'intelligence de ce qui va suivre.

Le département du Cher a échappé à la tourmente révolutionnaire de 93. Les grands propriétaires y sont restés en possession du sol et on y compte encore aujourd'hui une terre de 15,000 hectares.

Mais, à partir de 1815, la division du sol a fait de grands progrès sous l'influence de la loi des partages et, aussi, sous l'influence de cette ardeur de l'homme des champs à devenir propriétaire de la terre qu'il cultive.

Cet état de choses s'est accentué de plus en plus et a eu toute son intensité dans la période de 1830 à 1848.

En 1860, le Cher comptait :

80,000 cotes de 15 francs et au-dessous, constituant la petite propriété et représentant environ les 20/100ᵉˢ du territoire ;

10,000 cotes de 15 à 70 francs appartenant à la moyenne propriété et représentant les 15/100ᵉˢ du territoire ;

2,500 cotes de 80 francs et au-dessus, constituant la grande propriété et représentant les 65/100ᵉˢ du territoire.

B. *Au point de vue des assolements et de la production des céréales?* — En 1815, le département du Cher était presque totalement en friches et récoltait à peine les grains nécessaires à la nourriture de ses habitants.

Le misérable assolement triennal, jachère, Froment, Avoine ou Orge, y était exclusivement pratiqué ; le rendement par hectare dépassait à peine 6 hectolitres.

Avec la paix, cet état de choses se modifia peu à peu ; la culture des prairies artificielles pénétra tout doucement dans les fermes et y accomplit la plus salutaire des révolutions.

C. *Au point de vue de l'élevage des animaux domestiques et de leurs produits ?* — Les assolements s'améliorèrent et le rendement à l'hectare arrivait, dès 1860, à une moyenne de 15 hectolitres ; la production totale était de 1,300,000 hectolitres et l'exportation dépassait 300,000 hectolitres, pour le Froment seulement.

L'élevage et l'engraissement du bétail s'étaient développés dans une proportion correspondante :

Le nombre des moutons qui, en l'an XII, n'était que de 380,623 têtes, était, d'après la statistique officielle de 1852, de 807,163.

La progression pour l'espèce bovine, pour être un peu moins grande, était encore considérable : de 82,429 têtes, en l'an XII, elle s'élevait, en 1862, à 122,000 têtes.

Et on peut ajouter que 2 têtes de 1862 avaient un poids plus élevé que 3 têtes de l'an XII.

D. *De la production des plantes industrielles et des industries agricoles qui s'y rattachent ?* — La culture de la Vigne a fait peu de progrès dans le Cher jusqu'en 1860. Mais celle de la Betterave s'y était déjà développée : des efforts généreux étaient faits pour alimenter la fabrication du sucre et de l'alcool.

E. *De la production forestière ?* — Quant à la production forestière, elle était en pleine prospérité.

L'industrie du fer au bois avait, en Berry, une grande activité et donnait un débouché avantageux à tous les produits des bois du pays.

F. *Au point de vue de l'outillage agricole, du drainage, des irrigations et autres améliorations foncières ?* — La main-d'œuvre, en 1860, n'avait pas encore pris l'élévation de prix à laquelle elle est montée depuis, et le rôle des machines agricoles n'avait pas encore l'importance qu'il a acquise aujourd'hui. Puis, en 1860, l'industrie des machines existait à peine, nous ne connaissions guère dans nos fermes que la machine à battre à manége. J'ai été le premier, dans le Cher, à user de la machine à moissonner, et ce n'a été qu'en 1862 que j'y ai introduit la petite moissonneuse du Dʳ Mazier.

Le drainage était plus en honneur, plus pratiqué en 1860 qu'aujourd'hui ; et un grand mouvement se manifestait alors chez nos plus riches propriétaires en faveur des améliorations foncières de toute nature.

G. *Au point de vue des engrais commerciaux et du fumier ?* — C'est dans la période qui a précédé 1860 que nos départements du centre ont entrepris courageusement et mené à bonne fin le défrichement des milliers d'hectares de brandes stériles qui les couvraient alors, et c'est avec les noirs, résidus des raffineries, avec les phosphates fossiles, puis avec les superphosphates que ce grand travail s'est accompli.

Ce n'est que depuis 1860 que s'est créé le commerce des engrais artificiels.

On n'avait alors que le guano dont le prix toujours élevé restreignait l'emploi, mais dont nous connaissions bien la valeur.

Quant aux fumiers, on en sentait, comme aujourd'hui, l'insuffisance et on faisait tous ses efforts pour en tirer le meilleur parti possible.

H. *Au point de vue du nombre de bras à la disposition des cultivateurs et des prix de la main-d'œuvre ?* — Nos campagnes se sont-elles dépeuplées depuis 1860 ? Les guerres d'Italie, du Mexique, les désastres de 1870-71, la permanence sous les drapeaux d'un plus grand nombre d'hommes ont-ils fait un vide sensible parmi les ouvriers des campagnes ? La statistique le dira ; toujours est-il que, depuis cette époque, et surtout depuis 1870, nous éprouvons, dans le Cher, la plus grande difficulté pour faire opérer nos travaux.

Ouvriers à façon, journaliers, domestiques à l'année deviennent de plus en plus rares et de plus en plus exigeants pour les salaires.

Il y a une augmentation de plus de 30 pour 100 sur la main-d'œuvre ordinaire; elle est plus considérable pour les domestiques gagés au mois ou à l'année.

I. *Au point de vue des charges de toute nature qui pèsent sur le sol?* — M. le Ministre n'a pas besoin de nous interroger sur ce point; son collègue des finances lui donnera, à cet égard, des renseignements plus exacts que ceux que nous pouvons lui fournir nous-mêmes.

J. *Au point de vue des transports et des débouchés?* — Depuis 1860 la viabilité de nos campagnes s'est améliorée. La féconde loi de 1836 poursuit son œuvre bienfaisante.

Mais c'est le temps et le travail agricole, la prestation, qui accomplissent ce progrès. Les traités de commerce n'y sont pour rien.

Nos grandes artères des chemins de fer étaient terminées en 1860 et le Cher, en particulier, n'a point fait de sérieuses acquisitions depuis cette époque, en sorte que ses moyens de transport et d'exportation se sont peu modifiés.

Quant aux débouchés, le Cher exportait, en 1860, une assez grande quantité de farines; cette exportation a cessé complétement.

En résumé, et pour établir d'une manière générale la situation de la culture dans le Cher en 1860, je puis affirmer, avec assurance, que le progrès agricole, éclos en 1815, n'avait pas cessé depuis cette époque sa marche ascendante. Elle s'était plus spécialement accusée de 1830 à 1848.

Il y eut là un temps d'arrêt qui se prolongea jusqu'en 1852. Mais à partir de cette date, l'élan fut général, puissant, généreux. Un grand nombre de riches propriétaires, éloignés des affaires publiques par la politique de l'Empire, cherchèrent dans la direction de la culture de leurs terres un aliment à leur activité, un placement avantageux de leurs capitaux, et quand la révolution économique de

1861 s'est accomplie l'agriculture française se trouvait dans une voie de développement que la paix et une sage législation auraient ouverte de plus en plus.

2° Quelle est actuellement, en prenant la moyenne des six dernières années, la situation de l'industrie agricole aux différents points de vue énoncés dans la question précédente ?

Une crise violente a suivi, dans le Cher, les modifications douanières inaugurées en 1861.

Les forges des départements du Cher et de l'Indre (Berry) se sont successivement éteintes et les produits forestiers ont subi, pendant quelque temps, une baisse considérable. L'exploitation du minerai de fer s'est ralentie.

Les Blés ont subi en 1862, 1863, 1864 et 1865, une énorme baisse sous l'influence des importations exagérées que la suppression des droits d'entrée avait provoquées. C'est à cette période que correspondent les plaintes unanimes de la culture française et l'enquête de 1866 qui devait leur donner satisfaction.

Mais de meilleures récoltes sont venues, l'importation s'est régularisée peu à peu et si la culture française n'avait pu encore retrouver sa prospérité de la période antérieure à 1861, elle avait repris un certain équilibre quand arriva la désastreuse année 1870.

La sécheresse a eu, dans le Cher, une intensité exceptionnelle. La récolte des fourrages fut nulle ; sur beaucoup de points, les Pommes de terre ne purent germer, pas une Betterave, pas de légumes, le quart à peine des pailles d'une récolte ordinaire.

Puis la guerre, puis l'invasion et avec elles la destruction, le gaspillage de ces misérables ressources.

Nous avons perdu un grand nombre d'animaux morts de faim et de misère. Les fermes, privées de foin, de pailles, de racines, ne purent faire du fumier et la récolte de

1871 vint accuser, par sa pauvreté, l'influence néfaste de l'année précédente.

Il aurait fallu à l'agriculture française une longue période de sécurité, de tranquilité pour réparer tant de pertes; c'est par l'aggravation des impôts et l'enchérissement de la main-d'œuvre qu'elle a vu se compliquer sa situation.

Les difficultés du travail agricole ont arrêté court tout cet élan, toute cette ardeur des riches propriétaires pour les améliorations rurales; tous ont fait leur retraite et ont remis aux fermiers ou aux métayers le soin de cultiver leurs fermes.

Cet état de choses s'est surtout accusé dans la région des céréales, plus particulièrement atteinte par l'enchérissement de la main-d'œuvre et la décroissance du prix des céréales sous l'influence de la concurrence des grains étrangers.

Le Cher avait vu s'élever une douzaine de distilleries dont quelques-unes de certaine importance; il n'en a plus une seule en activité aujourd'hui.

La vitalité de la culture est si grande dans notre pays de France, le travail de l'homme des champs est si fécond et si énergique, son économie est si puissante que peut-être serions-nous parvenus, à l'aide des machines et des engrais commerciaux, à réparer nos pertes et à reprendre une marche ascendante, sans une grande révolution économique provoquée dans le monde entier par l'intervention soudaine, sur les marchés de l'Europe, des produits agricoles de l'Amérique et spécialement des Etats-Unis.

Après les désastres de 1870-71, la France, enchaînée par les traités de commerce, n'avait pu, comme l'Amérique du Nord, demander à ses douanes une ressource quelconque pour payer les dettes de la guerre; elle dut s'imposer des contributions d'invention nouvelle, lourdes, vexatoires, énervantes, entravant le travail, comme celle établie sur les transports par petite vitesse; rien ne vint défendre, soutenir, protéger nos industries et notre agriculture affaiblies contre la concurrence incessante de l'étranger.

Pendant ce temps, les Etats-Unis, à la faveur d'une législation douanière quasi-prohibitive, avaient développé leurs moyens de production d'une manière formidable; ils viennent de démasquer leurs batteries, et l'Europe stupéfaite n'a plus qu'à reconnaître son impuissance à lutter contre eux.

Déjà, et depuis quelque temps, l'Amérique avait pesé sur le marché de nos viandes de porc; c'était une ressource nouvelle, dont pouvait avoir à souffrir l'éducation de l'espèce porcine, mais dont devait profiter l'alimentation publique et, sur ce point, la supériorité des Américains pouvait être acceptée sans trop de dommages.

Mais il n'en est pas de même pour les céréales.

Avec un sol neuf et d'une haute fertilité, exempt de toutes charges, offert dans des proportions qui dépassent les possibilités d'acquérir de la population et, par conséquent, d'une valeur foncière peu élevée, avec une culture sommaire aidée par une organisation de matériel agricole que comportent les grands espaces sur lesquels on opère, avec ses canaux, ses fleuves, ses lacs, l'Amérique livre dans nos ports le superflu de sa production à des prix inférieurs de 4 à 5 francs par quintal métrique à ceux auxquels peut les produire la culture française.

Voilà la situation dans toute sa vérité.

La production moyenne de la France est de 90 millions d'hectolitres, elle est inférieure de 10 millions environ à la consommation; nous avons donc à importer chaque année ce complément, et si le prix auquel nous les achetons est inférieur de 3 francs, par hectolitre, au prix de revient de la culture française, les 90 millions qu'elle récolte subissant inévitablement le cours de la matière importée, il en résulte une perte annuelle pour les producteurs français de 270 à 300 millions.

C'est le fait qui s'est produit dans le cours de ces dernières années, et c'est à cette perte imposée à notre culture qu'il faut attribuer le malaise qui, en pesant sur elle, réagit sur toutes les affaires du pays.

Voilà la cause de l'*agitation qui s'est produite* parmi les personnes qui *s'adonnent à la pratique de l'agriculture et qui a vivement éveillé l'attention du gouvernement de la République.* M. le Ministre de l'agriculture se demande si les esprits sont émus par un ensemble de faits auxquels il faudrait attribuer, pour l'avenir, un caractère permanent ou par des événements purement transitoires et exceptionnels.

M. le Ministre de l'agriculture est, mieux que nous, en possession de tous les moyens de vérifier la permanence des causes qui constituent la supériorité de la culture américaine; le Gouvernement a des consuls sur tous les points commerciaux des Etats-Unis et il peut réunir tous les renseignements de nature à s'éclairer complétement sur la question.

Lorsqu'elle sera résolue, lorsque l'administration française aura acquis, par cette enquête, la conviction profonde que l'Amérique peut vendre sur les ports de France, avec un bénéfice suffisant, ses Blés à un prix de 3 à 5 fr. inférieur au prix de revient des 100 kilog. récoltés en France et qu'il en ressort pour la culture française une perte annuelle d'au moins 300 millions, elle avisera.

Ce fait économique est assez gros pour provoquer l'attention du pays, de ses représentants, et pour justifier les mesures propres à en arrêter la permanence.

DÉPARTEMENT DE L'INDRE.

28. — *Réponse de M. Le Corbeiller.*

Cungy, le 25 mai 1879.

J'habite le nord du département de l'*Indre*, dans le canton de Saint-Christophe-en-Bazelle, près Valençay, à 8 kilomètres des bords du Cher, dans une localité composée de plateaux argilo-siliceux, entrecoupés par un assez grand nombre de cours d'eau à pente peu rapide. Mes observations sont toutes personnelles et le résultat d'une expérience de vingt années de pratique agricole, comme fermier, sur une étendue de 250 hectares.

Lors de mon arrivée dans cette partie du Berry, un grand élan cultural semblait donné par les propriétaires et les fermiers, presque tous étrangers au pays, mais tous Français. Cet élan s'est manifesté avec entrain jusqu'en 1870 environ ; mais, depuis, il semble complétement ralenti. Les propriétaires semblent dégoûtés du faire-valoir direct, les fermiers sont découragés. Quelles en sont les causes ? 1° la division de la propriété ; 2° l'extension de la culture de la Vigne par la petite culture ; 3° la rareté de la main-d'œuvre qui est le résultat de la culture de la Vigne et de la concurrence de l'industrie.

Vers 1861, les chemins de fer ont approché de notre contrée (ligne de Vierzon à Tours), les chemins de grande communication en partie en construction lors de notre arrivée se sont achevés, les chemins vicinaux ont reçu de nombreuses améliorations. La vie alors a commencé à circuler dans ces régions jusqu'alors déshéritées. Le facile accès nous a amené les acheteurs étrangers, d'abord pour le vin. Nos marchés à grains sont devenus importants par suite de la facilité donnée à l'exportation vers les grandes minoteries des environs de Romorantin, des bords du

Cher et même les usines de Corbeil. Les animaux de l'espèce bovine ont été alimenter nos grands centres, Tours, Blois, Châteauroux et même Paris. Les animaux de l'espèce ovine ont été recherchés par les cultivateurs des environs de Paris pour les achever dans le voisinage des distilleries et dans les pâturages plus alibiles des environs de Versailles et autres lieux; les marchands sont venus dans nos fermes, accompagnés des engraisseurs de contrées lointaines. Pour les veaux et les porcs, tous nos petits bouchers des stations de la ligne du chemin de fer : Valençay, Châbris, Saint-Aignan, Selles-sur-Cher, etc., sont venus se disputer nos produits, les acheter au cours des marchés de Paris, et grâce au télégraphe et à la facile et peu coûteuse correspondance, les transactions sont devenues faciles, le marchand ayant les cours de La Villette, le vendeur les annonces et les cours agricoles que les journaux politiques ne craignent plus de nous donner chaque jour. Ces veaux, ces porcs sont expédiés alors à l'état de viande abattue, les débris et les issues assurent toujours aux expéditeurs un bénéfice assuré en dehors de celui provenant des oscillations journalières des cours. Quelquefois même le producteur se fait lui-même son expéditeur. Pour les volailles, les œufs, le beurre, etc., ils sont enlevés dans les petits hameaux et villages, puis concentrés dans les marchés importants où des marchands spéciaux les expédient sur Orléans et Paris.

Cette belle organisation, cet entrain se sont propagés et ont amené une hausse du prix des denrées, un nivellement des prix avec ceux des grands centres et enfin, il faut le dire hautement, ont occasionné un grand *bien-être général* jusqu'alors inconnu dans nos petites localités et cela surtout chez les petits cultivateurs, ouvriers agricoles ; bien-être d'autant plus grand qu'il s'est trouvé augmenté en même temps par une progression constante et énorme dans le prix de la journée et dans celui des gages des domestiques, tous enfants de ces mêmes ouvriers.

Tous les avantages du régime économique de 1860, dans les conditions qui existaient alors, ont profité à la petite et à la grande culture. Mais il faut le dire, au fur et à mesure que la position des ouvriers agricoles s'est améliorée, la position du propriétaire exploitant ou du fermier, c'est-à-dire de la grande culture, a de plus en plus périclité. En effet, suivons l'ordre des choses, et voici les résultats obtenus successivement :

L'ouvrier agricole, petit cultivateur ou vigneron, tirant parti avantageux de ses produits, ainsi que de son travail manuel, a vu avec joie l'aisance lui arriver; elle lui a permis d'avoir pour ses enfants, plus instruits qu'autrefois, des aspirations vers les métiers indépendants : maçons, charpentiers, charrons, bourreliers, etc., puis, enfin, pour la ville où l'industrie sait attirer tous les hommes capables et d'une intelligence tant soit peu développée par ses hauts prix et ses hautes rémunérations; l'ouvrier ainsi une fois parti, étant garçon, ne revient plus; il ne se laissera même jamais raisonner sur ce fait qu'à la ville, si le salaire est plus élevé, les charges sont plus grandes, la vie plus difficile. Aussi nos villages et nos hameaux ne comptent plus d'enfants sortis de l'école restant au travail du sol.

Il est indéniable que, dans notre contrée, le régime économique de notre industrie agricole éprouve une transformation forcée tout à l'avantage de la petite culture et au détriment de la grande culture, quoique celle-ci ne cesse de lutter avec courage contre l'élévation du prix de la main-d'œuvre et sa rareté, en s'efforçant d'obtenir les plus hauts rendements, en simplifiant ses procédés de culture.

Les faits s'accentuent de plus en plus au fur et à mesure que nous avançons dans la période de 1861 à 1879.

La grande propriété s'est divisée lentement d'abord, puis plus activement; en présence de son aisance, l'ouvrier agricole veut à tout prix devenir propriétaire, c'est-à-dire vigneron. A-t-il un gain, une économie, il veut la placer en bien fonds. A-t-il 1,000 francs d'épargne, il se fait acquéreur de 2,000 francs de biens. Il trouve crédit près des notaires et des détaillants qui spéculent sur le nombre des échanges et conservent hypothèque sur le bien vendu. Ils vendent un bon prix; si l'acquéreur ne peut payer, ils redeviendront de nouveau vendeurs au bout de quelques années et ils savent que, avec l'acharnement à acheter, la petite propriété ne peut qu'acquérir de la valeur dans des localités où la Vigne prend toujours de l'extension.

Sous le rapport des assolements, il s'est fait une grande amélioration. L'assolement triennal domine, il est vrai, mais il est avec prairie artificielle ou annuelle ou temporaire; la Luzerne est venue se joindre au Trèfle rouge et au Trèfle incarnat; à la Vesce de printemps et d'hiver sont venues s'ajouter les racines fourragères auxquelles la petite culture sait très-bien consacrer ses terrains de prédilection qu'elle appelle *sa chenevière*.

Le rendement en céréales a augmenté considérablement. Dans la grande culture, il atteint le chiffre de 20 à 22 hectolitres à l'hectare; la petite culture surpasse quelquefois ce chiffre et le métayer routinier atteint encore 17 à 18 hectolitres. Je crois qu'il serait difficile de rencontrer le rendement de 8 à 10 hectolitres qui était général avant 1861.

De ce fait, il est résulté un empaillement plus considérable, un approvisionnement de denrées pour l'hiver, ce qui, autrefois, était tout à fait inconnu, et naturellement le *bétail* s'en est ressenti; cependant, il faut dire que cette branche d'industrie agricole n'a pas prospéré en raison de la progression culturale, surtout dans la petite culture. Cela provient de plusieurs faits locaux. En effet, la petite culture recherche le grain pour se nourrir et pour réaliser des capitaux qu'elle ne veut pas consacrer à l'économie du bétail, qu'elle ne comprend pas encore. Le bétail de la petite culture est souvent la propriété d'un maître ou d'un capitaliste que se donne l'ouvrier agricole; c'est un marchand d'étoffes, un épicier, un notaire, un rentier prêteur d'argent pour ne pas dire plus. Cet ouvrier agricole transformé en propriétaire agriculteur n'a pas de capital à mettre sur son lopin de terre, il se met à la merci d'autrui. Son bailleur de bétail l'appelle souvent sur les foires pour changer ce cheptel vivant, dès qu'il voit un gain si minime qu'il soit à réaliser (10 francs par vache). Dès lors, le cheptelier n'a pas intérêt à faire progresser ses animaux, il s'en verrait dépouiller trop souvent et il n'aurait qu'une faible part de bénéfice. Il accepte du bétail pour deux raisons : 1° consommer sa paille et avoir du fumier ; 2° avoir le laitage nécessaire à sa famille et utile pour engraisser un ou deux porcs dont l'un sera vendu et l'autre servira à la nourriture de son petit personnel.

Chez le métayer, le bétail n'est guère mieux traité ; il est encore chez lui un mal nécessaire ou s'il est tant soit peu maquignon, il cherchera la quantité et troquera ses animaux lorsque la force de l'herbe lui permettra de les remettre au printemps, sans avoir fait pour eux aucune dépense pendant leur hivernage.

Chez le grand fermier à prix d'argent, il y a eu des progrès, mais ils sont rares. Quelques fermes présentent un vrai choix de bétail ; mais, pour cela, le fermier est obligé d'avoir un fort capital et de se munir, quant à l'espèce bovine, de races étrangères à la localité, celle indigène ne rendant pas assez de bénéfices avec une stabulation permanente ou une nourriture riche, l'hiver, à l'étable.

Ce qui est vrai pour l'espèce bovine, l'est aussi pour l'espèce ovine ; la race du pays, qui est la Berrichonne, n'est pour tous qu'une race rustique : la paille à la bergerie même avec parcimonie et le pâturage quelles que soient la saison, la température ; de là, il résulte des catastrophes périodiques dans ce pays à sous-sol imperméable, froid et humide. Aussi, cette année, combien de bergeries ont disparu ou n'ont donné qu'un agnelage aussi médiocre que possible. En somme, on peut dire que, sous le rapport du bétail, l'incurie est restée aussi grande qu'autrefois.

La seule culture industrielle est celle de la Vigne. La population de nos campagnes en est affolée, et depuis 1861 l'augmentation des plantations est considérable. Tous les ouvriers agricoles de nos contrées sont ou deviennent *vignerons*. Pour leurs Vignes rien ne les arrête : ils les façonnent eux-mêmes, les travaillent à bras, y consacrant tout leur temps, quel que soit le salaire que vous fassiez miroiter à leur yeux. Leur mode de culture est toujours l'ancien ; il n'y a que quelques propriétaires qui plantent pour cultiver à la charrue. Il est si heureux celui qui peut devenir vigneron ! Ses appétits sont peu considérables, il a avec son champ de vigne une indépendance unique, il est à l'abri de la misère et non plus à la merci du maître. Mais c'est là le coup de grâce donné à la grande culture : le vigneron laisse en plan le cultivateur, que ce soit en pleine fenaison, en pleine moisson, etc., dès lors qu'il juge qu'il y a quelque chose à faire à son vignoble.

Avant 1861, l'emploi des engrais commerciaux était inconnu ; actuellement, ils sont d'un usage fréquent ; il serait curieux d'avoir le relevé des quantités de guano quel qu'il soit ou de phospho-guano qui arrivent par la seule gare de Châbris pour nos petites localités. Le petit cultivateur qui n'aime pas le bétail et ne sait pas en tirer parti, trouve là, sans peine, cette augmentation de récolte que nous avons signalée et qui lui fournit son alimentation et une source d'argent.

De tous ces faits : 1° que l'ouvrier agricole devient propriétaire ; 2° que la Vigne prend une grande extension ; 3° que la position sociale est plus indépendante, il résulte : rareté de la main-d'œuvre ; pénurie complète de bras disponibles.

En 1860, nous trouvions dans nos hameaux des gens à gage, des tâcherons, des journaliers en abondance. Aujourd'hui, il ne nous est pas possible de compter sur deux journaliers ; dans les grands travaux, il a fallu bon gré mal gré recourir aux instruments perfectionnés ; il nous est arrivé, plusieurs fois, de laisser des Betteraves sans binage, de rentrer des foins sans fanage et de ne pouvoir mettre en moyettes dans les mauvais temps.

En 1859, notre premier charretier coûtait 310 francs; en 1878, il est payé 600 francs avec la nourriture. Les quatorze domestiques à gage de la ferme sont augmentés dans les mêmes proportions. Le vacher reçoit 600 francs, le berger 500 et leurs bénéfices. La nourriture alors nous revenait à 75 cent., aujourd'hui elle nous coûte 1 fr. 50.

En 1860, les journaliers nourris recevaient 75 c. de novembre à mars et 1 franc de mars au 25 juin, époque des *louées*; en 1878, nous avons payé 1 fr. 25 tout l'hiver et 2 fr. depuis le mois de mai. Pendant la moisson, nous voyons encore quelques ouvriers venir des bords du Cher et de la Sologne; le prix le plus élevé était autrefois de 24 francs la semaine; depuis deux ou trois années nous atteignons les prix de 30 et 36 francs, toujours avec la nourriture. Ces ouvriers servent de lieurs et de galvaniers, car quant aux faucheurs, les prix sont quelquefois fabuleux. Les faucheuses et moissonneuses nous ont été, par suite, imposées. Pour biner un hectare de Betteraves à trois façons, nous payons actuellement 90 francs sans nourriture et nous avons beaucoup de peine à faire prendre notre sole entière.

Le résultat de tous ces faits est une augmentation de capital d'exploitation; cette augmentation n'est pas possible à tous, en présence des minces bénéfices à réaliser. Aussi peut-on prévoir le moment où la grande culture par fermage va devenir impossible dans notre région du Centre.

L'affluence de demandes de fermage à prix d'argent qui s'était produite, il y a quinze ans, a disparu aujourd'hui, et l'élévation considérable des loyers qui s'était faite, disparaîtra infailliblement.

Le grand propriétaire, qui, il y a dix ans, s'était laissé séduire par une espèce de vogue donnée au faire-valoir direct, abandonne aujourd'hui la partie en présence de la qualité de la domesticité et de la rareté de la main-d'œuvre. Déjà dans nos parages trois ou quatre ont complétement cessé et retournent au métayage. Là toutes les charges difficiles et pénibles retombent sur le preneur. Ce métayer reprend la vieille routine. Il se contente de ce qui existe et n'impose rien au propriétaire ; s'il a une nombreuse famille pouvant fournir des bras à l'œuvre, il prospérera ; mais s'il faut qu'il s'adresse à l'étranger, il se ruinera sans coup férir ; au reste, peu lui importe, il n'a presque rien apporté et il aura vécu quand même quelques années. Il faut remarquer que le *bon* métayer devient de plus en plus rare. En effet, tout homme tant soit peu intelligent, vigoureux et économe, préfère se mettre domestique quelques années à 600 francs de gage par an et après ce laps de temps acheter quelques boisselées de terre pour planter en Vigne ; alors son rêve est achevé, il est propriétaire et indépendant.

En résumé, voilà le tableau de notre localité : *Amélioration* profonde de la *position économique de l'ouvrier agricole* devenu propriétaire vigneron ; *impossibilité de la grande culture par suite de la rareté des bras et du prix de la main-d'œuvre ; cessation du faire-valoir direct ; disparition du fermage à prix d'argent.* Retour au *métayage,* quel qu'il soit.

Quant aux causes qui ont amené ces résultats : l'élévation du prix de la main-d'œuvre a occasionné le bien-être et l'amélioration d'un côté, et de l'autre en élevant le prix de revient, concurremment avec l'augmentation de fermage, cette élévation des prix de la main-d'œuvre a enlevé toute espérance de profits à la grande culture.

Mais ce n'est pas seulement le prix de la main-d'œuvre qui est le seul mal imposé à l'heure actuelle, c'est surtout la rareté de cette main-d'œuvre. Cette rareté est un fait aujourd'hui indéniable, qui est la conséquence de la concurrence faite à l'agriculture par l'industrie.

Il y a vingt ans, l'agriculture avait sa population et l'industrie avait la sienne. Les voies de communication étant données, sous la protection dont elle jouit, avec l'élévation des salaires, l'industrie est venue accaparer la population de l'agriculture et elle l'a fascinée. Le premier, parti du village, avec sa force physique, sa moralité, est choyé par l'industriel qui le préfère à l'enfant étiolé du faubourg, et bientôt il revient au hameau, mais comme embaucheur de son patron, et il retourne à la fabrique ou à l'usine suivi de quatre ou cinq autres camarades. Ce fait est quotidien dans nos parages. Si quelques-uns moins hardis restent encore quelque temps avec nous, après avoir été dressés, ils ne rêvent, au bout de deux ans, que l'état de boulanger, de cocher, de valet de chambre, etc.

A pareil état de choses, y a-t-il un remède? Est-il possible d'améliorer cette position anormale de l'agriculture militante?

Le remède ne peut guère se trouver que dans la cause même du mal. Mettre sur un pied égal l'agriculture et l'industrie. Il est impossible de demander la protection pour l'agriculture, parce qu'elle est la nourricière de l'homme ; donc il ne reste qu'à supprimer la protection de l'industrie dans les termes du possible et sans secousse brusque. En détruisant cette protection dont elle jouit, elle sera obligée de diminuer ses salaires; mais, il est vrai, elle ne pourra plus compter des bénéfices si exorbitants qui permettent à l'industriel, en dix ans de temps, de devenir un grand financier. Les salaires de l'industrie s'abaissant, notre population, un moment émigrée, reviendra peu à peu vers les champs.

D'autre part, s'il nous faut maintenir un prix assez élevé de la main-d'œuvre, il appartient au gouvernement d'abaisser les charges qui sont imposées à l'agriculture, en même temps qu'il sera nécessaire à la grande propriété d'abaisser les taux de fermage et de se contenter d'un revenu plus restreint, mais plus sûr. Il incombe encore bien d'autres charges au gouvernement. Qu'il me suffise d'en citer quelques-unes : nos chemins ruraux, les tarifs de chemin de fer, la protection aux choses rurales, l'exécution des lois et décrets dans nos campagnes, etc.

---

29. — *Réponse de M. Briaune.*

Ecueillé, 24 mai 1879.

Le département de l'Indre se compose de trois contrées distinctes et portant les noms de Champagne, de Boischot et de Brenne.

Les trois cantons sur lesquels je puis donner des réponses positives sont : celui de Levroux appartenant à la Champagne, et ceux de Valençay et d'Ecueillé appartenant à la contrée du *Boischot*.

Le canton de Levroux est un pays de terres généralement calcaires et perméables et de grandes exploitations cultivées par des fermiers à prix d'argent.

Les deux autres cantons contiennent, au sud, des terres marneuses et plus ou moins perméables et, au nord, des terres argilo-siliceuses imperméables. Les exploitations sont de 30 à 50 hectares et presque partout cultivées par des métayers.

Division de la propriété. — La propriété est peu divisée dans les trois cantons, surtout dans celui de Levroux. Depuis soixante ans la division a peu progressé, hormis dans le canton de Valençay, dont l'extrémité nord touche au Cher et au pays vignoble, qui a été enrichi par le long séjour des princes d'Espagne et dont le chef-lieu est depuis longtemps le siége d'un marché chaque jour plus considérable. Toutefois, dans le canton d'Ecueillé, autour du chef-lieu et dans la commune d'Heugnes, il s'est opéré une révolution subite dans la division de la propriété. La commune d'Ecueillé possédait environ 400 hectares de landes dont le nom local est *brandes*; celle d'Heugnes 1,000 hectares ; celle de Jeu-Malocher 560 et celle de Villegouin 500 à 400 hectares. Les communes d'Ecueillé, de Jeu et de Villegouin ont vendu ces landes qui ont été plus ou moins divisées dans la première commune et sont demeurées en grandes exploitations dans les deux autres. La commune d'Heugnes, mieux administrée, a loué ses brandes en détail, ce qui a été pour elle et pour ses habitants une source de richesse. Ces *brandes* ont coûté de 80 à 100 fr. de défrichement par hectare ; elles portent depuis plus de vingt ans des récoltes consécutives de Seigle et d'Avoine, sans autre engrais que du phosphate de chaux d'une valeur de 70 à 80 francs pour les deux ans, avec un seul labour et un seul hersage par récolte. Elles produisent de 25 à 30 hectolitres de Seigle ou d'Avoine par hectare. Le cultivateur vend grain et paille sur place ; le loyer moyen est de 55 francs l'hectare : le bénéfice est évident. Toutefois, pour parvenir à la vente en détail d'une grande propriété morcelée d'une valeur de 400,000 francs, il a fallu accorder dix ans de terme aux acquéreurs.

La législation de 1861 n'a eu évidemment aucune influence sur ces divisions de la propriété, mais bien les chemins vicinaux qui ont permis d'en approcher, et les chemins de fer qui ont servi au transport des engrais et à l'écoulement des grains.

Assolement. — L'assolement dans le canton de Levroux était jachère, Blé, Orge, Avoine et deux années de dépaissance sur terres en friche ; les prairies artificielles qui ont été introduites, depuis soixante ans, n'ont pas apporté de changements réels dans la consécution des céréales.

Dans les cantons de Valençay et d'Ecueillé, l'assolement triennal, maintenu par les prairies naturelles, la dépaissance dans les landes et dans les bois, ne s'est modifié que partiellement depuis le défrichement des *brandes*, en restreignant la sole du Blé ou de l'Avoine pour faire place à une récolte de prairie artificielle.

La culture des racines qui s'était introduite en 1840, et qui progressait, a été arrêtée par la cherté de la main-d'œuvre et est aujourd'hui abandonnée.

En même temps que l'on commençait à défricher les landes, quelques propriétaires avaient semé du Pin maritime, afin d'alterner avec la culture des céréales. Les traités de commerce ayant fait tomber les forges de l'Indre auxquelles convenait cette espèce de bois, on a cessé d'en semer et l'on a liquidé comme on a pu les opérations commencées. Dans le canton de Levroux on a introduit, depuis 1838, la culture de la Vigne à la charrue et, depuis 1865 jusqu'en 1875, cette culture avait pris une extension qui semble s'arrêter actuellement par la cherté de la main-d'œuvre, quoiqu'elle en emploie peu, relativement à ce genre de production.

Production des céréales. — Depuis 1840 jusqu'en 1860 la production des céréales, dans les trois cantons, a continuellement progressé par une meilleure culture, des fumures plus abondantes et par l'introduction de nouvelles semences. Depuis cette époque, elle s'est maintenue par les profits que les fermiers ont retirés de leurs étables, au moyen desquels ils ont pu ajouter des engrais industriels à ceux provenant des animaux de la ferme.

De l'élevage des animaux. — L'élévation de prix des produits animaux, depuis 1850, a causé un progrès incessant dans le multiplication du bétail, des troupeaux, des porcs et de la volaille.

Des plantes industrielles. — La culture de la Vigne opérée à la charrue a, comme je l'ai dit plus haut, pris une certaine extension dans le canton de Levroux. Ce mode de culture est moins approprié aux terres des cantons de Valençay et d'Ecueillé qui sont plus accidentées et où les champs sont moins étendus. Ainsi les plantations de Vignes s'y font presque toutes suivant le mode de culture à la houe. Du reste, ce genre d'industrie ne me semble pas destiné à une grande extension, les cépages de bonne qualité donnant un faible produit, et les cépages grossiers un vin plat et de mauvaise conservation.

De la production forestière. — Le sol des cantons de Valençay et d'Ecueillé est très-favorable à la production forestière. J'ai dit précédemment comment avait été arrêtée la production du Pin maritime. Pour les autres espèces, la venue en est longue et ne convient pas à ceux qui ont besoin de tout leur revenu. Jusqu'ici, je ne connais dans les deux cantons que le propriétaire de la terre de Valençay et trois autres propriétaires qui aient fait des semis et des plantations forestières d'arbres à feuilles caduques.

Des industries agricoles. —Il a été fait, à différentes époques, des tentatives d'industries agricoles ; elles ont toujours été abandonnées.

Outillage. — L'outillage agricole était avant 1850 d'une défectuosité déplorable. Depuis 1855, il a fait de continuels progrès. Une révolution complète s'est opérée dans les charrues, les herses et les rouleaux. La faux a remplacé la faucille, les machines à battre le fléau. Dans le canton de Levroux où la culture peut se faire à plat, des moissonneuses fonctionnent déjà dans plusieurs fermes. Enfin, les tarares, les trieurs, les hache-paille, les bascules sont employés même dans de petites exploitations.

Des engrais. — Les phosphates de chaux de toute espèce sont employés en grande quantité, mais exclusivement sur les landes défrichées.

Le guano et les engrais azotés sont appliqués aux anciennes terres, mais leur emploi a diminué depuis sept à huit ans.

Du nombre des bras employés à l'agriculture. — Ce fait statistique ne peut être établi que par un recensement opéré par l'administration. Tout ce que peut dire un particulier, c'est que dans un pays peu peuplé, et où l'on vient de défricher plusieurs milliers d'hectares de landes, les bras sont tout à fait insuffisants.

Du prix de la main-d'œuvre. — Par cela même, le prix de la main-d'œuvre a dû s'élever considérablement.

En 1852, un domestique laboureur gagnait 200 francs par an, aujourd'hui son prix minimum est de 400 francs.

Une fille de ferme se louait de 80 à 100 francs, aujourd'hui de 200 à 250 francs.

Une bergère se louait 70 à 80 francs, aujourd'hui de 200 à 250 francs.

Un garçon de douze à quinze ans se louait 40 à 50 francs, aujourd'hui 120 à 140 francs.

Les salaires de l'ouvrier à la journée se sont élevés dans les mêmes proportions.

En 1852, le prix de la journée, à quelque distance des trois chefs-lieux de canton, était de 1 fr. à 1 fr. 25 du 1er novembre au 1er mars ;

De 1 fr. 25 à 1 fr. 50 du 1er mars au 15 juin ;

De 2 fr. à 2 fr. 50 jusqu'au 15 juillet ;

De 2 fr. à 3 fr. pendant la moisson avec la nourriture en sus ;

De 1 fr. 50 à 2 fr. de la fin de moisson au 31 octobre.

Aujourd'hui, le prix de la journée ne descend plus au-dessous de 2 fr. ; il monte à 3 fr. dès la fin de février, il s'élève jusqu'à 8 fr. pendant une partie de la moisson et l'ouvrier exige la nourriture en sus dès le 1er de juin jusqu'à la fin d'octobre.

Le prix des travaux à façon a suivi celui de la journée, et si je n'en parle pas, c'est qu'il faudrait entrer dans des considérations d'outils, de terrain, du mode d'ouvrage qui exigeraient un développement long, fastidieux et, je crois, inutile.

Des charges pesant sur le sol. — L'impôt foncier payé à l'État est plus que doublé par les contributions départementale et municipale, sans y comprendre les prestations, les taxes sur les voitures et les chiens qui, réunies, donnent un total double et triple parfois de l'impôt personnel et mobilier.

Viabilité, transports, débouchés. — Le département de l'Indre produit des céréales, de la laine, de la viande, des bois d'ouvrage et carbonisés.

Il exporte ses blés en grain ou en farine sur Paris et sur Nantes, ses Seigles et ses Avoines sur le Nord et sur le Sud-Ouest ; sa laine trouve son emploi dans les manufactures de Châteauroux et de Romorantin ; les animaux gras vont au marché de Paris, ses bois d'ouvrage s'écoulent sur le Cher et la Loire, et ses charbons sur Paris.

Les frais de transport sur les marchés locaux ont considérablement diminué depuis la loi du 21 mai 1856 sur les chemins vicinaux, surtout dans les cantons qui, comme ceux de Valençay et d'Ecueillé, n'avaient qu'une seule route passant à Valençay, et n'offraient partout ailleurs que des chemins complétement impraticables et sur beaucoup desquels les transports ne pouvaient s'effectuer qu'à dos de cheval ou de mulet.

Mais, par compensation, les localités où se tiennent des marchés ou des foires ont augmenté leurs droits de péage, de sorte qu'ils sont, en réalité, un véritable impôt sur les produits ruraux au profit des petites villes.

Situation de l'industrie agricole. — Dans le département de l'Indre, les spéculations de la culture des céréales et des productions animales sont tellement mêlées, dans une exploitation grande ou petite, que les cultivateurs qui ne tiennent pas de comptabilité (et c'est la presque unanimité) ne se rendent compte que du résultat total. Or, comme depuis 1871, les contrées ravagées par la guerre ont tiré beaucoup de bestiaux du département de l'Indre ; que, par la même raison, les produits animaux livrés directement au consommateur ont haussé de prix, la production animale a donné d'assez bons bénéfices pour couvrir et au-delà les pertes de la culture. La situation de l'industrie agricole a donc été bonne jusqu'en 1877, époque où le commerce des bestiaux s'est ralenti, où le prix des Blés s'est abaissé, comparativement aux récoltes, et où la main-d'œuvre s'est sur-élevée.

Condition du propriétaire, du fermier, du métayer et de l'ouvrier agricole. — Dans le département de l'Indre, le propriétaire fournit au métayer et même au fermier une grande partie du capital d'exploitation et reste intéressé dans une partie des opérations. Ainsi leur condition économique reste soumise aux mêmes chances de gain et de perte.

La condition de l'ouvrier est différente de la leur, et dans ce moment la sienne éprouve une amélioration des faits qui altèrent la prospérité du propriétaire et du fermier.

Causes de la situation actuelle de l'agriculture. — Cette question renferme toutes celles posées dans le 4ᵉ et le 5ᵉ paragraphes de la lettre de M. le Ministre.

L'agriculture est une industrie où les opérations sont de trop longue durée pour renfermer, dans une courte série d'années, les causes nombreuses et complexes de sa prospérité ou de sa décadence.

Dans les cantons sur lesquels je fournis des renseignements, la première cause de prospérité a été la construction de nombreux chemins de grande et de moyenne vicinalité.

La deuxième cause a été la construction des chemins de fer de Paris à Toulouse et de Vierzon à Tours.

Une troisième cause se trouve dans le changement à l'octroi de Paris du droit d'entrée, d'après le poids de l'animal au lieu du droit par tête, ce qui a ouvert le marché aux petites races d'animaux.

Une cause de progrès plus spéciale à la localité a été l'établissement d'une succursale de la Banque à Château-roux. Le chiffre de l'intérêt de l'argent s'en étant abaissé, les capitaux se sont portés vers la propriété foncière et la valeur de celle-ci, en s'augmentant, a rendu possibles des améliorations qui n'auraient auparavant présenté que des pertes.

Enfin, les efforts constants et très-pratiques de la Société d'agriculture de l'Indre ont beaucoup contribué à l'amélioration des animaux et de l'outillage et à la généralisation de l'emploi des engrais industriels.

Ces causes de prospérité ont été atténuées et parfois presque annulées par les faits suivants :

Depuis 1855, les guerres ont causé dans la population des vides qui ne sont pas encore remplis.

L'état militaire, auquel nous sommes condamnés, augmente nécessairement l'insuffisance des bras dans les campagnes.

Les travaux extraordinaires exécutés à Paris sous l'Empire, ont attiré la partie la plus jeune et la plus énergique de la population rurale.

L'établissement d'une manufacture de cigares à Châteauroux, a aggravé ce mal dans le département de l'Indre.

Les constructions, relativement immodérées, qui ont eu lieu dans presque toutes les communes, ont dévoré, dans la plupart d'entre elles, les biens communaux, fait augmenter les contributions locales, servi de levier à l'élévation de la main-d'œuvre et sont aujourd'hui un moyen de corruption dans les élections municipales.

En même temps que les traités de commerce faisaient abaisser le prix des matières premières fournies par l'agriculture, les matières ouvrées fournies par l'artisan se sont élevées de jour en jour. Enfin, la libre entrée des grains étrangers, en même temps qu'elle offre une prime de production aux cultivateurs des terres vierges de l'Amérique et de la Russie, produit sur la culture nationale une pression qui maintient le prix à un chiffre qui n'est plus en rapport avec les frais de production sur des terres plus ou moins épuisées par des siècles de moissons. Ce mal, à peine aperçu dans les premières années du système économique actuel, s'est aggravé à mesure qu'il a fourni aux cultivateurs étrangers un encouragement au développement de leurs cultures, et il est arrivé aujourd'hui à un degré que la production française ne peut plus supporter. On en verra la preuve dans le tableau suivant, résumé d'une enquête locale.

Blé par hectare.

	Fr.
Frais de labour, 3 façons à la charrue et un hersage pour 1 hectare.	84
30 mètres cubes de fumier conduit et épandu à 6 francs le mètre cube, les 2/3 pour le Froment.	120
Semence 1 hectol. 1/2.	30
Moisson.	24
Rentrée et emmeulage.	6
Battage.	25
Conduite et frais de marché de 18 hectol.	10
2 années de loyer, jachère et production.	60
Frais généraux.	8
Frais.	367
Produit 18 hectolitres à l'hectare à 20 francs.	360
Perte.	7
	367

Avoine par hectare.

1/3 de la fumure ci-dessus.	60
1 labour et 3 hersages.	30
Semence 1 h. 1/2 à 8 francs l'hectol.	12
Moisson.	15
Rentrée et emmeulage.	3
Battage.	15
Conduite et frais de marché.	5
1 année de loyer.	30
Frais généraux.	4
	174
Produit 20 hectolitres à l'hectare à 8 francs.	160
Perte.	14
	174

Ainsi, dans une exploitation de 50 hectares, le cultivateur perd :

	Fr. c.
Sur 16 h. 66 ares de Froment.	116.62
Et sur même étendue d'Avoine.	233.24
Au total.	349.86

Ce compte est établi sur la récolte de 1876 qui offrait ici une bonne récolte moyenne et, d'après les prix de vente réels en 1876-1877. Mais diminuez la récolte d'un dixième, ou le prix d'un dixième, et la terre ne sera plus susceptible de loyer, d'impôt et d'assurance.

Voilà comment les bénéfices de bestiaux s'étant à peu près annulés, le prix du travail s'étant encore élevé et les importations ayant atteint une extension imprévue, le cultivateur s'est aperçu d'une situation, empirée sans doute par l'intempérie de 1877-1878, mais néanmoins intolérable en temps ordinaire.

Quels remèdes apporter à cet état de choses? Deux moyens radicaux se présentent, dont, il est vrai, l'un est impossible, c'est la liberté illimitée et réciproque d'échange entre toutes les nations; ce qui ferait refluer bien des bras sur l'agriculture française.

L'autre, parfaitement praticable, c'est la renonciation à tous les traités de commerce et la liberté nationale de tarifier les importations suivant les besoins des industries nécessaires.

Si l'on prenait cette base de commerce international, il est certain qu'au point de vue agricole la production des céréales devrait être garantie contre la concurrence étrangère, en même temps que le consommateur contre la cherté. On propose un droit fixe de 2 francs comme moyen de protection pour le cultivateur, et une limite de 20 francs l'hectolitre comme prix supportable par le consommateur.

Je regarde, d'après ce que je viens d'exposer plus haut, que le prix de 20 francs l'hectolitre n'est plus rémunérateur pour la culture et que le droit de 2 francs n'est pas suffisamment protecteur contre les Blés d'Amérique et de Russie, qui peuvent être vendus bien au-dessous de 18 francs l'hectolitre. Mais je diffère tellement de manière de voir avec le courant des idées actuelles, que je m'abstiens même d'énoncer une opinion.

La question des céréales laissée en dehors, je demanderais un droit d'entrée sur tous les produits animaux assez élevé pour encourager, non par des médailles, mais par de solides profits, l'élevage et l'engraissement du bétail et des troupeaux. Le cultivateur ainsi excité à étendre ses prairies et à augmenter ses fumures, pourrait abaisser le prix de revient des céréales, et tout au moins compenser les pertes que donne leur culture.

A cette protection contre les produits étrangers, je demanderais de joindre pour encouragements :

1° La mise à la charge du budget de l'État de l'entretien de tous les chemins de grande et de moyenne vicinalité, qui sont aujourd'hui plus fréquentés par les commerçants que par les agriculteurs eux-mêmes.

2° Une restriction sérieuse des dépenses départementales et surtout des dépences municipales.

3° La diminution des droits d'octroi dans les villes et de péage sur les marchés.

4° L'abolition des droits sur les voitures simples des agriculteurs et sur les chiens de basse-cour ou servant à la garde des troupeaux.

5° Enfin, une notable diminution de l'impôt foncier et des droits d'enregistrement sur les baux, les ventes d'immeubles et les adjudications des produits agricoles et forestiers.

Mais, à parler en toute sincérité, je doute autant du succès de ces vœux que de l'utilité de cette réponse; et je ne vous l'adresse que par déférence pour la savante Société qui m'a fait l'honneur de me choisir pour un de ses correspondants.

DÉPARTEMENT D'INDRE-ET-LOIRE.

30. — *Réponse de M. Goussard de Mayolle.*

Brizay, le 20 mai 1879.

Avant-Propos. — Le revenu de la terre.

Il y a peu de temps, on évaluait fort à la légère à dix milliards de francs le revenu foncier de la France.

L'économiste inconnu, qui posait ce chiffre, partait de là pour combattre le régime des droits compensateurs que l'agriculture réclame de toutes parts avec insistance. Est-ce exact, et pense-t-on que ce prétendu revenu de dix milliards puisse être atteint par l'obtention de ces droits compensateurs ?

Non.

L'évaluation du revenu, en France, varie entre quatre et six milliards. Cette dernière appréciation, qui appartient à M. Leroy-Beaulieu, paraît être celle qui se rapproche le plus de la vérité. M. Leroy-Beaulieu est un économiste distingué, membre de l'Institut ; on comprendra donc que je base mon argumentation sur les chiffres qu'il donne.

Ce revenu foncier se décompose ainsi : propriété bâtie, 1,200 millions de francs ; propriété rurale, 2,800 millions. Ce chiffre n'est pas considérable, et, mis en regard de la valeur de la propriété rurale en France, qui est de 75 milliards de francs, il représente un intérêt de 4 fr. 75 pour 100, d'où il faut déduire :

1° Le prix du travail accompli, pour faire produire au sol ce qu'il peut et doit rapporter.

2° Le prix des engrais, fumiers, amendements, donnés chaque année au sol même, pour activer sa production.

3° La valeur des semences confiées à la terre.

4° Le montant des assurances et des impôts.

Toutes choses qui n'étant pas complées dans le chiffre capital de 75 milliards, sont supportées par le revenu même, et le diminuent d'autant.

J'ajoute à cela :

1° Les événements imprévus, les mauvaises années, qui, répartis sur une période déterminée, déprécient encore le revenu moyen.

2° L'augmentation *jusqu'ici* croissante de la valeur vénale du sol.

3° La dépréciation de la valeur monétaire qui, de 1790 à 1874, a été de 15 pour 100.

Et on verra que, si la richesse agricole de la France est énorme, que si elle forme à elle seule presque les trois quarts de la fortune publique, le bénéfice du cultivateur est minime, en présence des charges qu'il supporte, et auxquelles il ne peut se soustraire, puisque, sans certaines d'entre elles, son revenu tomberait à *rien* et il aurait à payer les autres.

On verra encore que l'agriculteur a raison de se plaindre quand une concurrence étrangère *probable, possible,* tend à lui enlever ce bénéfice déjà si minime.

Je constaterai seulement un fait, c'est que la terre rembourse *avec peine* aux cultivateurs leur travail et leurs dépenses ; que leur tâche est une tâche ingrate, pleine de soucis et d'appréhensions, soumise aux vicissitudes des saisons, que le résultat en est, jusqu'à un certain point, aléatoire ; que les frais de production deviennent de plus en plus onéreux, que les débouchés se ferment de plus en plus, et, qu'en présence de ces faits, malgré les sentiments qui attachent l'homme au sol, parce qu'il y trouve non-seulement un instrument de travail, mais un collaborateur dévoué, le paysan commence à se demander s'il ne vaudrait pas mieux pour lui, abandonner le sol, qui rapporte peu, pour les villes où se paient les gros salaires.

Craintes vaines et chimériques, me dira-t-on.

Réfléchissons à qui profitent ces deux milliards huit cent

millions du revenu foncier rural. Combien, sur cette somme énorme, va-t-il au marchand d'engrais, combien au marchand de semences, combien à l'ouvrier agricole, combien à l'impôt? Quelle est la part du revenu net, et à quel chiffre s'élève-t-elle? Il faut le dire, et le dire bien haut, l'agriculteur est le moins payé de tous les ouvriers et le plus utile; car, il fournit à la consommation générale, et sans lui, l'étranger, maître du marché, ferait payer les céréales à un prix exorbitant.

Qui profite donc de ces 2,800 millions de productions agricoles? Le cultivateur ou le consommateur? Et si le consommateur était obligé de s'adresser à l'industrie seule pour son alimentation, pense-t-on que celle-ci pourrait lui livrer au prix où livre l'agriculture?

Il y a trente-trois ans, Bastiat prédisait que la situation faite à l'agriculture, non protégée en face des industries protégées, serait à un moment donné la ruine du pays agricole et industriel.

Les temps sont venus. Nous savons tous que le producteur français ne peut vendre son Blé au-dessous de 20 francs l'hectolitre, sous peine de perdre, tandis que le prix de revient du Blé américain varie entre 15 et 15 francs, sur wagon en France; qu'en face de l'invasion des céréales des États-Unis, invasion qui non-seulement a encombré nos marchés, mais encore les marchés étrangers où nous exportions, nos Blés indigènes ne se sont même pas vendus, ou se sont vendus à un prix tel que le cultivateur, loin de trouver une juste rémunération de ses avances et de son travail s'est, au contraire, trouvé en perte.

Alors il s'est plaint, et il a laissé faire et il a dit ceci :

« Les Blés américains nous arrivent à des taux de beaucoup inférieurs à celui du Blé indigène. Une production rémunératrice est désormais impossible. Les Blés étrangers se servent de nos ports de débarquement, de nos quais, de nos débarcadères, de nos lignes de chemins de fer et ne paient pas d'impôts, tandis :

« Qu'en Amérique, nos produits paient des droits d'entrée effrayants.

« Le Blé récolté en France est imposé d'une valeur équivalente à 5 francs par quintal.

« Ne faisons donc plus de traités de commerce qui sont irrévocables pendant un temps donné, mais un tarif de douanes, et établissons un droit compensateur de 3 francs par quintal de Blés étrangers expédiés en France, droit qui permettra à l'agriculture nationale de se soutenir — *peut-être* — et à l'Etat, à un moment donné, d'abaisser les charges fiscales dont nous souffrons. »

Rien de plus juste que ce résumé de la réunion du 29 mars 1879 des délégués des Comices de France. Le gouvernement s'y refusera-t-il ? D'autant plus ce droit de 5 francs sera supprimé dès que le Blé atteindrait 30 francs les 100 kilog.

On dit : l'intérêt du consommateur et l'intérêt général.

Or, le consommateur a le plus grand intérêt à ce que la production rurale, qui forme, je le répète, les trois quarts de la richesse publique, ne s'éteigne pas. Les effets d'une telle catastrophe seraient épouvantables et sont à craindre; car, pour ma part, je ne vois pas pourquoi le cultivateur qui dépense 20 pour recueillir 20, s'obstinerait à dépenser toujours 20 pour ne plus retrouver que 18, 17 ou 16.

Je conclurai, enfin, cet avant-propos en disant qu'une objection singulière a été faite. Si le droit de 3 francs demandé pour l'agriculture ne la protége pas efficacement contre l'invasion qu'elle redoute, pourquoi alors essayer de l'appliquer ?

Non, certes, je le reconnais, la majoration de 3 francs qui est demandée ne nivellera pas la situation des pays étrangers avec la nôtre. En admettant que cette satisfaction nous soit donnée, je ne la considérerai que comme un simple encouragement à la lutte que, à tout prix, nous devons continuer. Mais un encouragement est absolument nécessaire.

Changez vos cultures, nous a-t-on dit.

Est-ce possible?

Faites des prairies, de la viande.

Est-ce toujours possible?

Évidemment non. Voici vingt ans que je cultive une ferme et que j'y élève et entretiens le maximum à l'hectare d'animaux vivants — que j'ai été forcé de supprimer l'élevage et l'engraissement du porc — que j'ai dû diminuer de moitié l'importance de la spéculation bovine — que l'espèce ovine seule fait ses frais — et qu'enfin l'espèce galline seule donne des bénéfices sérieux.

Tout ce qui était possible, en culture fourragère, y a été soumis. Mais combien d'hectares de terre y sont, en France, absolument rebelles?

Si j'ai pu encore soutenir ma culture jusqu'en 1879, au point de vue des céréales, c'est qu'étant vendues par suite des soins culturaux pour semence, il en résulte une plus-value importante dans le prix de vente. Mais cette ressource précaire tendant à disparaître depuis deux ans, je retomberai dans les conditions générales de tous les cultivateurs, c'est-à-dire avec des prix de revient moyens variant entre 16 fr. 17 et 24 fr. 41 les 75 kilog. de grain marchand.

Que faire à cela, demandent nos gouvernants?

Hélas! je ne vois que des palliatifs impuissants et des remèdes sans valeur immédiate.

Les familles plus nombreuses, la main-d'œuvre abondante, les impôts moins lourds!

Tout cela est-il réalisable?

1.

La division de la propriété est aujourd'hui poussée à ses dernières limites, par suite des développements qu'a pris la profession de « marchand de biens, » laquelle était presque inconnue il y a vingt ans.

Les gros héritages dont la culture est devenue impossible depuis dix ans sont, aujourd'hui, complétement disparus dans l'arrondissement de Chinon. Les acquéreurs s'en sont partagé les parcelles, les travaillent et y vivent à la condition d'y avoir planté de la Vigne et de la cultiver par eux-mêmes, sans le concours de main d'œuvre étrangère. De là, impossibilité pour les gros cultivateurs d'avoir un seul ouvrier.

La division est donc à son apogée dans le Chinonnais.

2. 4.

La production des céréales est restée stationnaire dans la contrée. La Vigne, au contraire, y a pris une extension considérable. Elle a couvert la totalité des terres calcaires, improductives depuis quinze ans, et comme le petit propriétaire sait fort bien que c'est elle seule qui lui donne du revenu aujourd'hui, il lui donne tous les fumiers qu'il produit, et c'est au détriment de la culture proprement dite.

Aussi l'arrivée imminente du phylloxera sera-t-elle d'autant d'autant plus désastreuse pour le pays.

3.

Depuis vingt ans, et jusqu'en 1877, l'élevage des animaux a pris une extension considérable par suite des hauts prix qu'avaient atteints les animaux des espèces bovine et ovine et surtout l'espèce porcine.

Pendant quelques années les produits « de la cour, » payaient la main-d'œuvre.

Depuis deux ans il en est tout autrement, et un grand nombre de fermes, petites et grandes, ont complètement supprimé l'élevage des animaux de la race porcine, par suite des pertes, des méventes occasionnées par la concurrence des animaux étrangers.

7.

Ni drainage, ni irrigations dans l'arrondissement, mais

une augmention sensible et notable de l'outillage agricole au point de vue de la coupe des herbes, de leur râtelage et fanage et de la moisson.

Il y avait là obligation absolue par suite de la disparition totale des ouvriers.

Cette augmentation date surtout de 1874, mais elle se borne strictement aux travaux ci-dessus indiqués, labours, herbages, roulages s'opérant toujours avec un outillage rudimentaire et déplorable.

Le battage à vapeur, par entreprise, a pris une grande importance depuis 1875.

8.

Les engrais commerciaux s'emploient peu. Les fumures sont maigres et toujours réparties sur de trop grandes surfaces quand elles ne sont pas appliquées aux Vignes. Je parle de la généralité des cultivateurs. Quelques exceptions se présentent, bien entendu.

9.

Depuis vingt ans, les prix de la main-d'œuvre ont *triplé*, et même dans ces conditions elle est introuvable.

La raison en est simple, car voici comment les choses se passent : jusqu'à l'âge de 11 ans les enfants vont à l'école, puis on les place pour garder les bestiaux au dehors, jusqu'à l'âge de quatorze ou quinze ans ; à cet âge, *ne sachant rien*, on les paie 225 à 250 francs ; ils apprennent le métier et quand ils ont 17 ou 18 ans ils reçoivent de 400 à 450 francs, pour arriver de 500 à 600 francs pour leur tirage au sort.

Ils font leur service militaire ; puis, quand ils reviennent, ils se marient, achètent du bien et ne vont plus en place ; à peine si, dans les premières années, ils vont quelquefois en journées. Ils plantent de la Vigne, et c'est ainsi que depuis 15 à 20 ans, peu à peu, les bras sont complétement disparus.

Je dois constater que, dans l'arrondissement, peu d'entre

eux ont quitté la campagne pour la ville. Voilà pour les hommes. Pour les femmes, voici ce qu'il en advient. Très-peu, à l'âge de 12 ans, restent aux champs, la plupart apprennent le métier de lingère et de couturière, y trouvant plus de gain et moins de fatigue. On payait les filles de ferme, il y a vingt ans, 130 à 140 francs — aujourd'hui 280 à 300 francs !

Et encore ne trouve-t-on plus que de déplorables sujets !

10.

La proportion des impôts fonciers est en moyenne la suivante : *dix pour cent* du produit net pour l'impôt foncier proprement dit, 3 pour 100 pour les prestations en nature, sans compter dans cette cote les chevaux *attelés* ou non *attelés*, l'une des plus incroyables charges fiscales qui se puisse imaginer. Somme toute, on peut compter dans l'arrondissement, pour les terres de qualité inférieure, *quinze pour cent* de revenu net à payer à l'Etat ; — *vingt* pour les prairies, les Vignes et pour les bonnes terres.

L'impôt, jusqu'ici, se paie facilement, et un dégrèvement serait sans influence sur la situation.

11.

Sauf les chemins ruraux qui n'existent pas, la viabilité est bonne en Indre-et-Loire, et sauf les transports par chemins de fer rendus encore plus chers par suite de l'*inique* impôt de la petite vitesse, les débouchés *étaient* encore faciles jusqu'en 1877.

Aujourd'hui, la crise est à l'état aigu et on est dans l'impossibilité de réaliser ses produits, même à des conditions onéreuses.

Je n'hésite pas à dire que, pour les vins, il faut en voir la cause dans la concurrence de l'Espagne et de l'Italie ; — pour les céréales, dans celle de l'Amérique, comme pour les porcs.

Pour les laines, enfin, dans celle de l'Australie et du Sud-Amérique. Aussi les fermes sont-elles encombrées de produits aujourd'hui irréalisables.

Quant à la question n° 5 du questionnaire ministériel, la réponse à y faire se trouve comprise dans l'avant-propos de cette réponse.

Oui, dans la situation qui nous était faite, et de 1860 à 1870, les traités de commerce nous ont été favorables parce que nous étions, à cette époque, beaucoup plus exportateurs qu'importateurs. Mais, depuis cette époque, tous les autres pays sont devenus également producteurs de toutes choses, même de nos spécialités. Il y a surabondance de production partout, partout aussi insuffisante consommation.

D'où pléthore, d'où ruine pour le plus grand nombre.

Nous devons continuer à lutter, nous ne pouvons pas nous arrêter, mais il n'y a à la situation présente *aucun remède* à apporter.

J'en ai dit plus haut les motifs. Nous n'avons plus de bras, on ne peut nous en donner et nous sommes en butte à la concurrence universelle sur les grains ; demain la viande, plus tard le vin.

Que nous reste-t-il? Encore un peu de courage, encore quelques écus gagnés de vieille date. Nous les épuiserons les uns et les autres, et quand nous ne pourrons plus marcher, nous nous arrêterons, bien définitivement vaincus et ruinés.

Devant une semblable conviction basée sur vingt années de travail agricole, je considère, je le répète, comme illusoires toutes les améliorations de détail que l'on pourra apporter à une situation agricole presque définitivement perdue.

DÉPARTEMENT DE LOIR-ET-CHER.

31. — *Réponse de M. A. Goffart.*

Burtin (Sologne), 28 mai 1879.

Voici mes réponses aux questions que vous m'adressez, dans l'ordre que vous avez suivi.

1° *La division de la propriété.* — Je n'ai pas besoin de dire que la Sologne est l'une des contrées où la propriété est le moins divisée ; quelques grands domaines ont cependant été démembrés dans ces derniers temps ; il ne faut pas s'en plaindre.

2° *La production des céréales.* — Depuis plusieurs années, cette culture se restreint, le haut prix de la main-d'œuvre la rend onéreuse pour le cultivateur.

3° *L'élevage, l'engraissement et les produits divers des animaux domestiques.* — Les bestiaux s'améliorent chaque année et leur nombre s'accroît par suite de la création de nouveaux prés, artificiels, arrosés ou autres et de l'extension que prend la culture du Maïs ; l'engraissement y gagne également du terrain. Les produits de nos étables et de nos basses-cours se vendent facilement et forment l'élément principal du revenu de nos fermiers et de nos locataires.

4° *La production des plantes industrielles* (Vignes, Betteraves, Houblon, Tabac, Colza, Mûrier, etc.). — La Vigne gagne du terrain dans quelques communes, mais les autres plantes industrielles en perdent, faute de bras pour les façonner. Je suis convaincu que le Houblon réussirait ; il pousse spontanément dans quelques-unes de nos variétés de sol.

5° *La production forestière* prend plus d'extension chaque jour ; elle gagne ce que perd l'agriculture et devient de plus en plus rémunératrice.

6° *Les industries agricoles* (distilleries, sucreries, fromageries, huileries, magnaneries, féculeries). — On a élevé sur quelques points des distilleries et des féculeries, mais elles n'ont pas prospéré.

7° *L'outillage agricole, le drainage, les irrigations et autres améliorations foncières.* — L'outillage agricole s'est fort amélioré, les irrigations gagnent du terrain, le drainage réussit peu.

8° *L'emploi des engrais commerciaux et du fumier.*—On trouverait difficilement, ailleurs, des fumiers mieux traités que dans les fermes de Sologne; les engrais commerciaux y sont d'un usage restreint, surtout à cause des fraudes dont nos cultivateurs sont fréquemment victimes.

9° *Le nombre de bras employés à l'agriculture et le prix de la main-d'œuvre.* — Le nombre des bras n'a pas diminué, mais il s'est produit pour eux tant d'emplois nouveaux (surveillance et entretien des chemins de fer, entretien des nombreuses routes de toutes catégories récemment créées, factage rural, exploitation des bois, etc., etc.), que l'agriculture n'en trouve pas en quantité suffisante; les salaires ont à peu près doublé depuis vingt ans.

10° *Les impôts fonciers et autres qui grèvent la propriété.* —Ces impôts sont très-lourds dans une contrée à faibles revenus, qui sont, à chaque instant, menacés de réduction et même d'anéantissement par les conditions atmosphériques.

11° *La viabilité, les transports et les débouchés.* — Les débouchés ne manquent pas, la viabilité est excellente, trop développée, peut-être, sur certains points, eu égard aux charges qu'entraîne l'entretien des routes pour une population peu aisée et d'une très-faible densité; on aurait cependant mauvaise grâce à se plaindre d'un excès de bien-être, sous ce rapport.

La contrée que je représente plus spécialement, la Sologne, a une bien faible importance au point de vue de

Enquête.   14

l'agriculture et surtout de la production des céréales, destinée à s'amoindrir encore.

Le rendement des terres à grains, influencé, plus que partout ailleurs, par les circonstances atmosphériques, présente, d'une année à l'autre, des différences considérables et ne laisse, en moyenne, qu'un bien faible profit au producteur.

Si le bas prix actuel des céréales et l'élévation des salaires doivent se maintenir, nos fermiers n'auront rien de mieux à faire que de restreindre encore leurs cultures de Blés et de chercher surtout leurs profits dans l'amélioration des prés, de leurs cultures fourragères, dans une nouvelle extension à donner à leurs étables, à leurs potagers, à leurs basses-cours.

Le régime économique, inauguré en 1860, nous a été, au début surtout, très-favorable à cause des nouveaux débouchés qu'il a procurés aux produits de nos étables et de nos volailles, dont l'élevage s'étend chaque jour et devient le principal élément de prospérité pour nos fermiers et nos petits locataires.

La Sologne, à mon avis, est tout à fait désintéressée dans la question des droits qu'il s'agirait d'établir sur les grains étrangers ; elle en vend rarement et se trouve souvent obligée d'en acheter pour subvenir à ses propres besoins.

Il n'en est pas de même pour les bestiaux étrangers ; si l'importation prenait des proportions plus considérables, la Sologne aurait grandement à en souffrir par l'avilissement du prix de l'une de ses principales productions.

5ᵉ RÉGION. — NORD-EST.

Cette région renferme les départements des Ardennes, de l'Aube, de la Marne, de la Haute-Marne, de Meurthe-et-Moselle, de la Meuse et des Vosges.

DÉPARTEMENT DES ARDENNES.

32. — *Réponse de M. Adolphe G. de Melcy.*

Château de Chéhéry, le 25 mai 1879.

1° La division de la propriété.

Dans notre pays la propriété n'est guère plus divisée qu'en 1867.

2° La production des céréales.

La production des céréales n'augmente pas, elle a plutôt diminué.

3° L'élevage, l'engraissement et les produits divers des animaux domestiques.

Il y a augmentation sur l'élevage de la race bovine (conséquence de la création depuis trois ans de nombreuses prairies artificielles et de la diminution du prix de vente du Blé), et diminution sensible sur les moutons, à cause de l'abaissement considérable du prix de vente de la laine.

4° La production des plantes industrielles.

Il n'y a dans notre région ni Houblon, ni Tabac, ni Mûrier. On défriche un peu la Vigne. On ne fait plus ou presque plus de Colzas, on cultive beaucoup plus de Betteraves fourragères et à sucre.

6° *Les industries agricoles.*

Ma distillerie agricole et l'autre du canton n'existent plus. Il y a une sucrerie qui végète, parce que les industriels ne peuvent donner un prix suffisamment rémunérateur aux cultivateurs.

7° *L'outillage agricole,* etc.

L'outillage s'est immensément perfectionné et augmenté.

8° *L'emploi des engrais commerciaux et du fumier.*

Il n'y a que quelques grandes exploitations qui utilisent les engrais commerciaux.

9° *Le nombre de bras employés à l'agriculture et le prix de la main-d'œuvre.*

Depuis dix ans, le prix de la main-d'œuvre a augmenté d'un tiers et il y a une diminution très-sensible des ouvriers de l'agriculture, les autres étant occupés dans les villes par le commerce ou l'industrie.

10° *Les impôts fonciers et autres qui grèvent la propriété.*

- Les centimes additionnels grèvent de plus en plus la propriété.

11° *La viabilité, les transports et les débouchés.*

Un nouveau chemin de fer d'intérêt local est ouvert à la circulation des marchandises et des voyageurs depuis six mois, et assure un nouveau débouché à la vallée de l'Aire. L'agriculture en profite, mais peut-être pas autant que cela devrait être, car les tarifs sont trop élevés à cause du peu d'étendue de la ligne de la compagnie de l'Argonne. (Apremont-Vouziers, 40 kilomètres.)

Réponse à la question n° 5. — Quelle influence la législation sur les grains, le commerce de la boulangerie, celui de la boucherie et les traités de commerce ont-ils exercée sur la situation présente ?

Avec l'augmentation des impôts, etc., celle très-considérable de la main-d'œuvre et le manque de bras pour l'agriculture, on ne peut produire le quintal de Blé à moins de 25 francs, aujourd'hui, dans notre pays. C'est une augmentation depuis 1872, de 4 à 5 francs.

Le boulanger fait payer la livre de pain 17 centimes, c'est-à-dire comme si le Blé était acheté par lui 30 francs le quintal. L'ouvrier achetant son pain, ne paierait donc pas davantage si l'agriculteur vendait 30 francs le quintal de Blé. L'ouvrier accepte, jusqu'à un certain point, ce prix, étant donné l'augmentation des salaires.

L'arrivée des lards d'Amérique a eu pour conséquence de diminuer considérablement l'engraissement des porcs dans notre pays, le petit propriétaire n'y trouvant plus avantage.

Quant à la viande de boucherie (bœufs et vaches), si elle arrivait à être amenée à une diminution de prix aussi notable que celle qui a lieu pour les porcs, l'agriculteur ne pourrait plus élever.

Du reste, ma pensée intime, étant données les choses actuelles, c'est que l'agriculture court infailliblement à sa perte, s'il n'y a des droits protecteurs, et pour moi la France entière y est intéressée.

33. — *Réponse de M. Charles Gossin.*

La Tour-Andry, le 28 mai 1879.

1° Entre la période dans laquelle nous entrons et celle qui a précédé 1861, il n'existe pas de différence notable quant à l'état de division de la propriété. Seulement, les populations rurales, mieux éclairées, s'efforcent de réunir les parcelles au lieu de les morceler à plaisir, comme elles faisaient autrefois. Ainsi, dans les adjudications publiques, on remarque que c'est presque toujours l'un des deux voisins d'un champ, qui l'achète. Dans les successions, on se partage les parcelles, on ne les subdivise plus.

Il faut se garder de confondre la division de la propriété qui est excellente, avec le morcellement, l'enchevêtrement des parcelles qui entrave la liberté des cultures et cause de grands dommages, surtout dans les contrées humides. Tout a été dit depuis longtemps sur cette importante question de la réunion territoriale, et l'on n'a pris aucune mesure qui la favorise.

2° Dans le canton que j'habite, ainsi que dans beaucoup d'autres de la même région, la production des céréales s'est accrue d'environ 7 pour 100, non parce qu'on ensemence plus d'étendue en céréales, mais parce qu'on en ensemence moins. J'estime qu'on devrait encore réduire notablement cette étendue. On est entré bien timidement dans la voie; on continuera de la suivre. On crée chaque année quelque morceau de prairie; on établit des oseraies, on plante en essences forestières, quelques parcelles. Les prairies artificielles pérennes ont pris plus de développement sur les sols calcaires.

3° Les bêtes bovines ont notablement progressé en poids, en qualité, en valeur. Le nombre est à peu près le même, avec une augmentation de 15 pour 100 environ. Les bêtes ovines sont moins nombreuses et meilleures aussi. La race chevaline est plus forte, surtout là où l'élément calcaire favorise la culture des plantes légumineuses. On ne voit plus de ces porcs plats et retroussés dont la chair passait pour exquise dans les ménages rustiques. Nos porcs, tout en donnant un très-bon lard, engraissent infiniment mieux. Le sang anglais a produit une amélioration générale.

4° Plus l'on avance et moins, la Betterave exceptée, on cultive de plantes industrielles. On ne sème presque plus de Chanvre, ni de Lin ; plus de Colza dont la graine a tant perdu de son prix.

On a arraché des Vignes, et l'on a planté des oseraies. Avant 1861, les Osiers rouges destinés à la tonnellerie, avaient une valeur extraordinaire. Aucune culture ne pouvait se comparer à celle-là, pour le produit net. Aussi, dans les vignobles, on a voulu trouver moyen de se soustraire aux frais considérables occasionnés par l'usage des cercles de bois. On a eu recours aux bandes de tôle, que l'on garantit simplement contre les heurts qui les briseraient, au moyen de quelques cercles de bois seulement. On ne pantalonne plus les barriques que dans les vignobles qui produisent des vins fins, et qui s'expédient à grande distance.

Les Osiers verts que l'on pèle, ou qu'on emploie avec leur écorce, ont conservé leur valeur avec des cours variables, comme toute marchandise le comporte. On a fortement étendu ce genre de culture dans le pays que j'habite.

5° Il ne se passe pas d'année, que l'on ne plante en essences forestières quelques mauvaises terres. Le prix des bois de chauffage n'a pas sensiblement augmenté, tandis que celui des bois d'œuvre, et surtout de ceux de choix, tend toujours à hausser. Cela tient à la destruction des plus gros chênes de beaucoup de nos forêts.

6° Depuis 1861, les industries agricoles ont paru vouloir

se développer; mais, dans les dernières années, un certain nombre d'établissements de ce genre ont disparu.

7° L'outillage pour la culture des terres a fait de grands progrès. On voit partout maintenant, des rouleaux à disques de fer, des scarificateurs, de bonnes herses, des semoirs, des houes à cheval, des butteurs. Les faucheuses, les moissonneuses, les râteaux à cheval ne sont plus une rareté.

On draine beaucoup moins que dans le principe. D'abord, les terres drainées ne sont plus à drainer. Le prix élevé de la main-d'œuvre, le peu de valeur des terres imperméables, et le morcellement ne laissent que de faibles étendues à assainir par ce procédé dans des conditions avantageuses. Il y a vingt-cinq ans, le mètre courant de rigole, entièrement terminé, et d'une profondeur de 1ᵐ 30, me revenait à peine à 15 centimes. Aujourd'hui, la fouille seule coûterait ces 15 centimes et peut-être plus.

Le prix du sol a sensiblement baissé. Beaucoup de fermes trouvent difficilement preneurs. Les frais d'enregistrement, de transcription, de timbre, sont exorbitants. Dernièrement, pour une parcelle payée 150 francs de principal par acte sous seing privé, les frais se sont élevés, en tout, à 14 fr. 80.

8° Les fumiers sont un peu moins négligés dans les villages. On ne laisse plus les tas grossir si fort ; ce qui prévient des fermentations excessives, de véritables combustions. Ou commence à se servir d'engrais commerciaux. Mais, point extraordinaire, bien que le pays regorge de phosphates fossiles, on n'en fait aucun usage sur place. Cependant, beaucoup de sols siliceux réclament cette substance. Il y a vingt-cinq ans, la terre de la Tour-Andry prise à la surface, donnait à l'analyse 3 centièmes d'unité pour 100 unités, d'acide phosphorique. Des terres rouges extraites du fond des rigoles de drainage, en contenaient 16 centièmes d'unité pour 100 unités. Nous avions précédemment remarqué que cette terre ocreuse ramenée à la surface l'améliorait toujours. Probablement aussi, la suroxydation du fer soutirait un peu d'azote de l'air.

Souvent d'excellentes marnes pierreuses, presque aussi pures que de la craie, se trouvent à portée des mêmes limons froids, et l'on ne pense pas à leur donner cet élément calcaire si favorable à presque toutes les productions. On ne sait pas assez dans les campagnes.

9° Notre pays a perdu le dixième de sa population rurale. Le prix du travail est doublé; mais, ce qui nous indigne souvent et nous désole, c'est de voir les ouvriers d'état, charrons, maréchaux, et d'autres qui se parent du titre de mécaniciens, faire payer de mauvaises réparations de machines, et tous leurs ouvrages, plus cher qu'on ne les payerait dans de bons ateliers. A la campagne il n'existe pas de concurrence, et ces ouvriers sont d'affreux tyrans.

Les manœuvres et les domestiques sont de plus en plus rémunérés, et deviennent très-difficiles pour la nourriture. On ne donne pas moins de 500 francs par an à un homme qui, il y a quinze ans, se contentait de 300 francs.

Les jeunes filles ne travaillent plus volontiers dans les champs. Elles redoutent le soleil et suivent les modes. Elles deviennent très-délicates sur certains points de la région. Nos jeunes instituteurs et leurs femmes les poussent dans cette voie de décadence (1).

10° L'ensemble des impôts est augmenté, notamment pour la prestation. Nous avons en outre l'impôt sur les chiens, les chevaux et les voitures. La simple carriole nécessaire aux courses du cultivateur est imposée, ainsi que le cheval qu'il y attelle, sans préjudice de sa cote de prestation. Rien ne favorise mieux les jalouses mesquineries des paysans, que ces sortes d'impôts. Vous élevez des chevaux arabes-ardennais. Longtemps avant d'en obtenir

____

(1) Deux lignes supprimées conformément à la prescription rappelée à la page 9.

des services utiles, il faut les dresser, les monter. Aussitôt, les taxateurs ruraux sont avertis qu'ils doivent appliquer les impôts sur les chevaux de selle et de cabriolet. Ensuite, on se trouve dans la nécessité d'écrire à la préfecture, d'adresser des réclamations. Quel encouragement pour l'élevage du cheval de cavalerie, et quel avant-coureur de l'équité qui présiderait à l'établissement de l'impôt sur le revenu, si on avait le malheur d'en faire la loi du pays!

11° La viabilité s'est notablement améliorée; mais les tarifs de transports à grande distance sont beaucoup trop élevés. 450 francs constituent le prix de 6,000 kilog. de déchets de Maïs, pris à Haubourdin (Nord); rendus à Grandpré, ces 6,000 kilog. coûtent 555 francs. J'achète à Montmorency 5,000 kilog. de plâtre pour 49 francs; rendus en gare de Grandpré, cette somme est plus que doublée.

Je ne pense pas que les intempéries aient influencé la marche des choses.

Il est bien certain que la culture de la terre a fait des progrès sérieux dans ces quinze dernières années. L'aisance a gagné du terrain dans nos campagnes. Ce ne sont pas nos ouvriers, presque tous possesseurs de quelques parcelles de terre, ni les petits cultivateurs qui se plaignent. Ce sont les gros fermiers qui achètent le travail cher, et qui vendent le Blé et la laine à vil prix. Le précepte de Virgile : *Laudato ingentia rura, exiguum colito* est encore vrai. Donc la crise agricole existe depuis longtemps.

Le petit cultivateur qui consomme une grande partie de ses produits, s'inquiète peu des tarifs. Le prix du pain lui est à peu près indifférent. S'il vend sa laine bon marché, ses habits ne lui coûtent pas cher. Il se passe de machines coûteuses, délicates à entretenir. Le travail qu'il exécute pour d'autres, lui est bien payé. Il sort de grand matin, à la fraîcheur, et se repose au milieu du jour. Ses ouvrages sont bien finis, jardinés, comme ils disent.

La mesure politique, sociale, économique, qui augmenterait le plus sûrement les forces vives de la nation, serait celle qui aurait pour effet de développer grandement cette bonne et honnête petite culture. Ce serait l'*aurea mediocritas* d'Horace étendue sur nos campagnes. Il faudrait que les propriétaires s'occupassent de leurs domaines, qu'ils en divisassent une partie en petites exploitations pour y placer des métayers, qu'ils suivissent de près les travaux, et excitassent l'émulation entre les tenanciers. Alors, de fortes familles se constitueraient dans les campagnes, et le travail ne manquerait pas. La population s'accroîtrait par le travail même. Malheureusement, bien peu de possesseurs du sol connaissent la grande science des choses usuelles, qui toutes se rattachent à l'agriculture. Aucun enseignement public ne généralise ces connaissances, aucune éducation ne tend vers cette désirable modification des mœurs actuelles.

Ce ne sera pas, je pense, la concurrence étrangère qui ruinera chez nous la grande agriculture. Ce sera cet abandon des campagnes, cette nullité des maîtres du sol.

J'ai cru utile, de toucher le côté élevé et philosophique de la question. D'autres apporteront des chiffres applicables aux détails, des chiffres palliatifs. C'est une immense question dont la solution illustrerait des hommes de la plus haute capacité; des hommes persuadés que, tous vivant de la terre, tous doivent aimer et connaître leur mère. C'est une question d'enseignement d'abord, d'exécution ensuite.

DÉPARTEMENT DE L'AUBE.

34. — *Réponse de M. le baron Walckenaer.*

Le Paraclet, 25 mai 1879.

1° *Division des propriétés.* — Dans la localité du soussigné et dans les communes environnantes, la division de la propriété n'a subi aucun changement, en ce sens que la propriété en elle-même, soumise aux lois des successions, ne sort plus des mains d'un habitant de la campagne aussitôt qu'elle y est entrée ; de telle sorte qu'en raison des décès, des mariages, etc., l'évolution de la propriété a été la même à peu près depuis 1850 jusqu'à nos jours.

2° *Production des céréales.* — Le Blé a remplacé le Seigle dans la proportion de 50 pour 100 calculée en étendue. Quant à la quantité produite, en y comprenant les quatre céréales réunies (Blé, Seigle, Orge et Avoine), on peut l'évaluer de 1/4 à 1/3 en plus, pour la période de 1861 à 1879 sur la période précédente.

3° *Elevage et engraissement des animaux.* — Cette branche de l'économie rurale s'est développée d'une façon encore plus accentuée que celle des produits en céréales. Ce résultat est dû naturellement à l'accroissement des denrées alimentaires, telles que fourrages et racines, dont la culture a toujours été en progressant, surtout depuis dix années. L'accroissement du bétail de toute nature s'est élevé à plus d'un tiers depuis une quinzaine d'années, et notamment chez les petits cultivateurs et les journaliers, en ce qui concerne la race bovine femelle.

6° *Industries agricoles.* — Les industries agricoles ont d'abord consisté dans l'établissement de quelques distilleries annexées aux fermes. Ces distilleries n'ont pas prospéré ; elles ont donc totalement disparu pour faire place aux sucreries. Il en existe une assez importante à Nogent-sur-Seine, appartenant à M. Linard, et dirigée avec autant d'activité que d'intelligence par M. Bouchon. Cette usine est alimentée par 600 hectares de Betteraves environ, produisant de 300 à 350 quintaux en moyenne à l'hectare ; c'est depuis l'établissement de cette sucrerie que la culture de la Betterave a pris un développement important dans nos environs, et a imprimé une marche ascensionnelle à l'économie rurale de la contrée prise dans sa large expression.

7° *Outillage agricole, etc.* — L'outillage agricole réduit, de 1850 à 1860, aux instruments ordinaires (charrues, herses, rouleaux, etc.), a, depuis dix ans, pris une extension considérable. Sans parler des machines à battre, qui sont devenues pour ainsi dire universelles, du moins quant à leur usage, depuis que des locomobiles parcourent les campagnes pour battre les grains, il faut signaler l'adoption, toujours de plus en plus croissante, par la grande et la moyenne culture, des machines à faucher et à moissonner, des faneuses et des râteleuses à cheval, etc.

9° En raison de ce qui précède, la transition naturelle est de répondre à la question n° 9 *du nombre des bras employés à l'agriculture et du prix de la main-d'œuvre.*

La réponse à cette question ne peut être formulée en chiffres rigoureux ; mais ce que le soussigné en dira, et ce qui est à sa connaissance par une pratique qui dure depuis trente-huit ans, c'est que le nombre des bras dont peut disposer actuellement l'agriculture, grande et moyenne, a successivement diminué à partir de l'époque susdite de près de moitié. Dès lors, la cause de l'augmentation du prix de la main-d'œuvre, ressort forcément du fait qui vient d'être énoncé : elle a doublé depuis vingt-cinq ans. Le soussigné insiste sur cette circonstance et sur le mot doublé, qui est rigoureusement exact. Cette assertion ne s'applique, dans l'opinion du soussigné, qu'à la grande et à la moyenne culture ; et naturellement d'après sa manière de voir, plus l'exploitation est restreinte, moins elle est affectée par l'augmentation de salaires. Il résulte de ce fait que la petite culture (par cette expression le soussigné entend tous les petits cultivateurs n'ayant qu'une charrue avec un cheval ou deux, ce qui suppose une culture de 20 à 25 hectares en terres légères) exécutant tous ses travaux par elle-même, a échappé généralement, comme il est dit plus haut, à l'augmentation des salaires, et n'a cessé de prospérer jusqu'à cette époque, en raison de cette heureuse situation.

8° *Emploi des engrais commerciaux.* — C'est seulement depuis une dizaine d'années que les engrais commerciaux se sont propagés dans la contrée. Les cultivateurs, en général, les ont d'abord repoussés péremptoirement ; et, pendant assez longtemps, leur répugnance n'était que trop justifiée par les fraudes dont ils étaient les dupes. Mais depuis que des maisons sérieuses fournissent des engrais composés consciencieusement d'après les principes de la science, leur emploi, non-seulement est appliqué assez largement dans les exploitations de grande culture, il tend encore à se répandre de plus en plus dans la moyenne culture et même dans la petite.

11° *Viabilité, etc.* — La viabilité dans cette contrée est largement répartie : quatre routes nationales et départementales ; quatre ou cinq chemins vicinaux de grande communication, aboutissant tous plus ou moins directement aux gares de Romilly et de Nogent-sur-Seine, chemin de fer de l'Est, offrent à la culture les débouchés les plus faciles pour l'écoulement de ses produits les plus variés.

10° *Impôts fonciers et autres qui grèvent la propriété.* — Les impôts fonciers et autres qui grèvent la propriété seront toujours trop lourds pour le cultivateur. Il serait à désirer que les quatre contributions directes pussent être diminuées ; on les supporte, néanmoins, avec résignation comme toutes les nécessités. Mais ce qui est lourd surtout, cs sont ces centimes additionnels, qui deviennent le principal de la charge et qui se sont accumulés dans le budget des communes, principalement depuis quinze ans, par suite des nombreuses constructions, hôtels de préfectures, sous-préfectures, maisons d'école, presbytères. prisons, etc., entrepris avec luxe, on dira plus avec profusion, toutes dépenses votées, à quelques exceptions près, par les Con seils généraux, et dont la plus grande charge retombe finalement sur les communes rurales et sur ceux qui les habitent.

Quant aux charges qui pèsent indirectement sur l'agriculture et qui nuisent jusqu'à un certain point à son développement, on ne pourrait trop insister sur leur réduction. Tout ce dont l'agriculture a besoin et qu'elle tire du dehors, houilles, fers, bois, sels, engrais, etc., sont surchargés de droits protecteurs, qui augmentent le prix de ces matières premières, surélevé encore de la manière la plus nuisible par les tarifs de transport par chemin de fer. Une des mesures les plus efficaces serait l'abaissement de ces tarifs en ce qui concerne, notamment, la circulation des Blés et des farines, le transport des houilles, des fers, des sels marins et des engrais, etc.

Je crois opportun de terminer ce trop long exposé en répondant succinctement et affirmativement à la question n° 5 posée par M. le Ministre de l'agriculture.

Le système du libre échange et la législation actuelle sur le commerce de la boulangerie et celui de la boucherie, ont eu une influence des plus favorables pour leur extension et leur prospérité. Des boucheries et surtout des boulangeries se sont établies dans plusieurs localités où il n'y en avait jamais existé, et elles y font généralement leurs affaires, attendu que l'usage du pain de boulangerie et de la viande de boucherie tend à se propager de plus en plus dans les campagnes environnantes, preuve du bien-être croissant de la population ouvrière et des bons effets de la liberté commerciale.

Les grains sont compris dans la question posée par M. le Ministre de l'agriculture. — Ma réponse est celle-ci : Liberté absolue de ce commerce, tant à l'importation qu'à l'exportation, en ce qui concerne surtout les deux céréales alimentaires, Blé et Seigle. Cette conclusion peut paraître contraire aux intérêts de tous ceux qui cultivent du

Blé, industrie que je n'ai cessé d'exercer depuis trente-huit ans ; mais il s'agit ici et avant tout du bien-être des masses et de l'intérêt général.

En résumé, la cause virtuelle du malaise de l'agriculture proprement dite et *labourante* est dans la disproportion toujours croissante entre le prix de la main-d'œuvre et sa force de production effective.

Prétendre remédier à cet état de choses en ayant recours au système des prohibitions, ou de leurs équivalents, serait une mesure non moins chimérique dans ses résultats que désastreuse dans ses effets sur l'économie générale du pays.

DÉPARTEMENT DE LA MARNE.

35. — *Réponse de M. Duguet.*

Châlons-sur-Marne, le 25 mai 1879.

Je n'hésite pas à affirmer que si les propriétaires et les cultivateurs se sont émus, c'est que le projet de loi de douane soumis aux Chambres continue à les laisser sans défense contre l'invasion de plus en plus considérable et menaçante des productions similaires de l'étranger, laquelle prendrait ainsi « un caractère permanent, loin d'être le résultat d'événements purement exceptionnels. »

Les portes restant grandes ouvertes à l'importation, comment admettre, en effet, que se ralentisse la production des céréales et du bétail dans les vastes et fertiles contrées de l'Amérique et que se ralentisse également celle des laines et du bétail dans les immenses colonies anglaises, tous produits qu'un fret minime permet de transporter économiquement aux plus longues distances ? De même encore en ce qui peut être importé de Russie, de la Hongrie, etc.

Avant l'année 1861, la situation de l'agriculture était prospère, la propriété foncière était recherchée et les locations se faisaient avec empressement. Depuis cette époque, mais surtout depuis une dizaine d'années, tous les frais d'exploitation ont très-sensiblement augmenté, la main-d'œuvre est devenue plus rare, plus difficile et exigeante. De ces faits et de la concurrence étrangère il résulte que nos prix de vente cessent d'être rémunérateurs; aussi le découragement a-t-il remplacé la confiance et les populations rurales s'éloignent-elles de plus en plus de la culture.

De là, dans le département de la Marne, une baisse de plus d'un tiers sur le prix de la terre et nombre de fermes sans preneurs.

La création de professeurs d'agriculture dans les écoles normales, l'enseignement agricole dans les écoles primaires ne peuvent, si justifiées que soient ces mesures, remédier à cette tendance à l'éloignement.

En ce qui concerne les questions posées :

1° Si la propriété s'est trouvée soumise à une plus grande division par suite de décès et de partages, d'un autre côté il y avait tendance à des réunions de convenance, et la situation de 1861 se trouvait en quelque sorte maintenue.

2° La production des céréales est un peu plus importante par le fait d'engrais plus abondants et d'assolements mieux entendus, comme aussi par la diminution des jachères.

3° L'élevage des moutons a sensiblement diminué. Sur le terroir de Châlons quatre troupeaux ont disparu, soit environ 1,000 têtes. Le bétail à cornes a augmenté, ainsi que l'élevage des porcs. De nouveaux débouchés se sont ouverts pour le laitage par la création de plusieurs fromageries d'une assez notable importance.

4° Dans les arrondissements viticoles, l'étendue des vignes a augmenté ; des terres précédemment en culture ont été consacrées à de nouvelles plantations. Le département compte quatre sucreries de betteraves; l'importance de cette culture n'a aucune tendance à augmenter. La culture du Colza est presque complétement abandonnée par suite du

Enquête.   15

bas prix des graines oléagineuses. Ni Tabac, ni Houblon. Quelques pauvres essais de plantations de Mûrier.

5° De grandes étendues forestières ont été défrichées et des fermes s'y sont créées, au très-grand regret, aujourd'hui, de leurs propriétaires, lesquels ne trouvent que très-difficilement des fermiers et non moins difficilement le payement des locations, tout en subissant d'importantes réductions.

Dans notre Champagne au lieu de défricher les anciennes plantations de Sapins pour les livrer à la culture, comme précédemment, on les laisse se couvrir de semis, et on plante de nouvelles terres, d'abord celles les plus éloignées des villages, bien que ces semis et ces nouvelles plantations doivent rester pendant vingt-cinq ou trente ans sans revenus appréciables.

6° Il n'existe ni distilleries ni féculeries; les anciennes huileries ont disparu.

7° L'outillage agricole s'est sensiblement amélioré, le travail est devenu plus facile et plus parfait. Mais les prix d'achat et les frais d'entretien, maréchalerie, bourrellerie, charonnage, vont sans cesse en augmentant. Les fers employés ont une bien moins longue durée depuis que la presque totalité est fabriquée à la houille et non plus au bois comme précédemment. Les attelages coûtent aussi beaucoup plus cher. Le prix d'un cheval s'est élevé, de 500 et 600 francs, à celui de 800 et 1,000 francs.

Des travaux de drainage ont été entrepris avec succès dans certains arrondissements, la culture en est devenue plus facile et plus productive. Des irrigations ont été créées et donnent des produits assez abondants, mais de qualité bien inférieure à ceux des prairies naturelles fécondées par les débordements de la Marne.

8° On emploie tout spécialement les fumiers de ferme et de casernes, très-peu d'engrais commerciaux.

9° Le nombre des bras est de beaucoup inférieur à celui

qui serait nécessaire ; aussi le salaire, par exemple, des ouvriers nourris s'est élevé de 300 à 400 et même 500 francs. Celui des femmes subit une élévation proportionnelle ; comme les hommes, elles abandonnent les campagnes pour les villes.

Le recrutement, comme le remplacement, devient ainsi, chaque année, de plus en plus onéreux et difficile. La fréquentation des cabarets, l'indiscipline et le mauvais vouloir ont fait aussi et font chaque jour de bien tristes progrès.

10° Indépendamment de la charge de l'impôt foncier et des droits de mutation augmentés déjà sensiblement, celle des centimes additionnels s'élève chaque année par suite de créations de bâtiments communaux et de l'élévation des traitements de certains fonctionnaires ou agents communaux, gardes champêtres et cantonniers.

11° La viabilité devient chaque année plus étendue et plus facile, aussi les transports s'exécutent-ils plus rapidement et plus économiquement. Le Froment et l'Avoine se dirigent principalement sur Paris ; les Orges sur Paris, le Nord et la Belgique ; les Seigles sur la Prusse.

Aux questions 5, 6 et 7 de la lettre ministérielle, les réponses peuvent se résumer ainsi :

L'influence de la législation actuelle est éminemment préjudiciable ; les prix de toutes les productions du sol cessent d'être rémunérateurs, quand céréales, laines, bétail, Lins, Chanvres, oléagineuses, etc., etc., restent livrées à la concurrence étrangère. Quant à la boucherie, comme elle ne tire plus le même profit de ce qu'on appelle le 5ᵉ quartier, elle reprend ce profit sur le prix de la viande, ainsi s'explique pourquoi le prix n'en diminue pas, malgré l'introduction de viandes fraîches ou salées auxquelles on n'est peut-être pas encore assez habitué. Plus il entrera de bétail sur pied et plus forcément s'abaissera le prix des cuirs, peaux et graisses animales.

En ce qui touche les intempéries véritablement désastreuses, depuis bientôt cinquante ans, une seule fois, en 1870-1871, la gelée d'hiver a fait périr les froments, à tel point que nos cultivateurs n'ont même pas récolté de quoi semer. Quant aux Seigles, des gelées printanières peuvent les compromettre lorsque l'épi sort de son fourreau; des pluies incessantes, comme en 1878, font couler la fleur des uns et des autres, de là un très-minime rendement et manque de qualité. Contre de pareils accidents on est complétement désarmé.

Les améliorations et les réformes culturales ne se réalisent pas à courte échéance; en admettant que la nature des sols les rendît plus ou moins possibles, encore faudrait-il pouvoir compter sur l'avenir. Elles ne pourraient, d'ailleurs, s'obtenir qu'à l'aide de capitaux; comment se décider à les y engager, si la confiance continue à faire défaut et quand les capitaux sont drainés par la multiplicité des valeurs mobilières et les spéculation de Bourse?

Quant à revenir à ce qu'on appelle le *Crédit agricole*, sorte de panacée vieille déjà de trente-quatre années sans avoir donné la moindre preuve de sa vertu, encore moins de son applicabilité et que toujours repousseront le bon sens et les esprits pratiques, en vérité c'est la plus incroyable des rêveries.

Comment imaginer, en effet que, grâce à l'emprunt, notre agriculture va produire économiquement en céréales, oléagineuses, textiles, bétail, laines, etc., etc., des quantités telles que l'importation sera forcée à reculer?

Pour « cette œuvre de progrès, » l'Etat ne pourrait créer des encouragements efficaces, durables surtout, qu'au moyen de sacrifices qui retomberaient sur les contribuables, par conséquent sur les propriétaires et les cultivateurs.

Des droits de douane réellement compensateurs remédieraient à la situation et donneraient des ressources budgétaires permettant un sérieux dégrévement de l'impôt foncier et des droits de mutation : tel est le soulagement qui s'impose à ce double point de vue.

J'ai la conviction d'avoir examiné la situation sans parti pris. J'ai fait valoir ma propriété pendant trente-cinq ans et je connais les souffrances de mon fermier, notamment depuis dix ans. Je sais également ce qui se passe autour de moi, je n'hésite donc pas à affirmer que la situation de la culture est des plus critiques.

---

36. — *Réponse de M. Ségalas.*

Je laisse à la docte Société qui compte dans son sein les hommes les plus éminents dont s'honore l'agriculture française, le soin de répondre aux nombreux renseignements réclamés par M. le ministre ; je me bornerai à examiner la principale question que vous me soumettez, celle de savoir quelle influence la législation sur les grains, le commerce de la boulangerie , celui de la boucherie, et les traités de commerce ont exercée sur la situation présente.

Selon moi, cette influence a été fatale à notre pays, et pour assurer à la France *son indépendance de l'étranger, quant à l'alimentation*, il faut que le gouvernement s'empresse de rompre ces traités de 1860. Il faut assurer au cultivateur des droits compensateurs des nombreuses charges qui pèsent sur lui, sans quoi il abandonnerait la culture et laisserait en friche une grande partie des terres. Il le faut absolument, si le gouvernement veut empêcher que la classe des cultivateurs, c'est-à-dire la classe la plus nombreuse de la nation, n'aille grossir le flot populaire qui se porte vers les villes, et auquel manqueraient bientôt le travail et les aliments.

C'est, en effet, de l'époque de 1860 que date l'augmentation de la main-d'œuvre dans les campagnes. Aux domestiques que nous payions en Champagne de 250 à 300 fr. par an, il faut aujourd'hui donner de 400 à 500 francs, c'est-à-dire que les gages sont presque doublés. Pour la nourriture, le pain moitié froment moitié seigle remplace le pain de seigle. Il faut de la viande de boucherie une fois par semaine, tandis qu'autrefois le porc seul suffisait. Il faut du vin toute l'année, tandis qu'on n'en donnait guère autrefois qu'au moment de la moisson.

Le prix des tâcherons a augmenté dans la même proportion. Tous ces changements sont aujourd'hui inévitables, si l'on veut retenir à la campagne des serviteurs qui sont attirés vers les villes par les forts gages que peuvent leur payer des industriels auxquels les droits protecteurs accordés par le gouvernement, permettent de les enlever à l'agriculture. Mais pour que le cultivateur puisse continuer à les payer ainsi, il faut que, de son côté, il soit mis sur la même ligne que les industriels, ou que, du moins, il puisse jouir d'un peu de la faveur accordée à ces derniers.

C'est aussi de 1860 que date l'avilissement du prix des laines. Cet avilissement du prix des laines est la ruine de la culture d'une grande partie de la Champagne, qui ne peut guère compter que sur les fumiers de moutons pour fertiliser la terre. Les rivières sont rares en Champagne, partant, peu de prairies naturelles. Les prairies artificielles, les fourrages et les betteraves viennent difficilement ; les moutons presque seuls peuvent utiliser nos faibles pâturages et nos maigres sainfoins.

La laine se vendant mal, le nombre de moutons diminue, comme dans le reste de la France ; mais, en Champagne, c'est plus déplorable que partout ailleurs, puisque c'est presque le seul bétail à engrais. Tout cela est dû à la redoutable concurrence que nous font les laines d'Australie ; de là une grande diminution dans la production d'engrais, de là une grande diminution dans les produits de la culture.

Si l'on veut que la culture d'une partie de la Champagne ne dégénère pas tout à fait, il faut établir un droit compensateur sur les laines importées en France. Le droit ne pourrait guère être inférieur à 60 centimes par kilogramme.

Quant aux céréales, leur prix, au lieu d'augmenter, diminue ; les charges de l'État augmentent, le prix de la main-d'œuvre augmente, et le prix des grains diminue. Ce résultat, si peu rationnel, est dû aux Blés étrangers, et notamment aux Blés d'Amérique, qui, n'ayant à supporter aucune des charges qui pèsent sur le cultivateur français, viennent faire à nos Blés une redoutable concurrence.

On a demandé avec raison de faire payer aux Blés étrangers importés en France 3 francs par 100 kilog., tant que le prix ne dépasserait pas 30 francs les 100 kilog. Ce serait donner aux petits cultivateurs, composant la classe la plus nombreuse de la nation, le moyen de ne pas mourir de faim, alors que l'ouvrier des villes s'apercevrait à peine de la légère augmentation que subirait le pain ; et encore lorsque le pain serait très-bon marché, c'est-à-dire lorsque le prix du Froment n'atteindrait pas le prix de 30 francs les 100 kilog. Pour les autres grains, l'Orge, le Seigle et l'Avoine, il faudrait admettre un droit de 2 francs par 100 kilog.

Ceci ne nuirait donc guère à l'ouvrier des villes, et le gouvernement le protégerait bien plus efficacement en rétablissant la taxe officielle du pain, dont l'ouvrier profiterait toujours, lors même que le droit de 3 pour 100 ne serait pas à prélever, c'est-à-dire lorsque la taxe serait le plus nécessaire pour lui. D'ailleurs, pour que l'ouvrier des villes écoule ses produits, il faut que l'aisance règne dans la classe la plus nombreuse de la nation, c'est-à-dire dans la classe des cultivateurs.

Ce que je dis des grains, je le dis également de la viande. Le gouvernement, en taxant la viande, protégerait l'ouvrier des villes ; ce qui lui permettrait d'encourager le producteur de la campagne par un droit compensateur des nombreuses charges qui pèsent sur lui. Cette taxe est d'autant plus nécessaire que la baisse que subissent nos bestiaux est souvent sans influence sur le prix de la viande, les bouchers ne faisant presque jamais supporter à leur viande la baisse dont ils profitent; c'est toujours l'intermédiaire qui profite de cette baisse au détriment du producteur et du consommateur.

Il faut donc établir des droits compensateurs sur les grains, la viande et la laine.

Voilà ce que la Société nationale d'agriculture devrait obtenir pour l'agriculture de la France, sans quoi tous les progrès agricoles, dus en grande partie aux inspirations et aux leçons des savants agronomes que vous comptez dans votre Société, auraient été accomplis en pure perte. La production irait donc en diminuant, alors que la population augmente chaque année. Vienne alors une guerre continentale, avec un blocus maritime, et la France assiégée de toutes parts risquerait de périr faute de vivres, comme Paris, sa capitale, qui, en 1870, ne s'est laissé vaincre que par la famine.

----

37. — *Réponse de M. Arnould.*

Sézanne, le 31 juillet 1879.

J'ai l'honneur de vous adresser les réponses au questionnaire contenu dans votre lettre du 30 avril dernier. Si je ne l'ai pas fait plus tôt, c'est que, dans une circonstance aussi importante, ne voulant pas m'en rapporter complétement à moi-même, j'ai cru devoir m'adresser à l'obligeance de M. le vicomte de Peyronnet, président du Comice agricole de Sézanne qui, de son côté, a bien voulu faire appel aux lumières des membres les plus éclairés du Comice; aussi les réponses que j'ai l'honneur de vous faire parvenir, sont basées tant sur des faits à ma connaissance personnelle, que sur des renseignements qui m'ont été fournis par des agriculteurs des plus compétents.

1° Entre la période qui a précédé 1861 et l'époque actuelle, la division de la propriété n'offre pas de différence notable : cependant, le morcellement tend à s'accroître de plus en plus. Ce morcellement, fort nuisible à l'agriculture, a pour causes, d'abord, le partage des parcelles de terre entre les héritiers d'une même famille (il est bien naturel que chaque héritier désire avoir sa part dans les meilleurs biens de ses parents) ; et ensuite les ventes occasionnées par l'énorme difficulté que les propriétaires éprouvent à louer leurs terres par suite de la rareté, en même temps que de la cherté de la main-d'œuvre. Le morcellement, qui existe surtout dans la petite et la moyenne propriété, entraîne, après lui, une augmentation fort sensible des frais de culture de toute nature, surtout en perte de temps et en perte de semence, frais qui ne sont pas compensés par les produits.

Si la division de la propriété n'a pas subi de changement notable, il n'en est malheureusement pas de même du prix de la propriété ; elle a subi une baisse qu'on peut évaluer à un tiers ; d'après des notaires que j'ai consultés, les prix actuels sont retombés à ceux de 1823. On peut, peut-être, dire que si cette baisse de prix a pour principale cause l'état de souffrance de l'agriculture, état de souffrance arrivé à tel point, qu'aujourd'hui les cultivateurs s'efforcent presque tous de procurer à leurs enfants une autre carrière que la leur, il faut bien ajouter qu'autrefois, l'habitant des villages ne connaissait pas d'autres placements que la terre, tandis qu'aujourd'hui, il commence à se sentir attiré par les placements sur l'Etat, ou par certaines entreprises industrielles qui lui rapportent beaucoup plus, tout en lui offrant une sécurité absolue.

2° Quant aux assolements, on en est encore presque partout à l'assolement triennal avec jachères, la culture des plantes sarclées n'ayant pris que fort peu de développement. La production en céréales a évidemment augmenté, par suite de la meilleure façon de cultiver la terre, adoptée déjà depuis plusieurs années ; car ce n'est pas qu'on emblave une plus grande quantité de terres, au contraire, on a plutôt diminué l'étendue du terrain consacrée à cette culture qui, à cause de l'avilissement des prix, ne donne plus de bénéfices, bien heureux est-on, quand on peut rentrer dans ses frais. Aussi entend-on dire hautement à des cultivateurs que s'ils connaissaient une méthode de cultiver sans produire d'autres grains que ceux nécessaires à leur consommation personnelle, ils s'empresseraient de l'adopter. Actuellement ils donnent le plus d'extension possible aux prairies artificielles. En Champagne, cependant, le Froment tend, de plus en plus, à empiéter sur les terres consacrées autrefois à la culture du Seigle ; quant au Méteil, il a presque complétement disparu, aussi bien en Champagne qu'en Brie.

3° L'élevage comprend les espèces chevaline, bovine, ovine et porcine.

Bien que les prix ne cessent de s'élever, et que la demande soit de plus en plus active, l'élevage des chevaux ne progresse ni en nombre ni en qualité. Cette stagnation a pour principale cause la rareté de bons étalons de trait, seuls convenables, d'après les hommes compétents, pour nos espèces locales ; à différentes reprises, le Comice de Sézanne a réclamé, mais en vain, pour que la station d'étalons ne contienne plus que des étalons de trait.

L'élevage de l'espèce bovine a fait quelques légers progrès depuis les dernières années. On peut attribuer cette amélioration et à l'abondance des fourrages et à l'augmentation des prix ; malheureusement il est fort à craindre que ce progrès subisse un temps d'arrêt, si on considère que, par suite de la persistance du mauvais temps, l'année actuelle aura été désastreuse pour les fourrages (on peut estimer la perte à environ la moitié pour les prairies artificielles), et surtout si on tient compte de l'inquiétude qui s'est emparée de nos cultivateurs, à l'idée que le bétail américain pourrait enfin venir sur nos marchés, faire concurrence à ses produits.

Si on peut apercevoir une légère augmentation sur l'élevage des bêtes bovines, il s'en faut qu'il en soit de même sur l'espèce ovine. La laine, dans la région sézannaise, où il n'y a pas de fermes industrielles, formait autrefois un des produits les plus importants de l'exploitation; il n'en est plus de même maintenant, surtout depuis que les laines d'outre-mer abondent sur nos marchés et à un prix de revient si minime. Il en est résulté qu'autrefois le cultivateur, qui voyait les acheteurs se succéder à sa porte, pouvait se renseigner et ne livrer ses produits qu'à leur véritable valeur, tandis qu'aujourd'hui, il est presque livré à la discrétion d'un ou deux commissionnaires qui seront les seuls acheteurs qu'il verra, et s'il ne se décide pas de suite à céder sa laine au prix offert, il courra grand risque de la garder jusqu'à l'an prochain, et logé étroitement, comme il l'est généralement, sa laine, non-seulement se détériore promptement, mais encore devient une grande gêne pour lui.

Il en est de même de l'élevage des bêtes porcines: il est en décroissance depuis que les arrivages de lard d'Amérique sont venus, en grande quantité, déprécier les prix de cet aliment si nécessaire. Du reste, le prix des animaux eux-mêmes, surtout des petits, est en baisse sensible.

Si dans la circonscription de Sézanne, l'élevage ne fait pas de progrès, il en est de même de l'engraissement: les veaux seuls sont presque tous livrés à la boucherie à l'âge de 2 à 3 mois et à des prix assez rémunérateurs. En Champagne, on engraissait autrefois les bêtes à cornes, mais cette spéculation tend à disparaître dans une partie de la région qui nous occupe, par suite de l'établissement d'une fromagerie.

Il n'existe pas de cultivateurs se livrant d'une façon exclusive à l'engraissement des bêtes ovines.

Les produits de la basse-cour (laitage et produit de la

volaille), sont de plus en plus demandés et tout porte à croire que le mouvement de hausse n'est pas encore arrivé à son terme ; malheureusement ces produits n'entrent que pour une faible part dans le produit total d'une exploitation.

4° Sauf pour la Vigne, cultivée depuis des temps immémoriaux, les plantes industrielles sont, pour ainsi dire, inconnues dans la circonscription de Sézanne. La culture de la Betterave, pendant quelques années, avait paru tendre à se répandre, mais devant la ruine des distilleries, cette tendance s'est arrêtée : on n'en cultive plus que pour la nourriture des bestiaux et en quantité insignifiante, les frais de cette culture étant très-considérables.

On a renoncé à la culture du Colza, après quelques tentatives infructueuses.

Quant à la Vigne, le vin produit n'étant que du vin fort ordinaire, et la culture de cette plante devenant de jour en jour plus onéreuse, la main-d'œuvre, surtout, devenant de plus en plus rare et chère, il n'y a plus que les propriétaires travaillant de leurs mains qui ont continué ce genre de culture et encore, souvent, sont-ils bien mal récompensés de leurs travaux ; cette année pourra compter comme une des plus mauvaises.

5° La production forestière se soutient et s'augmente même (si l'on en excepte cette année exceptionnellement désastreuse par suite du verglas des 23, 24 et 25 janvier) ; les bois augmentent de valeur, cette augmentation est due à différentes causes dont voici les principales : les routes forestières étant toutes en bien meilleur état, la plupart même étant empierrées, l'exploitation est devenue plus facile ; par contre, là, comme partout, le prix de la main-d'œuvre a augmenté ; mais il se crée, d'autre part, des industries nouvelles qui, en employant surtout du bois blanc, autrefois sans grande valeur, lui ont donné une plus-value considérable. Si on considère également la grande quantité de traverses et de bois exigée par les chemins de fer, tant ceux qui existent actuellement que ceux en construction, on ne s'étonne nullement de voir les prix se maintenir et même s'élever.

Avant 1861, il y avait une grande tendance à déboiser; cette tendance était due en partie à ce que l'Etat, en aliénant des parties de forêt, et en en ayant autorisé le défrichement, beaucoup de propriétaires avaient suivi cet élan, qu'ils regrettent bien aujourd'hui ; mais depuis et surtout dans les six dernières années, c'est une tendance contraire qui prend de plus en plus de développement. Ce ne sont pas seulement les grands propriétaires qui ont pris ce parti; ceux-là le font en grand : on pourrait même citer des domaines replantés en entier : ce sont aussi les propriétaires de fermes de moyenne importance qui, ne trouvant plus de locataires pour leurs fermes, ne sachant où trouver les bras nécessaires à l'exploitation de leurs terres, reboisent quand ils le peuvent ; quand ils ne le peuvent pas, ils laissent leurs terres incultes, et même le petit propriétaire ne trouvant plus de bras, vu la dépopulation toujours croissante des campagnes, pour lui servir d'aide dans ses travaux, commence à replanter ses terres les plus éloignées, même quand elles sont de bonne qualité. Les demandes de plants aux agents de l'Etat suivent une marche tellement progressive, qu'il devient aujourd'hui impossible de donner satisfaction à tout le monde.

En Champagne, on ne connaît guère d'autres plantations que celles d'arbres résineux et de peupliers, tandis qu'en Brie on reboise avec presque toutes les essences forestières.

6° Les industries agricoles sont à peu près nulles. Les distilleries n'ont eu qu'une existence de courte durée, la concurrence étrangère les a tuées; les moulins, les huileries et les brasseries se soutiennent, et, depuis cinq ans, il vient de se fonder à Fère-Champenoise une fromagerie qui est assez prospère.

7° L'outillage agricole tend à s'améliorer de jour en jour. Devant la rareté des bras et le prix élevé de la main-d'œuvre, le cultivateur est bien souvent forcé d'avoir recours aux instruments perfectionnés dont, malheureusement, il ne sait pas toujours tirer le meilleur parti possible.

Depuis de longues années, le battage mécanique a remplacé presque partout le battage au fléau ; en Brie, cependant, on trouve encore des cultivateurs qui ont recours à ce moyen pour battre l'Avoine. Il se trouve même, dans la circonscription, plusieurs entrepreneurs possédant une ou plusieurs machines à vapeur, et se rendant de ferme en ferme pour opérer le battage des récoltes. Si cette méthode a pour avantage la rapidité, elle a l'inconvénient d'être assez onéreuse.

Devant les exigences toujours de plus en plus excessives des ouvriers ruraux, les faucheuses, moissonneuses, râteaux à cheval se multiplient d'année en année, et il arrivera certainement une époque où tout cultivateur possédera ces utiles instruments. Ce n'est pas qu'il y trouve une grande diminution de dépenses, mais il y trouve l'avantage de ne plus craindre pour sa moisson des retards toujours fort préjudiciables.

Le drainage et les irrigations n'existent pour ainsi dire pas dans la circonscription ; ce n'est pas qu'ils ne puissent rendre de grands services, surtout le drainage, dans les terres imperméables de la Brie. On s'est livré autrefois à cette opération dans une mesure assez appréciable ; mais, actuellement, l'état précaire de l'agriculture ne permet pas aux cultivateurs de faire les frais toujours assez considérables de cette opération avantageuse.

8° On emploie, surtout en Brie, des quantités assez considérables d'engrais commerciaux. Malheureusement, le cultivateur ne sait toujours pas faire le choix le plus judicieux parmi la grande quantité d'engrais que les commissionnaires ne cessent de lui présenter et toujours avec des prospectus plus engageants les uns que les autres ; car, il faut bien le dire, à côté d'un grand nombre de maisons honnêtes, il s'en trouve malheureusment trop, qui ne se font aucun scrupule de frauder, tant sur la qualité des matières employées que sur la quantité des principes fertilisants. Quand il s'agit de guano ou d'autres engrais exotiques, les prix sont encore augmentés par suite des droits exigés à l'importation.

Quant au fumier, l'engrais par excellence, on n'en a aucun soin ; on ne songe même pas à mélanger ensemble, ce qui serait cependant bien facile, les différentes espèces de fumier produits par des animaux différents ; on les laisse laver par les pluies, évaporer par le soleil, et comme les fosses et pompes à purin sont inconnues, le purin ne cesse de s'écouler par les chemins ; on ne saurait se figurer la quantité énorme de matière fertilisante qui se perd par suite de cette négligence ou plutôt de cette insouciance.

9° Le nombre de bras employés à l'agriculture diminue d'une manière effrayante. Cette diminution si préjudiciable a pour principale cause, d'abord, la diminution toujours croissante du nombre de naissances, ensuite l'émigration toujours de plus en plus progressive des campagnes vers les villes, où cependant les ouvriers entassés dans des logements étroits et insalubres trouvent souvent moins de bien-être que dans leurs villages ; mais ils y trouvent toujours plus de jouissances matérielles, et puis, lorsqu'ils tombent malades, ou même lorsqu'ils se trouvent dans la gêne et la misère, ils comptent sur la bienfaisance publique, qui a beaucoup plus de ressources dans les grands centres que dans les petites localités. On peut également ajouter que le grand nombre de terrassiers et de manœuvres, exigés par la construction et l'entretien de nos nombreuses voies ferrées, enlève encore une quantité très-appréciable de bras à la culture.

Aussi ne doit-on pas s'étonner si la main-d'œuvre a augmenté considérablement. Les prix sont aujourd'hui doublés, si on les compare avec ceux d'il y a une vingtaine d'années, et ce qu'il y a de pire, c'est qu'en augmentant de prix, les domestiques de ferme et ouvriers ruraux ont augmenté également leurs exigences, surtout sous le rapport de la nourriture, et deviennent de plus en plus difficiles à conduire, supportant peu les observations, et connaissant l'extrême besoin qu'on a de leurs services, prêts à vous planter là au moindre reproche.

10° Si le nombre des bras a diminué en augmentant considérablement le prix des salaires, il n'en est pas de même des impôts et des charges qui grèvent la propriété ; ces charges sont augmentées, depuis la guerre, dans d'énormes proportions. Ce sont non-seulement les impôts dus à l'État qui ont subi cette augmentation, mais les communes et les départements augmentant continuellement leurs centimes additionnels, les impôts sont presque doublés. Cette augmentation est due principalement aux frais occasionnés par la guerre, à la confection et à l'entretien des chemins, à l'augmentation du traitement des employés et à la construction de maisons d'école.

11° La viabilité s'étant très-sensiblement améliorée, les transports sont naturellement devenus beaucoup plus faciles et beaucoup moins onéreux, surtout depuis la création du chemin de fer. Dans beaucoup de localités, les chemins vicinaux sont terminés et les débouchés deviennent de jour en jour plus nombreux.

A ce propos, on peut dire que, si la culture a trouvé certains avantages à l'amélioration de la vicinalité, c'est elle qui en a supporté et qui en supporte encore presque exclusivement tous les frais. Elle ne regrette pas cette dépense, mais elle ne peut s'empêcher de faire remarquer que, si elle profite du bon état de cette vicinalité, le commerce et l'industrie en profitent encore plus, tout en ne contribuant pas à la dépense.

Les mauvaises années qui se succèdent trop souvent, ont toujours été une cause de grande gêne pour l'agriculture. Mais, autrefois, le cultivateur pouvait compenser partiellement la perte qu'elles lui occasionnaient par suite du renchérissement de ses produits. Aujourd'hui, il n'en est plus ainsi, car les prix des Blés ne sont plus établis sur la quantité des Blés indigènes, pas plus que sur l'entrée et la sortie; mais ils se basent sur les mercuriales du monde entier.

La législation sur le commerce de la boucherie et de la boulangerie n'a pas eu les résultats qu'on en espérait; on peut même dire qu'elle n'a pas eu de résultats heureux pour l'agriculture; évidemment elle a profité à l'intermédiaire, sans aucun profit pour le consommateur, mais au détriment du producteur.

Quant aux traités de commerce, de l'avis unanime des agriculteurs de la contrée, leur effet a été des plus funestes sur l'agriculture de notre région. Depuis leur conclusion, le prix de la terre a baissé d'une façon fort appréciable; les propriétaires ne trouvent plus à louer, et se voient contraints d'exploiter leurs domaines par eux-mêmes, mais ils se découragent promptement en présence du prix excessif de la main-d'œuvre et des exigences toujours croissantes des ouvriers agricoles, surtout en présence des bas cours de tous leurs produits. Nous avons eu, plus haut, l'occasion de dire que le prix du Blé était établi sur les mercuriales du monde entier. On avait bien donné au cultivateur l'avis de négliger un peu la production des céréales pour se livrer entièrement à la production animale; nous savons pertinemment que la laine qui, autrefois, payait presque entièrement le prix du fermage, ne suffit aujourd'hui qu'à solder le berger, les laveurs et les tondeurs, en un mot, tous les frais occasionnés par le troupeau. Le renchérissement de la viande est peu assuré par suite de l'introduction des bestiaux étrangers qui, du moins en a-t-on la crainte fort vive, est devenue une menace des plus sérieuses, et quand même la transformation de nos troupeaux à laine fine, en troupeaux composés d'animaux à laine plus grossière, mais plus aptes à l'engraissement, pourrait devenir par la suite une source de bénéfices pour le cultivateur, ce

Enquête. 16

qui est fort douteux, il serait presque impossible d'opérer ce changement par suite d'absence de capital. Car, il est triste de le dire, bien des cultivateurs, ayant subi des pertes qu'ils n'ont pu éviter (la région qui nous occupe est assez ravagée par le sang de rate), sont grevés de dettes bien qu'ils n'aient rien à se reprocher pour la conduite et l'économie et qu'ils aient toujours travaillé courageusement; aussi voit-on malheureusement beaucoup trop de terres incultes.

Parmi les améliorations et les réformes qu'il serait possible de faire pour encourager l'agriculture, voici quelles seraient les plus urgentes :

Diminuer, dès que cela sera possible, les impôts fonciers et les droits de mutation qui avilissent la propriété en l'écrasant.

Faciliter l'échange de parcelles entre riverains pour arrêter le morcellement si onéreux pour l'agriculture. Sous bien des rapports, la loi actuelle favorisant les échanges est peu praticable. On ne saurait se figurer le tort immense fait à la culture par le morcellement poussé à l'extrême, tel qu'on le voit dans certaines communes.

Pousser par tous les moyens possibles à l'élevage; un des moyens les plus efficaces serait d'établir des droits protecteurs à l'entrée des animaux aussi bien qu'à l'entrée des laines.

Établir un droit protecteur à l'entrée, en France, des céréales; il est à remarquer que l'agriculture, en demandant l'établissement de droits protecteurs, ne demande qu'un droit qui serait l'équivalent des impôts et des charges qui grèvent ses produits.

Obtenir des compagnies de chemin de fer des tarifs réduits, surtout pour le transport des matières fertilisantes.

Favoriser l'établissement, dans les chefs-lieux, de laboratoires où les cultivateurs trouveraient, à peu de frais, des moyens d'analyse pour leurs terres et pour les engrais qu'on leur propose. Cette analyse leur permettrait de se soustraire à la fraude dont ils sont trop souvent les victimes. Ces laboratoires pourraient être établis dans les établissements d'instruction secondaire.

Répandre les publications utiles à l'agriculture, surtout celles traitant des soins à donner aux animaux, de l'entretien du fumier, de la conservation du purin, etc.

Répandre également l'instruction agricole au moyen de conférences faites par le professeur départemental d'agriculture, qui pourrait trouver un appui auprès des Comices agricoles que l'on ne saurait trop encourager.

Empêcher par tous les moyens l'émigration des campagnes vers les villes.

Il se trouve des esprits fort sensés qui, trouvant que parmi les charges énormes qui écrasent le cultivateur, il faut compter les primes d'assurances que ce dernier paye pour garantir soit ses risques d'incendie, soit ceux de grêle, de mortalité du bétail, émettent l'idée que si l'État pouvait garantir tous ces risques, les primes à payer seraient bien moins élevées, car, d'une part, les frais de recouvrements opérés soit par l'intermédiaire du percepteur, soit par un fonctionnaire spécial, seraient bien moindres et, d'autre part, l'Etat, en garantissant ces différents risques, n'aurait pas besoin de rechercher des bénéfices aussi élevés que les différentes compagnies d'assurances; ce serait un allégement considérable pour nos cultivateurs qui payent des millions aux compagnies de toute nature.

Enfin, ne pourrait-on pas fonder des hospices cantonaux où les ouvriers ruraux trouveraient un abri et des soins lors de leur vieillesse et de leurs maladies?

DÉPARTEMENT DE LA MEUSE.

38. — *Réponse de M. le baron de Benoist.*

Waly, 27 mai 1879.

Il ne me paraît pas nécessaire de recommencer les calculs faits si souvent sur le prix de revient du Blé, les prix de vente plus ou moins rémunérateurs des céréales et de la viande. Tous ces calculs ont été faits dans la grande enquête de 1866, et leur exactitude a toujours été contestée. En effet, mille causes influent sur les prix de revient; tel cultivateur habile produit à bénéfice, tel autre, peu capable, produit à perte. Pour moi, après le progrès constant des méthodes, des procédés, de l'outillage et des engrais, c'est ailleurs qu'il faut chercher la cause des souffrances et les remèdes réclamés par l'agriculture. Les tarifs douaniers, eux – mêmes, ne peuvent qu'avoir une influence relative; c'est dans l'ensemble de nos lois fiscales et dans la direction donnée à notre système d'économie politique et agricole qu'il faut chercher des remèdes à une situation intolérable. Nos Sociétés d'agriculture, fort nombreuses, comptant chacune de deux à trois cents membres, se recrutant dans la moyenne et la petite propriété, appartenant à des cultivateurs exploitant par eux-mêmes, sont unanimes à formuler leurs plaintes et à réclamer des modifications profondes à un régime qui ne peut durer sans amener le dégoût de la profession agricole, l'abandon de la culture et la ruine du pays.

« Considérant, dit la Société d'agriculture de Verdun, que l'on ne trouve plus à vendre ni à louer les meilleures terres sans une diminution de plus d'*un quart* dans les prix de vente ou de location; que les terres médiocres, autrefois cultivées avec profit, restent en *friche*, parce que le morcellement des propriétés ne permet ni de les planter en bois ni d'y établir des pâturages. » Voilà le *fait brutal*. Ce fait est constaté à l'unanimité par toutes nos Sociétés d'agriculture. Et qu'on ne dise pas qu'elles sont l'écho des intérêts égoïstes de la grande propriété cherchant satisfaction aux dépens du plus grand nombre. La grande propriété agricole n'existe pas dans la Meuse, et les plaintes proviennent, dans l'Est, de la moyenne et de la petite propriété. En 1866, lors de la grande enquête agricole, les terres se louaient bien et se vendaient bien aussi, surtout lorsqu'elles étaient morcelées; aujourd'hui, ces terres ne se vendent pas et surtout ne se louent pas. Quant aux quelques grandes propriétés qui, en 1866, commençaient à se ressentir de la concurrence des valeurs de Bourse et qui, alors, se vendaient encore, cependant, sur le pied de 3 pour cent, c'est à grand peine si, aujourd'hui, on trouve à les vendre 4 1/2 pour 100 et même à 5 pour 100.

Nos fermiers et nos petits cultivateurs sont surtout découragés par la rareté et les hauts prix de la main-d'œuvre. Toutes les exigences et les vices des serviteurs ruraux les effraient plus que la concurrence des céréales et du bétail de l'étranger. Ils sont inquiets, sans doute, de la facilité des importations et de la faiblesse des prix de vente dans des années aussi mauvaises que celles que nous venons de traverser, mais ils comprennent qu'on ne peut faire augmenter les prix des denrées alimentaires et imposer ainsi des sacrifices aux consommateurs sans leur offrir des compensations équitables. Ils sont, d'ailleurs, consommateurs dans les mauvaises années; ils le seront surtout dans cette détestable année de 1879, car ils achèteront encore plus de Blé et de viande qu'ils n'en produisent. Aussi ceux qui réfléchissent, et ils sont nombreux, reconnaissent que la vraie cause des souffrances de l'agriculture est le résultat de notre système économique intérieur, de nos impôts et de nos travaux publics mal répartis et de l'inégalité du traitement fait à l'agriculture, à l'industrie, au capital mobilier et immobilier.

Les impôts à la charge de l'agriculture sont excessifs et

atteignent tous ses produits; le sucre, le vin, l'eau-de-vie, le Tabac, le Houblon paient à l'Etat des droits énormes; la viande est frappée par les octrois, et les villes augmentent constamment ces taxes. Dans la Meuse, après Saint-Mihiel, Bar-le-Duc propose de relever le droit d'octroi sur la viande; je ne parle pas des impôts directs qui pèsent sur les immeubles de l'agriculture et de l'industrie! Sans doute celle-ci paie ses patentes, mais l'agriculture paie d'énormes prestations pour ses chemins. Les chemins de l'industrie, canaux, voies ferrées, télégraphes, ont été faits par l'Etat et tellement multipliés que les plus minces usines établies dans de mauvaises conditions, loin des matières premières, ont pu continuer à vivre d'une vie factice, grâce au canal et au chemin de fer qui les traversent! Et, encore, il leur faut des tarifs de douane surélevés pour protéger leurs produits alors qu'elles demandent, toutes, l'entrée en franchise de leurs matières premières et des denrées alimentaires de leurs ouvriers.

Que résulte-t-il de cette prodigieuse quantité de travaux publics de l'Etat, des villes et de l'industrie? La main d'œuvre a atteint des prix exorbitants.

Ces prix peuvent être payés par l'Etat dont les ressources sont inépuisables, dit-on, et dans une certaine mesure par l'industrie, dont les produits sont protégés par des tarifs encore très-élevés; mais ils sont inabordables pour la culture des terres d'une valeur moyenne. De là, la diminution de la population rurale constamment drainée au profit des villes, des chantiers de l'État et de l'industrie; de là, la diminution de la production agricole, ou du moins, son accroissement forcément ralenti en présence d'une demande de plus en plus grande résultant des habitudes et du nouveau genre de vie de la population ouvrière; de là, une augmentation du prix de toutes les denrées; la cherté de la vie, la nécessité des importations de l'étranger et l'impossibilité de les arrêter par des tarifs de douane réellement efficaces.

Quels remèdes à un malaise résultant de causes si complexes? Ils doivent être divers et tendre tous à modifier sans brusque transition une position reconnue mauvaise de l'aveu de tous. Il faut mettre, autant que possible, l'agriculture au niveau de l'industrie, tant au point de vue des droits de douane puisqu'on les conserve, qu'à celui des impôts intérieurs et des travaux publics.

Le moment semble favorable. Le Ministre des finances et la commission du budget annoncent la possibilité de réductions dans les recettes.

Sur quoi porteront-elles et à qui profiteront-elles? Il est à craindre que ce ne soit pas à l'agriculture. Ainsi on parle de dégréver les patentes, l'agriculture n'en paie pas. L'impôt sur le papier? l'agriculture n'écrit pas. On parle même de réduire l'impôt direct dans les départements surchargés, mais la propriété urbaine et industrielle paie autant d'impôts directs que la propriété rurale, et les quelques centimes dont sera déchargé le petit cultivateur, n'amélioreront pas sensiblement sa triste position. L'ouvrier, dans les campagnes, comme dans les villes, ne paie presque pas d'impôts directs ; l'agriculture doit, cependant, le désintéresser dans les mesures qui peuvent améliorer son sort. Elle ne le peut qu'en demandant des dégrèvements sur les objets de consommation générale au moment où elle réclame des droits plus élevés pour protéger ses principaux produits, le Blé et la viande. C'est en réduisant largement les droits sur le sucre, le vin et l'eau-de-vie, qu'on peut rendre aux consommateurs plus qu'on ne leur demande, pour donner aussi à l'agriculture comme à l'industrie une équitable, quoique légère, protection douanière. Ainsi, en réclamant un droit de 2 francs par quintal à l'importation des céréales et des viandes vivantes et 4 francs par quintal pour les graisses, les peaux, les laines et les viandes abattues, on grèverait d'une somme minime la dépense journalière d'un ménage d'ouvrier; mais en dégrevant largement les droits excessifs sur le sucre et le vin, on lui restituerait plus qu'on lui aurait pris. Le sucre paie au Trésor plus de droits qu'il n'en coûte à fabriquer ; il se vend dans nos campagnes, au détail, 1 fr. 75 à 1 fr. 80 le kilog., et la consommation est restreinte et stationnaire ; tandis que s'il ne valait que 1 fr. 20 le kilog., la consommation doublerait bientôt et l'État rentrerait, en peu de temps, dans une partie notable de ses recettes. Le sucre est un aliment hygiénique indispensable pour les femmes, les enfants, les vieillards, comme pour l'ouvrier qui rentre des champs, trempé par une pluie froide. Pousser à la consommation du sucre, c'est développer l'industrie rurale par excellence, c'est propager la Betterave, c'est faire la viande et le Blé à bon marché.

De même pour le dégrèvement du vin ; s'il y a l'abus du cabaret, il est certain, néanmoins, que le vin n'entre pas assez dans la nourriture de la famille. La femme et les enfants en consomment trop peu ; il faut, comme le sucre, le mettre à leur portée. En dégrevant le vin et le sucre, on favorise également le Nord qui fait la Betterave, et le Midi qui fait le vin ; on rend aux consommateurs ce qu'on leur prend pour égaliser devant la protection des tarifs douaniers l'agriculture et l'industrie. Enfin, en modérant les grands travaux publics et en substituant à de grands chemins de fer sans voyageurs ni trafic, des tramways ruraux à voie étroite qui porteraient l'activité dans les campagnes au lieu de les épuiser et qui y ramèneraient des ouvriers ; on développerait le travail agricole et on rendrait la vie à l'agriculture sans laquelle il n'y a pas de nation forte, grande et durable. Il faudrait aussi apporter une sévère économie dans les dépenses publiques, réduire le nombre excessif des fonctionnaires de tout ordre qui travaillent peu, sont peu payés et toujours mécontents de leur sort. Le fontionnarisme enlève à l'individu toute son initiative, il en fait un être à part dans la nation. On le croit heurèux, et les parents, au lieu d'en faire un bon agriculteur, s'imaginent avoir assuré le bonheur de leur enfant en le faisant entrer dans une administration publique.

Avant de terminer, je demande aux membres éminents de la Société d'agriculture, s'il n'est pas vrai que toutes les grandes fortunes de France, rapidement faites, viennent de l'industrie et du commerce? S'il n'est pas vrai que tous les capitaux, la population, l'activité se concentrent dans les villes et que, suivant la loi des liquides, le niveau monte prodigieusement d'un côté et baisse de même de l'autre? C'est donc au commerce, à l'industrie, aux valeurs mobilières, à la rente sur l'Etat, qu'il faut demander les impôts, et c'est l'agriculture, c'est le sol dont la valeur a prodigieusement baissé, qui est délaissé par le travail, qu'il faut dégrever.

Voilà les causes du mal et les remèdes à y apporter, tels qu'une longue pratique rurale me les a révélés. Puisse la voix des agriculteurs être entendue ! Ce sera l'honneur de la Société nationale d'agriculture de France d'en être l'organe autorisé.

---

39. — *Réponse de M. Millon.*

Les Merchines, par Vaubecourt, le 12 août 1879.

1re *Question*. — La division de la propriété est à peu près la même dans la Meuse depuis 1861.

Les assolements n'ont pas varié; toutefois, on cultive actuellement dans la jachère une plus grande quantité de légumes et de prairies artificielles.

La production des céréales est à peu près la même.

On élève et on entretient aujourd'hui un plus grand nombre de vaches et un moins grand nombre de porcs et surtout de moutons.

Les cultures industrielles sont toujours fort peu pratiquées.

Les seules industries annexes qui se soient développées sont les fromageries.

L'outillage agricole s'est fort amélioré.

Les fumiers sont mieux soignés, on commence à employer en petite quantité les engrais commerciaux.

La quantité de bras à la disposition des cultivateurs a diminué ; tous les ouvriers qui le peuvent quittent la campagne pour aller habiter la ville.

Le taux des salaires a augmenté d'un tiers au moins depuis 1861.

Depuis la même époque, la dépense en main-d'œuvre a augmenté des 2/5ᵉˢ environ, parce que, d'une part, les ouvriers sont payés plus cher et que, d'autre part, ils travaillent moins.

Le capital d'exploitation a augmenté et, en raison surtout de l'accroissement du prix des salaires, les profits ont sensiblement diminué.

Les charges pesant sur le sol ont augmenté de près d'un quart.

Les frais de transport ont diminué par suite de l'ouverture des chemins de fer et des canaux.

Les débouchés ne font pas défaut, quand les denrées sont de bonne qualité et qu'on est disposé à les vendre au taux du cours.

2ᵉ Question. — La Meuse étant un pays de céréales, l'auteur du présent Mémoire ne saurait apprécier la situation des pays d'herbages et de cultures arbustives.

Dans la Meuse, la situation de la culture est mauvaise, le prix des terres que l'on met en vente a diminué, les fermes se louent difficilement, et encore faut-il réduire le taux des fermages. La dépréciation est d'autant moindre que les terres sont meilleures et d'autant plus grande qu'elles sont moins bonnes ; il en est déjà quelques-unes des plus mauvaises, qui sont laissées en friche parce qu'on ne trouve personne qui veuille soit les acheter, soit les louer.

3ᵉ *Question*. — Les grands propriétaires sont fort peu nombreux dans la Meuse, leur condition est moins bonne qu'en 1861, car ils trouvent difficilement des fermiers et encore doivent-ils baisser le prix de leurs fermages.

Il en est de même des moyens propriétaires.

Pour les petits propriétaires qui exécutent presque tous leurs travaux par eux-mêmes, leur situation est moins mauvaise ; toutefois, ils se plaignent également de la difficulté qu'ils éprouvent à se faire aider quand ils en ont besoin.

La situation du fermier est mauvaise comme celle du grand propriétaire, en raison de la rareté et du haut prix de la main-d'œuvre.

La situation de l'ouvrier agricole est meilleure qu'en 1861 ; malheureusement, il n'y en a qu'un bien petit nombre qui en profitent pour donner un peu plus d'éducation et d'instruction à leurs enfants et faire quelques économies.

4ᵉ *Question*. — La cause principale des changements survenus dans la situation de l'agriculture depuis 1861 est la rareté et la cherté de la main-d'œuvre.

Les céréales sont le principal produit du département de la Meuse et, bien que la main-d'œuvre ait considérablement augmenté, le prix des céréales est resté stationnaire. Quand les récoltes sont excellentes et quand le marché français n'est pas influencé par ceux de l'étranger, le cultivateur s'en tire à peine à force de travail et d'économie ; mais, quand les récoltes sont mauvaises, il voit chaque année son petit capital s'amoindrir. Il en résulte que tous ceux qui le peuvent renoncent à la culture pour aller aux fonctions publiques, à l'industrie ou au commerce.

L'agriculteur ne peut guère remédier aux fâcheuses conséquences de cette situation, si ce n'est en développant son instruction professionnelle et celle de ses enfants; mais pour cela il faut du temps et de l'argent, et malheureusement l'un et l'autre manquent.

5ᵉ *Question*. — La législation sur le commerce de la boulangerie et de la boucherie ne paraît pas avoir eu d'influence fâcheuse sur la situation de l'agriculture, il ne semble pas que la législation sur les grains en ait eu non plus une grande.

Les deux causes qui ont déterminé la situation actuelle paraissent être, d'une part, la rareté et la cherté de la main-d'œuvre en France et, d'autre part, les facilités de communications qui ont été fournies à l'étranger par la construction des chemins de fer, des canaux, des bateaux à vapeur, et qui lui permettent de jeter promptement et à des conditions moins onéreuses qu'autrefois, une grande quantité de denrées sur le marché français.

6ᵉ *Question*. — Les améliorations et les réformes culturales qu'il serait possible aux cultivateurs de réaliser dans un avenir prochain, sont très-variables suivant le climat, le sol et le milieu dans lequel ils opèrent; mais presque toutes exigent des connaissances techniques et des capitaux; l'un et l'autre manquent à la plupart des agriculteurs.

7ᵉ *Question*. — L'État pourrait concourir à cette œuvre de progrès en développant dans de très-vastes proportions l'instruction agricole, et notamment en recevant à l'Institut agronomique un beaucoup plus grand nombre d'élèves, afin de créer une pépinière de professeurs habiles et instruits, et en établissant dans chaque arrondissement de France au moins une école pratique d'agriculture; il le pourrait en consacrant à ce service une somme annuelle de 10 millions environ qui serait bien promptement couverte par l'excédant de production et de consommation et par l'accroissement des impôts indirects.

Quant à l'enseignement de l'agriculture dans les écoles primaires, il ne paraît pas appelé à donner des résultats appréciables.

L'État pourrait encore donner une vive impulsion à l'agriculture en diminuant considérablement l'impôt du sucre et, par conséquent, en développant la culture de la Betterave, source de profits et d'améliorations considérables.

Si l'étranger continue à jeter sur le marché français, comme il l'a fait dans les années précédentes, des masses de céréales, de viandes salées et fraîches, le Gouvernement se trouvera placé entre cette alternative, ou de voir le sol abandonné par ceux qui le cultivent et, par conséquent, l'alimentation de la population livrée à la merci de l'étranger, la richesse publique et conséquemment le travail et le taux des salaires diminués, ou d'opérer la réforme de notre régime douanier. Il convient évidemment de faire tout ce qui est humainement possible avant d'arriver à cette dernière mesure ; mais, s'il venait à être démontré qu'elle est indispensable à la prospérité de l'agriculture, il faudrait bien s'y résigner, au moins à titre temporaire.

DÉPARTEMENT DES VOSGES.

40. — *Réponse de M. Aymé.*

Médonville, le 29 mai 1879.

1° La division de la propriété dans la petite contrée dont je vais parler, est à peu près telle qu'elle existait avant 1861. Le morcellement exagéré est, à mon sens, fort nuisible à tout progrès. Que faire, en effet, de parcelles de 10 ares, et même plus petites, qui se trouvent dans des espaces de 6, 8, 10 hectares et plus ? La routine, dans des terres ainsi divisées, est toute-puissante. Le cultivateur intelligent et laborieux qui désirerait améliorer ses parcelles devient, aussitôt qu'il fait un effort, la victime de voisins ineptes, jaloux et souvent querelleurs, qui lui suscitent des procès de bien des sortes ; de là, découragement et, par suite, impossibilité de penser à la plus petite amélioration.

2° De ce qui précède, il résulte forcément que la production des céréales et autres produits n'augmente pas, et si peu que la température soit inclémente, elle diminue ; car on pourrait citer passablement de petites propriétés appartenant à des individus routiniers, indolents et inintelligents comme ceux dont je viens de parler, qui n'ont pas reçu d'engrais depuis peut-être 15 ou 20 ans. Dans de telles conditions, que peut-on espérer ?

Si la grande culture et la moyenne ne venaient pas, dans les rares localités où elles sont possibles, combler le déficit des céréales que le morcellement par trop exagéré des terres occasionne, on pourrait se préoccuper de l'alimentation du pays.

3° L'élevage du bétail a fait des progrès depuis une trentaine d'années ; mais il laisse encore beaucoup à désirer. Généralement les animaux, chez le petit cultivateur, sont assez mal logés, assez peu soignés, et leur engraissement n'est pas facile à obtenir.

Les prairies, sur bien des points, sont envahies par des herbes peu substantielles, parfois nuisibles au bétail, et, comme pour les terres arables, les améliorations sont fort difficiles, vu, en quelque sorte, l'impossibilité de se mouvoir sans être appelé devant la justice.

Avec ce morcellement exagéré, les instruments aratoires servent bien peu dans cette contrée ; ils y sont en quelque sorte inconnus, par le motif qu'on ne peut en faire usage que très-exceptionnellement dans quelques fermes de moyenne culture.

4° La production des plantes industrielles, sauf la Vigne, sur certains points, et la Betterave un peu ici, un peu là, ne compte pas dans la petite région dont je parle.

5° Les forêts qui existent en assez grande quantité dans cette région, sont généralement riches et bien aménagées.

Elles produisent des Chênes d'une belle et bonne qualité, qui sont employés à la fabrication de certains meubles. Les particuliers ont par trop usé celles qui leur appartiennent.

6° Je ne connais qu'une ou deux industries agricoles dans le rayon dont je parle : ce sont des féculeries de peu d'importance. Généralement le sol de cette région n'est pas favorable à la Pomme de terre pour qu'on puisse donner de l'extension à sa culture ; ce tubercule vient assez gros, mais la pourriture le détruit trop facilement.

7° L'outillage agricole, en ce qui concerne les instruments principaux, charrues, herses, rouleaux, etc., a été amélioré, mais les grandes machines, les faucheuses, les moissonneuses, etc., ne pouvant guère fonctionner, vu le morcellement de la propriété, sont peu utilisées. Toujours à cause de la grande division du sol, le drainage et les irrigations ne se font que rarement. D'un autre côté, les produits agricoles n'étant pas suffisamment rémunérateurs, l'argent manque au possesseur du sol pour l'améliorer, en présence, surtout, de l'excessive cherté de la main-d'œuvre qui, largement rémunérée par l'industrie, lorsqu'elle est prospère, entend être payée de même par l'agriculture. A mon sens, en envisageant la question d'un peu haut, il y a lutte, bien involontaire, sans doute, entre l'industrie et l'agriculture pour se procurer des bras, et comme l'industrie est plus riche que l'agriculture, celle-ci est obligée de faire des sacrifices pour se maintenir ; mais, en définitive, ces sacrifices deviennent trop lourds et il faut redouter une catastrophe : pour moi, on en est là. On peut attribuer à ces causes, la dépopulation par trop sensible des campagnes au bénéfice des villes et surtout des villes industrielles et commerçantes. Il y a des communes rurales qui n'ont plus guère, pour venir en aide à l'agriculture, que des vieillards, quelques personnes moins âgées, mais peu aptes au travail, et quelques jeunes gens de douze à dix-huit ans.

8° Les engrais commerciaux sont peu utilisés dans cette

contrée. Les fumiers sont employés, mais ils ne sont pas toujours bien soignés pour pouvoir produire les effets qu'ils devraient réaliser.

9° En parlant sur les questions indiquées au numéro 7, celle posée ici a été touchée, et il résulte de ce qui a été dit que l'industrie ne laisse pas assez de bras à l'agriculture. La France oublie par trop qu'elle est plutôt un pays agricole qu'un pays industriel. Aujourd'hui le mal se fait sentir assez fortement ; mais, dans quelques années, si une modification ne se produit pas, que sera-t-il? C'est par l'instruction que ce mal peut être combattu. Depuis trop longtemps on pousse la jeunesse vers les sciences qui font naître et développent les idées industrielles et commerciales, sans trop s'occuper de diriger les aptitudes vers l'agriculture. La jeunesse est séduite par ce que présente de brillant et d'agréable l'existence des centres de population et, naturellement, elle y va avec un petit emploi soit dans une administration, soit dans une manufacture.

10° Les impôts fonciers ne sont pas précisément trop lourds ; mais les *centimes* qui viennent, en quelque sorte, s'y ajouter chaque année, accablent l'agriculture. Lorsqu'on pense aux centimes demandés et votés pour les routes, les chemins, les écoles, les gardes champêtres, l'entretien des bâtiments départementaux et communaux, sans compter les prestations dont le prix augmente trop souvent, on est tout surpris que le sol ne s'affaisse pas sous de telles charges. Et si, à toutes ces dépenses, on ajoute celles causées par les curages de ruisseaux, de fossés, les bornages, etc., etc., dépenses assez généralement provoquées par le mauvais vouloir de certains individus, que dire encore? Ces dépenses peuvent être atténuées. L'agriculture serait reconnaissante au législateur qui lui viendrait en aide de ce côté : lui signaler le mal, c'est déjà faire naître des espérances.

11° La viabilité, les moyens de transport, les débouchés sont à peu près suffisants par ici. La loi sur les chemins vicinaux a produit des résultats qui ont changé la face du territoire. Sans ces heureux résultats, on ne sait où en serait à ce jour l'agriculture. Actuellement il resterait simplement quelques rectifications à faire pour arriver aux chemins de fer ; mais l'industrie, généralement dominante dans les Conseils départementaux, ne s'occupe guère que des grands moyens de transports — *de minimis non curat* — et toujours l'agriculture reste en droit de se plaindre.

Je n'ose aborder la question indiquée au n° 5 de la lettre ministérielle. Cette question renferme cependant tout ce qu'il est possible de dire touchant notre agriculture dans l'état présent et dans l'avenir. Il faut être placé dans les hautes régions gouvernementales pour se permettre d'envisager, avec assez de certitude, les effets produits par la législation sur les grains et les traités de commerce. On peut, néanmoins, faire observer que cette législation a fait ses preuves, pendant vingt ans, en donnant à la France une prospérité qu'elle n'avait pas encore connue. Il me semble qu'en stimulant toutes les contrées de notre pays à produire les choses les plus appropriées à leur sol, on pourrait aisément procurer à la nation un bien-être aussi grand que possible, puisque chacun aurait à peu près l'assurance de trouver tout ce qui est nécessaire à la vie. En s'entendant ensuite avec les autres nations pour l'échange de ces produits, conformément à des tarifs arrêtés en commun, on obtiendrait, autant que possible, le moyen de sauvegarder les intérêts des producteurs et des consommateurs, car chacun aurait la possibilité d'agir d'une manière conforme à ses besoins.

Mais au-dessus de ces questions sérieuses, difficiles à résoudre, se présente celle bien plus importante de la répartition des forces productives du pays entre l'agriculture et l'industrie.

Il est indubitable que si l'industrie prend jamais un développement par trop étendu, presque tous les bras iront à elle, et l'agriculture, placée dans l'impossibilité de

Enquête.   17

trouver des aides, sera obligée de s'arrêter, sinon de rétrograder et peut-être de succomber.

Pour éviter les malheurs qu'une telle situation pourrait amener, il est à désirer que l'importation des choses nécessaires à l'existence puisse avoir lieu dans les meilleures conditions possibles. A quoi serviraient des droits protecteurs dans de telles conjonctures ?

Ces considérations me sont suggérées par le désir du bien. Je puis me tromper, mais la situation dans laquelle se trouve en ce moment notre agriculture sauvegarde mes intentions.

Résumé et conclusions.

L'hectolitre de blé, au prix de 20 francs, n'a rien d'exagéré pour tout le monde. L'agriculture, malgré le morcellement extrême de la propriété, peut encore le produire à ce taux, tout en vivant assez bien elle-même, mais à la double condition que les bras ne deviendront pas plus rares pour elle et que les salaires n'augmenteront pas. Si, par malheur les aides ruraux venaient à manquer, d'ici à quelques années, la situation de la France deviendrait inquiétante, car la grande et la moyenne culture, en admettant qu'elles puissent se maintenir, ne pourraient à elles deux, parvenir à combler le déficit provenant de la chute de la petite agriculture, si répandue partout.

L'Avoine et les autres menus grains sont encore assez rémunérateurs. L'élève et l'engraissement du bétail le sont aussi ; mais le petit propriétaire et le petit cultivateur devraient s'appliquer à mieux loger et à mieux entretenir leurs bestiaux, y compris les chevaux et les moutons. Ces considérations sont du domaine des Comices et généralement ils remplissent bien leur mission,

Mais la question qui, à mes yeux, domine la situation, est celle relative à l'industrie. Dussé-je être taxé d'être prévenu, ce qui n'est pas, je répète que si elle va toujours en augmentant, notre agriculture succombera par l'unique motif que les bras lui feront défaut.

6ᵉ RÉGION. — EST.

Cette région renferme les départements de l'Ain, de la Côte-d'Or, du Doubs, du Jura, de la Haute-Saône, de Saône-et-Loire et de l'Yonne.

DÉPARTEMENT DE L'AIN.

41. — *Réponse de M. de Monicault.*

Versailleux, le 11 mai 1879.

Je suivrai l'ordre tracé par la Société nationale ; mais l'arrondissement de Trévoux, auquel se rapporte cette note, renfermant deux parties bien distinctes : 1° le plateau des Dombes ; 2° la Cotière, c'est-à-dire les riches versants qui descendent du plateau vers la rivière d'Ain et vers la Saône, je ferai à chaque question une double réponse :

P. pour le plateau des Dombes.

C. pour la Cotière.

1° *Division de la propriété ; sa valeur.* — P. Tendance à la division des exploitations et des propriétés. — Grandes et moyennes propriétés ; la valeur des terres est à peu près la même qu'en 1860 ; dans le centre du plateau, environ 1,000 francs à l'hectare, tendance à augmenter.

C. Morcellement rapide jusqu'en 1860, presque arrêté depuis cette époque. Tendance à reconstituer les petites propriétés par la réunion des parcelles, à cause des difficultés que crée la main-d'œuvre pour l'exploitation de ces parcelles. Tendance à la dépréciation, sauf pour les prairies; à peu près même valeur qu'en 1860, de 4,000 à 8,000 francs l'hectare.

2° *Production des céréales* (Blé). — P. 12 hectolitres à l'hectare environ, vers 1860, passant à 15 hectolitres (sauf pour les deux dernières années).

C. Environ 20 hectolitres. Le produit n'a guère varié depuis 1860.

3° *Elevage, engraissement, produits animaux.* — P. Progrès sensibles dans ces dernières années, l'élevage se développe, les produits de la laiterie s'améliorent; on commence à comprendre l'importance des produits animaux, mais les progrès sont bien lents. On engraisse peu.

C. Les vaches laitières constituent une ressource importante, mais néanmoins fort mal utilisée. —L'élevage est peu soigné.

4° *Vignes.* — P. Quelques essais intéressants et réussis.

C. Rapide extension et très-bonne culture jusqu'en 1870; la crainte du phylloxera et surtout la rareté de la main-d'œuvre en arrêtent le développement.

5° *Production forestière.* — P. Destruction très-regrettable de quelques taillis et de haies; il y aurait grand intérêt, au point de vue climatérique et hygiénique, à encourager les plantations.

C. Néant.

5° *Industries agricoles.* — P. C. Pour ainsi dire nulles; quelques petites huileries.

7° Les machines ont été introduites par le comice de Trévoux depuis quelques années. — Bon outillage, de batteuses à vapeur à grand travail (anglaises et françaises), de moissonneuses, de faucheuses, de râteaux à cheval, etc. La grande gêne des cultivateurs arrête aujourd'hui le développement de l'emploi des machines. Drainage : quelques essais; la nécessité du défoncement prime celle du drainage, opération trop onéreuse jusqu'à ce jour dans des terres très-compactes et maigres ; les irrigations commencent à être appréciées ; chaulage modéré, anciennement pratiqué.

8° *Emploi de engrais commerciaux et des fumiers.* — P. Pas d'engrais commerciaux. Chaux et cendres, un peu de fumier acheté dans les villes.

C. Peu d'engrais commerciaux. Fumier acheté.

9° *Nombre des bras employés et prix de la main-d'œuvre.* — P. Depuis 1860, le nombre des bras employés a diminué d'un quart environ ; la qualité de la main-d'œuvre a aussi beaucoup diminué.

Tout homme instruit va à l'industrie ; les étrangers qui venaient faire les fenaisons et la moisson, ont cessé de rechercher ces pénibles travaux.

Tant à cause de l'élévation des prix que de la qualité défectueuse de la main-d'œuvre, on peut dire que, pour toute la saison d'été, les prix ont doublé ; les gages à l'année ont augmenté d'un tiers ; dans certains moments les ouvriers font défaut.

C. Dans la Cotière, la petite culture pouvant plus facilement payer des prix élevés, souffre relativement moins de la cherté de la main-d'œuvre, elle y est toutefois rare.

10° Depuis 1860, les impôts ont beaucoup augmenté du fait de l'Etat, du département et surtout des communes ; ils sont extrêmement lourds.

P. Sur le plateau, la totalité des centimes que supportent les contribuables s'est élevée (tout compris et selon les communes) jusqu'à 100, 200 et même 300.

C. A la Côtière, pays riche, le nombre des centimes est naturellement peu élevé, mais les charges n'en sont pas moins sensibles : les petites villes attirant à elles le plus clair du produit des centimes.

C'est ainsi que, dans une de ces communes, la totalité des impôts payés par une propriété de 80 hectares, prestations comprises, a passé de 405 fr. 20 en 1860, à 842 fr. 12 en 1870.

Et si le revenu brut de la propriété a augmenté, il ne représente que l'intérêt de l'argent employé et des améliorations.

11° *Viabilité, débouchés.* — P. Création d'un magnifique réseau de routes, depuis 1859. Chemin de fer, débouchés faciles.

C. Chemins de fer, débouchés faciles.

La Cotière, pour la partie qui est grande banlieue de Lyon, a plutôt perdu que gagné depuis la création des chemins de fer.

Commerce de la boucherie, de la boulangerie et traités de commerce.

Il est désirable de voir donner toute liberté et sécurité au commerce de la boucherie et de la boulangerie, l'agriculture n'a qu'à y gagner.

Il faut faciliter le commerce de la boucherie par tous les moyens possibles : abattage hors des villes, suppression d'octrois, vente au détail (dans les villes) par les marchands ambulants, comme cela a lieu pour les fruits, les légumes, les fromages, etc.; diminution des frais de transport, facilités pour les expéditions et livraisons, etc.

On peut réaliser, de ce chef, d'importantes économies au grand bénéfice des producteurs faisant de la première qualité. Quant aux traités de commerce, nous n'avons qu'à reproduire, ici, les vœux émis, à ce sujet, par le Comice de Trévoux, qui proteste énergiquement contre toute mesure qui tendrait à faire à l'agriculture française une situation dans laquelle les principes d'une rigoureuse égalité et d'une juste réciprocité ne seraient pas observés.

Les intempéries de ces dernières années ont évidemment une part considérable dans l'état de gêne et même de misère des cultivateurs, pour les Dombes surtout ; mais il y a des causes plus générales et plus profondes.

La situation de l'agriculture est devenue critique dans notre circonscription, et on sera frappé de voir que, depuis 1860, après quelques oscillations, la valeur de la propriété, en général, n'a pas sensiblement changé.

Les causes qui, selon nous, ont amené la situation actuelle sont, par ordre d'importance :

1° Le défaut d'instruction technique des cultivateurs et souvent aussi des propriétaires qui n'ont pas su faire en temps utile les transformations nécessaires ; l'insuffisance du capital agricole.

2° L'élévation du prix de la main-d'œuvre.

3° L'accroissement des charges de toute nature, non compensé par l'augmentation des produits.

4° La concurrence très-redoutable des produits étrangers : Italie, Allemagne, Russie méridionale, Amérique.

5° Les intempéries des dernières années.

Pour assurer la prospérité de l'agriculture, il faudrait, en toutes choses, lui faire une part équitable.

L'équilibre a été rompu entre les deux forces productives du pays, depuis 1860 ; on a tout fait pour developper, outiller, instruire et même protéger l'industrie ; on n'a, pour ainsi dire, rien fait pour l'agriculture.

Il n'est donc pas étonnant qu'après une période de vingt années, où tout a marché à pas de géant autour de nous, l'agriculture se trouve dans une situation d'infériorité pleine de difficultés.

Les dernières mauvaises récoltes n'ont fait que rendre plus vive et plus sensible une crise dont l'échéance était fatale.

Pour sortir de cette crise, il faut faire un effort énergique : le concours de tous est nécessaire.

Que l'Etat cesse d'avoir deux poids et deux mesures pour l'industrie et pour l'agriculture ; qu'il fasse pour nous tout ce qu'il a fait pour l'industrie au point de vue de la législation, du crédit, des échanges, des dégrèvements, de l'instruction, etc.

Que les départements entrent plus largement dans la voie de l'enseignement agricole, des études et des encouragements agronomiques. (La fondation dans chaque département d'écoles moyennes d'agriculture est indispensable). Il serait si facile, pour l'Etat comme pour les départements, d'obtenir de grands résultats avec des dépenses relativement modestes appliquées aux études et aux encouragements agricoles.

Mais c'est aux propriétaires et aux cultivateurs, à faire le grand effort.

Quant aux transformations culturales à opérer dans l'arrondissement de Trévoux, nous pensons que, dans la Cotière, on doit faire de la culture, de plus en plus intensive et maraîchère, appuyée sur l'entretien d'un grand nombre de vaches laitières.

Pour le plateau des Dombes, développement rapide (cela est relativement facile) de la culture herbagère et fourragère, substituée à la culture des céréales. Elevage sur une grande échelle et accessoirement engraissement. Dans cette contrée, où les cultivateurs ont peu d'avances, il est indispensable que le propriétaire intervienne largement dans l'œuvre de transformation. La division des grandes fermes et le métayage seraient les conditions nécessaires d'une fructueuse et rapide transformation.

Les propriétaires et les cultivateurs ont besoin d'être éclairés et instruits. La situation est difficile, et il est urgent de montrer par des actes ce que le gouvernement veut faire pour l'agriculture.

Il est grand temps d'arrêter un découragement qui gagne chaque jour du terrain et qui entraînerait, pour le pays tout entier, de fâcheuses conséquences.

Note. — Il n'est pas possible de parler de l'économie rurale des Dombes, sans dire un mot des étangs qui jouent, dans cette contrée, un rôle si considérable et couvrent encore 10,000 hectares de son territoire.

Depuis 1860 on a desséché, avec le concours et sous

l'impulsion du gouvernement, environ 6,000 hectares d'étangs. Ce desséchement précipité a été une faute.

Le desséchement devait être la conséquence naturelle d'une transformation culturale bien conçue, sagement conduite et encouragée par l'Etat dans l'intérêt de la salubrité, et non précéder cette transformation.

On a détruit une source de richesse que rien n'a remplacé; on a fait disparaître, dans beaucoup de cas, de précieux réservoirs dont il aurait fallu encourager la conservation. Enfin, au point de vue du seul but que poursuivait le Gouvernement, l'assainissement, on en retardera les progrès, car les propriétaires et les cultivateurs, déçus dans les résultats de l'opération à laquelle les a entraînés l'appât des primes, se décideront bien difficilement, aujourd'hui, à entreprendre le desséchement de ceux de leurs étangs dont la suppression pourrait améliorer l'etat sanitaire du pays.

Il ne faut pas perdre de vue que le produit des étangs est au moins le double du produit des terres et qu'au point de vue du régime des eaux, beaucoup d'entre eux ont une importance considérable.

DÉPARTEMENT DE LA COTE-D'OR.

42. — *Réponse de M. Detourbet.*

Vantoux, par Dijon, 4 juin 1879.

Voici les renseignements que désire la Société nationale sur la situation actuelle de l'agriculture, comparée à celle des six années qui viennent de s'écouler.

1° La division de la propriété et le morcellement ont suivi une marche progressive.

2° La production des céréales s'est accrue par une meilleure culture et des engrais plus nombreux. Les assolements sont restés les mêmes, mais avec une tendance à placer des prairies artificielles sur les terres destinées à la jachère.

3° L'élevage est à peu près stationnaire, mais l'engraissement a fait des progrès. Cet engraissement a lieu au moyen d'acquisition de vaches prêtes à vêler; le veau est vendu jeune, le lait de la mère est conduit à la ville, et lorsque cette vache cesse de donner du lait, on l'engraisse.

4° La production forestière est la même, sauf quelques plantations de Pins silvestres et d'Epiceas.

5° La culture de la Vigne a pris une très-grande extension; il y a quelques plantations de Houblon.

6° En fait d'industrie agricole, je ne connais que l'établissement d'une fabrique de moutarde, assez importante pour être mise en mouvement par un cours d'eau.

7° L'emploi des machines agricoles, surtout des faucheuses et des moissonneuses, s'est étendu, ainsi que le drainage.

8° On fait un usage plus fréquent des engrais industriels.

9° Malgré les machines, la main-d'œuvre devient de plus en plus rare et ses prix s'élèvent naturellement chaque jour.

10° Les impôts sur la propriété se sont accrus par de nombreux centimes additionnels votés par le Conseil général et les Conseils municipaux. Dans certaines localités l'augmentation a été d'un tiers.

11° La viabilité et les moyens de transport ont fait de grands progrès.

Quant à l'influence de la législation et surtout des traités de commerce, elle a été très-sensible sur le prix des laines d'abord, qui va chaque année en s'abaissant, et sur les céréales dont le cours ne s'est soutenu qu'en raison de la mauvaise récolte de 1878.

Il est probable que, avec l'abondance, le prix des céréales s'avilirait comme en 1848.

Les taxes exagérées des octrois sur les vins paralysent la

vente de ce produit et mettent l'ouvrier dans la nécessité de renoncer à acheter du vin en fût pour le consommer en famille.

Si la diminution des heures de travail a procuré quelque avantage aux manouvriers, elle a été très-nuisible aux fermiers et à la moralité des ouvriers des villes.

Ceux-ci, en effet, après la journée terminée à six ou sept heures du soir, courent aux cafés chantants, aux alcazars, aux cafés, cabarets, et y restent jusqu'à une heure avancée de la nuit.

C'est ainsi qu'une chose qui, au premier aperçu, peut sembler favorable, devient pour l'ouvrier des villes une cause de ruine physique et morale.

D'un autre côté, ces plaisirs, ces jouissances, plus ou moins honnêtes, sont enviés par la jeunesse des campagnes et ne sont pas la moindre cause de la désertion de celle-ci.

Tant il est vrai, comme l'a dit un des plus sages de nos rois, « qu'à côté du désir d'améliorer, il y a le danger d'innover. »

---

43. — *Réponse de M. Baudouin.*

Châtillon-sur-Seine, le 9 août 1879.

En suivant l'ordre du questionnaire, je formule mes réponses ainsi qu'il suit :

1° *La division de la propriété.*

La division de la propriété, qui a commencé à s'accentuer d'une manière sensible, à partir de l'année 1830, n'a fait que croître jusqu'à l'époque où les capitaux, même les plus faibles, se sont portés sur les fonds d'Etat et les valeurs industrielles, c'est-à-dire, jusqu'à peu près vers l'année 1865. L'habitant de la campagne, qui jusqu'alors

plaçait ses économies dans l'acquisition de parcelles de
terre, séduit par un produit qui lui paraissait préférable,
employa son argent à acheter des valeurs, et, les terres,
qui antérieurement étaient chaudement disputées dans les
ventes, trouvent aujourd'hui difficilement des acquéreurs,
même avec une baisse de prix de 50 pour 100. De cet état
de choses résulte ce fait que les acheteurs de propriétés
étant beaucoup moins nombreux, la division du sol se
trouve beaucoup moindre.

2° *La production des céréales.*

L'immense progrès fait par la culture avant 1861 ayant
fait donner aux terres de notre contrée un rendement en
céréales qui ne peut guère être bien sensiblement dépassé
d'une manière utile pour le producteur ; ce rendement est
encore à peu près le même aujourd'hui.

3° *L'élevage, l'engraissement et les produits divers des animaux domestiques.*

Rien de nouveau n'est à signaler à cet égard. Deux faits
toutefois sont à noter :

1° L'élevage de l'espèce ovine, qui est à peu près le
même qu'avant 1861, a semblé pendant quelques années
se spécialiser, chez un certain nombre de cultivateurs, par
la production de béliers ; mais cette industrie est aujour-
d'hui assez limitée ;

2° L'élevage du cheval prend d'année en année une plus
grande extension ; aujourd'hui, les cultures d'une centaine
d'hectares, et souvent de moins importantes, produisent
ordinairement les chevaux dont elles ont besoin.

4° *La production des plantes industrielles.*

La situation serait sensiblement la même qu'avant 1861
sans l'établissement à Châtillon d'une sucrerie, qui dans

un certain rayon a donné naissance à la culture de la Betterave à sucre ; mais la cherté de la main-d'œuvre nuit à l'extension de cette culture, qui, paraît-il, ne dépasse guère de 8 à 10 millions de kilogrammes.

Quelques tentatives de culture de Houblon ont été faites ; les unes ont été abandonnées ; les autres se poursuivent encore, mais le tout sur une échelle si restreinte, qu'il n'en est ici question que pour mémoire.

5° *La production forestière.*

Cette production ne paraît pas avoir varié, si l'on n'envisage que la quantité de bois livrée chaque année au commerce et à l'industrie ; mais, il en est autrement, si l'on considère le produit en argent. En effet, un grand nombre de forges et de hauts-fourneaux ayant, depuis les traités de commerce, éteint leurs feux, les charbonnettes que, chaque année, ces usines se disputaient à des prix très-élevés, se vendent aujourd'hui beaucoup moins cher. Il est vrai que le bois de chauffage et de travail a augmenté de prix sensiblement ; mais cette augmentation ne semble pas avoir compensé la baisse du prix des charbonnettes.

6° *Les industries agricoles.*

Quelques distilleries de Betteraves, ne donnant pas de produits rémunérateurs, ont disparu.

Une sucrerie s'est établie à Châtillon depuis quelques années seulement ; elle semblerait désirer plus d'extension à la culture de la Betterave à sucre.

Les fromageries se sont développées d'une manière très-sensible depuis 1861, et paraissent donner de bons produits à ceux qui les exploitent. Ce sont surtout les petits cultivateurs éloignés de la ville qui fournissent les fromages à ces établissements. L'extension donnée à cette fabrication est telle que le beurre fait maintenant souvent défaut sur les marchés de la localité. Dans un certain rayon autour de la ville, le lait est vendu en nature, comme étant d'une vente plus avantageuse que le fromage et le beurre.

7° L'outillage agricole, le drainage, les irrigations et autres amé-liorations foncières.

L'outillage agricole n'est assez complet que chez les cultivateurs aisés et qui ont au moins une centaine d'hectares de terres. Chez les autres, qui sont de beaucoup les plus nombreux, l'outillage se réduit ordinairement à ce qui est strictement indispensable. Les machines qui, avant 1861, ne comprenaient guère que des batteuses et des tarares, comprennent, aujourd'hui, les trieurs, les râteleuses, les faucheuses et les moissonneuses. C'est le manque de bras qui, chaque année, se faisant sentir davantage, a forcé les plus forts cultivateurs à avoir recours à ces diverses machines. Leur emploi, du reste, est encore très-limité et ne semble pas devoir prendre une bien grande extension, en raison de la petite étendue du plus grand nombre des fermages, qui ne comporteraient pas une mise de capitaux disproportionnée avec cette étendue même. D'un autre côté, on ne veut pas s'associer pour l'achat en commun de machines, dont l'usage semblerait offrir dans la pratique de grands inconvénients et de grandes difficultés.

Quelques opérations de drainage et d'irrigation ont été faites il y a à peu près vingt ans. Depuis cette époque, il ne paraît pas qu'il en ait été fait beaucoup de nouvelles. Quelques projets formés depuis plusieurs années n'ont pas été suivis d'exécution. Le prix des baux ruraux, tendant chaque année à baisser davantage, éloigne les propriétaires de s'engager dans cette voie. Les valeurs diverses appellent d'ailleurs les capitaux qui désertent de plus en plus l'agriculture.

8° L'emploi des engrais commerciaux et du fumier.

Le fumier de ferme est généralement employé de préférence à tout autre engrais. Chaque cultivateur cherche, autant qu'il le peut, à augmenter sa production à cet égard. Cependant, on voit encore, dans un certain nombre de villages, le purin des étables se perdre sur la voie publique avec les eaux pluviales. Cette incurie tend à disparaître, et, à chaque année, on peut constater des améliorations à cet égard.

Quant aux engrais commerciaux, les cultivateurs aisés ont seuls essayé d'en faire usage. Un certain nombre, du reste, y ont renoncé à la suite de tromperies qui ont amené des mécomptes, et aussi à cause des difficultés qu'on rencontre, en dehors des grands centres, pour la constatation de la qualité vendue.

9° Le nombre des bras employés à l'agriculture et le prix de la main-d'œuvre.

Le manque de bras se fait lourdement sentir à la culture. Non-seulement les ouvriers agricoles désertent la campagne pour se porter sur les grands centres, où des prix plus élevés et des jouissances de diverses sortes les attirent; mais encore, les fils de propriétaires, cultivant leur propre bien, quittent généralement la maison et la profession paternelles. Cet état de choses s'accentue chaque jour davantage, et, ce qui n'était qu'une gêne, il y a une quinzaine d'années, est devenu, aujourd'hui, un véritable empêchement.

Quant au prix de la main-d'œuvre, on peut dire qu'il va toujours croissant, surtout depuis quelques années, et cela, le plus souvent, sans transitions graduelles. Les prix payés, aujourd'hui, semblent en moyenne être de 30 à 50 pour 100 supérieurs à ce qu'ils étaient il y a une quinzaine d'années.

10° Les impôts fonciers et autres qui grèvent la propriété.

Les prix payés pour les divers travaux de la culture ayant considérablement augmenté, sans que le prix et le rende-

ment des produits agricoles aient suivi la même progression, il en est forcément résulté, et, sans parler d'autres
causes, une grande dépréciation de la propriété terrienne.
Si l'on joint à cela la lourde charge des impôts de toute na-
-ture, qui, sous différentes dénominations, grèvent la propriété, on ne sera pas étonné du grand discrédit dans lequel elle est tombée. On pourra s'expliquer pourquoi la
valeur de la terre n'est guère représentée aujourd'hui que
par son produit capitalisé à 5 et même à 7 pour 100, tandis
qu'il y a une quinzaine d'années, cette même valeur était
encore représentée par le produit capitalisé à 3 et le plus
généralement à 2 1/2 pour 100.

Cette grande baisse dans la valeur de la propriété terrienne a produit certains effets, qui doivent naturellement
être signalés ici. L'un de ces effets est la grande difficulté,
sinon l'impossibilité pour les propriétaires de trouver des
fermiers consentant des baux en rapport avec les charges
qui pèsent sur la propriété elle-même. Et, à cet égard, on
pourrait citer telle ferme qui, n'ayant pu trouver de fermier, est aujourd'hui en friche et sur le point d'être plantée
en bois, afin de ne pas rester une terre complétement inutile. Un autre de ces effets, et qui lui-même n'est que la
conséquence du premier, c'est de faire passer la propriété
de la terre des mains du propriétaire dans celles de celui
qui la cultive lui-même. Cette transformation, qui est déjà
presque complétement accomplie pour les terres en nature
de Vigne, est maintenant, on pourrait le penser, en voie de
s'accomplir pour celles en nature de terre arable.

11° *La viabilité, les transports et les débouchés.*

La viabilité qui, depuis quarante ans, n'a fait que s'a-
méliorer, laisse peu à désirer aujourd'hui.

Les transports s'effectuent facilement, mais à des prix
qu'il serait désireux de voir réduire par les Compagnies de
chemins de fer.

Les débouchés sont suffisants pour les divers produits agricoles, à l'exception des laines qui chaque année se vendent de moins en moins facilement.

---

44. — *Réponse de M. de Vergnette-Lamotte.*

Beaune, 3 juillet 1879.

Division de la propriété.

En 1866, j'ai dû, comme membre de la Commission d'enquête sur l'agriculture, faire, dans les comptes rendus de cette enquête, un Rapport auquel je me permettrai de renvoyer pour toutes les questions générales géologiques et agricoles de la Côte-d'Or ; je me contenterai donc de répondre aussi succinctement que possible au questionnaire de la Société nationale.

Toutes les fois qu'une grande propriété est mise en vente, elle est achetée par ce que nous appelons ici des marchands de domaines et vendue en détail. Dans ce cas, les grandes parcelles de terre sont divisées et achetées par de riches cultivateurs. Il se constitue ainsi dans le pays une moyenne propriété qui ne tarde pas, pour son exploitation, à passer entre les mains de petits fermiers. La division d'un champ en petites parcelles était, il y a quelques années, générale dans les successions de nos paysans ; elle l'est moins aujourd'hui.

Production des céréales.

Le pays ayant peu d'industries agricoles (distilleries, sucreries, etc), la production des céréales n'a pas varié depuis six ans. Elle descend pour le Blé à **12** hectolitres par hectare pour s'élever à **23**. Le rendement de **25** hectolitres est rare. Pour quelques terrains de choix, on a pu

obtenir 30 hectolitres dans des années de fertilité exceptionnelle. Le rendement de nos terres en Orge et Avoine
peut être évalué de 26 à 30 hectolitres par hectare.

Élevage des animaux domestiques.

Les cantons de la montagne (pays d'Auxois) comptent
aujourd'hui un grand nombre d'éleveurs distingués; on y
multiplie les prés, les pâtures, et la belle race Charolaise y
réussit admirablement. C'est sur la production de la
viande qu'est surtout dirigée l'agriculture des fermiers de
ces cantons; sur les hauts plateaux de notre chaîne, l'élevage du mouton y conserve une grande importance. Dans
les environs des villes et de nos gros villages, nous avons
de nombreuses écuries de bonnes vaches laitières; le produit du lait, vendu en moyenne 17 centimes 1/2 le litre,
le haut prix du fumier, dont la valeur est pour le vigneron
de 10 francs le mètre cube, rendent très-rémunérateur ce
genre d'industrie.

Les produits de la basse-cour donnent aussi à la ferme
de beaux bénéfices.

Le bas prix de la viande de porc de provenance américaine tend à nous faire abandonner l'élevage du cochon.

Production des plantes industrielles.

La Vigne est la grande plante industrielle de la Côte-
d'Or. Le département compte aujourd'hui 3,500 hectares
de pinots et 3,200 hectares de gamays. La culture de la
Vigne est prospère malgré les impôts considérables qui la
frappent, malgré les intempéries et les parasites auxquels
elle est sujette. Nous ne savons ce que nous réserve l'invasion phylloxérique, nous y résisterons de tout notre pouvoir, de toutes nos forces; l'État et le Conseil général nous
prêtent le plus sympathique concours dans cette lutte à
outrance.

Nous avons dans la Côte-d'Or quelques houblonnières;

elles ont, au début surtout, donné de très-beaux résultats.

Notre département n'élève plus de vers à soie.

La culture du Tabac lui est interdite.

Le Colza, sur les bords de la Saône, donne de riches récoltes.

Nous cultivons la Betterave fourragère, mais l'éloignement des sucreries fait que nous ne produisons qu'en faible quantité la Betterave à sucre.

Productions forestières.

La production forestière a peu augmenté. Quelques terrains communaux de nos montagnes ont été plantés en résineux par les soins de l'administration ; le Pin noir d'Autriche y réussit bien.

Nos vieilles forêts de l'État et des particuliers sont, dans la plaine surtout, très-bien aménagées.

Industries agricoles.

Nous avons, je le répète, très-peu d'industries agricoles dans le département : on rencontre quelques sucreries et quelques distilleries dans les environs de Dijon ; la colonie pénitentiaire de Cîteaux possède une belle fromagerie. Les deux ou trois magnaneries que comptait le pays ne travaillent plus. Les huileries sont nombreuses dans le département, mais elles ont peu d'importance. Toutes nos villes possèdent des brasseries bien organisées.

Outillage agricole, etc.

L'outillage agricole se généralise dans le pays. Nos plus petits fermiers ont des batteuses à manége. Les grandes exploitations possèdent des moissonneuses, des faucheuses, des râteaux à cheval, etc.

Quelques terrains sont drainés ; depuis 1855, je n'ai, personnellement, point cessé de faire du drainage dans mes propriétés ; cet exemple a été suivi dans mon voisinage et, toutes les fois que l'occasion s'en est présentée, j'ai mis mon outillage à la disposition des cultivateurs.

Les irrigations sont assez bien entendues dans la Côte-d'Or. Je citerai encore l'exemple que, dès l'année 1846, j'ai donné au pays avec le concours de M. d'Esterno, et les 35 hectares de prairies que j'ai créés depuis cette époque sur mes propriétés. Le capital de création a toujours, dans ce genre d'amélioration foncière, donné un intérêt élevé.

Engrais.

On emploie moins qu'on ne le devrait les engrais industriels. Cela tient à ce que le fumier de ferme est encore celui qui réussit le mieux dans la culture de la Vigne. Les poudrettes et les superphosphates sont, avec les fumiers de ferme, les engrais les plus employés dans nos terres labourables ; les producteurs de vins communs achètent quelquefois des chiffons de laine et des débris de corne.

Main-d'œuvre.

Le haut prix donné aux ouvriers de la Vigne a fait augmenter, dans le département, le prix de la main-d'œuvre dans des proportions considérables ; tous les salaires se sont, depuis vingt ans, élevés de 1 franc à 2 fr. 40. Les bras manquent partout dans nos campagnes et, tandis que le travail y augmente chaque année, la population est restée stationnaire. Aussi le prix du fermage doit fatalement diminuer et cela en présence de l'aggravation des charges de l'agriculture.

Impôts fonciers.

L'impôt foncier (les centimes additionnels aidant) est plus élevé qu'il y a six ans et devient très-onéreux pour la propriété. Inutile d'ajouter que les impôts indirects et leur mode de perception continuent à être l'objet des plaintes de la viticulture.

Viabilité.

La viabilité est, en général, en assez bon état dans la Côte-d'Or; toutefois, nos chemins vicinaux ne sont pas tous terminés et nos chemins ruraux sont mal entretenus; la montagne attend ses chemins de fer, et Beaune le tramway qu'on lui promet depuis longtemps; ce tramway donnerait à nos produits, vins, pierres, etc., un débouché sur la Saône, les canaux et les chemins de fer de l'Est et du Nord-Est.

DÉPARTEMENT DU DOUBS.

45. — *Réponse de M. Paul Laurens.*

Besançon, le 23 mai 1879.

Le point qui doit fixer l'attention, c'est la comparaison de l'état de choses entre la période qui a précédé 1861 et celle des six dernières années.

Suivant ce que j'ai pu observer, cette comparaison est tout à l'avantage de la dernière période. Ce n'est pas à dire, cependant, que des transformations essentielles aient été opérées dans la tenue de nos terres. L'assolement triennal qui domine malheureusement chez nous, ne saurait se prêter à de telles transformations. Mais le travail des terres est meilleur, les prairies artificielles se développent, les cultures fourragères occupent la jachère morte; la production du fumier est plus abondante, et le rendement est, en définitive, plus rémunérateur.

La propriété est très-morcelée; sous ce rapport, il n'y a aucun changement à signaler. Plus que jamais, l'habitant des campagnes tient à posséder le fonds qu'il fait valoir. Il

ne faut pas trop se plaindre de cette tendance : j'y découvre
pour l'avenir une garantie et une chance de progrès, parce
que le propriétaire redouble de soins et d'efforts pour retirer
de son exploitation le revenu le plus avantageux. Les fermages, par le fait, deviennent de plus en plus difficiles.

J'énonçais, tout à l'heure, que le rendement du sol s'était
accru : en effet, l'hectare ensemencé en Blé rapporte en
moyenne ordinaire 16 hectolitres au moins, tandis qu'en
1856, on ne récoltait pas plus de 12 hectolitres.

L'élevage du bétail est resté à peu près stationnaire, en ce
sens que le chiffre des existences n'a pas sensiblement
varié ; mais les allures se sont modifiées. Le commerce des
bêtes maigres avec les herbagers du Nord, désignés sous le
nom de *Flamands*, s'est bien réduit ; l'engraissement se
fait maintenant sur place, dans des proportions beaucoup
plus grandes, et le cultivateur n'a pas à se repentir de ce
changement d'évolutions. Au prix où se vend la viande de
boucherie, il trouve tout bénéfice à conserver et à amener
ses animaux à l'état de mi-gras.

Nous n'avons, à proprement parler, pas de race attitrée.
Le département du Doubs était réputé autrefois pour sa
race *fémeline* ; mais celle-ci, dont il ne reste que des vestiges,
est lente dans sa croissance ; on va jusqu'à lui refuser la
qualité de laitière ; d'ailleurs elle s'accommode assez mal du
climat de nos hautes montagnes, et en dernière analyse la
défaveur en son endroit est en quelque sorte générale.

Les schwitz, saignelegier, purs ou croisés, les animaux
dits de la race de Montbéliard, obtiennent presque partout
la préférence.

La fabrication des fromages est l'une des branches capitales de notre industrie rurale : c'est au total de 5 *millions*
de kilog. que cette fabrication se chiffre par an. Il est à regretter que l'on ne se préoccupe presque pas du perfectionnement des méthodes et des procédés de travail, de telle
façon que la qualité de nos fromages laisse réellement à
désirer ; c'est à cette circonstance, tout autant qu'à la con-

currence active de nos voisins de la Suisse, qu'il faut attribuer la dépression des prix dont chacun se plaint en ce moment.

Tels produits qui se plaçaient couramment naguère à 144 francs les 100 kilog., ne rencontrent plus de preneurs à 119 et 120 francs. C'est une épreuve qu'il convient de subir sans défaillance et qui aura son bon côté, si elle peut déterminer nos associations de fromageries à surveiller et à améliorer leur fabrication.

Le nombre des fromageries ou *fruitières* n'a fait que se multiplier depuis 1841. Un recensement opéré par mes soins accusait alors une production totale de 3,500,000 kilog. En 1860, j'arrivais à 4,800,000 kilog., et en 1866, à 5,200,000 kilog.

La richesse forestière de nos contrées n'a point été altérée : elle est représentée par 100,000 hectares de bois domaniaux ou communaux, peuplés d'essences de valeur exceptionnelle, sapins, hêtres, etc.

Les aménagements n'ont pas varié dans ces dernières années. Les soumissions au sol forestier ne sauraient être que limitées.

La Vigne est stationnaire ; elle n'occupe d'ailleurs que 7,400 hectares dans les parties basses du département. On n'en est qu'à des essais d'amélioration par la plantation en lignes.

C'est sous le rapport de l'outillage que la face des choses, je ne crains pas de l'exprimer bien haut, a été rénovée complétement. Il y a quinze ans, la main-d'œuvre était encore abondante et économique ; mais dans ces dernières années, sous l'influence de causes diverses (extension excessive des travaux publics, exigences du service militaire, etc.), les ouvriers agricoles sont devenus rares, ou bien ils réclament des salaires dont le taux exagéré équivaut à un refus de services.

C'est au milieu de telles alternatives que l'intervention de la Société d'agriculture du Doubs a été notoirement efficace, en favorisant l'achat avec primes de ceux des instruments perfectionnés qui remplacent le plus avantageusement la main de l'homme (houes, araires, coupe-racines, faucheuses, faneuses, moissonneuses, etc.).

Le progrès, de ce côté, a été considérable depuis 10 à 12 ans.

La Société a organisé, il y a quatre ans, des entreprises de fauchage et de moissonnage, à l'aide de concessions qui permettent aux exploitants de louer leurs services aux meilleures conditions possibles pour le cultivateur.

Sans doute, l'impôt pèse lourdement sur la propriété; mais l'agriculture le supporte avec ce patriotisme patient qui est l'apanage des populations de Franche-Comté.

Du reste, les sacrifices demandés à l'impôt sont chez nous largement compensés par un système de viabilité très-complet.

La préoccupation de l'heure présente, votre honorable Société l'a très-bien compris, c'est l'incertitude de l'avenir, c'est cette menace d'une concurrence désordonnée de la part des Etats du Nouveau-Monde qui s'efforcent d'inonder les ports et les marchés d'Europe de la surabondance des produits de leur immense continent.

A ce flot, il faut opposer une barrière momentanée capable de rétablir l'équilibre, d'arrêter les écarts d'une spéculation hardie, et de rendre à tous ce calme, cette réserve, cette prudence, qui est l'unique et solide sauvegarde de la réciprocité et de la stabilité des relations internationales.

Voici quelques données qui semblent nécessaires pour compléter l'exposé ci-dessous.

La population du Doubs était :

En 1688,	de.	102,114 habitants.
En 1771,	de.	198,209 —
En l'an XII	de.	216,226 —
En 1876,	de.	306,094 —

dont moitié, suivant le classement par professions, figure sous la rubrique *Agriculture.*

L'étendue du territoire est de 522,895^h.65.

Les céréales, farines et prairies occupent dans cette étendue, savoir :

Blé.	59,823	hectares.
Méteil.	9,986	—
Seigle	1,963	—
Orge.	7,468	—
Avoine.	42,992	—
Sarrasin, Maïs.	3,151	—
Pommes de terre.	11,777	—
Prairies naturelles	92,216	—
Prairies artificielles	30,090	—
Prés non fauchables, pâturages.	78,090	—
Total.	337,556	hectares.

Une statistique de l'an XII représente, comme il suit, la division de nos cultures :

Terres cultivées	83,902	hectares.
Prairies naturelles.	44,758	—
Prairies artificielles.	1,539	—
Terrains communaux (ou pâturages).	30,507	—

Le rapprochement de ces chiffres permet de mesurer les étapes que l'agriculture locale a parcourues dans la voie du progrès.

L'effectif des animaux, d'après un dénombrement qui remonte à quatre ans, est de :

21,000 individus de l'espèce chevaline.

128,939 individus de l'espèce bovine ; mais ce chiffre qui se ressentait de la funeste influence du typhus, a dû se relever dans ces derniers temps.

65,799 individus de l'espèce ovine.

12,050 individus de l'espèce caprine.

31,637 individus de l'espèce porcine.

La statistique de l'an XII accusait l'existence de :

10,657 têtes de l'espèce chevaline.

117,275 têtes de l'espèce bovine.

103,841 têtes de l'espèce ovine.

25,470 têtes de l'espèce caprine.

25,880 têtes de l'espèce porcine.

Les espèces ovine et caprine devaient naturellement se restreindre avec l'extension des cultures.

Le département du Doubs a eu l'heureuse chance d'être doté, de bonne heure, de l'institution d'une chaire d'enseignement nomade de l'agriculture.

Le premier titulaire de cette chaire, M. le Dr Bonnet, s'est attaché, dès 1840, à la réforme de la vaine pâture et à la mise en valeur des terres vagues. Ses successeurs ont fait beaucoup pour le perfectionnement des méthodes de culture. M. Ph. Faucompré, qui remplit depuis 1867, les fonctions de professeur, n'est pas moins recommandable par son érudition solide que par sa haute intelligence des choses et des intérêts agricoles.

Le département a annexé, dès 1869, à la chaire d'enseignement, une ferme-école dont M. Ph. Faucompré est le directeur, et qui est appelée à rendre les plus grands services à nos populations rurales.

DÉPARTEMENT DU JURA.

46. — *Réponse de M. Emmanuel Gréa.*

Rotalier, 21 mai 1879.

Le peu de temps qui nous est accordé ne permet guère une étude approfondie et sera mon excuse si mes réponses aux questions posées sont, sur bien des points, forcément incomplètes ; je n'ai pas cru, cependant, devoir m'abstenir de transmettre à la Société les renseignements qui sont à ma connaissance, et même mes opinions personnelles.

1re Question.

La division de la propriété est toujours la même dans

ma région. Cette division est antérieure à la Révolution française, comme en témoignent les documents anciens. Elle continue à augmenter sur certains points, en même temps qu'elle s'amoindrit sur d'autres, par le mouvement naturel des fortunes. La situation générale ne paraît pas changer sensiblement. Le parcellement exagéré, qui en est la conséquence la plus fâcheuse, diminuerait certainement si des droits de mutation excessifs ne mettaient obstacle aux transactions qui ont le sol pour objet.

C'est là, à mon avis, un des côtés les plus déplorables de nos lois fiscales, et un de ceux dont on se préoccupe le moins. Les conditions de la culture appellent, sur bien des points, une transformation complète, qui ne sera possible que quand la terre sera devenue une valeur facilement négociable. Elle pourra alors se prêter aux changements de mains qui sont la condition nécessaire de toute révolution importante dans les procédés de culture.

2e Question.

La production des céréales paraît en léger progrès, d'après la statistique que la Société a certainement entre les mains. Il m'est impossible d'en contrôler les énonciations et je n'ai pas de motifs de les suspecter.

3e Question.

La production animale est certainement en progrès. Ce progrès est dû surtout à la hausse générale de toutes les espèces et de leurs produits. Les bestiaux sont d'une plus grande valeur, sont mieux entretenus, et tendent de plus en plus à devenir la spéculation favorite du cultivateur et sa meilleure source de profits. Les Concours ont rendu, par leurs enseignements, les plus grands services.

4e Question.

La principale culture industrielle est la Vigne. Elle vient

de passer par une série de faibles récoltes, qui ont découragé les vignerons ; elle est menacée de près par le
phylloxera. Cependant elle est encore en faveur. Mais la
hausse du prix des vins, qui paraît lui rendre son ancienne
prospérité, est enrayée par la fabrication éhontée des vins
falsifiés qui n'est pas suffisamment réprimée. Enfin, l'élévation du prix de la main-d'œuvre appelle, là aussi, une
transformation que le parcellement rendra très-difficile.

5ᵉ *Question.*

La production forestière a passé depuis six ans par une
hausse exagérée des prix, suivie d'une baisse qui dure
encore. Il n'y a pas d'autre observation à faire en ce qui la
concerne, sinon qu'elle est placée, par l'impôt foncier, et
surtout par les dispositions du code pénal, dans une situation d'infériorité injustifiable.

6ᵉ *Question.*

La seule industrie agricole est la fromagerie, orga-
nisée presque partout en fruitières, dont la situation est
bonne.

7ᵉ *Question.*

L'outillage agricole, le drainage, les irrigations, sont en
progrès très-lent. Le grand obstacle est dans la constitution
de la petite et de la moyenne propriété qui s'y prêtent peu.
On est pourtant ici en face d'une nécessité qui s'impose de
plus en plus.

8ᵉ *Question.*

L'emploi des engrais commerciaux est à peu près nul.
La tenue des fumiers laisse encore beaucoup à désirer.

9ᵉ *Question.*

Le nombre des bras tend toujours à diminuer et le prix

de la main-d'œuvre à hausser. Ce mouvement est un peu arrêté cette année; mais il n'y a pas lieu de s'en féliciter, puisque c'est la suite du malaise de l'industrie.

10e *Question.*

Je demande la permission de ne pas traiter ici la question des impôts. Elle m'entraînerait trop loin et elle a déjà été plus d'une fois très-bien étudiée. Je me bornerai à exprimer l'opinion qu'ils sont arrivés à la limite de ce que la nation peut supporter et que quelques années calamiteuses les rendraient bien difficiles à acquitter.

11e *Question.*

La viabilité s'améliore chaque jour, et la voirie vicinale fait des progrès constants. Sa cause est depuis longtemps gagnée devant l'opinion des cultivateurs, et tout le monde est d'accord pour ne pas lui ménager les ressources. Il y aurait, d'un autre côté, bien des observations à faire sur les tarifs des chemins de fer qui sont peu favorables aux produits agricoles, surtout à ceux qui, comme les bestiaux, les œufs, les fruits, etc., auraient besoin de transports rapides à des prix modérés. Ce sont ces tarifs qui commandent le débouché; ils augmentent ou restreignent le rayon de vente qui n'est jamais trop étendu. Leur abaissement serait peut-être plus urgent que la multiplication des embranchements. Tout au moins, pourrait-on diminuer leur complication qui semble avoir pour objet de les rendre inintelligibles au public.

La Société ne trouvera sans doute pas mauvais que je réponde succinctement à la cinquième question de M. le Ministre de l'agriculture. Elle est, à vrai dire, la principale de celles qui nous sont posées.

Dans mon opinion, l'influence de la législation de 1860 a été, en somme, avantageuse. Mais le côté faible des mesures prises à cette époque est dans l'inégalité qu'elles ont laissé subsister entre l'industrie et l'agriculture. Je ne crois pas qu'on puisse, dès aujourd'hui, les placer sur le même pied ; mais il faut tendre vers ce but et non s'en éloigner davantage.

Je sais que l'industrie se plaint de son côté ; mais, tant que la main-d'œuvre, les capitaux et les capacités se porteront de préférence de son côté, nous serons en droit de dire que la partie n'est pas égale et que l'agriculture n'est pas traitée avec justice.

Les états de douane constatent, du reste, que, même dans ces dernières années, si nos importations ont dépassé nos exportations, les objets manufacturés ont présenté une proportion inverse. L'excédant de nos importations provient tout entier des denrées alimentaires et des matières premières.

De là le mouvement qui se manifeste chez beaucoup d'agriculteurs en faveur d'une protection de leurs produits. Je n'y verrais, quant à moi, que peu d'inconvénients, si l'industrie était enfin réduite au même *quantum* de protection et si l'agriculture devait y gagner des dégrèvements sérieux. Mais je conserve, à ce sujet, des doutes bien justifiés par le passé.

Il faut bien entendre, en effet, que des droits protecteurs se traduiront, en définitive, par une augmentation d'impôts ; il est même assez singulier de voir tant de Français réclamer comme une faveur une aggravation des charges qui pèsent aujourd'hui sur eux. On appelle cela une compensation : c'est tout le contraire. Pourtant, le mot a réussi.

Je sais que beaucoup de personnes supposent que ces nouveaux impôts seront payés par les étrangers. C'est une illusion que je ne puis partager, et je ne mets pas en doute qu'ils ne retombent, en fin de compte, sur le consommateur français, puisqu'ils sont destinés à faire hausser les prix de vente.

Comme, d'un autre côté, l'industrie ne manquera pas

d'en profiter pour obtenir de nouvelles faveurs (elle le dit bien haut), et que la balance penchera encore plus de son côté, je suis bien convaincu que ce n'est pas dans cette voie que les cultivateurs trouveront leur salut. La faible plus-value qu'ils en espèrent pour leurs produits sera bien compensée par la hausse de tout ce qu'ils auront à payer, et ils n'y trouveront que des déceptions. C'est alors qu'on pourra répéter que l'agriculture est en France la dernière des industries.

La crise que traverse le pays est, du reste, un moment peu favorable pour envisager de sang-froid la situation et pour prendre des résolutions sages. Il est bien difficile que le malaise général n'influe pas sur les opinions les plus désintéressées et les plus sincères. Le trouble des esprits n'a donc rien qui doive nous étonner; il doit seulement nous mettre en garde contre toute résolution précipitée.

---

47. — *Réponse de M. le Dr Bousson.*

Vaux-sur-Poligny, le 15 mai 1879.

1° Depuis longtemps la division de la propriété est très-grande dans le Jura ; elle y fait chaque jour de nouveaux progrès au grand détriment de l'agriculture. Les parcelles d'un hectare y deviennent très-rares, dans la plaine surtout ; elles sont habituellement de 15 à 20 et jusqu'à 40 ares. On n'en rencontre qui n'ont que quelques ares seulement, car lorsqu'un bon fonds est à partager, chaque ayant-droit veut y avoir son lot. Comment, même sur un espace de 40 ares, maintenir un troupeau de dix à douze têtes de bétail, lorsque, ce qui est le plus ordinaire, le champ a une longueur de 100 mètres et plus ? Il est à désirer que la loi mette un terme à ces divisions extrêmes, qui sont toutefois moins prononcées dans les montagnes.

2° Dans la plaine, et sur une étendue de quelques kilomètres sur la limite inférieure du premier plateau, la production des céréales est rémunératrice. Elle est de 20 à 21 hectolitres par hectare dans les années ordinaires, et va jusqu'à 30 hectolitres dans les bonnes années. Elle égalerait celle de nos meilleurs pays à Blé, si elle était mieux pratiquée, c'est-à-dire en diminuant l'étendue des cultures, en préparant mieux le sol et en augmentant les fumures.

Plus on monte, plus la production du Blé diminue; à 3 ou 4 kilomètres de la plaine, jusqu'au pied du second plateau, sur une étendue de 20 kilomètres environ, la moyenne de la production n'est plus que de 12 à 15 hectolitres par hectare (enquête agricole de 1866.)

Dans la haute montagne, où on s'obstine à semer du Blé, on fait des récoltes qui donnent difficilement un produit de 10 à 11 hectolitres par hectare, avec une semence de 3 hectolitres 60. Rien ne peut décider ces malheureuses populations à renoncer à cette culture qui, loin d'être rémunératrice, leur fait subir des pertes sérieuses.

Depuis 1839 — permettez-moi de vous le dire — j'ai travaillé sans relâche à pousser nos cultivateurs de la montagne à la production fourragère qui prospère admirablement dans ces parages, en leur démontrant que l'élève du bétail, et surtout la production laitière, y donnaient des produits très-rémunérateurs, tandis que la culture des céréales leur faisait subir de si grandes pertes qu'ils devraient l'abandonner complètement. Depuis 1872, j'ai insisté de nouveau sur la nécessité d'augmenter notre production fourragère, parce que je suis parfaitement convaincu qu'elle y augmentera la fortune des populations, tandis que, quoi qu'on fasse, la culture des céréales y sera toujours désastreuse, loin de pouvoir jamais y prospérer. Cette culture me paraît rester stationnaire dans la plaine, où elle pourrait cependant obtenir de si beaux succès.

3° L'élevage et l'amélioration de la race bovine ont fait depuis vingt ans et continuent à faire de véritables progrès dans nos pays.

4° La culture des plantes industrielles y est à peu près nulle.

La culture de la Vigne, qui nous donne souvent de beaux et bons produits, a laissé beaucoup à désirer depuis nombre d'années. En 1871 et 1872, gelées d'hiver ; nous avons fait à peine un quart de récolte de qualité ordinaire. En 1873, gelée de printemps; récolte nulle. En 1874, récolte moyenne en quantité et qualité. En 1875, récolte abondante ; qualité ordinaire. En 1876, gelée printanière; un quart de récolte; bonne qualité. En 1877, année moyenne ; le Raisin n'a pas mûri, vin de mauvaise qualité. En 1878, rien de remarquable en quantité et en qualité. Comme on le voit, depuis nombre d'années, nos produits sont peu abondants et de qualité inférieure ; heureusement que nos vignerons ont eu le bon esprit de joindre la production laitière à leur industrie. Tous ont une ou deux vaches, et Poligny, dont les habitants consomment une certaine quantité de lait, a encore une bonne fromagerie. Sans cette ressource, nos vignerons seraient aujourd'hui bien malheureux.

5° La production forestière est d'une grande importance dans le Jura. Quelques communes de la montagne sont fort riches en forêts de sapins.

6° Mais notre industrie agricole par excellence, ce sont nos fromageries. Elles ont enrichi nos montagnes où elles existent de temps immémorial. Depuis une vingtaine d'années que nos produits ont atteint des prix élevés, on a vu l'aisance se répandre dans nos pays ; c'est surtout depuis 1873 que nous avons obtenu des prix inconnus jusqu'alors, et que la richesse s'est répandue parmi nos cultivateurs.

Voici les prix auxquels nos fromages ont été vendus sur le premier plateau depuis 1873. On appelle *tommes* les fromages fabriqués en hiver, du 1ᵉʳ décembre au 31 mai. Les fromages proprement dits sont les produits fabriqués du 1ᵉʳ juin au 30 novembre. Ces derniers sont préférables et surtout plus gras que les premiers.

Enquête. 19

En 1873 {	On a vendu	les tommes	156	francs les 100 kilog.		
	—	les fromages	170	—	—	
En 1874 {	—	les tommes	140	—	—	
	—	les fromages	130	—	—	
En 1875 {	—	les tommes	130	—	—	
	—	les fromages	132	—	—	
En 1876 {	—	les tommes	150	—	—	
	—	les fromages	166	—	—	
En 1877 {	—	les tommes	174	—	—	
	—	les fromages	156	—	—	
En 1878 {	—	les tommes	142	—	—	
	—	les fromages	140	—	—	
En 1879 {	—	les tommes	136	—	—	

Comme on le voit, nos tommes sont déjà vendues jusqu'au 31 mai, par conséquent avant leur complète fabrication, l'écoulement de nos produits se faisant avec une admirable facilité. Tant que nos prix de vente ne tomberont pas au-dessous de 120 francs les 100 kilog., nos cultivateurs ne se plaindront pas. Les prix actuels sont loin d'atteindre ceux de 1876 et 1877 : quand s'arrêtera cette baisse ?

Inconnues dans la plaine il y a cinquante ou soixante ans, on y trouve actuellement des fruitières dans tous les villages, et, chose fort remarquable, c'est que la mendicité disparaît dans ces villages à mesure que les fromageries s'y établissent. Mais que de progrès à faire encore dans la fabrication de nos produits, beurre et fromage ! Espérons que l'Ecole de fromagerie du Jura, qui fonctionne avec succès depuis le 1er juin 1878, contribuera pour une bonne part au perfectionnement de nos procédés de fabrication et à l'amélioration de nos associations fromagères, qu'on cite comme des modèles à suivre et dont l'organisation pourrait cependant être grandement améliorée.

J'ai indiqué plus haut le prix des fromages sur le premier plateau. Ceux de la haute montagne sont toujours supérieurs ; quelques ventes de tommes y ont déjà été faites cette année au prix de 158 fr. 50 les 100 kilog. Ceux de la plaine, au contraire, sont inférieurs. Poligny vient de vendre an prix de 126 francs les 100 kilog. ; une autre fruitière de la plaine a vendu 129 fr. 50.

7° Depuis quelques années les faucheuses se répandent dans nos villages ; on commence à y voir fonctionner quelques moissonneuses. Partout les batteuses ont remplacé le fléau ; partout on se sert de charrues perfectionnées ; enfin, les scarificateurs y sont en usage depuis quarante ans.

Le drainage, qui serait si utile dans certains terrains à sous-sol imperméable, comme nous en avons quelques-uns, est peu pratiqué. Cependant l'année dernière, notre Société d'agriculture, sciences et arts de Poligny, a décerné une médaille d'argent à un cultivateur, pour avoir drainé et mis ainsi en bon rapport 35 à 40 ares de terrain improductif, dans un village où l'étendue de ce mauvais terrain est assez grande. On ne saurait trop encourager de pareils travaux.

Les irrigations sont peu pratiquées.

8° Les engrais commerciaux ne sont pas employés par nos cultivateurs, qui ne se décident pas facilement à faire de grandes dépenses pour rechercher des résultats incertains pour eux. Mais, depuis vingt-cinq ou trente ans, la somme des engrais naturels a beaucoup augmenté dans nos pays. Tous nos villages tirent un meilleur parti de leurs propriétés communales qu'on utilisait autrefois comme pâturages seulement ; aujourd'hui, toutes sont louées et cultivées. Un petit village qui n'a pas 400 habitants, et où j'ai passé mon enfance, retire plus de 5,000 francs de la location de ses communaux. Les pâturages loués, les cultivateurs ont dû finir par adopter la stabulation, et ne sortent leur bétail, pour le faire paître, que pendant cinq ou six semaines, lorsque les regains sont rentrés. En gardant leur bétail à l'écurie pendant tout l'été, ils entassent d'énormes quantités d'excellent fumier, bien plus riche que le fumier d'hiver, saison pendant laquelle on a la mauvaise habitude de nourrir habituellement notre meilleur bétail avec de la paille.

Oserai-je affirmer devant une Société composée de savants si éminents dans toutes les sciences et la pratique de l'agriculture, que je suis convaincu que l'engrais naturel produit en abondance, comme on arrivera à le faire, et recueilli avec le plus grand soin, peut, dans nos pays à production fourragère, suffire non-seulement à entretenir parfaitement, mais encore à augmenter la fertilité de notre sol, aidé des éléments que celui-ci puise dans l'atmosphère, sans avoir recours aux engrais commerciaux ? Dans nos jardins, où on n'a jamais introduit que de l'engrais naturel, on cultiverait avec succès toute espèce de plantes.

9° Le nombre des bras, déjà bien insuffisant, diminue de plus en plus. Aussi le prix de la main-d'œuvre augmente considérablement. Pour les fenaisons et les moissons, les journées coûtent ordinairement 3 francs, et encore ne trouve-t-on presque plus de journaliers ni de domestiques. Les uns et les autres sont très-exigeants pour la nourriture. Quelques-uns refusent de manger du lard ; il leur faut de la viande et du vin en quantité plus qu'ordinaire. Je connais dans la plaine un chef-lieu de canton où les cultivateurs qui ne donnent pas de café après le repas de midi, ne peuvent plus trouver de journaliers.

De pareilles exigences rendent les fermiers plus circonspects ; aussi une famille nombreuse est indispensable pour l'exploitation de 30 à 40 hectares, ce qu'on appelle ici une grosse ferme. Dans le chef-lieu de canton que je viens de citer, un propriétaire a, pendant trois ans, été obligé de tirer un parti quelconque de ses terres, ne pouvant trouver de fermier. Dans ce pays *très-fertile*, où les terres se louaient facilement 90 francs l'hectare, les prix ont baissé de moitié depuis quelques années, faute de bras pour les exploiter. On ne croirait jamais, si le fait n'était patent, que, dans ce même village, le fonctionnement de la fromagerie a rendu la main-d'œuvre plus difficile à trouver encore. En effet, tous les journaliers qui ont pu se procurer une vache, s'occupent uniquement de cet animal, qui fait vivre le petit ménage. On est obligé de la suivre pour la faire paître sur les bords des chemins, le long des haies et quelquefois un peu sur le champ du voisin, et on abandonne tout autre travail. C'est ainsi que les meilleures choses peuvent avoir des inconvénients.

10° Rien n'est changé depuis longtemps dans les impôts fonciers, sauf une augmentation qui est le résultat des centimes additionnels votés par les communes.

11° La viabilité est bonne dans notre département ; les transports faits avec les attelages des cultivateurs sont fort chers ; les débouchés pour nos produits de laiteries sont parfaits.

En résumé, la main-d'œuvre nous fait défaut ; les fermiers deviennent difficiles à trouver, et le propriétaire voit baisser ses revenus. La petite culture, qui est celle de nos pays et qui varie de 8 à 15 et 20 hectares, est dans la prospérité, surtout dans nos montagnes, et on ne s'y ressent nullement de la crise agricole qui désole tant d'autres pays. Dans la plaine, quoique pays à Blé, les fromageries ont empêché la crise de s'y faire sentir aussi fortement, mais on y souffre cruellement du manque de bras.

Une autre calamité nous frappe cette année d'une manière bien terrible. Par le temps déplorable que nous subissons, la végétation éprouve un retard tel, que le cultivateur qui, depuis plus d'un mois, devrait nourrir son bétail en vert, a épuisé son foin et l'herbe lui manque toujours. Le foin a doublé de prix depuis quinze jours et le prix des vaches a diminué de moitié depuis le mois de mars.

La culture fourragère, si lucrative dans nos montagnes, exige beaucoup moins de main-d'œuvre ; c'est pour cette raison qu'elle finira par envahir la haute montagne, pour arriver, comme nos fromageries, à se répandre petit à petit dans la plaine. Nous ne pouvons espérer voir la main-d'œuvre baisser ses exigences. Sur cet article, nous ne pouvons lutter avec l'industrie, mieux protégée que l'agriculture. L'industrie a, fort heureusement, fait la fortune des industriels qui, tout en conservant de beaux bénéfices, ont pu rétribuer largement leurs ouvriers. Ces salaires élevés ont tenté les ouvriers des champs, qui ont abandonné nos campagnes, où, loin d'espérer les voir revenir, nous les voyons suivis par d'autres.

Nous ne pensons pas à proposer de protéger l'agriculture en mettant des entraves à l'entrée des produits étrangers, ce serait imposer de trop lourds sacrifices sur les substances les plus indispensables à l'alimentation de l'homme. Mais il me semble que nous ne demandons rien d'exagéré en réclamant pour l'agriculture, cette mère nourricière de tous, et de toutes les industries, qu'on lui accorde en primes d'encouragement les sommes accordées à l'industrie pour la protéger. Nous verrons alors notre industrie agricole prospérer dans l'intérêt de tous, tandis que l'industrie prospère au détriment de tout le monde, pour profiter à quelques-uns seulement.

DÉPARTEMENT DE SAONE-ET-LOIRE.

48. — *Réponse de M. le comte d'Esterno.*

La Vesvre, par Autun (Saône-et-Loire).

Tout en voulant s'éclairer principalement sur la question des traités de commerce, M. le Ministre demande à être renseigné sur tout ce qui touche aux intérêts de l'agriculture. La plupart des réponses porteront certainement sur la question douanière; il me semble à peu près certain que les autres seront négligées. C'est pourquoi je veux m'en occuper de préférence.

Pour la question douanière, je n'en dirai qu'un mot :
En bonne et stricte justice industrielle et égalitaire, la protection douanière devrait s'étendre *également* sur toutes les industries.

En effet, les droits sur les fers, les tissus, les étoffes, etc., augmentent dans le commerce le prix de ces objets. C'est le consommateur qui paie l'augmentation. L'agriculteur, en achetant des vêtements ou des instruments aratoires, paie la plus-value procurée par le droit de douane aux objets protégés. Si la loi douanière était impartiale, les produits agricoles seraient protégés à l'égal des fers et des tissus, et le fabricant de fers ou de lainages payerait aux produits agricoles, sur ses achats de viande ou de grains, une prime compensatrice de celle qu'il aurait perçue sur ses fers ou ses tissus.

Ainsi, la production nationale serait *également* protégée contre la concurrence étrangère, et nulle préférence ne viendrait, à l'intérieur, favoriser ou défavoriser une industrie françasie au profit ou au préjudice d'une autre industrie française.

Mais, à côté des considérations de stricte justice commerciale viennent se placer les considérations de politique et de nécessité. Ces considérations, je ne les aborderai pas. Le raisonnement paraît devoir être placé en seconde ligne depuis qu'un habile et discret orateur, parlant de la Société des agriculteurs de France, a cru devoir glisser, dans son discours, une allusion délicate aux anciens événements de Buzançais, ce qui voulait dire : qu'en cas de cherté des grains, le gouvernement ne devrait point trouver mauvais que le consommateur se présentât sur le marché avec son fusil en bandoulière, afin de faciliter les transactions.

En outre, le question douanière et du libre-échange me parait, depuis longtemps, complètement épuisée. Il ne se produit plus et il ne peut plus se produire d'arguments nouveaux. Les avocats des deux parties copient et commentent, sans se lasser jamais, de vieux articles de journaux. Quand arrivera le moment de prendre un parti, plus de dix mille orateurs auront essayé d'élucider la question. Je ne me présenterai pas, moi, dix mille et unième, pour ressasser des lieux communs et refouler des chemins battus.

Mais, à côté de la question purement douanière, sur laquelle tout le monde s'est jeté, j'aperçois toute une série de questions qui lui sont parallèles et lui servent de corollaires. Ces questions, personne ne songe et peut-être personne ne songera à s'en occuper.

Lorsque le code a été promulgué, nous sortions de quinze ans de guerre civile : le vaincu était la propriété foncière. On lui faisait payer, et chèrement, les frais de la guerre. On avait tort ou raison, mais c'est l'usage en pareil cas.

C'est en partie contre elle que la nouvelle législation fut rédigée. Les Français eurent deux codes : le code immobilier et le code mobilier ou commercial. Celui-ci fut rédigé par des négociants, des manufacturiers, des financiers et des industriels ; il fut rédigé dans l'intérêt, bien entendu, de ceux qui le rédigeaient. Le code immobilier fut rédigé sans le concours d'aucun de ceux qu'il concernait.

Le code de procédure civile, notamment, fut rédigé par Pigeaul, procureur au Châtelet, par conséquent dans l'intérêt des procureurs. Ce code de procédure fut le grand instrument de destruction de l'agriculture. Il aurait dû être le protecteur de ses intérêts ; il ne fut qu'un agent de perception, partie au profit du fisc et partie au profit des officiers ministériels.

Deux nations ont donc dû vivre côte à côte, régies par deux législations différentes, l'une éclairée, paternelle et amie du progrès, l'autre fiscale et oppressive.

Les mesures ultérieures prises vis-à-vis de l'agriculture se sont inspirées du même esprit.

Il serait impossible de tout citer, il faudrait des volumes. Choisissons quelques-uns des points les plus saillants.

Protection due à la propriété rurale.

La propriété mobilière et citadine est protégée; s'il se commet un vol d'un mouchoir ou d'un couteau, les agents de la police verbalisent et saisissent le voleur. Le parquet le poursuit et les tribunaux le condamnent. Le vol rural est ordinairement impuni; le maraudage l'est à peu près toujours. Le vol de fruits, de bois, de poisson, le braconnage se commettent sous les yeux des autorités et du ministère public avec pleine impunité. Les braconniers, principalement en temps défendu, n'ont pas de meilleures pratiques que les employés du gouvernement.

Il y a une circulaire de M. Pasquier, de 1817, qui recommande de ne point poursuivre d'office les délits qui ne sont point d'*intérêt général;* la circulaire ajoute : *la plupart des délits ruraux sont de ce nombre.* Depuis, de nombreuses instructions ont prescrit, à nouveau, de *restreindre les frais de justice.* Euphémisme qui cache, plus ou moins mal, la recommandation d'impunité à accorder aux délits ruraux; car ce n'est pas sur les délits citadins ou mobiliers que la recommandation peut porter.

Tout le monde sait qu'il y a des maraudeurs dans les communes rurales; mais ceux-là seulement qui les ont habitées se rendent compte de l'intensité du mal. Tous les grands centres déversent sur elles leur population d'oisifs, de déclassés et de malfaiteurs. Ils arrivent en bandes, souvent armés, et dans tous les cas, prêts à toutes les violences. Dans les pays de Châtaigniers ou de Pommiers, ils vont récolter les fruits, souvent avec des sacs et quelquefois avec des voitures. Ils trouvent sous les arbres fruitiers les propriétaires qui récoltent, ils les chassent; et quand ces propriétaires ont déjà mis en sacs les Pommes ou les Châtaignes, les intrus prennent les sacs tout remplis et les emportent.

Le vol de bois n'est point poursuivi, si ce n'est dans une coupe, c'est-à-dire dans un bois vendu ; alors le vol est poursuivi, parce qu'il est commis au préjudice d'un négociant. C'est un excellent moyen de préserver les coupes appartenant au négociant que de laisser dévaster le bien du propriétaire voisin. Quand celui-ci veut se plaindre au parquet, il est ordinairement reçu comme un importun. *Que vient-il faire? Déranger tout le monde! Ne peut-il pas faire ses affaires lui-même? Qui l'empêche de se porter partie civile?* Or, se porter partie civile veut dire : poursuivre directement, payer les frais du procès et se faire un ennemi qui vous brûlera à la première occasion. Il est vrai que vous avez votre recours, pour les frais, contre le délinquant condamné ; mais comme il est toujours insolvable, le rôle de partie civile contre un maraudeur est une mystification grossière inventée pour éconduire les plaignants qui viennent avec confiance se mettre sous la protection de la loi, à laquelle ils croient, jusqu'à la preuve contraire, avoir le même droit que les autres citoyens. Le plaignant rural n'est pas le seul qui soit sacrifié et victimé à la suite d'une poursuite ; il en est de même des témoins qui ont déposé contre le délinquant. Ils sont, pendant des années, poursuivis, injuriés et quelquefois maltraités par le délinquant. Inutile de se plaindre. *C'est une rixe : portez-vous partie civile.*

L'agriculture est abandonnée aux ravages des animaux sauvages avec la même incurie qu'à ceux des malfaiteurs. Le 16 novembre 1876, le Conseil d'Etat, faisant droit aux demandes réitérées des Sociétés d'agriculture, avait formulé un projet de loi pour assurer la destruction des loups. Jamais le gouvernement n'a voulu présenter ce projet de loi aux Chambres. Et rien n'est plus curieux que la voie qu'il a choisie pour l'écarter. Comme l'agriculture insistait pour la présentation, le ministère de l'agriculture en a renvoyé le soin au ministère de l'intérieur qui l'a renvoyé au ministère l'agriculture, et ainsi de suite indéfi-

niment. On n'a pas pu faire sortir de là les deux ministères. Pendant ce temps, tous les hivers, plusieurs personnes ont péri par la dent des loups.

Des engrais.

Les fraudes sur les engrais sont au nombre des fraudes
les plus fréquentes, les plus ruineuses et les plus faciles à
constater; mais on ne veut pas.

On met constamment en avant les grands mots de
nourriture du peuple et de vie à bon marché. C'est souvent
comme phrase à effet et comme moyen d'audience que
ces mots sont lancés. La preuve, c'est qu'on ne s'en occupe
pas toujours dans la pratique.

En effet, qu'est-ce que la vie à bon marché? C'est le pain
et la viande au moindre prix possible. Mais des gens qui
prétendent se préoccuper de la fin, ne daignent pas se
préoccuper des moyens.

Pour que le cultivateur donne le Blé à bon marché, il
faut que son prix de revient ne soit pas au-dessus du
prix de vente. Or, qu'est-ce qui fait le prix de revient du
cultivateur? C'est l'abondance de ses moyens de production. L'agriculture riche produit par hectare 30 hectolitres
de Blé à 15 francs l'hectolitre; l'agriculture pauvre en
obtient 15, à 20 francs l'hectolitre. Maintenant, qu'est-ce
qui constitue l'agriculture riche? C'es l'abondance des
engrais; leur rareté fait l'agriculture pauvre.

Il se fabrique d'excellents engrais artificiels, avec lesquels le plus mauvais sol peut devenir riche; mais il faut
que ces engrais contiennent bien les bases annoncées dans
leurs programmes. Or, de détestables voleurs ont falsifié
ces précieux engrais, et vendent partout, comme bons, des
composés qui contiennent la moitié ou le quart de la richesse annoncée. Cette pratique coupable empêche de se
répandre l'usage de ces engrais commerciaux et prive,
d'une part, les fabricants honnêtes de leur débouché, et,
d'autre part, l'agriculture de ce qui devait faire sa richesse.

Le parquet a trop souvent fermé les yeux. Un industriel trompe un agriculteur sur la qualité ou la quantité de la marchandise. On dit à l'agriculteur : portez-vous partie civile. Mais, si l'agriculteur trompe l'industriel, on poursuit d'office.

Voilà l'impartialité.

D'ailleurs, on a laissé passer en usage un contrat qui est la personnification même du vol. Le fabricant d'engrais vend et garantit sa marchandise à l'*analyse commerciale*. Or, qu'est-ce que l'analyse commerciale ? C'est l'analyse frauduleuse opposée à l'analyse sérieuse qui s'appelle l'*analyse scientifique*. C'est la vente à faux poids légalisée, passée en usage. L'acquéreur, peu versé dans les termes de la chimie, trouve tout simple qu'un commerçant lui offre l'analyse commerciale ; il est volé, et, s'il le dit, il est poursuivi en diffamation. Il prend le parti de se taire et de ne plus acheter d'engrais commerciaux. Il faudrait faire disparaître ce honteux brigandage qui ruine un commerce honorablement pratiqué par plusieurs maisons connues. Il faudrait interdire toute autre analyse que l'analyse scientifique.

Des ouvriers.

L'agriculture manque de bras. Le gouvernement ne peut pas se croire chargé de lui en fournir ; mais il devrait se croire chargé de faire exécuter la loi, notamment en ce qui concerne les livrets. Cette loi, également protectrice des bons patrons et des bons ouvriers, n'est point abrogée ; mais elle a cessé d'être appliquée dans les dernières années de l'Empire.

L'usage du livret garantissait l'exécution des contrats entre patrons et ouvriers. Son abandon a tourné au détriment de toutes les industries et de tous les travaux, mais combien il a frappé plus rudement sur l'agriculture ! Si des tisseurs ou des forgerons abandonnent leur atelier, les fils ou les fers peuvent attendre quinze jours la reprise du travail. Mais, au moment de la moisson, des ouvriers entreprennent l'abattage et la rentrée d'un champ de blé, ils le coupent et s'en vont, laissant le Blé épars sur le sol ! Une pluie vient, et le Blé germe : la récolte perd moitié de sa valeur.

La loi prescrivant l'usage du livret devrait être remise en vigueur. Lorsqu'un homme s'est engagé, il doit exécuter ; faire le contraire, c'est commettre une fraude, et cette fraude devrait être punie. Voyez l'Angleterre et les États-Unis.

Commerce de la viande.

Il n'y a pas de proportion entre le prix de la viande sur pied et celui de la viande abattue. Les intermédiaires réalisent des bénéfices exagérés, pris nécessairement sur le producteur et le consommateur. La viande est cependant une denrée alimentaire et fait partie de la vie à bon marché, dont on parle sans cesse.

Jusqu'à présent, on n'a pas pu obtenir la liberté du colportage de la viande. Pourquoi ? Parce que les bouchers le repoussent, et que c'est d'eux que le gouvernement avait l'habitude de recevoir le mot d'ordre.

On objecte des pauvretés :

1° Les voitures à bras obstrueraient les rues : comme si elles ne portaient pas partout le pain, les fruits, le poisson, les légumes !

2° On distribuerait des viandes malsaines ; comme si cette distribution ne se pratiquait pas à Londres, à la satisfaction de tous !

La Société nationale d'agriculture n'a pas oublié la discussion qui a eu lieu dans son sein, il y a plusieurs années. M. R...., l'un de ses membres, a défendu à outrance la cause de la boucherie, et il a terminé son plaidoyer par cette déclaration surprenante : Vous pouvez faire là-dessus autant de demandes et de raisonnements que vous voudrez,

La ville de Paris a onze cents bouchers, elle ne vous les sacrifiera pas.

Ainsi, ce qui dominait toute cette grande question alimentaire, c'était l'intérêt de onze cents privilégiés. Et ils se sentaient assez forts pour le déclarer hautement. Ces gens-là sont très-riches et très-généreux !

Réunions agricoles.

Les réunions agricoles ou sociétés libres d'agriculture ont toujours été en butte au mauvais vouloir de nos gouvernements successifs. Il faut en excepter la Société des agriculteurs de France et la Société nationale qui, étant un corps officiel, n'a pu être inquiétée par personne. Mais le Congrès central d'agriculture, malgré la haute position de son président, le duc Decazes, qui était entièrement dévoué à l'agriculture, s'est traîné, pendant toute son existence, au milieu des persécutions. Elles venaient de haut. Le roi le voyait de mauvais œil, et, un jour entre autres, il fit une scène très-vive à son président, auquel il dit : « Croyez-vous que je n'aie pas assez de mes deux Chambres, et que j'éprouve le besoin que vous m'en apportiez une troisième ? »

Sous l'Empire, les préfets voulurent mettre la main sur les Sociétés d'agriculture et en faire des instruments politiques. Celles qui s'y refusaient furent en partie supprimées.

S'il fallait en croire des journaux qui n'ont point été contredits, une suppression de ce genre aurait encore eu lieu récemment.

Cette condition précaire faite aux Sociétés d'agriculture ne les encourage pas à se reconstituer. Et les agriculteurs demeurant isolés, leurs intérêts ne peuvent être défendus.

Ces Sociétés devraient être délivrées, non de la présence, mais de la pression, de la présidence honoraire obligatoire des sous-préfets.

La même gêne n'est point apportée aux réunions des autres sociétés professionnelles.

Et, tandis que les ministères représentent tous, par un homme spécial, quelqu'un des grands intérêts du pays, le ministère de l'agriculture a été ordinairement, un simple appendice du ministère du commerce. Combien de fois l'avons-nous vu occupé par un agriculteur? Et nous pourrions, pendant tout l'Empire, faire la même question, en ce qui concerne le passé, sur les directeurs de l'agriculture.

Crédit agricole.

Nous avons réservé, pour la fin, la plus choquante des lois oppressives et exceptionnelles appliquées à l'agriculture.

Tandis que tous les moyens étaient employés pour faire affluer, vers le commerce et l'industrie, les capitaux disponibles du pays, les mesures les plus savantes et les plus rigoureuses ont été prises pour les éloigner de l'agriculture.

Les capitaux affluent là où ils trouvent un intérêt régulier et un remboursement assuré. Les deux formes sous lesquelles ils pouvaient arriver à l'agriculture étaient le cheptel et la consignation. Les valeurs que l'agriculture pouvait offrir en garantie au cheptel et à la consignation s'élevaient à plusieurs milliards. Mais la consignation lui a été interdite par la nécessité, imposée par l'article 1259 du Code de commerce, de remettre et laisser le gage entre les mains du bailleur de fonds.

Cette clause ne gêne point le commerce, qui possède des gages portatifs et peut déplacer des billets, des rentes, des actions, etc. Elle paralyse l'agriculture, qui ne peut déplacer des gerbiers, des récoltes sur pied, des coupes de bois et des blés battus ou non.

En ce qui concerne le cheptel, les articles 1800-1831 ne permettent pas de donner d'autre intérêt qu'une part éventuelle dans le profit, quand il en existe, ni d'autre remboursement que celui qui peut se prendre sur le cheptel lui-même, quand il existe encore. S'il n'existe plus, le bailleur perd son capital.

On trouvera ces questions traitées plus au long dans les deux Notes imprimées, jointes au présent Mémoire. Elles ne laisseront aucun doute sur l'impossibilité absolue apportée par la législation à la création de toute espèce de crédit agricole.

Et c'est volontairement que cette impossibilité a été créée. Les anciens légistes ne craignaient point de lancer publiquement cette proposition insensée : *le crédit est la ruine de l'agriculture.* C'était dans son intérêt qu'ils la maintenaient, autant qu'il était en eux, dans l'abaissement et dans la pauvreté.

Leur sollicitude rappelle un peu celle de l'empereur Théodoros, qui avait désarmé les Anglais fixés dans ses États. Comme le gouvernement anglais lui en demandait la raison, il répondit bravement : « Je craignais que mes bons amis les Anglais ne se blessassent avec leurs propres armes. »

Cette grossière bouffonnerie était à sa place dans la bouche d'un roi sauvage qui, du reste, la paya de sa tête; mais elle ne devrait pas être reproduite par les législateurs d'un peuple civilisé.

Résumons :

Que demandons-nous ? L'égalité avec les autres industries.

L'égalité financière qui résultera de la liberté des transactions en matière de crédit.

L'égalité d'administration qui résultera de la création d'un ministère spécial, semblable au ministère du commerce.

L'égalité de protection policière qui résultera de la poursuite, par le parquet, des délits ruraux aussi bien que des délits citadins, et des fraudes commises par le négociant contre l'agriculteur, aussi bien que celle des fraudes commises par l'agriculteur contre le négociant.

L'égalité de la liberté des transports qui résultera de la circulation de la viande par les mêmes moyens que la circulation des autres marchandises.

L'égalité de la représentation qui résultera de la suppression de la pression exercée par les sous-préfets sur les réunions d'agriculteurs.

L'égalité des travailleurs qui résultera du respect imposé pour les engagements pris.

C'est ainsi que l'inégalité civile, introduite dans des temps de troubles, entre des professions diverses, sera ramenée à l'unité de législation et de traitement, aujourd'hui que quatre-vingts ans se sont écoulés depuis les événements qui avaient motivé la défaveur dont l'agriculture avait été frappée, défaveur qu'aujourd'hui rien ne motive plus.

DÉPARTEMENT DE L'YONNE.

49 — *Réponse de M. Lacour.*

Saint-Fargeau, le 26 juin 1879.

Mes observations ne portent que sur la petite contrée connue sous le nom local de *Puysaie* dont Saint-Fargeau est à peu près le centre, et qui est composée des cantons de Bléneau, Saint-Fargeau, portion du canton de Toucy et de celui de Saint-Sauveur, dans l'Yonne, et portion du canton de Saint-Amand dans la Nièvre.

La surface du sol est divisée par portions à peu près égales, en forêts et en terres arables ; la terre est argilo-siliceuse.

En comparant la période décennale antérieure à 1861,

c'est-à-dire de 1850 à 1860, à la période courante actuelle,
je trouve que :

1° La division de la propriété n'a pas changé : la composition géologique du sol s'oppose à une grande division.

2° La production des céréales n'a pas sensiblement
augmenté : on cultive toujours la même étendue ; s'il y
a des différences dans la production, elles tiennent aux
influences atmosphériques.

3° L'élevage, l'engraissement, n'ont également subi aucune modification très-sérieuse : si d'une année à l'autre, il
y a plus d'élevage ou plus d'engraissement, cela tient à la
récolte plus ou moins abondante des fourrages.

4° Les cultures industrielles sont nulles en Puysaie.

5° La production forestière annuelle a augmenté, mais
c'est au détriment du capital ; les particuliers veulent jouir
plus vite et coupent leurs bois plus jeunes.

5° Les industries agricoles sont nulles.

6° L'outillage agricole s'est généralement amélioré, surtout en ce qui touche le battage des grains : en 1861 et
avant, les batteuses étaient toutes mues par des manéges ;
on battait même encore un peu au fléau ; aujourd'hui, on
ne se sert que de batteuses mues à la vapeur ; c'est un progrès réel. Depuis quelques années on a introduit des moissonneuses.

8° Le fumier de ferme est toujours le principal engrais ;
cependant quelques agriculteurs emploient avec succès le
guano, la poudrette et les superphosphates, en plus grande
quantité aujourd'hui qu'avant 1861.

9° Le nombre des bras employés à l'agriculture est resté
le même ; néanmoins, le prix de la main-d'œuvre a subi
une augmentation sensible : 1/5 à peu près ; mais, en
somme, les bras ne manquent pas.

10° Les changements que subissent les impôts qui grèvent la propriété tiennent surtout aux centimes additionnels
que votent les conseils municipaux pour équilibrer le bud-

get des communes, ou le Conseil général pour le bubget départemental; ils varient donc d'année en année et de commune à commune.

11° La viabilité s'est améliorée depuis 1861 ; le réseau des chemins dépendant de la petite voirie était loin d'être terminé à cette époque. Aujourd'hui, il est achevé et on travaille aux chemins ruraux.

En résumé, les progrès agricoles ont été extrêmement considérables en Puysaie de 1830 à 1860 ; depuis cette époque, ils sont beaucoup moins accentués.

---

50. — *Réponse de M. Bazin.*

Fumerault, 21 mai 1879.

Pour le département de l'Yonne, où les bois et les Vignes occupent une grande partie du territoire, dans beaucoup de communes, la production des céréales est moins importante que dans beaucoup d'autres départements.

On ne défriche les bois que dans une proportion insignifiante, et quand c'est pour transformer en prés des parties humides pouvant être irriguées, le profit est réel.

On plante plus de Vignes qu'on n'en arrache. On plante des Vignes en plaine et on enlève, par conséquent, une certaine place à la culture des céréales. En même temps que la production du vin tend à augmenter, sa qualité diminue pour deux raisons. La première, parce que les Vignes, en plaine, ne donnent pas la qualité des Vignes en côtes. La deuxième, parce qu'on abandonne les bons plants moins productifs, pour propager ceux qui produisent plus abondamment, mais qui donnent des qualités inférieures. La quantité prime la qualité, parce que le rapport en argent est supérieur.

Si la culture des céréales perd un peu de son impor-

tance par la plantation de la Vigne, elle devrait perdre
dans une proportion plus grande par la transformation
de terres arables en prairies naturelles. Beaucoup d'eau se
perd qui pourrait servir à l'irrigation. Elle n'est pas toujours de première qualité, parce que souvent elle vient
des bois; mais, telle qu'elle est, elle aiderait à créer des
prairies donnant des produits raisonnables.

L'élevage des bêtes à cornes, qui a déjà une certaine
importance, se trouverait augmenté à mesure que de nouveaux prés se créeraient, et si la concurrence américaine,
en ce qui concerne la viande de boucherie, devenait trop
redoutable, on se rabattrait sur l'élevage de la race chevaline qui existe déjà, mais qui devrait prendre de plus
grandes proportions.

Cette production qui, jusqu'ici, n'est pas aussi menacée
que la viande de boucherie, en prenant plus d'extension,
serait utile au pays, en même temps qu'elle serait rémunératrice. La main-d'œuvre serait diminuée en proportion
de la diminution de la production du Blé, et cette diminution est à prendre en considération, actuellement que son
prix est augmenté d'un tiers, en le comparant avec ce qu'il
était il y a quelques années. Pour pousser dans cette
voie, il serait bon d'encourager les possesseurs de bons
étalons.

Les terres arables, transformées en prés, redeviendraient
facilement terres à Blé, si un besoin pressant se faisait
sentir. Ce ne serait, cependant qu'une solution incom-
plète, dans le cas où, d'une manière soudaine et inatten-
due, il faudrait se suffire à soi-même, la transformation
possible ne devant pas donner du Blé du jour au lendemain.

L'usage des engrais artificiels tend à se propager, mais
lentement; leur effet salutaire n'étant pas assez connu ni
leur emploi assez raisonné.

La viabilité pour la circulation des produits laisse peu à
désirer. Ce qu'il importe de trouver, c'est la production

plus rémunératrice. Les dernières récoltes de céréales bien mauvaises et bien incomplètes, vendues à des prix bas, n'ont pas payé les cultivateurs de leurs peines, et ils craignent la même déception pour cette année, en présence des pluies trop abondantes et trop persistantes.

10 juillet 1879.

A partir du 20 juin dernier, j'ai observé la ponte de la *Cécydomie du Froment* sur les épis de Blé. Sans dire que cette ponte devra donner naissance à des larves destructives du grain aussi abondantes que celles que je signalais à la Société nationale d'agriculture, il y a 25 ans, je prévois néanmoins que leur présence ne passera pas inaperçue. Ces larves vont être visibles, et on saura plus clairement s'il faudra tenir compte des ravages qu'elles produiront.

7e RÉGION. — OUEST CENTRAL.

Cette région comprend les départements de la Charente, de la Charente-Inférieure, de la Dordogne, de la Gironde, des Deux-Sèvres, de la Vendée et de la Haute-Vienne.

DÉPARTEMENT DE LA CHARENTE.

51. — *Réponse de M. Clément Pricur.*

Anais, le 29 mai 1879.

1° *La division de la propriété.* — La division de la propriété se développe constamment par suite des partages de famille ; elle a produit de bons effets au point de vue de la diffusion de l'aisance et de la production nationale, mais elle deviendrait un danger si elle arrivait à l'émiettement du sol.

La petite propriété, celle du paysan, s'accommode bien des cultures industrielles, Vigne, Betterave industrielle, etc.; mais toutes les fois que ces cultures viendront à lui manquer, elle restera en souffrance.

En agriculture proprement dite, la division de la propriété est un empêchement au perfectionnement cultural, c'est-à-dire à l'emploi économique des instruments perfectionnés.

Toutes ces considérations autorisent à penser que le temps n'est peut-être pas éloigné où la moyenne et la grande culture prendront le pas sur la petite dans la lutte des intérêts économiques. Les progrès de notre agriculture ont suivi une marche régulièrement ascendante depuis 1855. Mais il ne faut pas perdre de vue que, jusqu'en ces dernières années, la Vigne constituait toute notre richesse. Actuellement, beaucoup de vignobles sont détruits, et l'inquiétude est partout. Nous ne sommes plus dans des conditions normales, et la comparaison de notre situation avec ce qu'elle était avant 1861 devient incertaine et difficile. Cependant, en raison des déprédations du phylloxera, et aussi, il faut bien le dire, de l'incertitude économique, la situation de l'agriculture tend à s'aggraver chaque jour davantage.

2° *La production des céréales.* — La production des céréales est en progrès ; les labours sont mieux faits, les fumures sont plus abondantes ; par conséquent, la production plus élevée.

La concurrence américaine cause de l'inquiétude pour l'avenir. Elle se solde, cette année, par une perte sèche assez considérable pour notre agriculture nationale.

3° *L'élevage, l'engraissement et les produits divers des animaux domestiques.* — L'élevage du bœuf est en progrès dans l'arrondissement de Confolens, ainsi que celui du porc.

L'élevage du cheval se développe, en raison des prix élevés qu'ont atteints les animaux de cette espèce et aussi de l'augmentation des dépôts d'étalons qui facilite les saillies. La Charente est dans les meilleures conditions pour faire naître économiquement, parce que les mères gagnent leur vie en travaillant ; mais elle est dans des conditions d'infériorité pour l'élevage.

Toutes les espèces sont en progrès marqué sous tous les rapports, et cela durera et même se développera tant que les prix se maintiendront.

4° *La production des plantes industrielles, etc.* — La production de la Vigne a baissé ; mais il faut en accuser la maladie, pour la grande part. On ne plante plus, à part quelques essais très-limités de cépages américains.

Au point de vue commercial, nous sommes dans le marasme. La consommation est peu active, et la spéculation s'abstient absolument.

5° *La production forestière.* — Les prix des bois à brûler sont en forte baisse. On ne défriche plus.

6° *Les industries agricoles (distilleries, etc.).* — La concurrence des alcools d'industrie et l'énormité des droits de circulation, de consommation et d'octroi ont à peu près tué notre distillerie agricole. Sous ce rapport, il ne restait pas grand'chose à faire pour le phylloxera.

7° *L'outillage agricole, le drainage, les irrigations, etc.* — L'outillage se complète et se développe. On dessèche par des moyens ordinaires, mais on n'emploie pas de drains. On irrigue partout où il est possible de le faire, et toutes les améliorations foncières sont appliquées. Il n'y a que les prix élevés de la main-d'œuvre qui font obstacle à ces améliorations.

8° *L'emploi des engrais commerciaux et du fumier.* — J'ai déjà dit que l'on fumait mieux ; on n'hésite même plus

à recourir aux engrais du commerce lorsqu'on en manque
à la ferme. Mais ce qui constitue par dessus tout le plus
grand avantage, sous le rapport des engrais, pour l'arrondissement d'Angoulême, c'est l'établissement militaire dont
cette ville a été dotée en ces derniers temps.

Environ 3,000 chevaux procurent à l'agriculture un excellent fumier que l'on obtient à raison de 5 fr. 50 à
6 francs le mètre cube, pris à la caserne.

9° *Le nombre des bras employés à l'agriculture et le prix
de la main-d'œuvre.* — C'est là la grave question de tous
les temps. Les plaintes étaient aussi amères, il y a cent ans,
qu'aujourd'hui, parce que la même cause produisait déjà
les mêmes effets. Si les statistiques constatent une augmentation de la population, c'est toujours au profit des villes.
Que l'on fasse le relevé de cette augmentation pour un
demi-siècle, et on verra que nos villes l'ont entièrement
absorbée.

Il semble que c'est le cours fatal de toute civilisation qui
naît, se développe et prospère par l'agriculture, c'est-à-dire
par le travail patient, par l'épargne, par le développement
régulier des forces utiles, et qui se corrompt et se perd par
l'agglomération et par l'industrialisme.

La destruction des vignobles a enrayé la hausse de la
main-d'œuvre, mais n'a pas provoqué de baisse sensible.

10° *Les impôts fonciers et autres qui grèvent la propriété.*
— La quotité de l'impôt foncier n'a pas varié et cependant
les impôts acquittés par les contribuables vont toujours
augmentant. Cet état de choses est dû à la faculté d'élever,
sans mesure, le niveau des centimes additionnels. Les
assemblées législatives, les Conseils généraux et municipaux trouvent, dans cette combinaison, un moyen si facile
de se procurer les ressources qui leur sont nécessaires
pour faire face aux dépenses que ces assemblées décrètent,
qu'il ne faut point s'étonner si elles en usent et si quelques-
unes en abusent parfois. Il n'est pas rare de voir des com-

munes qui payent 100 et jusqu'à 150 centimes additionnels à leurs quatre contributions, soit une fois, une fois et demi l'impôt foncier.

L'impôt des prestations est particulièrement un impôt trop onéreux à la propriété et inique dans son application.

J'ai dit plus haut que les impôts sur les vins et les spiritueux étaient un obstacle considérable à notre prospérité viticole.

11° *La viabilité, les transports et les débouchés.* — L'amélioration de la vicinalité est progressive et constante. Sous peu d'années, toutes nos communes seront reliées entre elles par le réseau de la petite vicinalité communiquant avec les routes d'intérêt commun, de grande communication, départementales ou nationales, qui permettent un accès facile avec les lignes ferrées existantes, en construction ou projetées.

Nos vins, dont la consommation était autrefois (il y a vingt-cinq à trente années) limitée aux départements voisins, la Haute-Vienne et la Creuse, trouvent aujourd'hui des débouchés nouveaux à Paris, dans le Nord et le Nord-Ouest.

Question n° 5 posée par M. le Ministre : Quelle influence la législation sur les grains, le commerce de la boulangerie, celui de la boucherie et les traités de commerce ont-ils exercée sur la situation présente ?

R. La liberté commerciale, *à l'intérieur*, ne saurait léser aucun intérêt avouable. On n'est pas recevable à se plaindre de son boucher ou de son boulanger, lorsqu'on peut être son propre boucher ou son propre boulanger, ou que l'on peut s'associer dans le but de se procurer, au meilleur marché, ce que d'autres veulent nous faire payer trop cher. Il ne faut donc pas tant se préoccuper de ce que gagne ou perd telle ou telle industrie, que de savoir si la concurrence s'exerce honnêtement et librement dans toutes les branches de notre commerce national.

La législation sur les grains doit rester libérale.

Cependant, à l'égard des nations qui n'auraient pas consenti de traité de commerce, comme l'Amérique par exemple, un droit fiscal très-modéré est naturellement indiqué comme compensation aux charges de notre agriculture et une invitation à cette nation de rentrer dans la voie des transactions internationales.

Si la question posée par M. le Ministre comportait des développements plus étendus, nous ajouterions que le grand objectif pour nos hommes d'État devrait consister à faire à notre agriculture et à notre industrie des conditions égales devant l'impôt, afin que les conditions fussent égales dans la lutte, abstraction faite de leurs moyens particuliers d'action et de leurs éléments naturels de succès. Nous signalerions, par exemple, la situation faite aux vins et aux spiritueux par le fisc et par l'octroi, par opposition aux immunités dont jouissent certains produits de l'industrie, les fins draps d'Elbeuf et d'ailleurs, les soieries, les dentelles, etc., et nous demanderions pourquoi tant de sévérité pour ceci et tant d'indulgence pour cela ?

La question commerciale, envisagée dans ses rapports avec l'*extérieur*, est tout autre.

Deux systèmes sont en présence : celui d'un *tarif général* constamment révisable et celui des *traités de commerce*.

Les partisans du premier disent : La France doit toujours rester maîtresse de ses tarifs, c'est-à-dire libre de les élever ou de les abaisser, selon que les intérêts de son agriculture ou de son industrie le commandent.

C'est bien, répondent les partisans des traités de commerce, et nous sommes de ceux-là, mais vous concéderez bien que les autres nations pourront agir comme nous. Les Anglais aussi diront : L'Angleterre reprend sa liberté d'allures ; elle aussi aura son tarif général qu'elle modifiera quand elle le jugera utile aux intérêts de son agriculture, de son commerce et de son industrie. Et ainsi la Russie, ainsi l'Autriche, l'Italie et l'Espagne.

Chaque puissance aura donc la faculté d'élever ou d'abaisser son tarif à son gré, selon ses intérêts ou son caprice, et, souvent, par esprit de jalousie et de représailles ; de sorte que, sous prétexte de sauvegarder des intérêts qui ne vous demandaient, pour se développer et grandir, qu'un peu de liberté et beaucoup de garanties de stabilité, vous nous aurez conduits à l'anarchie économique, vous aurez apporté le trouble dans les transactions et provoqué la guerre déplorable des tarifs qui engendre et prépare l'autre guerre, plus déplorable encore, qui se dénoue sur les champs de bataille. Peut-on nier ces éventualités redoutables ? Ne comprend-on pas les motifs de brouille, graves et nombreux, qui, chaque année, à l'occasion du vote du budget, vont surgir, de çà, de là, entre la France et les nations avec lesquelles elle est en relations d'affaires ?

On dira : n'en a-t-il pas été ainsi jusqu'à 1860 ? Sans doute, mais les inconvénients que nous venons d'énumérer n'ont-ils pas été pour beaucoup aussi, à cette époque, dans cette transformation des rapports entre Etats ?

Dans l'Etat, même, les tarifs ne sont-ils pas parfois, aux mains des partis, une arme redoutable de discorde et d'opposition ?

Les *traités de commerce* offrent donc cet avantage essentiel, selon nous, d'établir, pour un temps déterminé, une base stable et certaine de trafic international.

Quand nous aurons ajouté que, dans les négociations à intervenir, nos négociateurs devront être invités à se maintenir, autant que possible, dans la voie du *libre-échange*, nous aurons dit, avec la *Société d'agriculture de la Charente*, toute notre pensée.

Ce qui se passe en Allemagne fait à notre pays, en raison de certain article d'un traité malheureux qui nous lie, une situation sans précédents, il faut bien le reconnaître. Mais il y a, là, une action à exercer qui est toute du domaine de la diplomatie ; il faut bien espérer qu'elle s'en tirera à son honneur et à notre profit.

DÉPARTEMENT DE LA CHARENTE-INFÉRIEURE.

52. — *Réponse de M. Menudier.*

Le Plaud-Chermignac, par Saintes, le 28 mai 1879.

1° *Division de la propriété.*

Si elle a eu des avantages, elle a certainement eu le grand inconvénient d'être un obstacle aux instruments perfectionnés mus par les animaux, et d'élever, en conséquence, le prix de revient des produits.

2° *La production des céréales.*

La moyenne du rendement des Froments s'est élevée, par hectare, de un sixième environ depuis quelques années, ce qui tient à ce que l'on cultive moins de Blé, et mieux.

3° *L'élevage, etc.*

Le prix croissant de la viande a amené les cultivateurs à mieux choisir les animaux, et à leur donner plus de soins.

4° *La production des plantes industrielles.*

La Vigne dominait dans notre région ; mais le phylloxera réduit beaucoup, chaque année, l'étendue de cette culture, qui avait enrichi notre département.

5° *La production forestière.*

Sans importance.

6° *Les distilleries, etc.*

Au fur et à mesure que les Vignes disparaissent, nos

distilleries de vins, dont le pays était couvert, cessent de marcher.

7° *L'outillage agricole.*

Grâce aux concours de notre Comice, les instruments perfectionnés se sont beaucoup répandus dans notre région, et il y a, dans cette voie, un progrès très-remarquable.

8° *L'emploi des engrais, etc.*

Les engrais commerciaux seraient bien plus répandus, si des fraudes nombreuses n'avaient été commises, et n'avaient arrêté l'emploi de ces auxiliaires du fumier.

9° *Le nombre de bras, etc.*

Les bras étant plus payés par l'industrie y sont tout naturellement portés; mais non pas dans une proportion à rendre impossible la culture.

10° *Les impôts fonciers, etc.*

Ce ne sont pas précisément les impôts fonciers qui nous sont lourds, mais ce sont surtout ceux que les contributions indirectes et les octrois nous prennent, en élevant, en résumé, le prix de nos principales denrées, vins, eaux-de-vie, etc.; et en diminuant la consommation, sans compter les entraves qui les arrêtent à chaque pas.

11° *La viabilité.*

Notre viabilité est bonne; mais nos débouchés demanderaient à être beaucoup plus grands, à l'extérieur, avec les États-Unis, l'Angleterre, l'Allemagne, etc., et ce n'est que dans le libre-échange que nous trouverons l'essor indispensable à notre production spéciale.

La liberté entière d'importation des céréales et des animaux ne nous effraye nullement, et les traités de commerce n'ont aucument nui, chez nous, au prix des céréales, qui s'est élevé, celte année (le Blé), à 30 francs les 100 kilog., et à l'accroissement presque continu du prix de la viande.

Nous pensons que les importations de Blé et de viandes ont l'avantage immense de modérer la hausse de ces produits, ce qui est un gage incontestable de sécurité, que tout gouvernement doit prendre en sérieuse considération ; et il remplit en même temps un devoir d'humanité. Les traités de commerce de 1860, avec l'Angleterre, ont été, pour nous, un grand bienfait en augmentant, dans une proportion considérable, les exportations de nos eaux-de-vie.

Les améliorations qui nous paraissent devoir amener les meilleurs résultats, seraient :

1° L'instruction agricole largement répandue, non pas seulement dans nos écoles rurales, mais encore dans nos colléges et les lycées, d'où sortent chaque année des jeunes gens destinés à pratiquer l'agriculture et ignorant en histoire naturelle, en chimie et en physique, tout ce qui leur serait d'une grande utilité ; — cette lacune à combler est des plus urgentes.

2° Pousser les Comices à répandre, par de larges encouragements, les instruments perfectionnés.

3° Simplifier les mesures de perception sur les liquides, et frapper, si besoin est, pour y arriver, de pénalités plus élevées, les fraudeurs du droit du fisc.

---

53. — *Réponse de M. le Dr Sauvé.*

La Rochelle, le 18 juillet 1879.

Division de la propriété. — La propriété est beaucoup plus morcelée, car elle le devient chaque jour davantage.

d'abord par la loi des successions, ensuite par l'amour de la propriété, qui entraîne tout homme qui cultive la terre à s'en rendre propriétaire à tout prix, et par un travail incessant et opiniâtre; enfin, par l'économie la plus stricte et les privations souvent les plus dures.

Il résulte de cet état de choses que la grande culture devient de plus en plus difficile, faute de bras; chaque petit propriétaire, trouvant à s'occuper chez lui, ne va plus travailler à la journée chez ses voisins, ou s'il le fait, ce sera pendant les jours où le temps sera le moins convenable. Charité bien ordonnée commence par soi, c'est naturel; il faut s'en plaindre, mais non l'en blâmer.

Échanges de parcelles. — Cette division de la propriété à l'infini a un autre inconvénient, c'est de rendre les échanges difficiles, ce qui augmente les difficultés que rencontre la grande culture, pour produire les céréales et plus encore pour la culture de la Vigne à la charrue, mode de labourage auquel on se voit de plus en plus forcé d'arriver, eu égard à la rareté et à la cherté de la main-d'œuvre. Il serait très-utile de modifier la loi sur les échanges de terrain entre voisins et de les faciliter le plus possible.

Céréales. — La production des céréales est plus considérable, non parce qu'on cultive plus de terrain, mais bien parce qu'on le cultive un peu mieux et qu'on le fume davantage; en un mot, il y a un rendement plus fort à l'hectare.

Ce rendement plus considérable est dû aux progrès très-sensibles de l'agriculture dans notre arrondissement, qui laisse cependant encore beaucoup à désirer. Je signalerai, par exemple, le peu de profondeur des labours qui tient à ce que les attelages sont généralement trop faibles, les instruments aratoires insuffisants, les assolements mal compris, les engrais nullement en rapport.croissant avec l'épaisseur de la couche de terre qu'il s'agirait de ramener à la surface.

Culture avec jachère. — A ces causes il convient de rattacher l'ignorance des colons et leur routine ; ils se croient obligés de cultiver comme faisaient leurs pères et la culture triennale est encore celle qui est la plus commune : Blé, Orge ou Avoine suivie de jachères. Il faut pourtant convenir que les efforts des agriculteurs intelligents tendent à introduire et à développer la culture alterne et que les plantes et racines fourragères, ainsi que les prairies artificielles, gagnent tous les ans du terrain. Il serait désirable que le progrès fût plus rapide sous ce rapport.

Élevage. — L'élevage des animaux domestiques s'est sensiblement amélioré, tant au point de vue du nombre qu'à celui du choix et du perfectionnement des races; mais que de choses restent encore à faire !

Les choix des reproductions devraient être faits avec plus de soin et de discernement ; il ne devrait pas être livré au hasard et à l'aventure comme il l'est, dans les troupeaux restant au pacage, dans les prairies, pendant neuf mois de l'année, sans rentrer à l'étable. Les gestations ont lieu par des femelles trop jeunes, qui sont souvent saillies par des mâles dont la constitution n'est pas encore forte et achevée.

Je signalerai un autre très-grave inconvénient que présente l'élevage dans nos contrées ; c'est l'usage de ne plus nourrir à l'étable, dès que le printemps est venu, d'envoyer aux prés et de ne plus faire rentrer le bétail à l'étable pendant les longues chaleurs et sécheresses de l'été. Les malheureux animaux tourmentés alors par la faim, la soif, par les insectes et par les chaleurs, contre lesquelles aucun arbre ne les protége, languissent, maigrissent, sont arrêtés dans leur développement, meurent quelquefois, ou s'ils n'arrivent à cette dure extrémité, n'en restent pas moins maigres et chétifs et plus ou moins abâtardis.

L'éleveur qui en agit ainsi, nuit, plus qu'il ne le pense, à ses intérêts, et on ne pourrait trop attirer son attention sur les effets désastreux de ce genre d'élevage.

Je ne passerai pas sous silence un autre usage très-nuisible à l'élevage, c'est le sevrage précoce et anticipé. Le désir d'avoir le lait des mères fait qu'on en prive plus ou moins les nourrissons, soit en partageant le produit des traites avec eux, soit en leur supprimant tout à fait le lait, soit en mettant plusieurs petits sous la mamelle d'une femelle insuffisante pour les nourrir. Il suffit d'énoncer ce grave défaut pour que chacun en saisisse les fâcheuses conséquences. Ce n'est pas ainsi qu'on agit dans les pays d'élevage; faisons des vœux pour que notre pays rochelais comprenne mieux ses intérêts et réforme ce pernicieux calcul qui tourne à son détriment.

Le lait. — Le lait est un produit qui a, certes, une grande importance ici, soit qu'on l'emploie en nature, soit qu'on en fasse du beurre ou du fromage ; sous cette dernière forme, il est consommé dans le pays ; mais, sous celle du beurre, il est souvent expédié pour l'Angleterre. Il existe à Marans une usine qui a pour objet de le préparer en le dépouillant de son petit lait et de l'expédier.

Les œufs. — Les œufs sont également l'objet d'exportation en Angleterre ; on s'occupe davantage de la basse-cour, ici, qu'on ne le faisait avant 1861.

Porcherie. — L'élevage des porcs est assez répandu, tant pour les besoins locaux que pour l'exportation ou plutôt l'approvisionnement de la marine marchande et nationale.

Bergerie. — La laine et les moutons ne me paraissent pas avoir fait de grands progrès, cependant quelques troupeaux se sont améliorés par l'introduction de béliers southdown ; j'ai eu personnellement à me féliciter de cette mesure dans deux de mes fermes.

Fromagerie. — Une fromagerie existe dans la commune de Chanou ; les fromages qui en sortent sont estimés et recherchés. Elle aurait sans doute des imitateurs, si ses procédés étaient divulgués.

Haras. — Notre arrondissement s'occupe de l'élevage du cheval ; j'ai eu pendant quinze ans un haras où j'avais de deux à quatre étalons, savoir : un cheval de demi-sang et deux ou trois autres, dits mulassiers ou de gros trait. Je dois dire que ces derniers étaient de beaucoup préférés au premier par les éleveurs, qui disaient tous que les poulains de gros trait exigeaient moins de soins d'élevage, étaient plus tôt aptes aux travaux, se vendaient plus cher et plus tôt, qu'en un mot, ils donnaient plus de bénéfices.

Si ces dires sont vrais, ce que je crois, ce que j'ai constaté par expérience et ce qu'on peut vérifier sur les champs de foire, il faut en conclure que les besoins de l'industrie et du commerce demandent des chevaux forts et bien étoffés, et qu'il serait bon que l'administration accordât plus d'encouragement à cette catégorie de chevaux.

Cultures industrielles. — Parmi les cultures industrielles, je signalerai seulement la Vigne. Pour les autres, Chanvre, Lin, Colza, elles se font sur une étendue si restreinte que je ne fais que les rappeler ici.

Betteraves à sucre. — Je dois dire pourtant un mot de la culture de la Betterave à sucre qui, jusqu'à présent, ne s'est pas faite en grand, mais que j'ai expérimentée et fait expérimenter par beaucoup d'agronomes et d'agriculteurs, avec un plein succès. Les résultats de ces expériences ont été tels, que la Compagnie des sucreries de l'Ouest dont le siége est à Nantes, et dans l'intérêt de laquelle j'avais fait et fait faire les susdites expériences, s'est décidée à créer une sucrerie dans notre département. Vienne l'exécution et notre agriculture locale aura grandement à y gagner. Je crois que, en présence des fléaux qui attaquent en ce moment la Vigne : oïdium, anthracnose, pyrale, phylloxera, etc., etc., il y a lieu de rechercher des moyens de suppléer à la destruction de ce précieux végétal.

Vigne. — La culture principale de notre pays est la Vigne, et, quels que soient les ennemis qui s'attaquent à elle, elle résiste, et si, ici, on l'arrache, là, à côté, on la plante; ce qui prouve tout l'intérêt que cette plante offre à nos agriculteurs.

Les Vignes sont cultivées à bras ; elles reçoivent en général quatre façons, plus la taille. Les ceps sont très-bas, presque enfoncés en terre. Ils sont très-près les uns des autres, neuf à dix mille à l'hectare. Le nombre des vignerons est tout à fait insuffisant : aussi les propriétaires prennent-ils le parti de faire cultiver leurs Vignes à la charrue, système plus expéditif et moins coûteux ; malheureusement ce genre de culture est difficile dans des Vignes dont les ceps sont aussi rapprochés ; aussi les plantations nouvelles se font-elles avec des espacements plus considérables.

Vignes en chaintres. — Je viens, cette année, d'introduire dans notre arrondissement, la culture des Vignes *en chaintres*. J'en ai fait planter 4 hectares selon la méthode dite de Chissay, c'est-à-dire avec espacement de 2 mètres entre chaque cep sur le rang, et de 6 mètres d'un rang à l'autre, à peu près 800 à 830 pieds par hectare au lieu de 9,000 à 10,000.

Cette culture, outre les nombreux avantages qu'elle présente, pourra, peut-être, offrir celui d'une plus grande résistance contre les attaques des ennemis de la Vigne ; l'organisation puissante de l'arbuste lui permettra de mieux se défendre.

Dans l'expérience que je tente, j'ai voulu varier les espèces ; j'ai opéré sur dix variétés, cinq de Vignes blanches et cinq de Vignes rouges. Je pourrai ainsi me rendre compte des variétés qui conviennent le mieux à notre climat et à cette méthode de culture qui donne, dans quelques localités, les résultats les plus satisfaisants.

Quelques rares agriculteurs tentent d'autres essais en espaçant les rangs de ceps et en élevant la Vigne sur des fils de fer en forme d'espaliers. Leurs plantations, tout à fait exceptionnelles pour notre pays, sont un peu coûteuses, mais elles paraissent bien réussir.

On peut dire que l'ancienne culture de la Vigne, dans l'Aunis, résiste presque à tous changements, si on en excepte les tentatives récentes que l'on fait pour amener l'usage de la charrue vigneronne et des autres instruments aratoires inventés pour la seconder : buttoir, binoir, herse, etc., etc.

Distilleries. — Nos distilleries d'eaux-de-vie sont nombreuses. Les grands propriétaires en ont qui sont attenantes à leurs chais, d'autres sont entre les mains d'industriels appelés bouilleurs, chez lesquels les moyens et les petits propriétaires font distiller leurs vins ; enfin, une troisième catégorie de distilleries, est dite ambulante, parce que ceux qui possèdent les chaudières mobiles vont au domicile des propriétaires pour brûler leurs vins.

Cette dernière manière d'opérer est de date assez récente : elle présente des avantages, aussi se propage-t-elle chaque année de plus en plus.

La loi sur les bouilleurs de crû avait besoin d'être modifiée ; elle l'a été à la grande satisfaction de tous les intéressés.

Vins. — Les vins d'Aunis avaient été, depuis longues années, complétement destinés à la chaudière ; aussi apporte-t-on peu de soins et peu de précautions pour les vendanger et les fabriquer ; à l'heure de la récolte tout était bon pour les coupeurs, les Raisins verts et acides tombaient pêle-mêle avec les raisins mûrs et pourris dans les baquets. Transportés au pressoir, ils y étaient foulés et pressés avec la négligence de tous les soins de propreté. La fermentation et plus tard la distillation devant les débarrasser de toutes les matières impures et étrangères, on comptait sur elle pour y suppléer.

Aujourd'hui plusieurs propriétaires soignent davantage la fabrication de leurs vins, surtout du rouge qui, ne se mettant pas généralement à la chaudière, se vend pour être consommé en boisson : d'où la nécessité de le soigner davantage.

Ainsi, au lieu d'enfûter immédiatement le moût dans des tonneaux comme on le fait pour le vin blanc, on le met dans de grandes cuves où on le laisse fermenter, non plus comme autrefois, pendant plusieurs semaines, mais seulement pendant quatre à huit jours au plus, selon que la fermentation s'opère plus ou moins activement sous l'empire de la maturité du Raisin et surtout de la température.

Je crois utile d'insister sur cette manière de faire le vin rouge, l'usage ancien étant encore le plus commun dans le pays; on y obtient des vins plus foncés en couleur, mais beaucoup moins alcooliques, car la fermentation terminée les râpes s'emparent d'une portion notable d'alcool, comme le prouve le petit vin qu'on fait en jetant de l'eau sur ces râpes, celles-ci cédant à l'eau l'alcool qu'elles avaient absorbé.

Outillage agricole. — L'outillage agricole s'est beaucoup accru et augmenté. Les charrues, les herses et les rouleaux qui ouvrent et réduisent la terre se sont avantageusement modifiés; cependant ils ne sont pas encore assez perfectionnés pour que l'usage du semoir se répande. Les faucheuses et les râteaux à cheval fonctionnent partout; les moissonneuses commencent à se répandre et seraient déjà dans toutes les mains, si elles étaient d'un prix moins élevé et plus abordable, et si les réparations étaient moins fréquentes et moins coûteuses.

Les machines à battre, si variées aujourd'hui, et par conséquent à la portée de la petite, de la moyenne et de la grande culture, sont, on peut le dire, universellement employées et contribuent ainsi à abréger le temps et à diminuer les fatigues de la moisson.

L'outillage d'intérieur de ferme ne marche pas en avant d'un pas aussi résolu; cela tient à ce que l'engraissement du bétail n'a pas suffisamment progressé. Les hache-paille, les coupe-racines, les dépulpeurs, etc., etc., ne sont utiles que pour ceux qui se livrent aux soins minutieux de l'élevage et de l'engraissement; or, chez nous, c'est le foin de la prairie qui est chargé de tout; les cultures de racines fourragères sont trop peu répandues; les tourteaux ne sont pas, ou très-peu employés ; on ne connaît pas encore les silos, on n'a pas de Maïs à hacher. Espérons voir notre agriculture se modifier sous ce rapport, et chercher à mieux nourrir et à engraisser plus tôt et mieux son bétail. C'est à ce perfectionnement que nous devons surtout viser dans notre contrée; avec lui viendraient une culture plus complète, des engrais plus abondants et la variété des productions végétales, si favorable pour tirer du sol tous les éléments de fertilité qu'il contient.

Engrais. — Les engrais commerciaux adjuvants des fumiers devraient être employés beaucoup plus souvent qu'ils ne le sont ici ; il est bien certain qu'on ne peut obtenir de récoltes maxima et faire de l'agriculture intensive si on ne rend à la terre les principes indispensables que lui ont enlevés les précédentes récoltes. Il en résulte que, en bonne pratique, il faut ne pas se contenter du fumier de ferme seulement qui sera toujours insuffisant, mais y adjoindre des engrais chimiques; cette nécessité étant reconnue et admise par la généralité des agronomes, il est indispensable, pour favoriser l'agriculture, de lui assurer l'achat, le transport et la qualité de ces précieux produits naturels ou artificiels au meilleur compte possible.

Le gouvernement doit surveiller avec la plus grande activité la nature, la composition des engrais chimiques; il faut que l'agriculteur ne puisse être trompé sur le mode d'engrais, chose malheureusement trop fréquente aujourd'hui. C'est cette tromperie sur les qualités de la chose vendue qui, dans le commerce des engrais, paralyse les transactions ; l'agriculteur, obligé de faire des avances considérables pour ses engrais, hésite et s'abstient devant la crainte d'être trompé sur leur qualité qu'il ne peut apprécier. Si donc on veut en rendre plus commun l'emploi, il faut prendre des mesures sévères pour que ce commerce soit activement surveillé par les agents de l'Etat avec aussi peu de frais et d'embarras que possible. Il faut multiplier les laboratoires pour y faire faire des analyses, et que les parquets surveillent avec grand soin les marchands d'engrais pour les poursuivre avec toutes les rigueurs de la loi, s'ils se livrent à la fraude.

L'agriculteur, alors rassuré et bien convaincu qu'il ne sera ni dupé ni trompé, achètera avec sécurité.

Transports. — Le prix des transports par petite vitesse devrait aussi être autant abaissé que possible ; le bon marché augmente les transactions, et, par suite, multiplie les transports ; les chemins de fer n'auraient donc rien à perdre à abaisser leur tarif.

Fumiers. — Les fumiers, il faut le dire bien haut, ne sauraient être complétement remplacés par les engrais de commerce ; aussi, est-il de la plus grande utilité d'apporter les soins les plus minutieux dans leur confection. Sous ce rapport, nos fermes laissent beaucoup à désirer. Les tas de fumiers y sont mal installés, exposés au grand air ; ils reçoivent l'action du soleil, de la pluie, souvent des eaux de gouttières qui entraînent ainsi tout le purin. Ces fumiers, après plusieurs mois de séjour dans les cours de fermes, ont perdu la majeure partie de leurs principes fertilisants, soit par la dissolution, soit par l'évaporation et la dessiccation. On ne saurait trop signaler l'incurie dont les fumiers sont l'objet, c'est une perte permanente à laquelle il faut s'opposer par tous les moyens connus ; c'est, de plus, une cause permanente d'insalubrité qui réclame même l'intervention municipale et l'application des règlements et prescriptions de l'hygiène publique. Les fumiers doivent être placés sur des terrains, élevés et couverts, pour être protégés contre le soleil et la pluie, à proximité de la fosse à purin dont le contenu devra être transporté par des tonneaux *ad hoc* sur des prairies ou d'autres récoltes.

Auxiliaires. — Les gens à gages, tâcherons et journaliers, sont les auxiliaires des agriculteurs ; tous sont devenus de plus en plus rares et, par conséquent, de plus en plus exigeants, tant pour les prix qu'ils mettent à leurs services, que pour la nourriture qu'on donne toujours aux premiers, quelquefois aux troisièmes, mais très-rarement aux seconds.

Les gens à gages habitent et sont nourris à la ferme; ils sont gagés à l'année ou pour un, deux, ou trois trimestres.

Leurs gages sont en rapport avec le temps pour lequel ils ont contracté ; plus il est court, plus il est proportionnellement élevé. Le trimestre d'hiver est celui qui est le moins payé.

Les salaires ont presque doublé pour tous les ouvriers agricoles ; le besoin que l'on a d'eux les rend très-exigeants et quelquefois peu respectueux; il vous mettent sans cesse le marché à la main et souvent ils vous quittent pour de simples observations qu'ils prennent mal.

D'où vient cette indépendance? De la certitude où l'ouvrier est qu'il trouvera de l'ouvrage chez un autre fermier, de l'aisance dans laquelle il vit et du prix peu élevé du pain qui ne talonne plus son ardeur à augmenter ses salaires.

Les domestiques à gages dans les fermes peuvent y gagner de 500 à 800 francs; les journaliers gagnent 2 fr. 50 à 2 fr. 75 dans les jours courts, dans les autres ils gagnent de 3 à 4 francs.

Les tâcherons gagnent souvent des journées plus fortes, de 5 à 6 francs quelquefois.

Les vignerons se font payer 90 francs pour labourer un hectare de Vignes. Les faucheurs gagnent 4 et 5 francs par jour avec plusieurs litres de vin.

Les moissonneurs gagnent autant et plus par le dixième ou le onzième qu'ils prélèvent sur toutes les céréales.

Les vendanges coûtent plus de 20 francs par tonneau.

Capital d'exploitation. — Le capital d'exploitation est généralement trop faible, par suite du peu d'aisance des fermiers qui préfèrent, aussitôt qu'ils ont gagné quelque argent, l'employer à acheter des terres plutôt que de se servir de ce capital pour faire marcher leurs fermes.

Les charges pesant sur le sol sont lourdes, et très-lourdes; il suffit, pour le prouver, de les énumérer : l'impôt foncier, les impôts de desséchement, les prestations, les taxes sur les chiens, sur les voitures ; les assurances contre l'incendie, le feu du ciel, contre la grêle, contre la mortalité du bétail ; plus les dépenses nécessaires et obligées de toutes sortes, telles que celles du charron, du maréchal, du vétérinaire, du bourrelier, du taillandier, du maçon, etc., etc., c'est à n'en plus finir.

Les frais de transport et de vente viennent encore se joindre à ceux que nous venons tout à l'heure d'énumérer ; le bon entretien des chemins et des routes peut venir alléger ces dépenses ; pour les transports par chemins de fer, nous répétons qu'il est urgent, en ce qui concerne les choses de l'agriculture, qu'ils soient faits au plus bas prix possible.

Quant aux frais de vente, il faut aussi les comprendre au passif du budget de l'agriculture ; ils consistent en déplacement, frais de séjour et perte de temps, etc., soit pour les hommes, soit pour les animaux et les attelages.

Situation agricole. — La situation agricole, en prenant la moyenne des six dernières années dans les états de statistique que je n'ai pas à ma disposition, mais que j'apprécierai en mon particulier, n'a pas été des plus prospères en ce qui concerne les céréales, et je suis porté à croire que si l'introduction des Blés étrangers n'est pas soumise à un droit fixe et compensateur des droits et charges que supporte l'agriculteur français, il faudra que ce dernier renonce à la culture du Blé qui ne lui donne pas un rendement rémunérateur.

Prairies. — D'un autre côté, s'il abandonne la culture des céréales, il devra reporter tous ses soins sur la culture des prairies naturelles et artificielles, sur les plantes et racines fourragères, afin de nourrir un nombreux bétail ; mais n'a-t-il pas à redouter de rencontrer également, sur le marché, les produits similaires venant de l'étranger qui se trouve dans des conditions de sol, de climat, beaucoup plus avantageuses. Il y a, il faut en convenir, des craintes sérieuses et il y va de l'intérêt de tout le monde. Je sais, en ce qui me concerne, que je conseille à mes fermiers de diminuer les terrains qui reçoivent des céréales et de remplacer celles-ci par des plantes industrielles ou fourragères. Je ne doute pas que cet exemple ne soit suivi, si le gouvernement ne vient en aide à l'agriculture et par contre à toute la population.

Desséchement. — Notre arrondissement est assez bien doté sous le rapport des herbages ; de vertes prairies reposant sur un sol d'alluvion sont très-favorables à l'élevage et à l'engraissement de nombreux troupeaux. L'aménagement des eaux pour l'abreuvement des animaux et pour l'irrigation des terres et pour leur desséchement laisse bien souvent à désirer : je puis citer, relativement à cette dernière assertion, l'exemple d'un marais desséché d'une contenance de 1,100 à 1,200 hectares dont j'ai l'honneur d'être directeur ; ce desséchement commencé, il y a une trentaine d'années, a exigé de grands travaux et des sommes considérables, surtout en ce qui concerne son principal canal qui se rend à la mer en traversant un autre marais antérieurement desséché; ce canal a dû être creusé dans toute sa longueur avec une section de douze mètres. Des travaux assez récents faits pour le canal de Marans à La Rochelle ont réduit cette section à celle de 4 à 5 mètres au plus, d'où résulte un obstacle à l'écoulement des eaux de nos marais, qui se trouvent submergés pendant la plus grande partie de l'année et impropres à produire quoi que ce soit. Nos plaintes à qui de droit restent jusqu'à ce jour infructueuses, quelque multipliées qu'elles aient été.

Pour ce qui concerne les Vignes, la position n'est pas trop brillante en ce moment; la pyrale se montre sur beaucoup de points et le phylloxera est sur différentes localités, notamment à Langèves, dans les Vignes de mon confrère Bérard, dont le vignoble contient environ 400,000 pieds de Vigne, mais la plus grande partie n'est pas atteinte.

La position du propriétaire dans la région des céréales

se ressent des mauvaises années. Le fermier ne fait pas trop mal ses affaires dans les pays d'herbages.

Métayage. — Le métayage n'est pas trop connu dans nos contrées ; je crois pourtant que ce système de faire-valoir a bien son prix et qu'il est favorable au fermier à moitié-fruit et au propriétaire. De cette association, il résulte, en effet, que l'un, le métayer, apporte son industrie, son travail et celui de sa famille ; et l'autre, le propriétaire, sa terre, son argent et ses conseils. L'intérêt des deux associés étant le même, ils tendent tous les deux au même but et ils y arrivent généralement : celui de faire rendre à la terre ce qu'elle peut produire sans la surmener.

Ouvrier agricole. — Pour ce qui est de l'ouvrier agricole, vu sa rareté, il voit tous les jours ses salaires s'accroître et, cependant, si l'occasion se présente de gagner davantage, dans l'industrie, dans les travaux publics ou dans les villes, il abandonne facilement les occupations champêtres de toute sa vie. Il sait que les propriétaires et les fermiers ont besoin de lui, il s'exagère son importance, n'est pas toujours poli et ne balance pas à les quitter pour chercher fortune ailleurs.

Qu'est-ce qui a amené cet état de choses? Il est évident que les perturbations politiques y ont contribué ; l'infiltration des idées d'indépendance gagnent partout et les liens hiérarchiques se relâchant, l'instruction primaire à peine ébauchée suggère des idées fausses et turbulentes qui éloignent les jeunes paysans de la vie tranquille et paisible dans laquelle leurs parents ont passé leur vie. Les goûts de luxe, des cabarets, des réunions, gagnent insensiblement nos campagnards qui veulent aussi goûter des plaisirs souvent faux et trompeurs de la ville.

Les intempéries plus ou moins prolongées ont une influence plus ou moins fâcheuse sur les récoltes de Froment. Les moyens de s'en défendre complétement n'existent pas ; mais en cultivant bien et en saison convenable, en facilitant l'écoulement des eaux pluviales, en faisant les sarclages nécessaires et en recourant aux instruments aratoires perfectionnés, on diminuerait, dans une proportion très-notable, leurs effets pernicieux et souvent désastreux.

L'année présente est telle que toutes nos récoltes se ressentiront des variations sans nombre dans la température et dans tous les autres phénomènes atmosphériques.

Les foins sont de mauvaise qualité ; peu d'entre eux ont pu être rentrés sans avoir été mouillés. Les Blés sont atteints ici, par la rouille, là, par le piétain et presque partout par un insecte qui est, je crois, le thrips ; cet hémiptère à l'état de larve détruit les grains dans l'épi, il se loge entre le grain et les glumelles et se nourrit aux dépens du premier tant que celui-ci est assez mou pour être attaqué.

Outre ces ennemis que nous venons de signaler, la récolte des Blés est menacée par la verse et par les herbes très-abondantes que l'humidité a fait naître et qui ne permettent pas au Blé, une fois versé, de pouvoir se relever.

Les Orges et les Avoines sont rendues à maturité, et il y a obligation de les couper et de les mettre en gerbes si l'on veut les empêcher de s'égrener.

De tout ceci, il faut conclure que la récolte de cette année en céréales laissera beaucoup à désirer.

La récolte des Vignes ne donne pas des espérances plus grandes ; les maladies dont il a été question plus haut apporteront une notable diminution lors des vendanges.

Les pluies continuelles ne permettent pas de donner les façons suffisantes, ce qui retiendra le développement et la maturation du Raisin. La floraison s'est faite par un temps peu favorable et la coulure fera beaucoup de mal ; il y a donc lieu de craindre une mauvaise récolte en vin, tant pour la qualité que pour la quantité.

Je terminerai en donnant un aperçu succinct du résultat de la comparaison des six dernières années et des six autres années qui ont précédé 1861. Ce résultat est à l'avantage des dernières années sous le rapport du rendement des terres ; mais il faut reconnaître que cet avantage est plus que compensé par les dépenses moins fortes nécessitées avant 1861 pour la main-d'œuvre. Celle-ci était alors à bien meilleur marché, un tiers ou peut-être moitié de ce qu'elle coûte aujourd'hui. Les impôts et les charges ont augmenté et il est impossible au fermier de payer aussi facilement sa ferme qu'il le faisait il y a vingt ans. Aujourd'hui, grâce à quelques progrès, il récolte, en moyenne, plus de Blés, mais ses dépenses sont plus considérables, d'où résulte pour lui plutôt de la perte que du profit. Dans cet état de choses, il lui sera impossible de soutenir la concurence des Blés étrangers, si l'Etat ne vient à diminuer les impôts et les charges qui pèsent sur l'agriculture.

54 — *Réponse de M. Dières-Monplaisir.*

Rochefort-sur-Mer, 21 mai 1879.

Les questions soumises à la Société nationale sont tellement ressassées, depuis quelques années, par la presse agricole, — que l'exposition des faits locaux semble le meilleur moyen de hâter les solutions si nécessaires et si impatiemment attendues.

Pour nous en tenir à ce pays-ci, signalons, d'abord, l'arrivée, en quelques mois, sur notre port, de quarante-six grands navires, venant d'Amérique, chargés de 40,000 tonneaux de céréales. Cette importation, utile après une mauvaise récolte, mais dépourvue de tout droit protecteur, à eu ce fâcheux résultat de décourager les producteurs locaux, par une baisse immédiate de 5 francs par hectolitre de Blé. — Ils se sont dit avec raison : comment soutenir la concurrence avec un pays où l'hectolitre de Blé ne revient qu'à 13 fr. 50, une fois chargé sur les clippers, tandis que ce même hectolitre nous coûte, à nous, près de 20 francs de frais !... Encore si nous pouvions échanger nos liquides contre les Blés américains; — mais, plus sages que nous, les Etats-Unis frappent de prohibition, par des taxes exagérées, nos vins et nos eaux-de-vie, pendant que nous exemptons, de tous droits, leurs céréales ! Ce raisonnement est si simple et si concluant, qu'il justifie l'horreur et le mécontentement qu'inspire le principe du libre-échange.

La conséquence est et sera, de plus en plus, l'abandon de la culture des céréales, pour se jeter dans l'élevage et l'engraissement des animaux.

Or, pour élever et engraisser, il faut des prés, et la division croissante de la propriété en diminue chaque jour la quantité. Les propriétaires du sol le vendent, par parcelles, ainsi que le constate la lecture quotidienne des journaux de chaque localité.

La diminution des prairies, résultat naturel de l'émiettement du sol, n'est point le seul obstacle à la tranformation culturale qui s'opère. L'apparition, sur le marché français, des bœufs américains, affranchis de toute taxe, est une inquiétude et un danger. Le contrée de Rochefort serait réduite aux abois, si elle devait subir, dans les mêmes conditions que pour les céréales, la concurrence du bétail américain. Dans l'intérêt de l'alimentation générale, encourageons le principe de la concurrence, mais sauvegardons, en même temps, les intérêts de l'agriculture française et du Trésor par des droits compensateurs.

La rareté des bras et la cherté de la main-d'œuvre proviennent, dans ce pays, d'une cause locale que nous ne pouvons taire. L'arsenal maritime enlève aux champs un certain nombre d'ouvriers. — Encore si la garnison nombreuse apportait quelque compensation ; mais, généralement, les colonels se prêtent peu aux nécessités de l'agriculture, dont le Ministre pourrait utilement intervenir auprès de ses collègues de la guerre et de la marine.

La cause principale des difficultés de la main-d'œuvre,

c'est la diminution désolante du nombre des enfants dans les familles rurales. Voilà comment, depuis quelques années, le prix des salaires a presque doublé. La moyenne, ici, des gages de domestiques varie de 400 à 600 francs par an, et le prix des journaliers de 3 à 4 francs par jour. La dépopulation des campagnes ne vient pas seulement de l'émigration dans les villes, elle vient surtout de l'application du système de Malthus et de l'abandon de cette loi primitive : croissez et multipliez. Les remèdes à cette plaie sont les encouragements du Pouvoir aux familles nombreuses et l'éducation chrétienne des nouvelles générations.

Nous savons parfaitement que de pareilles idées ne sont pas en faveur, mais le but de l'enquête est de chercher la vérité et le devoir de chaque correspondant de la dire avec franchise et conscience.

---

55. — *Réponse de M. le comte de Saint-Marsault.*

Château du Roullet, par La Jarrie près La Rochelle, 20 mai 1879.

La division de la propriété suit son cours régulier. La terre est depuis longtemps très-morcelée, surtout dans les parties vignobles du département et, notamment, à l'Ile-de-Ré, au point qu'il en résulte souvent des inconvénients.

La production des céréales n'a rien d'anormal; elle a été très-faible en 1878. Les pluies et l'envahissement des eaux dans nos marais desséchés et dans nos terres basses, nous font prévoir une plus grande diminution pour 1879. Des semailles ont été inondées et des terres n'ont pu être ensemencées; les grains, dans les terres hautes (en médiocre quantité), paraissent assez beaux, mais la pluie peut contrarier la moisson.

L'élevage des animaux domestiques s'améliore lentement, mais le progrès existe pour les chevaux. L'Ecole de dressage de Rochefort nous fait vendre des chevaux d'attelage et même quelques étalons pour les haras. La remonte commence à payer quelquefois un prix assez rémunérateur. La race bovine de Durham commence à pénétrer dans nos marais ; les moutons même, quoique assez rares, s'améliorent aussi par quelques croisements. L'engraissement se fait toujours, pour Paris, dans l'ancienne méthode, quelque peu barbare, du pâturage négligé. Lait, beurre, fromage, laine, veaux, moutons, œufs et volailles sont consommés dans le pays ; l'exportation, si elle existe, est insignifiante. La Vigne prime tout dans les terres hautes. Elle souffre, en beaucoup de communes, par la pyrale, l'oïdium, et même le phylloxera, qui est reconnu tous les jours de plus en plus, dans l'arrondissement. Cependant, jusqu'ici, nos récoltes n'ont encore, dans leur ensemble, rien d'anormal pour la quantité et la qualité.

La production forestière est pour ainsi dire nulle ; la petite forêt de Bemon et les quelques buissons des particuliers n'offrent ni importance, ni particularités. Le coup de vent du 20 février dernier nous a été d'autant plus sensible, qu'il a détruit quelques-uns des plus beaux de nos arbres, si rares dans tous les environs.

En fait d'industrie agricole, nous n'avons que la distillation de nos vins. Nous ne demandons que la tranquillité et qu'on nous laisse en l'état actuel, sauf les droits réellement exagérés, à l'intérieur comme à l'étranger, sur les vins et alcools, dont la diminution amènerait nécessairement une plus grande consommation.

L'outillage agricole suit son cours régulier, mais très lent, d'amélioration. Cependant, les faucheuses, surtout, et aussi un peu les moissonneuses ont commencé, depuis deux ou trois ans, à être adoptées par nos grands fermiers.

Le drainage est inutile dans notre terrain jurassique.

Les irrigations sont impossibles, faute d'eau et de sous-sol convenable.

Nos desséchements de marais sont à peu près station-naires.

Nous ne voyons aucune autre amélioration économique-ment fructueuse.

On emploie peu les engrais commerciaux ; rien de nou-veau pour le fumier.

Le nombre des bras, employés à l'agriculture, diminue sensiblement, comme la population des campagnes. En outre, le nombre des campagnards *s'enrichissant* peu à peu, augmente de jour en jour ; ils ne travaillent presque plus que pour eux. Les domestiques sont à des prix rui-neux ; les tâcherons, les manœuvriers sont de plus en plus rares. Naturellement ils augmentent leur prix. Avant 1861, mais surtout avant la guerre de Crimée, on avait facilement des ouvriers à 1 fr., 1 fr. 25 et 1 fr. 50 l'hiver, pour tous travaux, et à 1 fr. 50, 2 fr. et 2 fr. 50 l'été. Mais, aujourd'hui, les plus médiocres travailleurs, pour les ouvrages courants, nous rendent moins de travail qu'autrefois, aux prix de 2 fr. et 2 fr. 25 pendant l'hiver et 3 fr. à 3 fr. 50 pendant l'été, sans compter les prix exceptionnels, pour travaux pressés ou pour faucher, moissonner, etc.

Voici la progression approximative des impôts grevant une propriété :

En 1830.	1,000 à 1,100 fr.	
1840.	1,400	1,500
1850.	1,500	1,600
1860.	1,700	1,800
1870.	2,000	2,100
1879.	2,300	2,400

Nous avons deux chemins de fer ; on parle d'en établir d'autres d'un avantage plus ou moins douteux. Nos chemins de terre sont nombreux et assez bien entretenus, mais des plus coûteux de France, vu la mauvaise qualité de nos pierres. Cependant les transports ont toujours été chers et

Enquête.   22

le sont encore, plus qu'en bien d'autres contrées. Le prix des denrées exportables a beaucoup augmenté, le poisson surtout. La nourriture a toujours été et sera toujours plus chère à La Rochelle que dans les villes environnantes. Autrefois, c'était à cause du grand commerce colonial ; maintenant les vins et eaux-de-vie ont amené une assez grande aisance générale, d'assez forts capitaux de commerce et même quelques grandes fortunes, quoique non apparentes.

Les changements survenus autour de nous, nous paraissent la conséquence naturelle de la législation et des modifications que le temps amène toujours dans les mœurs des nations civilisées ; et il nous semble que l'influence des intempéries n'a été qu'une cause secondaire. Il faut pourtant signaler quelques souffrances en 1872, et, pour cette année, la mauvaise récolte des céréales peut bien avoir contribué à la grande émotion, motivée en réalité, il est fâcheux d'être obligé de le dire, par les inquiétudes d'un autre ordre, qui font voir à nos populations, comme à travers des verres grossissants, les inconvénients, du reste, peu appréciables chez nous, de cette pénurie de grains français et des importations exagérées de l'Amérique, en grains et en viandes ; tandis que ce pays de soi-disant liberté a établi un vrai blocus continental contre nos vins et eaux-de-vie et autres produits français.

Dans notre jeunesse, en 1816 et 1817, les récoltes de toute sorte ont manqué. A cette époque fortement éprouvée, les campagnards ont été obligés de commencer à se nourrir de Pommes de terre, jusque-là exclusivement destinées aux cochons. Il y avait presque famine et pourtant pas d'émotion, parce qu'alors l'horizon politique paraissait calme et assuré. Nos campagnards aiment la paix, ont besoin de la paix. Il est très-fâcheux de les tourmenter par des élections trop fréquentes et des changements dans les habitudes soit légales, soit commerciales. Ils ne comprennent pas, mais les Traités de commerce les préoccupent ; ils craignent que le mieux ne soit l'ennemi du bien. Les fermiers n'ont pas pu vendre assez de Blé pour payer les fermages de 1878. Maintenant les bestiaux éprouvent une forte baisse, qui va encore déranger bien des calculs. Les esprits sont émus par l'incertitude de l'avenir vers lequel nous marchons à grands pas. Tous sont inquiets, surtout les cultivateurs du sol et les propiétaires fonciers. L'agitation ne provient pas de faits matériels. Ceux qui se produisent ont-ils un caractère permanent, ou sont-ils exceptionnels? Quelle que soit leur importance, ils ne sont en fait, aujourd'hui, qu'un prétexte, une cause idéale, plus peut-être que réelle. Chacun cherche, afin de se rendre compte de son inquiétude. Telle est, à nos yeux, la vraie cause de l'agitation fâcheuse et dangereuse, qui s'est emparée de nos populations rurales.

Deuxième question ministérielle. — Dans nos environs nous ne devons pas nous plaindre encore. Certes, notre situation n'est pas brillante : l'agriculture éprouve une gêne qui peut n'être que momentanée, mais la baisse du prix des bestiaux nous inquiète.

Nous avons peu de grands propriétaires. Ils peuvent supporter pendant quelque temps les circonstances actuelles. Notre moyenne culture est si peu importante qu'elle ne se sent pas encore fortement atteinte; la petite culture est sur le point d'éprouver de la gêne. Nos fermiers anciens, bien établis, peuvent faire face aux difficultés pourvu qu'elles ne soient pas de longue durée. Les capitaux d'exploitation sont bornés. Les fermiers nouvellement établis sont dans une grande gêne, il va falloir les attendre. Les plus capables surnageront, les autres seront promptement ruinés. L'ouvrier agricole vit grassement et gaiement, au jour le jour, gagnant beaucoup, mangeant tout, sans penser au lendemain.

Pour remédier aux intempéries, il faudrait que l'agriculteur fût un véritable industriel savant, et, pour cela, il faut multiplier les moyens d'instruction et les facilités de crédit. Maintenant, nos pauvres petits cultivateurs s'imposent des privations, même très-dures, ils s'arment de patience et espèrent en un meilleur avenir.

La législation sur les grains et farines a créé des difficultés à l'agriculture française ; notre arrondissement qui ne produit pas sa nourriture, ne s'en est pas ressenti. Mais nos négociants en grains et nos boulangers se sont enrichis, nos bouchers ont fait fortune : le tout aux dépens des consommateurs. Tous ces commerçants et industriels se gardent bien de se faire concurrence. Nous payons cher le pain et la viande ; mais nos produits étant les vins et eaux-de-vie, nous avons pu les écouler à des prix assez satisfaisants et nous nous apercevons peu de ce qui est fâcheux pour d'autres contrées.

Nous avons aussi le commerce du poisson, qui a pris, depuis les chemins de fer, une très-grande importance. Il jette de l'argent sur notre port de mer, tout en gênant fort les petits rentiers ; en sorte que les Traités de commerce n'ont eu qu'une influence très-compensée sur notre position réellement exceptionnelle.

Les améliorations et les réformes dans le but d'assurer la prospérité de l'agriculture, les mesures et les encouragements par lesquels l'Etat pourrait concourir à cette œuvre de progrès, seraient à nos yeux :

De ne plus se contenter d'écrire sur nos murailles, Liberté, Egalité, Fraternité, mais de nous les donner effectivement. Ne nous protégez pas ! votre protection nous étouffe ; laissez-nous une sage liberté d'action. Mais ne protégez pas les autres à notre détriment, et surtout les étrangers, par une protection à l'envers. Egalité pour tous. Aide et assistance pour les besoins momentanés, avec réciprocité pour tous dans une véritable fraternité.

Pas de lois pour détruire une seule espèce de chenille, désagréable peut-être pour les squares des villes, mais qui ne nuit pas autant que mille autres insectes à nos cultures, nos plantations et nos récoltes.

Pas de lois sur le cheptel, pour empêcher l'existence raisonnable des cheptels et pour s'opposer au Crédit des agriculteurs.

Modification des régimes hypothécaires et des gages, qui nous étouffent et nous ruinent, sous prétexte de nous protéger contre nous-mêmes et contre tous.

Abrogation des prescriptions légales exagérées, qui font que la veuve et l'orphelin voient leur petit héritage absorbé par les frais des formalités judiciaires.

Liberté au père de famille de tester avec la seule réserve de la portion alimentaire pour chaque enfant. Liberté de faire donner à ses enfants l'éducation et l'instruction par les maîtres qui conviennent à ses idées de famille.

Pas de nation favorisée, pas de droits protecteurs du drap ou du coton, tandis que l'agriculture est livrée à la concurrence étrangère. Libre-échange! mais non pas dupe échange! œil pour œil, dent pour dent, la loi du talion pour l'étranger, quel qu'il soit, qui ne nous traitera pas comme nous le traitons.

Egalité pour les villes et les campagnes ; plus de douanes intérieures, l'expérience en est faite depuis 89 ; pourquoi les rétablir sous le nom d'octroi de bienfaisance.

La douane doit exister à la frontière, afin de fournir au Trésor de justes indemnités, compensant nos impôts intérieurs et aussi les facilités d'arrivée et de circulation, dont profitent les produits étrangers, qui n'ont pas contribué aux dépenses de nos ports, de nos phares et de nos voies de circulation. Mais ces droits fiscaux, établis également sur toutes les importations, sans exception, seront toujours peu élevés, pour rester justes, sans être protecteurs.

Que l'agriculture soit traitée à l'égal de toute autre industrie. Elle constitue la portion la plus solide de la richesse de la nation. Il n'y a ni justice ni raison pour enrichir, à son détriment, des industries factices, qui n'ont pas en elles-mêmes assez de vitalité pour se passer des prohibitions à la frontière ; enrichissant quelques fabricants aux dépens de la masse des consommateurs, qui ne peuvent pas se passer de vêtements plus que de pain.

Règlement des tarifs des chemins de fer, qui présentent des injustices écrasantes pour certaines denrées, certaines localités et aussi en faveur de l'étranger.

Mais, laissons de côté l'idéologie, soyons pratiques ; remplaçons la moitié des lycées et collèges communaux, qui drainent les enfants intelligents de nos campagnes, pour en faire des avocats, des journalistes, des médecins, des huissiers, etc., et surtout des brouillons. Remplaçons-les, en établissant partout par centaines, s'il le faut, de bonnes écoles professionnelles libres, de commerce, d'industrie manufacturière et agricole, de dessin, de chimie, enfin d'arts et manufactures de toute sorte, afin que chaque homme trouve sa vie au bout de ses bras et non plus la misère et le désordre au bout de sa plume et de sa langue.

En résumé, notre contrée d'Aunis est probablement exceptionnelle, en ce sens qu'elle souffre peu matériellement ; mais elle souffre moralement de l'inquiétude d'un avenir prochain. Les difficultés, que rencontrent la propriété et le crédit agricole, résident surtout dans la législation qui les étouffe, sous prétexte de les protéger. Le moyen d'écarter ces obstacles, c'est de diminuer l'excès de centralisation, de donner un peu de latitude aux membres du corps social, de nous déshabituer de demander tout et de tout attendre d'un gouvernement, qui ne peut tout connaître, tout prévoir, tout faire, tout réparer ; par conséquent, il faut laisser l'industrie agricole, comme toutes les autres, agir par elle-même sans entraves.

Laissant de côté tout parti pris, comme dit le ministre, toute préoccupation politique et toutes les tracasseries, par lesquelles on agace les provinces, on reconnaîtra que notre attachement sincère à l'agriculture, notre impartialité, nous conduisent à déclarer notre conviction que les souffrances actuelles de l'Agriculture proviennent bien moins des intempéries, que des imperfections de notre Code et ensuite des agitations malsaines, dans lesquelles on nous a précipités depuis longtemps et dont nous avons grand besoin de voir la fin.

---

56. — *Réponse de M. de Larègle.*

Bernéré, par Saint-Savinien, le 15 août 1879.

Par les lettres que vous m'avez fait l'honneur de m'adresser, vous m'invitez à prendre part à l'enquête que fait la Société nationale d'agriculture sur l'état de l'agriculture, en ce qui concerne la contrée que j'habite (les environs de Saint-Savinien, Charente-Inférieure). J'ai longtemps hésité à le faire, et en voici la raison : on ne saurait parler de l'agriculture de nos contrées sans y comprendre la viticulture et comment s'occuper de cette industrie sans aborder et apprécier son monstrueux régime économique, le fait principal qui la domine, sans en apprécier les effets? Ici on se heurte à chaque pas à des volontés toutes puissantes, jalouses et intéressées, à une anarchie d'idées qui a sa source dans le régime lui-même.

En présence de cet état de choses, on hésite d'en parler ; mais le silence systématique sur un sujet important, n'est-il pas la meilleure preuve que l'on ne voit rien de bon à en dire ?

Les partisans avoués de ce régime, eux-mêmes, éludent et repoussent toute discussion ; il semble que, pour eux, le régime soit un mal nécessaire: cela paraît être le maximum du mérite auquel ils prétendent pour lui. Qu'il soit un mal, personne ne le contestera, mais, pour le proclamer nécessaire, il faudrait un peu plus que leur affirmation et que les raisons un peu insuffisantes qui se donnent de sa nécessité, dont une des plus sérieuses est le refus qu'ils font de se prêter à aucune amélioration et l'impossibilité où l'on est de leur en faire accepter malgré eux.

Mais arrêtons-nous ; imitons le silence prudent qui se fait d'ordinaire sur ce sujet délicat.

Dans ma contrée, c'est la petite culture qui domine ; la plupart des cultivateurs sont en même temps petits propriétaires ou en voie de le devenir. La culture participe des défauts et des avantages de cet état de choses ; il ne se réalise que peu des progrès de la science agricole moderne sans que les cultivateurs y soient complétement étrangers, mais ils les suivent d'un peu loin. La culture est cependant assez soignée et passablement intensive, avec progrès sous ce rapport ; le travail de la main y a une plus grande part et celui des machines une plus petite que dans les contrées à plus grande culture. La seule machine moderne qui y soit devenue usuelle, est la machine à battre le Blé, locomobile mue par la vapeur. Son emploi, général aujourd'hui, a lieu par voie d'entreprise avec concurrence assez active. Et les entrepreneurs font, chaque année, jouir leurs clients des progrès réalisés dans ce mode de dépiquage. Il commence à y avoir quelques rares faucheuses et quelques râteaux à cheval.

Nos principales cultures sont, avec la Vigne, le Blé, l'Avoine et les plantes fourragères. L'assolement le plus habituel est : plante sarclée ou guéret franc, puis Froment, puis Avoine, puis guéret pour préparer une nouvelle plante sarclée. Il y a vingt ans, on faisait toujours coup sur coup deux Froments et une Avoine : c'est rare aujourd'hui. Sous ce rapport il y a progrès.

Un progrès plus accentué se manifeste dans l'élevage des bestiaux. La multiplicité des petites exploitations, qui toutes en ont, quoique chacune en petit nombre, en rend le stock important ; ces bestiaux sont d'un bon choix, tenus en bon état et soignés avec affection. Les petits cultivateurs ont, pour la plupart, une paire de bœufs et deux vaches, avec lesquelles ils font souvent un ou deux élèves. Les vaches y sont parthenaises ou nantaises, les bœufs parthenais ou salers. Ces animaux viennent, la plupart, des départements voisins avant l'état adulte, les bœufs âgés de deux ou trois ans ; le cultivateur les garde deux ou trois années en leur faisant faire le travail de sa petite exploitation, puis il les vend à quatre ans avec bénéfice pour les exploitations qui demandent plus de force, notamment celles qui ont des vignobles d'une certaine importance, se cultivant à la charrue. De ces derniers, ils sortent, d'ordinaire, à six ans pour l'engraissement, à moins que le propriétaire ne soit, par ses cultures, en position de faire lui-même cette opération, soit complétement, soit en partie.

Comme plantes fourragères annuelles, on cultive la plupart de celles connues : le Maïs, la Jarosse, le Trèfle incarnat, le Seigle vert, les racines diverses, etc. Comme prairies permanentes, outre celles des bords des rivières, on a la Luzerne, le Sainfoin, le Ray-grass d'Angleterre et depuis quelques années, le Brome des prés. Cette graminée, bien supérieure à sa réputation agricole, qui est un peu terne, mériterait d'être propagée plus qu'elle n'est par les conseillers de l'agriculture. Elle s'est introduite en Saintonge sous le nom d'Auge, nom dont l'origine ne m'est pas connue, et elle s'y est propagée elle-même par la vue de ses bons résultats. Le Brome des prés se sème dans une céréale à raison de deux à trois sacs de graine par hectare. Toutes les terres lui conviennent, surtout les bancs calcaires mais sans exclusion des autres ; il n'est dans sa force de production qu'à deux ou trois ans, aussi faut-il l'associer à un ou plusieurs fourrages plus précoces, Sainfoin, Ray-grass anglais, Luzerne ou autres ; ils le précèdent dans la récolte des premières années. Une fois le Brome établi dans un terrain, il le garnit complétement et en expulse toutes les plantes nuisibles ; le Chiendent seul, s'il existe avant le semis de Brome, lui résiste. Mais si le Brome ne le détruit pas, il arrête sa propagation et conserve toujours sur lui l'avantage dans la végétation aérienne. Le Brome doit être récolté entre sa floraison, qui est très-apparente, couleur brique pulvérisée, et la complète maturité de sa graine qu'il est essentiel de conserver adhérente à sa tige. Dans ces conditions, c'est un fourrage de premier ordre, nourrissant, salubre, facile à sécher et à conserver, d'une production régulière, peu sensible aux variations climatériques et d'une extrême rusticité; cependant il y a avantage à ne pas abuser de cette dernière qualité et à le placer dans des conditions convenables de fertilité et de fumure, comme toutes les autres plantes fourragères. Je ne connais pas la limite de sa durée. J'ai un pré de Brome qui a vingt ans et qui, fumé ou terreauté tous les six à sept ans, ne donne encore aucun signe de vétusté, donnant régulièrement, chaque année, une récolte moyenne d'au moins 3,000 kilogrammes de foin sec à l'hectare. Cette plante n'est pas remontante comme le Ray-grass, aussi il n'y a pas de regain à y couper, mais on peut y prendre l'été un bon pacage de ses feuilles bien résistantes à la sécheresse, sans nuire, si on en abuse pas, aux récoltes suivantes. Le Brome est une plante indigène, on le trouve en abondance dans nos bois, mais il est loin d'y posséder les qualités que lui a données la culture. C'est une plante précieuse pour les cultivateurs qui ne demandent que le possible et non les énormités que l'on ne trouve que dans les prospectus et qui, d'ordinaire, n'en sortent pas.

Le Brome des prés est plus répandu qu'on ne le croit en agriculture; il entre dans les graines de prairies composées que fournissent les marchands de la capitale, dans une proportion suffisante pour que, après quelques années, le Brome, resté seul, garnisse la prairie comme dans la méthode ci-dessus. Cependant, il est plus avantageux et plus utile à la vulgarisation d'un bon produit, de faire soi-même son mélange, en récoltant une graine toujours abondante et d'une récolte facile.

J'ai pensé que ces détails, peut-être un peu longs, pouvaient concourir utilement au but de l'enquête que fait la Société nationale d'agriculture, en appelant son attention sur un produit d'un mérite réel et d'une utilité incontestable, dans un temps où l'on comprend mieux que jamais l'excellence du principe du judicieux Jacques Bugeaud : «.Veux-tu du Blé (il pouvait ajouter, ou tout autre produit agricole), fais de bons prés. »

Au point de vue de l'économie du bétail, le Brome des prés possède une qualité précieuse entre toutes, c'est la régularité de sa production. Les cultivateurs qui ont l'habitude de régler leur stock de bétail sur une production moyenne de fourrage, se trouvent, certaines années, dans une position critique et en proie à une panique qui souvent devient générale, obligés de vendre une portion de leur bétail à vil prix et de réaliser des pertes sensibles ; il se fait alors une énorme destruction de la jeunesse, espoir de nos étables ; avec la culture judicieuse du Brome des prés, ce danger serait atténué et rendu rare.

Parlerai-je des engrais qui s'emploient dans la contrée? Ils sortent peu de la production qu'en fait le cultivateur au moyen de son bétail et par son industrie : transports de terres, curures de chemins, de fossés, de cours, etc. Malgré une active propagande, on achète peu d'engrais du commerce ; un peu de guano du Pérou et de phospho-guano. On achète à haut prix les fumiers des écuries des villes ; ces derniers s'emploient le plus souvent sur les prés et sur les Vignes ; on trouve leur prix trop élevé pour les appliquer à une culture aussi épuisante qu'une céréale destinée à mûrir son grain sur pied.

Dans la contrée, il se cultive peu de Blé pour la vente ; chacun vise surtout à récolter sa provision. Sans proposer de revenir au régime protectionniste absolu, je soumettrai ici un avis à l'examen de la Société nationale d'agriculture : Ne serait-il pas à désirer que la culture du Blé en France fût un peu plus encouragée qu'elle ne l'est par des dispositions douanières ? Ne serait-il pas à craindre surtout, en présence de la rareté croissante des bras, qu'elle ne vînt à être trop abandonnée ou négligée, ce qui conduirait au même résultat ? Alors notre approvisionnement, trop exclusivement en Blé étranger, serait à la merci du commerce et de la spéculation, débarrassés de la concurrence des ventes de Blé indigène qui suppléent, au besoin, à son manque de régularité ; il pourrait alors devenir très-coûteux et irrégulier. Nous voyons que l'industrie manufacturière qui se défend plus activement que nous, obtient des doctrinaires du libre-échange, des transactions qu'elle ne trouve cependant pas suffisantes. L'agriculture n'agirait-elle pas sagement en faisant de même ?

L'argument tiré contre nous du besoin de réduire le prix des denrées de première nécessité perd beaucoup de sa force par le fait d'expérience journalière, qu'une variation de 5 fr. par 100 kilog. dans le prix du Blé n'a pas d'influence pratique sur le prix du pain au détail, comme le public l'achète ; ce prix, depuis plusieurs années, n'a guère varié de 0.40 c. le kilog. C'est que le prix du Blé n'est pas le seul facteur du prix du pain au détail. Beaucoup d'autres données concourent à le fixer et le libre-échange ne peut pas influer sur toutes ; de là son impuissance à nous donner la vie à bon marché ; et 5 francs de protection est le maximum de prétention et de demande des cultivateurs les plus exigeants.

Une des principales cultures de la contrée, est celle de la Vigne ; la viticulture traverse, dans ce moment, une crise formidable, produite par l'invasion du phylloxera. Bien osé serait celui qui voudrait en prévoir le résultat! Les recherches par la science des moyens de vaincre le phylloxera par les insecticides, ne paraissent avoir encore produit aucun résultat pratique. Rien n'a pu enrayer la marche ni les ravages du terrible insecte. C'est aujourd'hui à la viticulture à étudier les moyens de vivre avec son ennemi. L'emploi des cépages américains est une panacée qui laisse encore ouvertes deux formidables interrogations : Quel sera leur degré de résistance? Quel résultat sont-ils à même de donner comme production de vin?

Laissons les expérimentateurs engagés dans cette voie,

continuer leurs travaux et cherchons, dans des moyens agricoles et viticoles, une solution au redoutable problème qui nous est posé.

Cessons, pour le moment, de fonder de grands vignobles pour durer cent ans, comme ont fait nos pères ; demandons l'abondance, non plus à l'étendue, mais à la précocité et à la puissance de production. L'un et l'autre s'obtiennent par la culture, la taille, la sélection du cépage et d'autres moyens agricoles ; souvent, il est vrai, aux dépens de la durée à laquelle nous sommes obligés de renoncer pour d'autres causes. Choisissons pour nos plantations les terres que l'expérience nous aura montrées les moins exposées aux ravages du phylloxera ; obtenons (cela est essentiellement agricole) qu'une Vigne, dans le peu d'années qu'elle aura à vivre, puisse donner de quoi rémunérer des dépenses de son établissement. Une céréale vit huit mois, une Luzerne sept à huit ans, un Sainfoin trois ans, et tous sont rémunérateurs aussi bien qu'une forêt qui vit des siècles. Obtenons, par des moyens viticoles connus de tous, un résultat analogue. Nous pouvons utilement faire concourir au même but une augmentation de qualité. Si les insecticides viennent à réussir, nous les emploierons pour prolonger et peut-être assurer la durée de nos Vignes, que nous pouvons planter dans des conditions d'espacement favorable à leur application ; si les cépages d'Amérique affirment leur supériorité et leur résistance, nous en ferons également usage ; notre vignoble, ainsi reconstitué, prendra ensuite le développement dont il sera susceptible.

En opérant dans ce sens, nous pouvons encore espérer de reconstituer à nouveau notre production viticole, aujourd'hui fort compromise, et de conserver à la France sa supériorité, si des faits étrangers à la situation ne viennent pas paralyser les efforts et décourager les bonnes volontés.

Les faits auxquels je fais allusion, est-il besoin de les désigner autrement? C'est le régime des boissons. A ceux qui diront, toute réforme de ce régime est impossible, je répondrai : A votre volonté; mais alors la reconstitution de la production vinicole en France disparaîtrait également; il ne resterait plus qu'à soumettre notre population au régime du vin espagnol et du trois-six ou plutôt à celui de cet amalgame complexe et sans nom possible autre que celui de *matière imposable* qui sert en même temps d'excitant et d'aliment à l'intempérance. Ce mode d'alimentation peut avoir des partisans intéressés, mais il ne saurait en trouver parmi les membres de la Société à laquelle j'ai l'honneur de m'adresser. Aucune industrie ne saurait vivre, prospérer et encore moins se reconstituer sous un pareil régime. Si la viticulture a vécu sous ce régime, d'une moins extrême dureté, il est vrai, qu'il n'est aujourd'hui, cela tient à son extrême vitalité, qualité qu'elle partage avec toute l'agriculture en général; mais cette vitalité n'est pas inépuisable, pas plus que ne l'étaient, en 1855, les ressources financières de la France que déclaraient aussi inépuisables des économistes de la même école que ceux qui ont, par des degrés successifs, conduit le régime des boissons au point où il est aujourd'hui. Et ce régime ne paraît pas avoir dit son dernier mot, car, chaque jour de nouvelles aggravations nous arrivent par toutes les voies : par des lois générales, par celles dites improprement d'intérêt local, par les instructions, les interprétations ou les modes d'application des lois, par les diverses mesures ou décisions administratives, par les actes isolés des fonctionnaires et des plus minces employés. Comment résister à un homme armé d'une législation formidable et d'une réglementation puissante, qui mettent les personnes et les fortunes à sa merci?

Je n'entrerai pas dans de plus amples détails : ce régime et ses funestes effets sont assez connus de tous ceux à qui un optimisme des plus robustes et peut-être des sentiments moins avouables, n'infligent pas une incurable cécité.

DÉPARTEMENT DE LA DORDOGNE.

57. — *Réponse de M. Durand de Corbiac.*

Bergerac, 25 mai 1879.

L'arrondissement de Bergerac, que je représente comme vice-président de la Société d'agriculture de la Dordogne et président de la Chambre consultative d'agriculture, est éminemment agricole. La culture de la Vigne occupe la plus grande partie de son territoire ; la plaine fertile qui s'étend le long des deux rives de la Dordogne produit en céréales plus qu'il n'est nécessaire aux besoins du pays ; l'industrie est de très-peu d'importance, les forges, les filatures et carderies y sont en très-petit nombre, les papeteries et les tanneries y sont assez nombreuses et paraissent prospères. Le revenu principal est celui de la Vigne et, en seconde ligne, celui des céréales. Je ne parlerai pas de l'industrie métallurgique, car elle est de très-peu d'importance dans notre arrondissement.

Depuis l'année 1861, l'agriculture a fait, dans notre arrondissement, de grands progrès ; la culture des terres s'est beaucoup améliorée, l'augmentation du bétail a été très-sensible, les fermiers et les métayers ont trouvé d'assez bons revenus dans l'élevage et dans les animaux de boucherie. Les fourrages et prairies artificielles tels que Trèfles, Luzernes, Sainfoins et Bettteraves ont occupé de plus grandes surfaces ; la culture du Tabac a été très-rémunératrice. Les céréales seules sont restées stationnaires, la production du Froment n'a pas augmenté.

La rareté de la main-d'œuvre et son prix élevé sont devenus la grande difficulté du propriétaire ; le prix de la journée de l'ouvrier de terre a plus que doublé : avant 1861 elle se payait 1 fr. 25 à 1 fr. 50, aujourd'hui elle vaut 3 et 4 francs. Les domestiques agricoles ou valets de ferme, dont les gages par an, avant 1861, ne dépassaient pas 150 fr., sont aujourd'hui payés de 300 à 400 francs.

Les grands propriétaires sont obligés de renoncer à faire valoir eux-mêmes ; ils afferment, et beaucoup vendent à parcelles une partie de leurs terres. Dans ces conditions, le morcellement de la propriété a beaucoup augmenté. L'ouvrier agricole, généralement sage, se trouve dans de bonnes conditions ; il peut faire des économies qu'il emploie, dès qu'elles sont suffisantes, à l'achat de parcelles de terre sur lesquelles il espère pouvoir se retirer un jour.

Il n'en est pas de même de l'ouvrier de ville, malgré l'augmentation de son salaire qui a plus que doublé (la journée des maçons et charpentiers qui était, avant 1861, de 1 fr. 75, est aujourd'hui de 4 à 5 francs), la grande majorité dépense en luxe ou au cabaret l'épargne qu'ils pourraient réaliser, et si la saison est mauvaise, si l'ouvrage vient à se ralentir, ils crient misère et prennent des allures menaçantes.

Les années 1876, 1877 et 1878 ont été mauvaises pour toutes les cultures : le rendement du Froment a été, en moyenne, pour ces trois années, la moitié du rendement d'une année ordinaire. Si les Blés d'Amérique n'étaient venus combler ce déficit, le Froment, au lieu de valoir de 27 à 28 francs les 100 kilog., aurait sûrement dépassé le prix de 45 francs les 100 kilog., ce qui eut été un très-grand malheur pour le plus grand nombre et surtout pour la classe ouvrière. Certainement, les grands propriétaires, les fermiers, les métayers ont beaucoup souffert du mauvais rendement des céréales, dont un prix très-élevé n'est pas venu les dédommager ; mais ils ont trouvé un grand secours dans la culture du Tabac et dans la vente du bétail qui a été, jusqu'à ce jour, très-rémunératrice. Aussi pensons-nous qu'au lieu de laisser produire l'importation de la viande d'Amérique qui est une production étrangère, il serait de la plus grande utilité, pour l'intérêt français, de favoriser le développement de la culture pastorale dans notre arrondissement. La plaine de la Dordogne, quoique très-fertile, est peu arrosée, les prairies y sont rares et la sécheresse pendant la saison des chaleurs est très-nuisible aux fourrages et aux prairies artificielles. En 1859, le Comice agricole de Bergerac, dont j'étais le président, présenta au Gouvernement un projet d'irrigation de la plaine de la Dordogne, étudié et rédigé par un de ses membres, M. l'ingénieur Fargaudie, aujourd'hui inspecteur divisionnaire à Paris. Ce projet, que les malheureux événements de 1870 empêchèrent d'aboutir, vient d'être étudié et présenté de nouveau au Gouvernement par M. Fourgeaud, ancien maire de Bergerac, et M. Blanc, ingénieur civil; il devra être prochainement soumis à l'enquête d'utilité publique; son but est d'irriguer 20,000 hectares de terres et de ménager un grand nombre de chutes industrielles.

Nous croyons que c'est, pour la Société nationale d'agriculture, un projet digne de sa haute sympathie et de sa puissante protection.

La rareté de la main-d'œuvre a rendu très-nécessaire l'introduction des machines agricoles, telles que faucheuses, moissonneuses, faneuses, râteaux à cheval, machines à battre à la vapeur, etc. Ces divers instruments sont devenus des objets de première nécessité et rendent à l'agriculture les plus grands services; leur usage tend tous les jours à s'accroître.

Dans l'arrondissement de Bergerac, l'influence de la législation sur les grains a été généralement bien accueillie; comme je l'ai dit plus haut, elle a rendu au plus grand nombre et surtout à la classe ouvrière de grands services; sans l'importation des Blés d'Amérique, le Froment aurait atteint un prix au-dessus de 45 francs les 100 kilog. qui aurait occasionné dans le pays et sur nos marchés une grande perturbation. Aujourd'hui, plus que jamais, il faut que le Blé soit bon marché, c'est une nécessité sociale absolue.

Enquête.   23

Depuis 1861, et surtout dans ces dernières années, les animaux de boucherie se sont bien vendus et ont donné aux propriétaires, aux fermiers et métayers, des résultats satisfaisants. Aujourd'hui, ces avantages sont menacés de disparaître ; les viandes conservées de porcs et de bœufs, qui nous arrivent d'Amérique en grande quantité, ont déjà fait baisser nos prix et menacent de porter avant longtemps un grand préjudice à une branche si importante de notre agriculture.

Depuis l'année 1876, la Vigne, qui avait donné jusqu'alors de beaux résultats, a vu ses produits diminuer de moitié ; le phylloxera, l'oïdium, la coulure et les gelées de printemps ont fait de grands ravages. Les propriétaires ont dû nécessairement augmenter leurs prétentions sur le prix de leurs vins, mais le commerce n'a pas voulu accepter cette augmentation, il a délaissé nos vins et est allé s'approvisionner en Espagne et en Italie. En effet, les vins de notre arrondissement sont livrés à la consommation avec leur richesse alcoolique naturelle de 10 à 11 degrés, maximum, tandis que les vins d'Espagne nous arrivent vinés à 17 et 18 degrés, minimum. De cette situation, il résulte une foule d'opérations industrielles qui permettent de livrer du vin d'Espagne dédoublé à un prix équivalent à la moitié de la valeur de celui récolté en nature dans nos vignobles, ce qui, forcément, pour la consommation ordinaire, amène une dépréciation notable de la valeur réelle de nos produits.

En résumé, et d'après les considérations ci-dessus mentionnées, nous demandons :

1° Que la législation sur les grains qui nous régit aujourd'hui soit maintenue ;

2° Que des taxes douanières compensatrices soient appliquées au bétail et aux viandes qui nous viennent d'Amérique ;

3° Que les traités de commerce avec l'Espagne soient révisés, que la réciprocité soit appliquée aux tarifs généraux et que les vins vinés soient taxés en raison de leur force alcoolique.

En un mot, que les tarifs nouveaux soient basés sur la réciprocité et la compensation pour les produits de même nature.

DÉPARTEMENT DE LA VENDÉE.

58. — *Réponse de M. A. Le Cler.*

Paris, le 26 mai 1879.

Le département de la Vendée comprend trois parties distinctes : le Bocage, la Plaine et le Marais, qui ont des modes différents de culture. Une grande étendue de terrains a été conquise sur la mer.

Dans le marais de la baie de Bourgneuf où je réside, dans les cantons de Beauvoir-sur-Mer, Saint-Jean-de-Monts, Challans, île de Noirmoutiers, c'est la culture des céréales qui domine (Blé, Fèves, Orge). On trouve le Colza à titre exceptionnel, sur de très-petites surfaces : on peut dire qu'on ne cultive pas les plantes industrielles.

Voici quelques renseignements en réponse aux questions posées par la Société nationale d'agriculture.

1° La division de la propriété tend toujours à augmenter et le morcellement des parcelles, en diminuant le nombre des ouvriers agricoles, contribue au renchérissement de la main-d'œuvre.

2° La production des céréales s'est accrue par l'amélioration de la culture et par suite des desséchements de lais de mer effectués, sur le littoral, depuis vingt ans. La statistique internationale de 1873 estime que le département de la Vendée livre à la culture des céréales 240,788 hectares (190,000 hectares en froment) sur un territoire total de

670,000 hectares. Le rendement moyen est estimé à 12 hectolitres par hectare. Ce chiffre me paraît faible et doit, plutôt, s'approcher de 14 à 15 hectolitres. Je joindrai à cette Note le prix du Blé depuis 1859.

3° L'élevage du bétail et des chevaux s'est développé. Les prix ont été très-élevés dans ces dernières années. Une paire de *bœufs* qui se vendait 800 à 900 francs, en 1859 et 1860, a atteint 1,500 francs à 1,600 francs, en 1868; 1,800 francs, en 1870 ; 1,900 francs à 2,000 francs, de 1872 à 1878. Il y a baisse, cette année, à 1,700 francs ou 1,800 francs. — Les *vaches* qui se vendaient 200 francs à 250 francs en 1859 et 1860, ont atteint 400 francs, 500 francs et 600 francs dans les six dernières années. — Les *chevaux* qui se vendaient 400 à 500 francs, il y a vingt ans, se vendent de 800 francs à 1,200 francs.

4°, 5°, 6° Il n'y a ni plantes industrielles, ni produits forestiers, ni industries agricoles. — Beurre, en petite quantité, pour les besoins du pays, au prix moyen de 2 francs le kilogramme. Il descendait, il y a quelques années, à 1 fr. 50 c. — Les œufs sont à 50 ou 60 centimes la douzaine, en petite quantité.

7° L'outillage agricole s'est très-peu perfectionné. La charrue, en général, est de forme grossière et imparfaite. Il n'y a à signaler que l'introduction des machines à battre qui rendent de grands services. Leur nombre s'est accru, surtout dans les six dernières années et, cependant, le dépiquage avec les bœufs et les chevaux existe encore dans plusieurs communes du Marais.

La moisson se fait toujours avec la faucille et exige un grand nombre de bras.

L'asséchement des terres du Marais se fait au moyen de fossés et canaux à ciel ouvert. Le drainage est à peu près inconnu.

8° Les nouveaux terrains, conquis sur la mer, sont cultivés en céréales, pendant de longues années, sans engrais autre que l'amendement provenant du curage des fossés.

On emploie le varech ou goëmon comme engrais dans les anciens terrains. Les engrais commerciaux ne sont que bien rarement employés. La pratique des engrais est mal connue, mal appliquée et il y aurait à introduire, de ce côté, des améliorations désirables.

9° La main-d'œuvre a augmenté depuis vingt ans. La journée de l'ouvrier, qui était de 1 fr. 50 c. à 2 francs, est, maintenant, de 2 francs à 3 francs. Les gages des domestiques, valets de ferme, qui étaient, il y a dix ans, pour les hommes de 300 francs, pour les femmes de 100 à 110 francs, sont maintenant de 450 francs et de 200 francs.

10° Les impôts se sont accrus d'un grand nombre de centimes additionnels, extraordinaires. La valeur du centime du budget communal qui était, pour la commune de Bouin (2,776 habitants) de 203 francs, en 1878, s'est élevée à 207 francs en 1870 et à 221 francs en 1879.

Le département de la Vendée comprend 299 communes :

19 communes sont imposées de moins de 15 centimes ;
114 — sont imposées de 15 à 20 centimes ;
141 — — de 31 à 50 centimes ;
25 — — de 51 à 100 centimes.

11° La viabilité s'est améliorée depuis vingt ans par le développement des chemins vicinaux. On s'occupe de la construction des chemins de fer. On doit améliorer les ports du littoral. Les céréales s'exportent par mer, pour Nantes, Bordeaux, l'Angleterre.

Il ne semble pas que la suppression de l'échelle mobile ait exercé une grande influence sur le prix des céréales. Mais l'importation des Blés d'Amérique, dans la campagne 1878-1879, a produit une baisse considérable et rendu fort difficile, sinon impossible, la vente des Blés du pays. Le département de la Vendée se trouve l'un des plus directement atteints. C'est qu'il est essentiellement agricole, et nous avons dit qu'il livre 240,000 hectares à la culture des céréales. Les exportations pour l'Angleterre étaient considérables ; on les estimait, en 1866, pour le Blé, à

600,000 hectolitres par an. L'introduction des Blés d'Amérique les a rendus impossibles en 1878.

La liberté du commerce de la boulangerie n'a pas procuré de bénéfice aux consommateurs. Il est certain que, dans les campagnes, le pain est resté, en général, au-dessus de la taxe. Dans ces derniers temps, surtout, le prix du du pain n'a pas été proportionnel à la baisse des Blés. L'enquête serait, à ce sujet, fort utile et fort importante. Il est essentiel de veiller, en rétablissant, au besoin, la taxe, à ce que le prix du pain suive la progression décroissante du prix du Blé. C'est la meilleure protection à accorder aux consommateurs.

Il en est de même pour le commerce de la boucherie. Le prix de la viande qui était, en 1878, de 70 à 80 centimes le kilog., est aujourd'hui de 1 fr. 40 cent. à 1 fr. 80 cent. à Bouin.

Il est difficile de formuler un remède efficace aux souffrances de l'agriculture. On peut émettre quelques indications générales.

Il n'y a pas lieu de rétablir l'échelle mobile. Nous pensons qu'il faut prendre un terme moyen entre le libre-échange et la protection et traiter l'agriculture, comme l'industrie, dans l'établissement du tarif des douanes.

Il est, surtout, indispensable de donner des encouragements de toutes sortes à l'agriculture et de diminuer les charges qui pèsent sur elle, directement et indirectement.

Aussi est-il indispensable d'encourager le perfectionnement de la culture (engrais et instruments) et de subventionner les Comices agricoles. Il faut veiller à l'achèvement des voies de communication, chemins vicinaux, voies ferrées; rechercher tous les moyens de venir en aide à l'agriculture par le développement du crédit agricole; encourager les grandes entreprises d'irrigation et de dessèchement, et réduire, autant que possible, les charges qui pèsent sur la propriété territoriale (notamment les droits de mutation et d'enregistrement); abaisser les tarifs des chemins de fer pour le transport des produits agricoles et des matières servant à l'agriculture.

Tel est l'ensemble des mesures qui permettraient aux agriculteurs de lutter à armes moins inégales contre les importations de l'étranger.

Je joins à cette Note les renseignements suivants :

1. — Prix de vente des Blés des polders de Bouin (1862-1878) (17 années).

2. — Le rendement moyen par hectare des polders de Bouin (1874-1878).

3. — Poids moyen de l'hectolitre de Blé (polders de Bouin) (1867-1878).

4. — Ile de Noirmoutiers. — { Prix de l'hectolitre de Blé (1859-1878).
{ Prix du pain   —
{ Prix de la viande   —

5. — Challans (Vendée). — Prix du Blé (1859-1878) et poids moyen.

6. —   —   Prix du pain.

7. —   —   Prix de la viande.

8. — La Roche-sur-Yon. — Prix de vente du bétail (foire du 12 mai 1879).

9. — Vœu du Conseil général de la Vendée (24 avril 1879).

Prix de vente des Blés des polders de Bouin (à Bouin, au port d'embarquement), de 1862 à 1878 (17 années). — (La vente se fait aux 80 kilog.).

ANNÉES.	PRIX POUR LES 80 K.	SOIT POUR 100 K.
	Fr. c.	Fr. c.
1862..........	19.00	24.37
1863..........	16.00	20.00
1864..........	15.00	18.75
1865..........	18.00	22.50
1866..........	23.00	28.75
1867..........	25.65	32.06
1868..........	24.25	31.30
1869..........	21.00	26.25
1870..........	21.25	26.81
1871..........	26.00	32.50
1872..........	20.20	25.05
1873..........	26.00	32.50
1874..........	18.70	23.40
1875..........	20.00	25.00
1876..........	20.00	25.00
1877..........	25.00	31.25
1878..........	22.50	28.10
Moyenne de 17 années.	21.20 les 80 k.	26.00 les 100 k.

Blé-Froment.— Rendement moyen par hectare (sur 250 hectares).

ANNÉES.	RENDEMENT PAR HECTARE.
	Hectolitres.
1874.	27.00
1875.	23.60
1876.	31.00
1877.	22.00
1878.	25.00
Moyenne de 5 années.	27.20 par hectare.

FÈVES. — Une surface à peu près égale, ensemencée en Féveroles, a donné en :

	Hectolitres.
1874.	20.00 par hectare.
1875.	22.00 —
1876.	33.00 —
1877.	32.00 —
1878.	29.50 —

La moyenne de 5 années a été de 27.00 (moy. égale à celle du Blé).

Le poids moyen de 5 années (Fèves) a été de 75^k.310 par hectolitre.

Poids moyen de l'hectolitre de Blé (polders de Bouin) de 1867 à 1878 (12 années).

ANNÉES.	POIDS MOYEN DE L'HECTOLITRE.
	Kilog.
1867.	76.700
1868.	80.020
1869.	78.768
1870.	76.733
1871.	74.710
1872.	75.043
1873.	79.140
1874.	80.000
1875.	77.500
1876.	80.061 (maximum).
1877.	77.873
1878.	73.879 (minimum).

ILE DE NOIRMOUTIERS (VENDÉE).

Prix du Blé (l'hectolitre, sans condition de poids, en grenier). — Pain. — Viande. — (La taxe a toujours été maintenue de 1859 à 1878 inclusivement).

ANNÉES. BLÉ (l'hectolitre). PAIN (les 6 kilog.). VIANDE (le kilog.).

ANNÉES	BLÉ (l'hectolitre)		PAIN (les 6 kilog.)		VIANDE (le kilog.)	
	Fr.	Fr.	Fr. c.	Fr. c.	Fr. c.	Fr. c.
1859	18 à	19	1.40 à	1.50	1.00 à	1.10
1860	20		1.60			
1861	24	25	1.90	2.00	1.10	1.20
1862	19	20	1.50	1.60	1.20	1.30
1863	17	18	1.30	1.40	1.30	1.20
1864	15	16	1.20	1.30	1.20	1.30
1865						
1866	22	23	1.75	1.80	1.30	1.20
1867	24	25	1.90	2.00		
1868	23	24	1.80	1.90	1.20	1.30
1869	20	21	1.60	1.70	1.30	1.20
1870	21	22	1.70	1.80		
1871	25	26	2.00	2.10	1.20	1.30
1872	19	20	1.50	1.60	1.30	1.20
1873	26	27	2.10	2.20	1.30	1.40
1874	18	19	1.40	1.50	1.40	1.30
1875	18	19	1.40	1.50	1.30	1.40
1876	18	19	1.40	1.50	1.40	1.50
1877	24	25	1.90	2.00	1.50	1.60
1878	18	19	1.40	1.50	1.60	1.80

Le rendement moyen, en Blé, dans l'île de Noirmoutiers, est estimé à 25 hectolitres par hectare. Il y a vingt ans, il était de 15 à 20 hectolitres environ.

Prix du Blé à Challans (Vendée). — Challans, 4,782 habitants, marché important du Marais de la Vendée.

(Extrait du registre des mercuriales de la commune de Challans).

ANNÉES. PRIX MOYEN DU BLÉ-FROMENT.

ANNÉES	PRIX MOYEN DU BLÉ-FROMENT
	Fr. c.
1859.	15.73 l'hectolitre.
1860.	19.19 —
1861.	23.73 —
1862.	21.56 —
1863.	17.67 —
1864.	15.75 —

ANNÉES.	PRIX MOYEN DU BLÉ-FROMENT.
	Fr. c.
1865.	14.86 l'hectolitre.
1866.	18.64 —
1867.	24.96 —
1868.	25.23 —
1869.	18.82 —
1870.	19.12 —
1871.	24.12 —
1872.	22.04 —
1873.	24.33 —
1874.	23.34 —
1875.	16.96 —
1876.	18.12 —
1877.	22.92 —
1878.	22.45 —

Le poids moyen de l'hectolitre a été de 71k.36 en 1878
          —   —   74k.78 en 1877
          —   —   77k.76 en 1876

Le poids moyen de l'hectolitre est adressé chaque année, en décembre, à Challans par la préfecture de la Vendée.

Extrait du registre des arrêtés du maire de la commune de Challans.

Prix du kilog. de pain.

ANNÉES.	1re QUALITÉ.	2e QUALITÉ.	3e QUALITÉ.
	Centimes.	Centimes.	Centimes.
1859	27 1/2 30	22 1/2 25	17 1/2 20
1860	32 35 32 1/4 35	26 27 25 27	21 22 22 1/2 25
1861	39 40 39 40 42	30 82 30 32 34	25 26 25 26 27
1862	40 38 36 38 33	32 30 28 30 26	26 24 25 24 11
1863	28 26	22 21	18 17
1864	27 26 25 25	22 21 19 20	18 17 15 15
1865	Arrêté du 31 décembre 1864 (boulangerie libre).		
1866			
1867	Taxe rétablie le 17 juin 1868.		
1868	46 44 38 36	27 35 30 28	
1869	34 32 33 31	25 24 26 24	
1870	30 33 36 34 29 26 30	24 26 29 27 23 21 24	
1871	32 36 42 43 41 36 39 40	26 29 32 34 32 29 31 32	
1872	38 35 32 34	30 28 25 27	
1873	36 38 40 44 42 44	29 30 36 24 22	
1874	46 40 33 30 28	35 30 26 24 22	
1875	31 28	25 22	
1876	30 31 29 31	24 25 23 25	
1877	33 40 38 40 38	26 30 29 32 30	
1878	35 37 35 33	28 30 28 26	

Prix de la viande à Challans (Vendée).

*(La taxe a été suspendue du 31 décembre 1864 au 16 avril 1875.
La taxe été, de nouveau, suspendue depuis 1876).*

En 1859, le prix de la viande (le kilog.) était de 0 fr. 80 pour bœuf,
veau et mouton.
En 1864, de 1 franc pour bœuf et veau, de 1 fr. 10 pour mouton.
En 1875, de 1 fr. 15 pour bœuf et veau, de 1 fr. 30 pour mouton.
En 1879, le prix actuel est de 1 fr. 60 à 1 fr. 80 pour bœuf, veau et
mouton.

Foire de la Roche-sur-Yon du 12 mai 1879.

BŒUFS. — Amenés 295, vendus 64; poids moyen sur pied 500 kilog.;
prix moyen du kilog. 0 fr. 55.
VACHES. — Amenées 405, vendues 115; poids moyen sur pied 400 kilog. ; prix moyen du kilog. 0 fr. 40.
VEAUX. — Amenés 130, vendus 80; poids moyen sur pied 45 kilog.;
prix moyen du kilog. 0 fr. 55.
MOUTONS. — Amenés 250, vendus 80; poids moyen 35 kilog.; prix
moyen du kilog. 0 fr. 65.
PORCS. — Amenés 30, vendus 28: poids moyen 100 kilog.; prix
moyen du kilog. 0 fr. 80.

La foire n'a pas été bonne, les bestiaux se vendaient
difficilement. Légère baisse sur chaque espèce, il y avait
peu de bêtes grasses.

Vœu du Conseil général de la Vendée (séance du 24 avril 1879).

Considérant que l'agriculture souffre, que la cause de
ses souffrances provient surtout de la concurrence étrangère et spécialement de la concurrence de l'Amérique, etc.
Le Conseil général émet le vœu :
1° Que l'agriculture soit mise, soit dans la confection du
tarif général des douanes, soit dans les traités à intervenir,
sur le même pied que l'industrie; qu'il y ait solidarité
entre les branches du travail national.
2° Qu'un droit compensateur de 10 pour 100, estimé
par la très-grande majorité des Sociétés d'agriculture
comme étant l'équivalent des charges de toute nature que

nous avons à supporter et auxquelles échappe l'agriculture
étrangère, soit établi au profit de nos produits agricoles,
sous la réserve expresse, en ce qui regarde les céréales, que
tout droit cessera d'exister pour le Froment quand le prix
s'élèvera à 25 francs l'hectolitre.

3° Qu'à l'avenir aucun traité ou convention ne puisse
abaisser les droits établis, en vertu de ce principe, au-
dessous d'un minimum fixé par la loi du tarif général des
douanes.

4° Que le produit des nouvelles taxes douanières soit
affecté au dégrèvement des objets de consommation, notamment des vins et des sucres, en sorte que, par une ingénieuse et naturelle combinaison, les droits établis en faveur des producteurs profitent en même temps aux consommateurs.

Vœu adopté par 21 voix pour.

—   0 — contre.

—   6 — abstentions.

Sur 27 votants.

DÉPARTEMENT DE LA VIENNE.

59. — *Réponse de M. de Longuemar.*

Poitiers, 29 juin 1879.

La circulaire de la Société n'ayant accordé qu'un délai
assez court pour répondre aux questions qu'elle a posées à
ses correspondants, et ce délai ayant malheureusement
coïncidé, dans le département de la Vienne, avec les prépara-
tifs et la durée du concours régional agricole de Poitiers,
il n'a pas été possible de se livrer à toutes les recherches nécessaires pour répondre, d'une manière satisfaisante, à ces
graves questions. Un élément indispensable manquait,

d'ailleurs, pour donner des chiffres précis, c'est l'absence de toute enquête agricole suffisamment détaillée, faite par les soins et les ordres de l'administration départementale, pendant la période actuelle, enquête que seule elle pouvait faire utilement, à l'aide des rouages administratifs dont elle dispose, et qui n'existe, au complet, que pour la période antérieure à 1860.

C'est donc dans ces conditions peu favorables et dont on voudra bien tenir compte, pour excuser d'inévitables lacunes, que nous allons essayer d'aborder, au moins, quelques-unes des questions posées par la circulaire.

Et d'abord, disons que les 797,291 hectares, qui constituent la surface du département de la Vienne, habités, vers 1860, par 322,028 personnes, le sont, aujourd'hui, par 330,916, accroissement de 8,888 habitants auquel il convient, peut-être, d'ajouter environ 7,000 travailleurs agricoles (1), venant momentanément, du dehors, à l'époque des récoltes de toute nature ; ce qui constitue, déjà, une présomption en faveur de l'accroissement des produits de notre sol dans ce département essentiellement agricole; présomption justifiée, d'ailleurs, par les détails qui suivent.

Plusieurs causes réunies concourent à ce résultat.

Le département de la Vienne qui, depuis longtemps déjà, est essentiellement un pays de moyenne et surtout de petite culture, et dont la population est pour les deux tiers agricole, c'est-à-dire vivant directement des travaux de l'agriculture, tend, sans cesse, à l'accroissement de la division de la propriété, soit par suite des partages de famille, soit par la vente en détail des grandes et moyennes propriétés. Le sol cultivable et même celui que la culture avait négligé jusqu'alors, se trouvant partagés entre un plus grand nombre de travailleurs des champs, produisent

____

(1) Déduction faite de quelques émigrants de la Vienne dans la même période.

davantage qu'autrefois, le cultivateur qui travaille pour lui-même, épargnant moins sa peine que le fermier, le colon ou le gagiste, qui font valoir pour autrui ; le bon exemple donné par les cultivateurs intelligents, nombreux dans la Vienne, l'adoption des instruments puissants de culture qui attaquent le sol plus profondément, l'emploi croissant de la chaux, des marnes, des engrais supplémentaires, permettent d'améliorer les produits de toute nature et de les rendre plus abondants.

 N'était la fatale invasion du phylloxera dans nos vignobles, leur accroissement considérable depuis un certain nombre d'années serait resté un des appoints les plus importants dans le chiffre total de notre production locale.

Division de la propriété.

Vers 1860 et *ante*, le sol de la Vienne était réparti entre 144,240 cotes foncières ; elles ont atteint, aujourd'hui, le nombre de 172,470. Il se subdivise donc, sans cesse, entre un plus grand nombre de propriétaires, soit par héritages, soit par suite des ventes en détail.

Ses 412,300 hectares, environ, de terres labourables étaient exploités soit directement par leurs propriétaires, soit par 6,140 fermiers à argent, soit par 5,500 colons partiaires.

Sauf le nombre des propriétaires exploitant directement leur sol, celui des fermages à argent, ou des colonages partiaires, ne saurait avoir notablement varié.

Répartition générale des cultures.

Dans la première période (antérieure à 1860), les céréales de toute espèce occupaient une superficie de 220,000 hectares environ, et dans la seconde (de 1872 à 1878), cette surface atteignit au-delà de 252,000 hectares, et bien que ce ne fût là qu'un accroissement un peu supérieur au sixième, en surface, le chiffre du rendement total des céréales se serait accru dans la proportion de 2,600,000 hectolitres, en nombres ronds, à 4,200,000, de telle sorte que la moyenne du rendement, par hectare, se serait accrue de 12 environ, à près de 17 hectolitres.

Si nous appliquons au Froment et au Méteil seuls (qui forment la principale masse alimentaire *panifiable* des grains) ces chiffres statistiques, nous trouvons dans la première période une surface emblavée de 124,000 hectares donnant 1,290,000 hectolitres, soit 10,.15 par hectare; et dans la seconde, 130,000 hectares donnant près de 2,260,000 hectolitres, soit plus de 17 hectolitres à l'hectare. Il y aurait donc eu, si les chiffres fournis sont exacts, un accroissement considérable dans cette nature de production du sol arable; résultat tout à la fois de meilleurs assolements, d'un meilleur outillage de labour, d'une fumure croissante et d'application plus étendue du chaulage principalement, dans les amendements.

Nous verrons que ce n'est pas, en général, à l'accroissement du nombre des bestiaux des exploitations qu'on peut attribuer l'augmentation des fumures.

Les terres neuves (défrichements) conquises à la culture et stimulées par les chaulages, doivent être entrées également pour une forte proportion dans l'accroissement signalé; en outre, les fourrages artificiels ayant acquis un grand développement, même sur les sols où l'on hésitait jadis à les essayer, ont contribué à reposer les vieilles terres et à les préparer à produire de nouveau de bonnes récoltes de céréales.

Si à la culture des céréales nous adjoignons comme nourriture directe des cultivateurs et du bétail, les Pommes de terre et les légumes secs, à titre de farineux, nous trouvons que les 11,700 hectares de cette double culture dans la première période, ont atteint le chiffre de 16,680 hectares dans la seconde et que leurs produits se sont accrus de 715,500 hectolitres à 2,136,000 hectolitres, ce qui amène les mêmes conclusions, quant aux progrès de la culture, que pour les céréales.

Quant aux plantes industrielles, nous pouvons mettre en regard les résultats suivants :

Le nombre d'hectares cultivés en Betteraves, dans la première période, était d'environ 700 ayant produit 124,000 quintaux métriques, et, dans la seconde, de 1,820 hectares auxquels correspondent seulement 182,000 quintaux métriques. Ce qui laisse quelque doute sur la certitude des chiffres indiqués.

Les plantes textiles (Chanvre et un peu de Lin) occupaient 1,740 hectares produisant, en filasse, 9,240 quintaux métriques et en grains 10,680 hectolitres, dans la première période. Dans la seconde, le nombre d'hectares de cette culture atteignait 2,425 hectares et leur production 19,310 quintaux métriques de filasse et 12,100 hectolitres de graines, ce qui annonce plus de soins et de fumure donnés à cette culture.

Les cultures oléagineuses (Colza et Navette) qui occupaient, d'abord, près de 900 hectares et donnaient 10,400 hectolitres de graines ont été réduites, en dernier lieu, à moins de 400 hectares ne donnant plus que 4,700 hectolitres de grains. Or, il faut remarquer que, jadis, dans la Vienne, quand on défrichait des pâtis et des brandes pour les livrer à la culture, on semait généralement sur les premières façons et chaulages ou marnages, des graines oléagineuses; on y a sans doute substitué un autre assolement d'un produit moins éventuel, vraisemblablement des Avoines d'hiver.

La Vigne occupait, dans la première période, environ 33,560 hectares productifs de 552,000 hectolitres environ, tandis que, dans la seconde, le sol cultivé en vignobles, n'ayant atteint que le chiffre de 34,270, c'est-à-dire une extension relativement modérée, a produit, en compensation, 822,500 hectolitres de vin, différence qui doit être attribuée au perfectionnement de la culture et au meilleur choix des plants adoptés.

Production forestière.

Dans la Vienne, il existe 86,690 hectares de bois d'essence de Chêne principalement, mêlée de quelques Charmes et Châtaigniers (dont 6,625 dépendent du domaine de l'État), aménagés, en général, à 9, 15 et 25 ans et produisant, suivant l'âge des coupes, 25, 32 ou 40 à 45 francs l'hectare de revenu. Leur valeur totale est estimée à environ 6 millions. En 1876, ils ont donné, notamment, 229,000 stères de bois et 7,000 quintaux métriques d'écorces.

Animaux domestiques.

Les chevaux de races poitevine, angevine, limousine et percheronne, sont restés à peu près stationnaires quant à leur nombre, de l'une à l'autre période, variant seulement de 29,500 à 29,900 après s'être un peu accrus dans l'intervalle. Leur travail et engrais était estimé à la somme de près de 8 millions de francs, y compris les ânes et mulets, qui sont descendus de 23,000 à 18,680, avec un accroissement également intermédiaire (vers 1866).

Les bœufs et vaches ont un peu progressé, de 82,700 à 83,900, avec la même observation que pour les précédents. Ils sont de races poitevine, gâtinaise, auvergnate, limousine, choletaise, bretonne, avec quelques garonnais et croisements Durham. Dans la première période, leur produit était estimé, travail et engrais, à 10 millions et demi de francs.

La race ovine et caprine (berrichons, poitevins, métis) a suivi une progression décroissante de 530,000 à 473,000. Leur estimation, portée à 4 millions et demi de francs, a donc diminué dans la même proportion ; la division croissante des propriétés, n'est peut-être pas étrangère à cet amoindrissement du nombre de têtes.

La race porcine (craonnais, limousins, anglo-chinois) s'est. au contraire, accrue de 62,000 sujets, à près de 90,000 et de 1,734,000 francs à 2,600,000 francs environ de produits.

Pour ne rien omettre, ajoutons que le nombre de têtes de volailles, de toute espèce, a progressé de 957,000 à 1,022,000 ayant produit, pour le premier chiffre, un revenu en œufs, plumes et croît, de 568,000 francs; et pour le second, au delà de 610,000 francs, en raison de la plus-value considérable acquise par ces denrées depuis quelques années par suite des exportations.

Enfin, n'omettons pas le produit des ruches à miel, estimé 68,000 francs dans la première, et dans la seconde à 168,000 francs; ce qui constitue une plus-value notable qu'il faut, surtout, attribuer à la surélévation du prix de toutes choses depuis quelques années.

Industries se rattachant aux produits agricoles.

Nous n'avons, à cet égard, que les données de la première période; mais tout nous porte à croire que, depuis, l'état de choses a fort peu varié.

Les huileries, au nombre de 17, occupant 30 ouvriers, livraient, par an, 6,000 hectolitres d'huile.

Les minoteries et les féculeries, au nombre de 73, occupant 350 ouvriers produisaient 360,000 quintaux de farines, non compris le produit de 640 moulins à vent et à eau.

9 brasseries livraient 22,500 hectolitres de bière. Ce chiffre doit avoir augmenté.

8 distilleries et fabriques de liqueurs produisaient, moyennement, 600 hectolitres.

7 vinaigreries livraient 7,000 hectolitres de vinaigre. Le nombre a dû s'augmenter.

12 fromageries produisent environ 20,000 douzaines de ces petits fromages particuliers à l'industrie poitevine, désignés sous le nom de *Chabichous*, et fort estimés.

Les issues de suif, de cire et de résine produisent 775,000 kilog. de chandelles et bougies fabriquées par une centaine d'ouvriers.

Les tanneries, mégisseries, corroieries produisaient au-delà de 600,000 kilog. de peaux préparées provenant du département et du dehors. Ce chiffre doit être à peu près stationnaire.

L'industrie de la préparation des peaux d'oies, particulière à la Vienne, est dans le même cas et donne, annuellement, 50,000 peaux d'une valeur de 35 à 40 francs la douzaine.

Outillage agricole.

Sous ce rapport, le département de la Vienne est en progrès notable, non-seulement parce que les cultivateurs intelligents se pourvoient d'instruments perfectionnés, vulgarisés de plus en plus par les concours où ils affluent; mais, par suite du nombre croissant des fabricants qui donnent, dans ce département, un accroissement continuel au nombre de leurs produits. Aussi l'araire primitif, sauf dans les sols sablonneux et légers, tend-il de plus en plus à disparaître devant les charrues perfectionnées, avec ou sans avant-train. Il en résulte des labours plus profonds qui renouvellent le sol arable, un nettoyage et un ameublissement plus complets de la couche devenue propre à porter, successivement, des cultures sarclées, des céréales et des fourrages artificiels désormais implantés un peu partout. La culture de la Vigne commence, également, à bénéficier de l'emploi de la charrue vigneronne.

D'une part, la division croissante des propriétés, d'autre part la pénurie progressive des bras affectés à la culture ont forcément amené les cultivateurs à l'adoption des machines agricoles qui abrègent et facilitent les travaux des champs. Aussi, les charrues qui, vers 1860, atteignaient le chiffre de 41,000, les scarificateurs, les houes celui de 600, les machines à faucher, à faner, à moissonner, à battre et à vanner, celui de 1,100, les 100 coupe-racines se sont-ils singulièrement accrus en nombre, sans oublier que bien des acquéreurs de ces outils auxiliaires les transportent ou les louent de ferme en ferme, à l'époque des récoltes et en multiplient d'autant l'application dans toute la contrée.

Drainage et irrigations.

1,300 hectares pour l'un, 60 hectares pour les secondes étaient les chiffres de leur application, et sauf de rares exceptions chez de riches propriétaires, cette application ne semble pas avoir pris une notable extension. Nous en citons un exemple particulier à la suite de ce Mémoire.

Marnage et chaulage, engrais artificiels.

Quant à ce genre d'améliorations, il en est tout différemment, non-seulement pour la circonscription de la Vienne, mais par extension pour les départements limitrophes de la Haute-Vienne et de la Creuse. En effet, l'application de la chaux à l'amendement des sols froids de l'est de la Vienne et des départements en contact, a donné lieu à un très-grand développement de l'industrie des chaufourniers établis sur ses confins, grâce surtout à la facilité des transports par chemins de fer.

La chaux et les marnes grises du Lias, généralement employées partout où elles affleurent, ont complétement transformé la culture des plateaux argileux de la Vienne et conquièrent, chaque jour, de larges surfaces sur les brandes et les sols les plus ingrats.

Les quelques fabriques d'engrais artificiels éparses dans le département, contribuent, par une production supérieure à 100,000 quintaux métriques d'engrais animalisés, à augmenter la masse des fumiers de ferme, encore assez imparfaitement aménagés, et les cultivateurs aisés ajoutent à leurs fumures, provenant du bétail, les engrais pulvérulents livrés par le commerce.

On estime à 150 quintaux métriques la quantité d'engrais de ferme enfouie par hectare de terre ensemencée.

Nombre de bras employés à l'agriculture.

On estime que, dans la Vienne, les deux tiers environ de la population, soit 206,000 personnes, s'occupent et vivent de l'agriculture, et dans ce chiffre les aides agricoles comptent pour environ 49,000 hommes et femmes.

Salaires.

Les gages d'un laboureur et d'un bon domestique rural, qui, vers 1860, montaient, moyennement, de 220 à 250 fr., ont atteint, aujourd'hui, de 400 à 500 francs.

Le gage des servantes s'est également élevé de 100 à 200 francs.

Les journaliers qui étaient payés, nourriture comprise, 2 francs par jour pour les hommes et 1 franc pour les femmes, ont presque doublé leurs exigences, et dans la moisson et la fauchaison les hommes gagnent 5 francs par jour. En raison de l'accroissement vraiment considérable du prix de la main-d'œuvre, le prix de revient de la culture d'un hectare de céréales, récolte comprise, jadis estimé à 120 francs, et celui d'un hectare de plantes industrielles à 85 francs, doit certainement être porté au double, aujourd'hui.

Nature et valeur intrinsèque des principaux produits agricoles dans la Vienne.

La principale céréale, le Froment, a varié depuis 15 jusqu'à 25 francs l'hectolitre et même plus ; les Pommes de terre, de 3 fr. 50 à 4 fr. 50.

Parmi les farineux, omis dans ce résumé, parce qu'ils ne relèvent pas de la culture annuelle, il ne faut pourtant pas oublier les Châtaignes, productives d'un revenu total dépassant 66,000 francs et provenant d'arbres groupés ou épars sur 716 hectares, principalement dans le sud du département (arrondissement de Civray), non plus que les arbres à fruits de toute espèce occupant une surface de 840 hectares environ, productifs d'un revenu atteignant environ 380,000 francs.

Le Chanvre, qui se vendait 75 francs le quintal métrique, atteint, aujourd'hui, au-delà de 100 francs. Sa graine est également montée de 12 fr. 75 l'hectolitre, à 25 francs. Elle fournit 84,000 kilog. d'huile à 1 fr. 50 le kilog.

Le total du revenu donné par les huiles de noix est d'environ 780,000 francs.

Le Colza, qui valait, en graine, 16 fr. par hectolitre, vaut actuellement 20 francs.

Le vin blanc et rouge, dont le prix variait de 8 à 12 fr., atteint, aujourd'hui, de 25 à 60 fr. l'hectolitre.

Valeur des terres.

Les terres labourables qui, dans la première période, étaient estimées de 450 à 1,500 francs l'hectare et se louaient de 13 à 38 francs en corps de ferme, ont atteint, aujourd'hui, la valeur de 1,200 à 1,500 francs l'hectare et se louent, dans les mêmes conditions, 50 francs l'hectare et jusqu'à 100 francs, en parcelles.

Les Vignes, qui valaient de 680 à 1,660 francs l'hectare, ont atteint de 3,400 à 3,500 francs, et se louent de 50 à 100 francs l'hectare.

Les prés et les bois sont restés plus calmes dans leurs prix moyens de 2,000 à 3,000 francs dans les bonnes soles. Les prés valent, selon leur qualité, de 40 à 100 francs l'hectare de loyer. Nous avons indiqué le revenu moyen des bois, selon leurs âges de coupes.

Impôts et charges grevant la propriété.

Ils constituent, en nombre rond, pour le revenu public une somme de 14 millions, en y confondant les contributions directes et indirectes, les domaines et les prestations qui pesaient, vers 1860, sur un revenu brut total de 80 millions, produits par l'agriculture, y compris les 24 millions provenant de l'élève et autres produits du bétail. Ce chiffre est nécessairement dépassé aujourd'hui.

Viabilité.

Elle s'est singulièrement développée dans le département de la Vienne, et facilite aujourd'hui les exportations de son trop plein et notamment du produit de ses remarquables carrières de pierres à bâtir, à chaux, et si favorables à la sculpture.

Dans la première période, la Vienne comptait déjà 3,566 kilomètres de voies de terre de toutes classes; 144 kilomètres de chemins de fer et 50 kilomètres de canaux. Actuellement, elle possède 5,498 kilomètres de voies de terre (il en reste, en outre, 1,244 kilomètres à terminer), et 295 kilomètres de chemins de fer en exploitation, sans omettre que bientôt elle sera dotée des lignes accessoires de Poitiers au Blanc et à Parthenay, de Loudun et Civray au Blanc et de Civray à Confolens.

Les canaux ou rivières canalisées sont restés les mêmes.

En terminant cet exposé trop imparfait, faute de renseignements plus précis, qu'il nous soit permis d'appeler l'attention sur la situation de plus en plus précaire que l'industrie et le commerce font à l'agriculture en lui disputant à prix d'argent les bras des travailleurs. Malgré le puissant secours apporté par les machines perfectionnées, la main-d'œuvre se maintient à des prix écrasants pour le cultivateur et le revient de ses produits peut se trouver supérieur à leur prix de vente possible, si la production étrangère vient le battre sur les marchés avec des prix inférieurs à ceux au-dessous desquels il serait en perte; d'une pareille éventualité à l'abandon des cultures *nourrissantes*, il n'y aurait qu'un pas dans un temps donné, ce qui livrerait notre pays aux plus fâcheuses éventualités en cas de guerre, ou de faibles récoltes dans les contrées étrangères devenues nos fournisseurs, comme la Rome antique que nourrissait la Numidie et qu'affamait une mauvaise année. Il ne nous semble que strictement juste d'apporter certaines restrictions aux importations en ce qui concerne principalement les denrées alimentaires. Culture et élevage, voilà les sources de richesses capables de nous maintenir libres et forts en face de toutes les éventualités. Ne permettons à aucune nation d'amoindrir, de menacer ces deux grandes industries nationales. *Caveant consules!*

Comme supplément aux généralités qui précèdent, nous résumons, ci-après, des notes tout récemment recueillies par M. Bosquillon, professeur d'agriculture du département de la Vienne, dans diverses exploitations éparses sur ce territoire.

Dans la commune de Sanxay (arrondissement de Poitiers), une ferme de 80 hectares est louée, à prix d'argent, 48 francs l'hectare. L'hectare de bois aménagé à 9 ans donne 25 francs de revenu.

Une autre ferme voisine, de 64 hectares, est louée 61 francs l'hectare.

Une autre encore, de 35 hectares, à 34 francs seulement l'hectare.

Voilà pour l'extrême ouest de la Vienne sur des sols argilo-sableux recouvrant des calcaires jurassiques poreux avec affleurements de marnes du Lias.

Sur la lisière est du département, sol en général plus compact et plus pénible à cultiver, avec sous-sols équivalents aux précédents et présence de marnes d'eau douce, blanches et superficielles, on signale dans l'arrondissement de Montmorillon, près du chef-lieu et de Lussac-lès-Châteaux :

Une ferme de 92 hectares louée 22 francs l'hectare ;

Une autre, de 77 hectares, louée 18 francs seulement ;

Enfin, une troisième de 100 hectares dont le prix de location se relève à 36 francs.

Les impôts et menues redevances sont, en oùtre, supportés par les fermiers.

Dans ce même arrondissement, au contact S.-E. de notre limite départementale, sur un sol très-argileux à sous-sol de calcaire pulvérulent avec affleurements continuels des marnes du Lias, exploitées sur une grande échelle, une ferme de 80 hectares, y compris 11 hectares de Vigne, est louée 85 francs l'hectare. Le détail des produits et des frais d'exploitation, fournis par l'exploitant, est intéressant à signaler :

22 hectares en Froment ont donné, dans chacune des trois dernières années, en moyenne, 23^h.70 à l'hectare, vendus 23 fr. 40 l'hectolitre ;

5^h.50 en Avoine, 25 hectolitres à l'hectare, du prix de 9 francs l'hectolitre.

12 hectares d'Orge, 14^h.45 l'hectare, du prix de 12 fr. 40 l'hectolitre.

7 hectares en fourrages-racines ont servi à nourrir le bétail. 20 hectares de prés artificiels ont donné, en graines, 465 francs. La vacherie a fourni un produit de 1,300 fr. ; les porcs, 1,140 francs avec une souche de 600 francs ; les mulets, un maigre bénéfice de 53 francs ; les volailles, un produit de 220 francs ; les 11 hectares de Vigne ont donné 6,325 francs de produits. Total des produits, 24,172 francs.

Les frais ont été les suivants :

7 domestiques, les uns à 500 francs, les autres à 365 fr.

de gages et leur nourriture (865 francs), au total 6,055 fr.; 3 servantes des champs à 500 francs, nourriture comprise, 1,500 francs; une servante pour la cuisine et les soins à donner à la basse-cour, 500 francs; loyer de la ferme, 6,800 francs; impôts, 580 francs; assurances, 83 francs; semences diverses, 1,825 francs; bourrelier, charron, maréchal, 1,150 francs; engrais, 320 francs; fumier, 330 francs; grains divers, 260 francs; vétérinaire, 40 francs; amortissement des 26,700 francs, montant de l'inventaire, 500 francs; total général des frais, 19,943 fr.; — différence en faveur du produit net, 4,229 francs; soit, en somme ronde, 12,000 francs produits par 80 hectares pour le propriétaire et le fermier.

Un propriétaire faisant valoir une réserve de 140 hectares sur celte même lisière et sur un sol plus compact et plus froid, mais avec marnières abondantes du Lias, a, de son côté, fourni les données qui suivent, pour 1877 :

Froment, 32 hectares ayant produit 21ʰ.64 l'un, à 20 fr. 40 l'hectolitre ;

Avoine, 11 hectares à 35 hectolitres l'un, vendue 9 fr. 80 l'hectolitre ;

Prés naturels, 21 hectares; artificiels 21 hectares (et Colza), ayant produit 613 francs de graines.

Plantes racines, 11 hectares pour le bétail. Jachères et pâturages, 43 hectares.

Les recettes sur les produits végétaux ont atteint le chiffre de 6,373 francs.

Celui du bénéfice réalisé sur le bétail, 4,419 francs.

La somme totale du produit brut est de 10,792 francs.

Le bénéfice sur le bétail comprend 203 francs sur les chevaux vendus; 1,710 francs sur les bœufs; 366 francs sur les vaches; 857 francs sur les moutons (race charmoise) ; 967 francs sur la porcherie (craonnais) ; 50 francs sur les volailles; 166 francs sur les laines et 100 francs sur les œufs et le lait.

Le cheptel vif de cette réserve est composé de 2 chevaux de trait; 18 bœufs et élèves (parthenais, limousins) ; 25 vaches et veaux ; 214 bêtes à laine et 40 porcs.

Les dépenses d'exploitation sont chiffrées de la manière suivante : estimation du fermage, 4,900 francs; domestiques de la ferme, 4,170 francs ; journaliers, 4,600 francs ; impôts et autres charges, 6,699 francs; achats de semences, 1,731 francs ; total : 8,886 francs. Il reste 1,906 fr. auxquels il est bon d'ajouter les 4,900 francs comptés pour le fermage, au total, 6,806 francs.

Au nombre des journaliers sont comptés 8 hommes, 4 femmes, payés, en hiver, au prix de 1 fr. 50 et dans l'été, 2 francs jusqu'à la fenaison et la moisson.

Sur cette propriété on a drainé 90 hectares; toutes les terres ont été amendées avec les marnes grises du Lias, dont elle possède des gisements ; le propriétaire est muni des principales machines perfectionnées, moissonneuse Wood, batterie à vapeur, coupe-racines, lavoir à Topinambours, houe à cheval, etc.

4 hectares de Vignes y sont cultivées à la charrue vigneronne.

DÉPARTEMENT DE LA HAUTE-VIENNE.

60. — *Réponse de M. de Vanteaux.*

Saint-Jean-Ligoure, le 28 mai 1879.

1re Question. — *Division de la propriété.*

La plus-value prise par les biens fonciers ne saurait être attribuée à la division plus grande de la propriété; elle s'est produite par les mêmes causes et dans les mêmes proportions que celle des rentes françaises, notamment pendant ces dernières années.

2ᵉ Question. — *La production des céréales.*

On peut signaler, dans le département de la Haute-Vienne, une augmentation de 20 pour 100 sur la production des différentes essences de céréales, sans qu'elle ait apporté une variation sensible dans les prix.

3ᵉ Question. — *L'élevage, l'engraissement, etc., etc.*

Celle sur la production du bétail (élevage et engraissement), est moins forte ; elle ne dépasse guère 15 pour 100. Les prix rémunérateurs obtenus depuis la dernière période, ont eu pour résultat, en augmentant l'aisance du cultivateur, de vulgariser chez lui l'usage de la viande, et, par suite, d'augmenter la consommation générale. D'où il suit que l'abaissement des prix de la viande diminuera, en même temps, et la production et la consommation.

4ᵉ, 5ᵉ, 6ᵉ Questions. —Pas de réponse. Les productions forestières, des plantes industrielles, pas plus que les industries agricoles n'existent dans le département qu'à l'état de très-rares exceptions.

7ᵉ Question. — *L'outillage, le drainage, les irrigations.*

L'outillage agricole, sans être arrivé ici à un degré complet de perfectionnement, a subi une partie des transformations que permettent la configuration accidentée du terrain, et le peu de profondeur du sol. Par cette considération, il n'est guère permis d'espérer qu'un jour cet outillage, bien qu'améliorable, puisse suppléer à la pénurie de bras.

Les irrigations pratiquées déjà depuis de longues années, d'une façon intelligente, augmentées maintenant et rectifiées par des niveaux plus exactement relevés, les drainages exécutés sur une grande échelle par de nombreux agriculteurs, ont converti en prairies naturelles une notable portion du sol appropriable ; en sorte qu'on ne peut pas sensiblement en augmenter la superficie. Mais il n'en est pas de même sous le rapport du rendement.

8ᵉ Question. — *L'emploi des engrais commerciaux.*

Un petit nombre d'agriculteurs se sont familiarisés,

jusqu'à présent, avec l'usage des engrais commerciaux. La plupart plâtrent à haute dose leurs prairies artificielles, Trèfles incarnats, Trèfles violets, Vesces, et s'en trouvent très-bien ; mais peu savent risquer trois cents ou quatre cents kil. de phosphate à l'hectare pour assister les prairies naturelles. Quant au fumier de ferme, c'est tout à fait par exception qu'il est employé à cet usage. Par exception aussi, et à simple titre d'expérience, ont été tentés quelques essais de prairies temporaires. Tout porte à croire, cependant qu'elles donneraient un bon résultat sinon toujours comme foins fauchés, du moins comme parcours pour les moutons.

9e QUESTION. — *Nombre des bras, prix de la main-d'œuvre.*

Nous voici arrivés à une question capitale pour l'agriculture, et qui peut mettre en péril son existence même. Déjà nous avons vu le prix des salaires et de la main-d'œuvre s'élever ici, comme ailleurs, dans une proportion qui dépasse le tiers des anciens. Le valet de ferme le plus ordinaire qui se contentait de 200 à 250 fr. de gages, exige maintenant 350 à 400 fr. Le manouvrier demande 3 fr. par jour. Quant aux enfants de la famille, bien heureux s'ils se contentent de rester avec leur père à des conditions pareilles, et s'ils ne demandent pas une association dans les bénéfices, exempte des chances de perte sur le cheptel. Ce n'est donc qu'au prix de sacrifices énormes que le chef d'exploitation peut soutenir la concurrence que lui font les nombreuses entreprises de travaux publics ou industriels, et retenir près de lui ses enfants et ses domestiques. Quelle position sera la sienne, si les travaux publics à exécuter dans un bref délai, prennent un nouveau développement en disproportion avec les forces disponibles du pays, forces qui sont toutes soustraites au personnel agricole ?

10e QUESTION. — *Les impôts fonciers et autres.*

La réponse à la question précédente signalait le danger ; la réponse à celle-ci va essayer d'indiquer quelques-uns des remèdes à tenter, au nombre desquels nous placerons, en première ligne :

1° Le dégrèvement de l'impôt, non pas de l'impôt foncier direct, qui somme toute, n'a guère subi d'augmentation depuis la période qui nous occupe, mais le dégrèvement des droits de mutations et d'enregistrement qui ont doublé, et qui grèvent, d'une lourde charge, les détenteurs d'immeubles, en absorbant, au détriment des améliorations, une forte part de leurs capitaux disponibles.

2° Une assiette plus équitable des droits sur les successions, calculés à l'avenir non plus sur la valeur intrinsèque des biens, mais sur leur valeur, déduction faite des dettes qui les grèvent.

3° Un droit compensateur, appliqué aux produits étrangers importés. Car s'il est hors de doute que la législation actuelle ait eu pour les années 1877, 1878, 1879, l'heureux avantage d'atténuer une hausse trop forte sur les grains; s'il est vrai aussi que l'introduction du gros bétail, — encore à l'état d'essai, — n'ait pas jusqu'à présent amené une baisse sensible sur le cours des nôtres; il n'en demeure pas moins acquis que celle des moutons de provenance allemande, italienne, espagnole, n'ait pesé lourdement sur nos marchés; que celle des graisses et lards d'Amérique n'ait amené sur les cochons (gras ou d'élevage), une baisse de 25 pour 100, conséquence désastreuse pour cette importante production du département de la Haute-Vienne, que les éleveurs ne tarderaient pas à négliger et à abandonner.

11ᵉ QUESTION. — *La viabilité, les transports et débouchés.*

Presque toutes les localités sont desservies par des voies de communication suffisantes. Partout, à part quelques lacunes, les réseaux subventionnés sont achevés. Ce n'est pas au manque de moyens de transport qu'il faudrait attribuer le défaut d'écoulement qui menace les produits agri-

coles pas plus qu'il ne faut compter sur de nouveaux travaux de viabilité ferrée ou autre pour en accélérer le débit.
La raison est ailleurs, ainsi que le démontrera l'expérience.

8ᵉ RÉGION. — SUD-OUEST.

Cette région renferme les départements de l'Ariége, de
le Haute-Garonne, du Gers, des Landes, de Lot-et-Ga-
ronne, des Basses-Pyrénées et des Hautes-Pyrénées.

DÉPARTEMENT DE L'ARIÉGE.

61. — *Réponse de M. Laurens.*

Saverdun, le 25 mai 1879.

Je m'empresse de vous faire parvenir mes réponses
comme n'étant pas seulement l'expression de mes sentiments personnels, mais aussi celle de la généralité des
propriétaires de l'Ariége, ainsi que le témoignent les vœux
unanimes adressés récemment à M. le ministre de l'agriculture et du commerce par la Société d'agriculture du département et par le Comice agricole de Pamiers.

Je crois inutile de transcrire le texte des demandes for-
mulées dans la circulaire ministérielle du 7 avril. Il me paraît suffisant d'en indiquer le numéro et les premiers mots
de chacune.

1° *Quelle était la situation de l'agriculture avant l'année 1861, etc.*

L'agriculture avait fait des progrès sérieux, durant les

quinze ou vingt années antérieures à 1861, dans les assolements, la production des céréales, l'élevage des bestiaux, les cultures industrielles, l'outillage agricole et les engrais.

On ne saurait ne pas reconnaître l'heureuse influence exercée à tous ces points de vue, par l'organisation des fermes-écoles et des écoles régionales, qui, en formant des ouvriers et des régisseurs plus instruits et plus habiles, ne peuvent qu'amener d'heureux changements dans les cultures, et aussi par la création des concours régionaux, qui, en facilitant à tous les cultivateurs la connaissance des meilleurs instruments et des plus beaux animaux; en les excitant par le double stimulant de l'honneur et de l'intérêt, ne pouvaient que leur donner de l'émulation et les encourager dans la voie des améliorations.

Mais ces institutions ne pouvaient exercer et n'ont, en effet, exercé aucune influence sur la division de la propriété dont la cause réelle est tout entière dans le principe fondamental de l'égalité des partages inscrite dans notre droit civil, ni quant à la rareté et à la cherté progressive de la main-d'œuvre, qu'il faut incontestablement attribuer à l'émigration des journaliers dans les grandes villes, dans les centres industriels, dans les chantiers des grands travaux publics, là où ils ont cru obtenir de plus forts salaires que dans les campagnes, ni sur l'insuffisance des capitaux pour l'exploitation du sol, qu'attiraient, au détriment de l'industrie agricole, les placements en valeurs mobilières dont l'établissement se multipliait de jour en jour.

Quelques améliorations, toutefois, avaient pu se réaliser par les plus grandes facilités de transports et de plus nombreux débouchés que procuraient aux produits de l'agriculture l'établissement des chemins de fer et l'état plus satisfaisant des voies vicinales.

Tout cela constituait un ensemble de progrès, lent encore et peu développé, sans doute, mais suivant une marche ascendante et continue; lorsque survint, en 1861, ce régime de liberté commerciale que le gouvernement d'alors, établit sans consulter le pays, sans avertissement préalable, sans préparation indispensable, et dont les conséquences ne tardèrent pas à se manifester, comme je le dirai ci-après, en répondant à la question n° 5.

2° Quelle est actuellement, en prenant la moyenne des six dernières années, etc.

L'Ariége est, tout à la fois, un pays de céréales, d'herbages et de Vignes.

Ses cultures de céréales, dans lesquelles nous comptons le Froment, le Méteil, le Seigle, le Maïs, l'Avoine, l'Orge, le Millet, le Sarrasin, sont toutes dans une situation peu satisfaisante depuis quelques années. Leurs produits deviennent de moins en moins rémunérateurs, parce que d'année en année le prix de la main-d'œuvre s'élève, alors que le prix de vente faiblit. Aussi, de l'aveu de tous les notaires et de tous les hommes d'affaires, le prix vénal de la propriété foncière a-t-il subi une dépréciation du tiers au quart.

Les herbages sont principalement dans les cantons de nos montagnes où la production du bétail, favorisée par la vaste étendue des pacages, donne lieu à une industrie qui est moins exigeante en main-d'œuvre et offre à la culture une situation moins défavorable.

Les Vignes, qui n'ont une certaine importance que dans l'arrondissement de Pamiers, trouvent, dans le renchérissement du prix du vin, une compensation aux faibles rendements qu'elles donnent depuis quelques années, par suite des intempéries.

3° Quelle est la condition, dans ces diverses régions naturelles, du propriétaire, grand, moyen, etc.

Ce sont la grande et la moyenne propriété qui souffrent le plus de la situation présente, parce que les salaires des colons attachés à l'exploitation et ceux des ouvriers supplémentaires dont le concours est indispensable, y sont dans une progression croissante. Aussi, est-il bien constaté que tous ceux qui, dans ces dernières années, ont eu des baux à renouveler, ont été obligés de subir une réduction qui s'est élevée jusqu'au tiers du taux habituel des fermages.

Le petit propriétaire, qui exécute tous ses travaux par lui-même et les membres de sa famille et qui n'est contraint qu'exceptionnellement d'employer des bras étrangers, se trouve, par cela même, dans une situation qui lui permet de supporter avec moins de gêne l'état présent des affaires.

On peut appliquer aux fermiers de la grande et moyenne propriété ce que je viens de dire des propriétaires. Ils sont soumis aux mêmes exigences culturales. Ils se plaignent de ne pouvoir plus faire convenablement leurs affaires et s'autorisent de cette situation pour cesser leurs baux ou ne les renouveler qu'à des conditions plus favorables.

Les métayers n'éprouvent d'autres inconvénients que ceux qui peuvent résulter de la faiblesse des rendements et de l'avilissement des prix.

L'ouvrier agricole, dont le salaire s'est accru, est celui, par conséquent, qui a le moins à se plaindre, toutes les fois pourtant que les intempéries ne le condamnent pas, comme cette année, durant des mois entiers, à des chômages forcés.

4° Quelles sont les causes générales, etc.

Quant à l'action spéciale des intempéries sur les récoltes de 1878 et des deux ou trois années antérieures, elles ont pu rendre plus sensible la gêne des propriétaires, mais elles n'ont eu que peu ou point d'action sur l'état général de souffrance de la culture, puisqu'il en a été de même, quoique à un degré inférieur, dans les années meilleures.

5° Quelle influence la législation sur les grains, etc.

Évidemment, c'est à l'influence de la législation sur les

grains et aux conséquences des traités de commerce qu'il faut attribuer l'état de malaise et de souffrance dont tous les propriétaires ne se plaindraient pas, comme ils le font sur tous les points et presque sans exception, s'ils n'étaient sérieusement autorisés à le faire.

Avant cette législation, ces causes secondaires et accidentelles de dépréciation sont survenues bien des fois, sans amener cette généralité et cette persistance de résultats fâcheux. Il est, d'ailleurs, un fait qui rend cette appréciation d'une évidence incontestable.

Comme je l'ai dit, en répondant à la question n° 1, le mouvement progressif de l'agriculture s'est arrêté dès l'application des nouveaux traités de commerce, et pour se rendre un compte exact de leur influence funeste, il suffit de se rappeler l'état déplorable dans lequel cette agriculture ne tarda pas à tomber.

Les plaintes devinrent générales. Toutes les Sociétés d'agriculture, tous les Comices agricoles, toutes les Chambres consultatives, la plupart des Conseils généraux s'en rendirent les échos. Elles eurent du retentissement jusqu'à la tribune nationale, et elles devinrent si vives et si persistantes que le gouvernement s'en émut et crut ne pouvoir se refuser à faire cette grande enquête de 1866 à laquelle il donna tant de solennité et qui se fit avec tant d'éclat et de frais.

Pourquoi, si le mal n'avait pas été réel, profond, général, cet envoi de Commissions extraordinaires dans tous les départements? Pourquoi cet appel à tous les propriétaires et aux principaux fonctionnaires pour déposer dans l'enquête? Pourquoi toutes ces études, tous ces travaux préparatoires prescrits à toutes les associations agricoles, s'il n'y avait eu rien de fondé, rien de sérieux, rien que le simple effet d'une panique sans motifs, dans ces plaintes universelles des exploitants du sol, dans cette bruyante manifestation de la sollicitude du gouvernement? Pourquoi tout cela n'avait-il eu lieu qu'après les traités de commerce et non antérieurement, puisqu'à aucune autre époque on n'avait cru devoir recourir à ces moyens extraordinaires?

Et, malheureusement, ce ne fut que beaucoup de bruit pour rien ou à peu près rien. Sauf quelques améliorations dans l'état de la vicinalité, tout demeura dans le *statu quo*; l'agriculture continua à végéter, n'ayant quelques intervalles de répit que dans les années exceptionnellement abondantes, ou lorsque des guerres dans les pays importateurs vinrent affaiblir les arrivages des grains étrangers. Il ne pouvait en être autrement. La cause du mal étant permanente par le fait des traités de commerce qui l'avaient produite et que le gouvernement ne pouvait changer tant qu'ils étaient en vigueur, le jour devait nécessairement arriver où, l'état de paix rétabli à l'intérieur et à l'extérieur et le libre échange fonctionnant sans aucune entrave, l'agriculture française se trouverait aux prises avec la production étrangère à des conditions inégales et ruineuses pour elle.

Et c'est là où elle en est réduite aujourd'hui, n'en déplaise à tous les systèmes, à tous les raisonnements contraires qui ne peuvent absolument rien devant les faits.

6° Quelles sont les améliorations et les réformes culturales qu'il serait, etc.

Toutes les améliorations, toutes les réformes, qui seraient propres à améliorer leurs cultures et leurs productions sont ou seront prises par les cultivateurs qui ne négligent rien de ce qu'il leur est possible de faire pour y parvenir. On peut se fier, à cet égard, à leur intelligence et à leur intérêt bien entendu. Mais tout cela n'est qu'un palliatif. Il faut un moyen plus énergique, si l'on veut arriver à la racine du mal.

7° Par quelles mesures et par quels encouragements spéciaux, l'Etat, etc.

Ce moyen radical, l'Etat peut seul le donner par une

modification satisfaisante dans la législation, en ne renouvelant pas les traités de commerce, ou du moins en ne les renouvelant qu'à de courtes échéances et après avoir établi, par une loi, un tarif général de douanes, en imposant à l'introduction des produits agricoles étrangers des droits compensateurs qui permettent à l'agriculture française de soutenir leur concurrence sans trop de désavantage pour elle, en faisant modifier les tarifs des chemins de fer qui transportent les produits étrangers sur le sol français, à des prix bien moins élevés que les produits indigènes, en appliquant au dégrèvement des objets de consommation les sommes qui seront perçues sur les produits étrangers qui seront importés.

Telles sont les réponses que je crois devoir, en m'inspirant des vœux et des besoins de tous les possesseurs du sol de ma contrée, vous transmettre sur chacune des questions que vous m'avez adressées, à cet effet, de la part de M. le Ministre de l'agriculture et du commerce.

DÉPARTEMENT DE LA HAUTE-GARONNE.

62. — *Réponse de M. Lavocat.*

Toulouse, mai 1879.

1° Depuis 1861, jusqu'à présent, la propriété agricole s'est de plus en plus divisée.

2° Les assolements en prairies ont été augmentés et ont remplacé, en partie, les céréales, qui sont considérées comme la culture la plus coûteuse et la moins rémunératrice.

3° L'élevage des animaux de boucherie a augmenté d'une manière notable.

La production du lait n'est avantageuse que dans les montagnes et à la portée des grandes villes.

Depuis 1861, pour les animaux de croît, de travail et de boucherie, le prix a augmenté de plus d'un quart, et, pour les volailles, de plus de moitié.

4° Depuis dix ans, la plantation de la Vigne augmente sensiblement et peut se chiffrer par un tiers de culture dans chaque propriété.

La Betterave n'est cultivée qu'en petite quantité, pour la nourriture du bétail.

On ne cultive pas le Houblon, ni le Tabac.

La culture du Colza est à peu près abandonnée.

L'élevage des vers à soie a été délaissé.

5° . . . .

6° Il n'y a pas de distilleries ni de sucreries.

Des fromageries sont établies, depuis peu, dans les Pyrénées.

7° L'outillage agricole a pris un grand développement. Toutes les machines récentes sont en usage; seul, le labourage à vapeur ne fonctionne pas dans le pays, en raison du morcellement de la propriété.

8° Les fumiers et les engrais animaux sont seuls employés. Les phosphates et les sels de potasse ou de soude, qui constituent la base principale des engrais chimiques, sont peu utilisés dans la région.

9° Les propriétaires sont obligés de réduire leurs travaux agricoles par suite de l'insuffisance de bras.

Depuis 1861, le prix de la main-d'œuvre a plus que doublé : les ouvriers qui se payaient 1 franc et 1 fr. 25, sont payés aujourd'hui 2 fr. 50 et 5 francs.

Le prix de la façon des Vignes est de 60 francs l'hectare.

En outre, l'ouvrier agricole quitte facilement les champs, pour un salaire plus élevé qu'il trouve dans les villes; aussi peut-on affirmer que l'émigration des travailleurs est une des grandes causes qui paralysent l'agriculture.

10° Les charges qui pèsent sur l'agriculture ne sont pas en rapport avec son revenu qui, dans la région de Toulouse, n'est que de 2 1/2 pour 100.

A cette considération, il faut ajouter que, depuis six ans, les céréales n'ont pas été rémunératrices ; les herbages ont seuls donné quelques bénéfices. D'un autre côté, depuis plus de six ans, la Vigne ne donne que des résultats moyens.

Les causes principales de ces insuccès sont les intempéries atmosphériques, tels que les froids et les pluies du printemps, les sécheresses de l'été, pour les récoltes en général, et particulièrement l'oïdium, pour la Vigne.

Le petit propriétaire peut seul atteindre des bénéfices assurés, grâce à la variété des récoltes qu'il fait sur sa propriété.

Enfin, les propriétaires agricoles ont reconnu depuis longtemps que, par le métayage, ils obtiennent un revenu peu élevé, mais certain, en raison de ce que les métayers font eux-mêmes tous les travaux des champs.

11° Quant à l'influence des traités de commerce sur l'agriculture et aux mesures à prendre à ce sujet, ce sont là des questions complexes sur lesquelles je ne saurais me prononcer.

Tout ce que je sais, sous ce rapport, c'est que les avantages accordés à l'Espagne, pour l'importation de ses vins, sont considérés par les viticulteurs du Midi comme préjudiciables à leurs intérêts.

DÉPARTEMENT DU GERS.

63. — *Réponse de M. J. Seillan.*

Mirande, 15 mai 1879.

Vous me demandez de signaler les changements qui se sont produits depuis 1860, c'est-à-dire depuis l'établissement des traités de commerce et depuis l'inauguration du système du libre-échange.

Ces deux questions exigeraient un travail considérable, et le temps est trop limité pour donner à ces sujets d'études immenses le développement qu'ils méritent.

Je rappelle donc pour mémoire les documents fournis par la grande enquête agricole de 1866 et par l'enquête parlementaire de 1869, monuments considérables, dans lesquels se trouvent indiqués et résolus les problèmes qui s'agitent encore aujourd'hui.

J'aborde la question principale, la question dominante de ce jour : les traités de commerce et le régime commercial.

Au milieu des préoccupations générales des puissances de l'Europe, au sujet des taxes douanières, la France doit-elle adopter le régime protecteur, après avoir essayé pendant quelques années le régime du libre-échange ?

De quel côté se trouve l'intérêt réel et général du pays ? Ne semble-t-il pas que le système inauguré par Louis XVI et par Turgot, appliqué plus tard par Robert Peel et par Napoléon III, ne semble-t-il pas que la réforme économique de 1860 ait amené les plus heureux changements dans le commerce européen et dans celui de la France en particulier ? Ne doit-on pas constater des progrès et des accroissements dans la fortune publique en général, en consultant les chiffres officiels ?

Les faits et les résultats doivent-ils nous engager à *ne pas revenir en arrière,* suivant l'expression de M. de Meaux, ancien ministre, à l'époque où ces mêmes questions étaient discutées (en 1875).

La réponse à ces questions si délicates doit se trouver, ce me semble, dans l'attitude hostile des nations envers nous, et dans l'examen et dans la comparaison de tous les tarifs des diverses taxes douanières de tous les Etats intéressés.

On ne peut pas vouloir le libre-échange avec celui des Etats qui ne nous accorde pas *la réciprocité.*

La France ne doit pas être dupe de ses doctrines libérales et de son génie toujours initiateur. Elle doit traiter les nations étrangères comme elle est traitée elle-même pour des produits similaires. Voici quelques exemples :

Disons d'abord que la *Suisse* est le seul pays qui nous ait ouvert franchement ses frontières.

Il n'en est pas ainsi des *Etats-Unis* d'Amérique, qui demandent aux droits de douane les ressources nécessaires pour payer les dettes de la guerre de sécession. Ainsi, les 4 hectolitres d'eau-de-vie, composant la pièce d'Armagnac, sont frappés d'une taxe de 2,000 francs environ, soit 1,015 francs par hectolitre d'alcool pur.

L'Allemagne discute en ce moment ces graves questions. Elle se hérisse de droits protecteurs écrasants pour nos produits.

L'Angleterre reçoit nos vins moyennant 14 francs par hectolitre dans ses possessions qui ne produisent pas de vins. Elle repousse des marchés de l'Australie (pays vinicole) les vins français, en leur imposant un droit de 83 fr. par hectolitre.

L'Espagne introduit ses vins à 14 degrés, moyennant 5 francs par hectolitre. Ils ne payent que 32 centimes par chaque degré alcoolique au-dessus de 14 degrés. La convention franco-espagnole doit prendre fin au 1er août 1880. A cette époque, il sera facile de la modifier et de n'admettre ces vins à l'exemption des droits sur l'alcool que jusqu'à **12** degrés.

Nos vins français sont, au contraire, grevés d'un droit de douane de **50** francs par hectolitre, s'ils sont exportés sous pavillon français, et de **42** francs s'ils pénètrent en Espagne sous pavillon national.

En *Italie*, nous constatons une situation déplorable pour nos produits. En effet, les vins italiens pénètrent en France moyennant le droit illusoire de **30** centimes par hectolitre, même ses vins vinés à **14** degrés. Les vins français ne sont admis que moyennant le droit de douane de **5** francs par hectolitre, et de **15** centimes par bouteille.

Ces exemples, pris sur les divers objets intéressant la production du sud et du sud-ouest de la France, ne paraissent-ils pas suffisants pour prouver la nécessité :

1° D'*étudier et de comparer*, dans un examen très-approfondi, les *tarifs adoptés chez tous les peuples voisins;*

2° De ne prendre une décision qu'après s'être livré à des études consciencieuses ;

3° De traiter ces questions *dans le plus bref délai possible*, dans l'intérêt du commerce, qui ne doit *pas avoir d'incertitude* pour l'avenir;

4° Enfin, d'exiger que la *réciprocité* soit la base des traités à intervenir.

---

64. — *Réponse de M. le comte de la Roque-Ordan.*

La Roque-Ordan, le 6 juillet 1879.

Terres labourables.

Le département du Gers, pays intermédiaire entre les régions montagneuses des Pyrénées et les plaines de la Garonne, est un pays essentiellement agricole. Ses prairies n'ont point la fertilité des prairies irriguées des Pyrénées, ni la vigueur de végétation arborescente de ces régions, ni la fécondité des terrains d'alluvion des plaines de la Garonne, où l'on cultive en grand les céréales, où l'on obtient 30 hectolitres à l'hectare. Pour intermédiaire, il participe de l'une et l'autre nature : c'est un pays de fécondité moyenne ; toutefois, il faut reconnaître que ses prairies, si elles étaient irriguées, fourniraient un fourrage aussi abondant et d'une qualité bien supérieure à celui que donnent les prairies des Hautes-Pyrénées, et cela parce que les terrains du Gers contiennent beaucoup plus de calcaire que les terrains des Hautes-Pyrénées. C'est pour cela que tous les produits du Gers ont une qualité supérieure, que ses animaux sont plus robustes, plus forts et plus résistants que ceux des départements voisins.

La surface du département du Gers est de 610,132 hectares ; on y compte :

340,473 hectares	—	de terres labourables.
60,377	—	de prairies.
98,000	—	de Vignes.
37,243	—	de landes et pâtis.
61,284	—	de bois.
7,379	—	de pâtures.
5,376	—	de jardins et parcs.

D'après cette composition, il est facile de voir que les trois revenus principaux, qui font la fortune du département du Gers, sont les céréales, le produit de la Vigne et celui des animaux.

Les céréales.

La propriété, dans notre pays, subit depuis de longues années une crise qui va s'aggravant tous les ans, qui tient à des causes diverses et qui tend à modifier et à rendre singulièrement onéreuses, les conditions de la production.

Je vais les énumérer successivement.

La population de nos campagnes subit une double émigration : l'une à l'extérieur, l'autre à l'intérieur du pays lui-même. Dans les trente dernières années qui se sont écoulées, l'émigration extérieure a été de 32,000. De telle sorte que la population qui, en 1847, était de 310,000 habitants, se trouve aujourd'hui réduite à 278,000.

J'appelle émigration à l'intérieur le départ des habitants de la campagne qui la quittent pour habiter la ville où, pour l'un et l'autre sexe, les occupations sont mieux rétribuées et moins pénibles.

La partie de la population qui émigre est généralement jeune et vigoureuse et forme, par cela même, un vide d'autant plus regrettable. Il résulte, de l'ensemble de ces faits, que tous les ans les ouvriers agricoles deviennent plus rares. Par suite, ils augmentent leurs prétentions dans des proportions qui tendent à rendre la culture onéreuse. C'est une enchère qui ne s'arrête jamais devant la persistance des faits qui la produisent.

Les gages des garçons de ferme sont aujourd'hui deux fois et demi ce qu'ils étaient il y a vingt ans.

D'un autre côté, les impôts et les charges publiques ont singulièrement augmenté, soit par suite de nos révolutions successives, soit par suite de l'augmentation des dépenses d'utilité publique, soit enfin par suite des malheurs de nos dernières guerres.

Sur un revenu que l'on peut évaluer à 20 millions, le département du Gers paye 5 millions d'impôts.

A toutes ces charges, il serait naturel d'ajouter la plus grande partie des frais d'enregistrement qui pèsent sur la propriété rurale et montent à 3 millions environ.

Enfin, à toutes ces causes diverses, il faut ajouter les intempéries, si fréquentes dans nos contrées, sous-pyrénéennes, les grêles qui détruisent nos récoltes, les gelées qui atteignent nos vignobles et les inondations qui dévastent nos plaines. La persistance de ces fléaux, qui tous nous ont frappé cette année, rendent la situation du cultivateur d'autant plus triste et plus précaire que les remises

que fait l'Etat sur l'impôt, pour compenser les pertes
éprouvées, sont bien loin d'être en rapport avec celles-ci.

Il résulte de ces causes diverses que l'agriculteur de
notre pays manque de capitaux et qu'il est obligé d'apporter
la plus grande économie dans son administration.

La culture se fait, dans le Gers, ou par des métayers, ou
colons partiaires, qui cultivent à moitié fruits, ou par de
petits propriétaires qui cultivent eux-mêmes leurs terres.
La famille du métayer tend à se désagréger, il ne peut
donner à ses enfants ce qu'ils peuvent gagner ailleurs ; ils
le quittent dès qu'ils ont le droit de disposer d'eux-mêmes.
Les exploitations, réduites dans le nombre des agents de la
culture, diminuent de produit. Le petit propriétaire lui-
même, vu la cherté des bras, a bien de la peine à trouver
les auxiliaires qui lui sont nécessaires. Toutefois, il faut
reconnaître que l'amour de la propriété est si fortement
ancré au sein de nos populations rurales, le travail auquel
elles se livrent pour l'améliorer ou la conserver est si opiniâtre que c'est précisément la petite propriété qui est la
mieux cultivée.

Je ne pense pas, toutefois, que, dans le Gers, qui est un
département où l'on cultive le Froment sur une grande
échelle, on puisse estimer le produit à plus de 12 hectolitres par hectare. Bien certainement, cette année, il s'en
faudra de beaucoup que ce chiffre soit atteint.

La plupart des terres de notre pays sont soumises à l'assolement biennal ; on peut estimer, je crois, en appro-
chant très-près de la vérité, que le Gers produit 2 millions
d'hectolitres de Blé. La moitié de ce produit est nécessaire
pour les semences et la nourriture des habitants. Il peut
donc rester 1 million d'hectolitres à livrer au commerce.
Il faudra prélever, sur cette valeur, les impôts, les hono-
raires des agents attachés à la culture, tous les frais, enfin,
qui sont en dehors de la nourriture de tous les auxiliaires
de la culture, et il arrivera souvent que le revenu du pro-

priétaire sera, dans son entier, absorbé par ces frais divers. Dans les très-mauvaises années, il n'est pas suffisant.

Il est facile de comprendre, d'après cela, que tout ce qui peut modifier le prix de la vente des céréales exerce, dans notre pays, une grande influence sur la fortune publique.

Pour compléter cette étude, et pour répondre à la question qui nous est adressée, il me reste à faire connaître le prix du Blé dans les neuf années qui ont précédé l'année 1861 et celles qui ont suivi les traités de commerce. Il sera facile, d'après cela, de juger de l'influence qu'ils ont exercée sur le prix du Froment dans notre pays et d'évaluer la perte qui en est résultée pour le département du Gers.

Je dois ajouter que les prix que j'indique dans cette nomenclature sont relevés, non sur les mercuriales des marchés voisins, mais sur les prix auxquels j'ai vendu moi-même le Froment que j'avais récolté.

ANNÉES.	PRIX DU BLÉ.	ANNÉES.	PRIX DU BLÉ.
1852	18	1861	19
1853	30	1862	29
1854	27	1863	19
1855	33	1864	17
1856	39	1865	17
1857	20	1866	23
1858	17	1867	28
1859	15	1868	24
1860	20	1869	20
	219		196

Ainsi donc, pour la première période, le prix moyen a été de 24 fr. 33 et, pour la seconde, de 21 fr. 66, soit une différence, dans le prix de l'hectolitre, de 2 fr. 67 en moins, soit annuellement une différence de 2,670,000 fr., c'est-à-dire plus que la moitié de l'impôt que paye le département. J'ajouterai que cette perte toute entière est supportée par les propriétaires, car il faut que l'Etat soit payé, que les frais de culture soient soldés. Il est donc facile de comprendre pourquoi la propriété n'a pas de capitaux. La raison en est bien simple et malheureusement trop évidente.

Toutefois, je dois ajouter que, cette année, nos appréhensions pour l'avenir ont singulièrement augmenté parce qu'il s'est produit un fait complétement insolite et qui a dérouté toutes les prévisions. L'année 1879 a été au nombre des plus mauvaises, celle de 1878 avait été de beaucoup meilleure.

> Le Blé s'est vendu en 1878. . . . . . 25 fr.
> —   —   1879. . . . . 22 —

Et ce fait anormal s'est produit grâce aux arrivages considérables d'Amérique.

J'ajouterai que, dans ces deux années, le pain s'est vendu au même prix dans notre pays; c'est tout ce que j'ai à dire sur la liberté de la boulangerie.

On nous annonce, pour l'année prochaine, de nouveaux et grands arrivages d'Amérique; ils seront très-probablement nécessaires, car il est à désirer que tout le monde puisse vivre. Nous ne demandons pas autre chose, c'est là notre seule prétention, mais on ne saurait la justifier en faisant de la protection à rebours.

Le privilége que nous demandons, c'est l'égalité dans le traitement, que les charges que nous supportons soient imposées à nos concurrents.

Cela n'ajoutera que quelques centimes au prix du pain, produira à l'Etat des recettes qui lui permettront de dégrever l'impôt et assurera aux produits de notre industrie à l'intérieur, un marché qu'aucun autre ne saurait remplacer.

Nous protéger dans la mesure que j'ai indiquée, dégrever l'impôt, voilà en bien peu de mots tout ce que nous avons à demander à l'Etat.

Il serait possible certainement, si le pays avait à sa disposition des capitaux considérables qui lui permisssent une culture intensive, l'emploi des engrais artificiels ou chimiques, d'arriver à produire l'hectolitre de Froment à meilleur marché. Et s'il en était autrement, avec un climat où les orages sont si fréquents et les grêles si redoutables, il hésiterait probablement à les engager dans la culture; en s'exposant à perdre à la fin et son revenu et une portion de son capital.

Je ne veux pas dire par là qu'aucun progrès n'a été accompli, ce ne serait certainement pas la vérité. La marche, il est vrai, est lente, mais elle est continue et il est rare que les progrès, ainsi accomplis, ne soient pas durables.

L'outillage agricole se perfectionne tous les jours, la culture fourragère s'étend dans des proportions inconnues jusqu'à ce jour, notre race bovine s'améliore tous les jours, et par un meilleur régime, et par une sélection intelligente, elle augmente à la fois comme nombre et comme qualité. Les engrais de ferme augmentent. Evidemment, l'impulsion générale est donnée, elle est malheureusement contrariée par les années déplorables que nous venons de traverser, dont sera bien digne, je crois, celle où nous sommes à présent. J'ajouterai, enfin, que l'emploi des machines fait des progrès rapides, mais qui sont, évidemment, contrariés par l'état de gêne du pays. Mais l'utilité en est généralement reconnue, et si leur emploi n'est pas général, il ne tardera pas évidemmment à le devenir.

La Vigne.

La Vigne occupe, dans le Gers, une étendue considérable; près de 98,000 hectares sont consacrés à cette culture et donnent un revenu que l'on peut évaluer à 4,500,000 francs. Le prix du vin, dans notre pays, s'est élevé depuis les traités de commerce, qui ont coïncidé, dans notre pays, avec l'ouverture de la voie ferrée qui le traverse du nord au sud. C'est à la voie ferrée que j'attribue le plus facile écoulement et le prix plus élevé de nos vins. Les vins du Gers ne sont pas des vins classés, ce sont de bons vins d'ordinaire qui sont bus en France. Je ne crois pas qu'ils doivent grand chose aux traités de commerce, ni qu'ils traversent les mers pour aller dans les pays étrangers hanter les caves des souverains, à moins que le commerce n'ait abusé de leur sexe et de leur qualité pour leur imposer un déguisement qui coûte peu, mais qui en augmente singulièrement le prix; toutefois, on ne saurait considérer ce fait qu'à titre d'exception.

Le plus grand ennemi de nos vins est notre système d'octroi et les droits considérables de circulation et de consommation qu'ils ont à supporter. Voilà le motif le plus sérieux qui empêche leur consommation de s'étendre au loin au sein des classes ouvrières qui s'en trouveraient si bien, car ils sont toniques et réconfortants.

Les vins d'Espagne et d'Italie, admis presque en franchise, leur font la concurrence dans notre pays, alors que nos vins ne peuvent être admis dans ces contrées qu'en payant des droits considérables. Nous demandons la réciprocité et l'égalité du traitement, si un traité intervient avec ces contrées.

Le bétail.

Je n'ai aucune statistique exacte qui me permette de chiffrer le nombre de têtes de bétail que possède le département. Toutefois, en m'appuyant sur le recensement fait dans les communes, pour la prestation en nature, j'ai lieu de croire qu'il doit exister, dans le Gers, 150,000 têtes de l'espèce bovine.

L'élevage du bétail est certainement un des éléments de la fortune publique, que l'on doit le plus apprécier dans notre pays, le seul certainement qui ne nous ait point donné de déception.

Je ne décrirai point ici notre race bovine, je l'ai fait dans un travail spécial, adressé à une autre époque à la

Société nationale d'agriculture. Je me bornerai à dire que l'amélioration de notre race de bétail est due à l'initiative de la Société d'agriculture du Gers et aussi à celle du Conseil général qui a fait généreusement des sacrifices pour cette branche de notre économie rurale.

Je présume que le revenu du département est augmenté annuellement de 3 millions par cette industrie.

La petite et la moyenne propriété se livrent aussi à l'élevage du porc amélioré. C'est un revenu que je ne puis que très-imparfaitement apprécier, mais que je crois considérable. Nos petits propriétaires doivent certainement une partie de leur aisance à cette industrie.

Toutefois, cette année, ces braves gens ont éprouvé un échec qui pourrait bien compromettre ce petit commerce, qui allait si bien.

Des arrivages d'Amérique, dit-on, et je crois que cela est vrai, ont fait brusquement baisser sur nos marchés la viande de porc de 30 pour 100 et, dit-on, cela ne s'arrêtera pas là. S'il en était ainsi, ce serait, pour nos braves populations rurales, une véritable calamité.

J'ai promis de signaler et ce fait et leurs plaintes à M. le Ministre ; j'espère qu'il avisera et nous défendra un peu, car il s'agit, pour le pays, d'une industrie considérable et qui mérite d'être défendue.

DÉPARTEMENT DE LOT-ET-GARONNE.

65. — *Réponse de M. de Lalyman.*

Nézin, le 21 mai 1879.

1° Avant 1861, la division de la propriété se faisait très-activement. Depuis six ans le morcellement est devenu presque nul.

2° La production des céréales a peu varié ; le rendement des trois ou quatre dernières années a toutefois subi, du fait des intempéries, une diminution d'un tiers au moins.

3° L'élevage des bêtes bovines s'est développé parallèlement à une plus grande extension donnée à la culture des fourrages ; les travaux agricoles s'effectuant généralement à l'aide de vaches, la production principale est celle des veaux qui sont en grande partie livrés à la boucherie dans les quatre premiers mois de leur existence. L'engraissement des bœufs est très-limité. La production chevaline encore très-restreinte tend à augmenter ; celle du mouton, au contraire, diminue chaque jour. Les troupeaux, autrefois très-nombreux, sont aujourd'hui très-rares.

4° La culture de la Vigne s'étend incessamment malgré la présence du phylloxera dans l'arrondissement ; celle de la Betterave reste stationnaire, la Rave constituant déjà une ressource très-importante. La culture du Tabac est réglementée par l'Etat ; quant à celle du houblon, elle a fait son apparition, à titre d'essai, sur cinq ou six hectares.

5° La production forestière diminue, chaque année, par suite de la conversion en Vignes, des taillis de Chêne, d'une exploitation exagérée des bois de Pin maritime, et de la destruction par le froid, dans les hivers de 1871-72 et 1875-76, de tous les Chênes-liége qui avaient été dépouillés de leur écorce l'été précédent.

6° Peu ou point d'industries agricoles proprement dites à signaler, seulement quelques très-rares propriétaires préparant la Prune cuite ou possédant des ruchers de quelque importance, d'autres manipulant la résine provenant du gemmage des Pins.

7° L'outillage agricole, la charrue surtout, s'est amélioré. Une quinzaine de moissonneuses fonctionnent sur les grandes propriétés. Les machines à battre à vapeur ou à manége remplacent de plus en plus les anciens modes de battage des grains. Il semble qu'on draine moins, peut-être aussi y a-t-il moins à drainer. Irrigations inconnues.

8° Les engrais commerciaux sont fort peu recherchés, le fumier produit sur l'exploitation est presque exclusivement employé : il est vrai qu'on s'applique à en faire le plus possible à l'aide des pailles d'abord et puis des bruyères, fougères et ajoncs coupés dans les parties boisées de l'arrondissement.

9° Diminution très-sensible dans le nombre des bras employés à l'agriculture, et par suite augmentation de plus d'un tiers dans le prix de la main-d'œuvre et les frais de nourriture.

10° L'impôt foncier n'a pas subi de modification ; mais à raison des nombreux centimes additionnels votés par le département ou par les communes, des taxes diverses et prestations, les charges de la propriété sont devenues écrasantes.

11° La viabilité très-améliorée, par suite transports faciles, débouchés satisfaisants, à la condition de ne produire que ce qui peut être vendu aux marchés voisins.

Tout a été dit et répété cent fois sur les causes de l'avilissement du prix des grains que les cultivateurs *grands et petits* de l'arrondissement attribuent à l'influence de la législation actuelle.

Le prix de la viande n'a pas subi la même dépréciation ; il est cependant à remarquer que, depuis un an, la valeur des animaux gras, des porcs principalement, a quelque peu baissé, sans avantage aucun pour le consommateur. Les bouchers et charcutiers, en l'absence de toute taxe (comme aussi d'une surveillance suffisante de la police au point de vue de la fidélité du débit), continuent à vendre très-cher, même lorsqu'ils achètent bon marché.

Pour assurer la prospérité de l'agriculture, il faudrait lui rendre, *par tous les moyens possibles*, les bras qu'elle a perdus, et réduire les charges devant lesquelles elle succombe.

DÉPARTEMENT DES BASSES-PYRÉNÉES.

66. — *Réponse de M. de Marignan.*

Bayonne, le 6 juillet 1879.

A mon retour d'un voyage qui m'a fait parcourir plusieurs départements de notre région du sud-ouest, je trouve une lettre par laquelle vous me réclamez ma réponse à votre lettre du 30 avril. Ce voyage et les relations qu'il m'a procurées avec des agriculteurs importants du Gers, des Landes, des Hautes-Pyrénées m'ont permis de comparer la situation de notre agriculture des Basses-Pyrénées avec la leur.

Malgré la différence de culture, de produits de ces diverses contrées, certaines causes de souffrance sont les mêmes.

Trop souvent, pendant ces dernières années, le prix des céréales a été inférieur au prix de revient. Cette infériorité est attribuée à la concurrence des produits étrangers. On réclame, généralement, que des *droits compensateurs* des charges que supporte l'agriculture de France mettent les produits étrangers sous le régime d'une égalité complète avec les produits français.

La seconde et très-funeste épreuve que subit notre agriculture est la rareté de plus en plus grande des travailleurs. L'agriculture ne peut pas payer ses ouvriers à des prix aussi élevés que l'industrie qui a pour ses produits des chances de bénéfices que ceux du sol ne pourront jamais offrir. L'agriculteur et le cultivateur doivent accepter la vie calme, sobre, exempte d'agitations, réduite aux seules jouissances de la famille et du village que leur offre l'agriculture.

Un trop grand nombre de nos jeunes paysans désertent nos campagnes, attirés dans les villes, dans des professions industrielles ou des métiers qui leur offrent des salaires plus élevés. Les jouissances de la ville, qui s'imposent à la vie la mieux réglée, absorbent leurs ressources. L'épargne est pour eux moins facile encore que pour le paysan.

Les familles de nos agriculteurs, privées de leurs membres les plus valides, se trouvent trop réduites pour que leurs chefs puissent prendre en ferme ou en métayage des exploitations, même les plus restreintes.

Même à des prix ou des salaires les plus élevés, il devient impossible de trouver ni des ouvriers, ni des domestiques agricoles. Ce fait, toujours plus grave, rend la culture des terres tellement difficile que je prévois pour notre agriculture, une crise très-sérieuse.

Le voyage que je viens de faire m'a fait parcourir des départements que j'avais visités autrefois comme membre des jurys des concours régionaux et que mes relations de famille me font revoir souvent; j'ai le regret d'y reconnaître les fâcheuses conséquences de cette pénurie de travailleurs.

Il est malheureusement évident que notre agriculture, qui est en grand progrès pour l'étude théorique de toutes les questions qui l'intéressent, est en décadence évidente pour la bonne exécution des travaux. Tous nos travaux se font presque toujours péniblement et sont en retard ou insuffisants par le manque de travailleurs.

Dans la crise que nous subissons, il est plus que jamais regrettable que le gouvernement ne soit pas incessamment informé de la situation de notre agriculture, par une statistique sérieuse, incontestable. Les éléments de nos statistiques actuelles sont recueillies à de rares intervalles et souvent à des sources insuffisantes. Nous désirerions que la création de *commissions cantonales* de *statistique* fonctionnant d'une manière permanente, fût soumise à l'étude de la Société nationale d'agriculture, de la Société des agriculteurs de France, de nos grandes Sociétés agricoles, et prise en sérieuse considération par le gouvernement.

9e RÉGION. — SUD-CENTRAL.

Cette région renferme les départements de l'Aveyron, du Cantal, de la Corrèze, de la Creuse, du Lot, du Tarn et de Tarn-et-Garonne.

DÉPARTEMENT DE L'AVEYRON.

67. — *Réponse de M. Rodat.*

Alemps, 25 mai 1879.

1° *Division de la propriété.*

La propriété tend à se diviser par la raison que la grande propriété ne peut être exploitée avec profit, en présence des frais d'exploitation qui excèdent souvent la production. Le petit propriétaire qui exploite lui-même sa propriété avec l'aide de ses enfants, peut obtenir des résultats plus satisfaisants.

2° *Céréales.*

La production des céréales est très-faible dans notre département, puisqu'elle ne dépasse guère dix à onze hectolitres à l'hectare. Ce faible rendement est dû aux variations brusques de la température, qui sont occasionnées par le voisinage des montagnes, qui sont encore couvertes de neige (16 mai).

Il n'est pas rare de voir le quart et parfois la moitié de la récolte emportée, par des gelées blanches qui surviennent après l'épiage, et même après la floraison des céréales.

En présence de ces faits et du bas prix des grains qui résulte, sans nul doute, de l'importation étrangère qui, d'après le *Journal officiel*, a atteint, dans le courant de l'année 1878, le chiffre de 14,102,090 quintaux métriques pour 162,502 quintaux exportés, on diminue les emblavures partout ou le terrain est propre à la production fourragère.

3° *Élevage et engraissement des Bestiaux.*

L'élevage et l'engraissement des bestiaux est sans contredit la branche la plus productive de notre agriculture; mais déjà une partie assez importante de cette industrie, savoir : l'élevage et l'engraissement de l'espèce porcine, va nous échapper, alors que les lards salés d'Amérique nous arrivent à un prix inférieur à celui des lards du pays. Ce seul fait causera un dommage considérable à tout le département, et il amènera la ruine complète d'une région assez étendue, dite Segala ou terrain à Seigle, qui tirait son principal produit de l'élevage et de l'engraissement des porcs.

Il est facile de prévoir que cette Amérique qui peut produire à si bas prix, et qui a perfectionné ses moyens de transport, de manière à faire voyager ses animaux vivants à de grandes distances, trouvant nos ports ouverts, viendra à bref délai frapper de mort l'élevage et l'engraissement des autres animaux.

4° *Plantes industrielles.*

On ne cultive, en fait de plantes industrielles, que le Chanvre, le Lin et la Vigne dans les vallons; on y voit aussi quelques Mûriers, mais en petit nombre; la Betterave et le Colza ne sont cultivés que pour les besoins de la ferme.

5° *Production forestière.*

La production forestière est en décroissance sensible;

elle n'existe guère que dans les terrains en pente, inaccessibles à la charrue, et il faut reconnaître qu'on ne fait rien ou peu de chose, je ne dirai pas pour la propagation, mais même pour la conservation des forêts ; par suite, le prix du bois s'élève, et l'usage de la houille tend à se généraliser.

6° Industries agricoles.

En fait d'industries agricoles, je signalerai, tout d'abord, la fromagerie de Roquefort qui a une importance réelle. Il y a dans cette localité un grand nombre de caves qui ont la propriété de conserver et d'améliorer le fromage. Un assez grand nombre de propriétaires ou fermiers vendent leur fromage frais fait avec le lait de brebis aux fabricants de Roquefort qui, après l'avoir laissé séjourner assez longtemps dans les caves et lui avoir donné la dernière main, l'expédient dans toutes les parties de la France et même à l'étranger.

On fait du fromage avec le lait des vacheries qui vont passer l'été sur les montagnes de la Guiole et d'Aubrac ; mais chaque propriétaire a sa fabrique particulière, et les produits sont consommés dans le département ou dans les départements voisins.

J'oubliais de dire que la fromagerie de Roquefort est en voie de progrès et rend de véritables services à l'agriculture du pays, mais qui sont loin toutefois de compenser la dépréciation qu'ont subie les troupeaux, par suite de l'avilissement du prix de la laine.

Je signalerai un autre genre d'industrie qui, sans être une industrie agricole, se rattache d'assez près à l'agriculture ; je veux parler des fabriques d'étoffes communes qui existent dans l'Aveyron. Ces fabriques ont été prospères, et ont occupé beaucoup de bras, tout le temps que la laine s'est maintenue à un prix élevé et par suite rémunérateur pour l'agriculture.

Mais lorsque les laines étrangères sont venues inonder le pays et déprécier les produits indigènes, les fabriques ont vu diminuer leur travail, et ont dû laisser des bras inoccupés. Cette assertion qui, au premier coup-d'œil, peut paraître étrange, trouve son explication dans cette circonstance, que ces fabriques ont leur principal débouché dans les campagnes, et que les demandes ont dû se restreindre en présence du faible rendement des troupeaux de bêtes à laine.

On est autorisé à dire, en présence de ces faits, que ce n'est pas le bas prix des denrées agricoles qui constitue l'aisance des classes ouvrières, mais bien plutôt un travail constant et convenablement rémunéré, ce qui arrivera lorsque l'agriculture et l'industrie, qui s'entr'aident mutuellement, réaliseront des bénéfices.

7° *L'outillage agricole.*

L'outillage agricole, en d'autres temps, il y a près d'un demi-siècle, était évalué **1,500** francs pour une ferme de 90 à 100 hectares.

L'importation des instruments perfectionnés que nous avons introduits dans l'Aveyron, mon père et moi, à mon retour de Roville, en 1829, a porté ce chiffre à **2,000** francs et même à **2,400** francs pour ceux qui ont l'outillage complet ; mais le nombre de ces derniers est assez restreint, et l'ancien araire est encore employé, principalement dans les terrains pierreux du plateau calcaire.

Les moissonneuses et les faucheuses n'existent encore que dans un petit nombre de fermes, et n'ont guère été employées qu'à titre d'essai. Il faut reconnaître, du reste, que notre sol qui est très-accidenté se prête peu au fonctionnement de ces machines qui rendent de si grands services aux pays de plaine ; ce qui, soit dit en passant, démontre une fois de plus l'infériorité de notre département sur la plupart des autres départements de la France.

8° *Engrais commerciaux.*

On emploie fort peu d'engrais commerciaux; mais le fumier de ferme a beaucoup augmenté par suite du grand développement qu'a pris la culture fourragère.

L'agriculteur cherche à diminuer le nombre des bras en présence de la diminution de ses revenus, et de l'augmentation toujours croissante des salaires de la main-d'œuvre.

9° *Impôts.*

Les impôts sont hors de proportion avec le faible rendement du sol, et il est incontestable que l'agriculture ne pourra pas continuer à les payer, si elle n'est pas protégée par des droits compensateurs établis sur les denrées étrangères, qui lui permettent de vendre ses produits à un prix rémunérateur.

10° *Viabilité, transports, débouchés.*

La viabilité s'est améliorée, et, par suite, les transports sont moins difficiles; mais ils sont encore assez coûteux, par la raison qu'on est souvent obligé d'allonger le tracé des routes, pour diminuer les pentes qui sont souvent excessives.

Avant l'établissement du chemin de fer, nous n'avions de débouché pour nos produits que dans le Midi, dans l'Hérault et le Gard, pour les animaux de boucherie, et le Tarn et Tarn-et-Garonne, pour les jeunes animaux.

Aujourd'hui, nous pouvons expédier nos animaux de choix vers Paris.

Si le mauvais aspect des fourrages, qui ont été noyés par les pluies froides qui ne cessent de tomber depuis plusieurs mois, a pu contribuer à produire la baisse qui pèse sur nos bestiaux, le mauvais état des Blés en terre qui ont encore plus souffert, aurait dû produire l'effet contraire sur les grains et produire la hausse; cependant il n'en est rien. On est donc autorisé à dire que le bas prix des grains, et même de la laine, est dû aux traités de commerce qui ont facilité l'entrée des denrées étrangères à des prix inférieurs au prix de revient des produits indigènes.

---

68. — *Réponse de M. C. Roques.*

Paris, le 27 mai 1879.

La période qui a suivi l'année 1861 a été, pour l'agriculture de l'Aveyron, heureuse et féconde. Les traités de commerce ont contribué, pour une grande part, à cette prospérité. Mais cette cause n'est pas la seule : la création des chemins de fer et le développement du réseau des routes départementales et des chemins vicinaux y ont contribué aussi dans une large proportion.

Il n'est peut-être pas de département qui, au point de vue agricole, présente moins d'unité que cette vaste circonscription administrative que l'on appelle le département de l'Aveyron. Le nord confine au Cantal, dont il a l'altitude, la nature du sol et les produits, tandis que le sud est, formé par les arrondissements de Millau et de Saint-Affrique, présente des analogies nombreuses avec l'Hérault et le Gard. Le cadre restreint, qui m'est imposé, m'empêche de toucher à ce sujet autrement que pour l'indiquer et faire comprendre combien il m'est impossible de répondre, d'une manière simple et sans de nombreuses réserves, aux diverses questions que j'ai à résoudre en ce qui concerne mon département.

Je vais traiter, une à une et très-sommairement, les diverses questions posées par la Société, et, comme conclusion, je traiterai à part la question n° 5 du Questionnaire de M. le Ministre.

1° *Division de la propriété.* — La propriété est de plus en plus divisée dans le département de l'Aveyron, mais à des degrés différents, suivant la région. Les montagnes gazonnées de l'arrondissement d'Espalion et les plateaux calcaires, appelés Causses, continuent à former des corps de domaines assez considérables, nourrissant des quantités de vaches ou de brebis. Mais la région de la Vigne, cultivée à la houe, et les terrains primitifs, dits Ségala, actuellement améliorés par le chaulage, appartiennent de plus en plus à ceux qui les cultivent.

2° *La production des céréales.* — Le département de l'Aveyron est surtout une région d'agriculture pastorale; pourtant la production en céréales est de plus en plus importante et tend à se rapprocher, dans les années moyennes, de la quantité nécessaire à la consommation locale.

La production du froment a considérablement augmenté depuis 1861 :

1° Par l'adoption de procédés de culture et d'assolements mieux entendus. Cette cause est générale à toutes les régions du département.

2° Par l'application, à de vastes étendues, des amendements calcaires qui ont permis :

De substituer la culture plus rémunératrice du Froment à celle du Seigle et du Sarrasin ;

De défricher des landes couvertes de bruyères et presque stériles et d'en retirer des Froments, des Trèfles et d'autres légumineuses de belle venue et de bon produit ;

3° Par le défrichement à Millau et à Saint-Affrique de terrains dits de Rougier (grès bigarrés) et, sur d'autres points, de terrains dits de Causse (calcaires oolithiques), dont la mise en valeur dispendieuse a été rendue possible par la production assez lucrative du fromage de Roquefort.

La production du Froment a augmenté, mais la consommation a aussi augmenté.

Des populations nourries autrefois de Châtaignes et de

pain de Seigle et buvant de l'eau et un peu de cidre, substituent de plus en plus, à cette alimentation insuffisante, le pain de Froment et le vin.

C'est l'état longtemps prospère de l'agriculture pastorale qui a permis d'améliorer le sol et les races d'animaux, et, en même temps, d'augmenter les forces et la santé de la population.

3° *L'élevage, l'engraissement et les produits divers des animaux domestiques. — Race bovine.* — La race bovine, qui a son centre d'élevage dans le département de l'Aveyron, est la race d'Aubrac : elle peuple presque entièrement les étables de la région ; néanmoins, l'arrondissement de Villefranche paraît accorder une préférence marquée à la race de Salers.

De grands troupeaux de vaches, dont la plus grande partie a passé l'hiver dans l'arrondissement de Rodez, se dirigent vers la montagne aussitôt que la neige n'est plus à craindre, et c'est là que naît le jeune veau d'Aubrac qui doit devenir si rustique et si apte au travail.

Il passera les six mois qui suivent sa naissance en plein air, nuit et jour, et exposé à toutes les intempéries. Il n'aura pas même tout le lait de sa mère, dont une grande partie est employée à la fabrication du fromage dit de Laguiole, qui forme la première qualité des fromages d'Auvergne.

En octobre, le veau d'Aubrac est vendu à la descente de la montagne et acheté comme animal de croît.

Le bœuf de race d'Aubrac travaille jusqu'à l'âge de huit ou neuf ans et est engraissé ensuite. Les bœufs gras les plus beaux sont consommés à Paris et dans le bas Languedoc ; les produits plus ordinaires ne sortent pas de la région.

J'aurai à revenir, sur ce sujet, en traitant la 5ᵉ question du questionnaire de M. le Ministre. Je me borne à dire ici que le département de l'Aveyron produit et vend, en fait d'animaux de la race bovine :

1° Les veaux et les animaux de croît provenant des montagnes de l'arrondissement d'Espalion. La prospérité de cette production existerait encore, sans des intempéries qui n'ont rien de commun avec le sujet que nous avons à traiter.

2° Les bœufs gras exportés donnent, en ce moment, un produit encore rémunérateur : je ne m'occupe pas, quant à présent, d'importations qui jettent un grand trouble parmi les éleveurs du département.

3° Les veaux gras, destinés à la boucherie, naissent dans les étables de cultivateurs qui trouvent généralement plus avantageux de repeupler leurs troupeaux au moyen d'animaux nés sur la montagne. Ils vendent leurs veaux gras à l'âge de trois mois, et, pour un prix souvent inférieur à celui qu'ils en retirent, ils achètent de jeunes animaux, maigres, mais plus âgés et plus développés.

La région de Montpellier, Nîmes, Béziers, etc., achète les veaux gras de l'Aveyron ; mais la concurrence du bétail italien frappe déjà ces produits d'une certaine dépréciation.

Nous reviendrons sur ce sujet, à l'occasion des porcs gras, dont la mévente, cette année, sur les marchés de l'Aveyron, a été un véritable désastre.

Race ovine. — La production du fromage de Roquefort donne le produit encore rémunérateur de la race ovine dans l'Aveyron.

Mais, si le produit principal, le fromage, se vend encore assez bien, les produits accessoires se vendent de moins en moins.

La brebis du Larzac produit l'agneau qui est égorgé très-jeune et expédié tout écorché à Montpellier ou à Cette.

C'est la peau de cet agneau qui restait à Millau et fournissait à la mégisserie et à la ganterie la matière première qui leur était nécessaire.

Depuis que les Etats-Unis ont fermé leurs frontières à

la ganterie et aux produits de la tannerie française, le commerce de Millau tend à s'amoindrir.

Comme produit accessoire de la race ovine, je ne dois pas omettre la laine, dont la dépréciation est générale en France, par suite des importations d'Australie.

Race porcine. — Toute une région montagneuse de l'Aveyron, dite Ségala, produisant autrefois du Seigle, des Châtaignes et du Sarrasin, a transformé son agriculture aussitôt que l'amélioration des voies de communication a rendu possible le transport des amendements calcaires.

Avec l'introduction de la chaux dans le sol, la lande a presque entièrement disparu ; les terres à Seigle de vieille culture sont devenues des terres à Froment et à Trèfle, et un assolement assez régulier a été adopté, ayant pour bases principales la culture de la Pomme de terre, du Froment, et du Trèfle fauché ou pâturé. De plus, la partie la plus déclive du sol a dû rester abandonnée soit aux bois, soit aux châtaigneraies.

Cette région exportait des veaux gras et surtout des porcs gras.

Les jeunes porcs, gardés dans les châtaigneraies et les bois, consommaient les nombreuses Châtaignes perdues dans les Bruyères, les Glands et les Faînes, et allaient pâturer dans les champs de Trèfle. Quand le moment de l'engraissement était venu, ils consommaient les Pommes de terre, les Châtaignes et un peu de grain.

Les cantons viticoles du département, et surtout les départements de l'Aude, de l'Hérault et du Gard, achetaient ces porcs gras à un prix assez rémunérateur.

Cette année, les cantons viticoles de Marcillac, Conques, etc., ont très-peu acheté de porcs gras ; mais la vente des lards et des jambons d'Amérique y a été très-considérable.

Les départements de l'Hérault et du Gard ont acheté beaucoup moins et à des prix très-bas, parce que les porcs d'Italie ont afflué sur les marchés de cette région.

Je ne fais, pour le moment, que constater ces faits.

4° *Production des plantes industrielles : Vigne, Colza, Mûrier.* — Le département de l'Aveyron a subi, à ses deux extrémités opposées, les premières attaques du phylloxera, qui commence à attaquer le canton de Nant, voisin du Gard et de l'Hérault, et celui de Villeneuve, voisin du Lot. Le mal n'est pas encore considérable.

La culture du Mûrier a presque entièrement disparu.

Le Colza est de moins en moins cultivé depuis l'introduction des huiles de pétrole.

5° *Production forestière.* — Les merrains se vendent mal, depuis la maladie de la Vigne.

Les mines d'Aubin et de Decazeville continuent à acheter les boisages qui leur sont nécessaires, mais les travaux n'ont pas une très-grande activité.

6° *Industries agricoles.* — J'ai déjà parlé de la fabrication des fromages de Laguiole et de Roquefort.

7° *Outillage agricole.* — Cet outillage est de plus en plus perfectionné. La charrue Dombasle, les herses Valcourt et Howard, les moissonneuses et faucheuses, en nombre de plus en plus considérable, témoignent des efforts effectués pour obtenir un bon travail, tout en diminuant les frais de main-d'œuvre.

8° *Engrais commerciaux.* — Les phosphates du Lot et de l'Aveyron sont employés à faire disparaître les dernières landes.

9° *Le nombre de bras employés à l'agriculture et le prix de la main-d'œuvre.* — L'émigration avec esprit de retour est dans les habitudes des populations de la partie la plus élevée de l'arrondissement d'Espalion. Quatre ou cinq cantons fournissent, depuis longtemps, à Paris, les porteurs d'eau, les charbonniers au détail et une assez grande quantité de cochers de fiacre. Cette émigration est peu préjudiciable à une région de pâturages, où un nombre restreint de pâtres, dits *Cantalés*, suffisent à la garde des troupeaux de vaches et à la fabrication du fromage.

Mais, sur d'autres points du département, l'émigration des ouvriers d'élite vers les départements du Gard, de l'Hérault et de l'Aude, occasionne la rareté et par suite le renchérissement de la main-d'œuvre agricole.

A cette cause, il faut en joindre une autre plus importante encore, c'est la concurrence que les bassins houillers et industriels de Carmaux, dans le Tarn, et d'Aubin et Decazeville, dans l'Aveyron, font à la main-d'œuvre agricole.

Une partie des travaux de la métallurgie, ainsi que les travaux des mines de charbon à ciel-ouvert, peuvent être effectués par de simples terrassiers.

Ces travaux pénibles et très-souvent dangereux sont largement rétribués, et il n'y a pas de concurrence possible pour l'agriculture. Je reviendrai sur ce sujet à l'occasion de l'inégalité de traitement que les nouveaux tarifs douaniers proposent à la sanction des Chambres.

10° *Les impôts fonciers et autres qui grèvent la propriété.* — Les derniers dégrèvements accordés ou proposés favorisent beaucoup plus l'industrie manufacturière que l'industrie agricole, qui n'a guère profité que du dégrèvement sur la petite vitesse. Ce sujet comporterait de bien grands développements et je ne dois pas oublier que l'enquête, dans laquelle j'apporte ma déposition, est relative à la question des Traités de commerce. Ayant l'intention, sur la question principale, de conclure à l'égalité de traitement entre l'agriculture et l'industrie, je considère que ces dégrèvements devraient porter parallèlement sur les impôts qui frappent les deux grandes branches de la production nationale. Je ne vois pas de raison plausible, en ce qui me concerne, pour dégrever cette année les petites patentes, en laissant subsister les petites cotes foncières.

La question des droits d'enregistrement et de mutation, la péréquation de l'impôt, les octrois, etc., seraient autant de sujets à traiter ici.

11° *La viabilité, les transports et les débouchés.* — La

viabilité a fait d'immenses progrès, mais que de progrès encore restent à réaliser !

L'Etat, les départements et les communes ont beaucoup entrepris pour compléter notre outillage de moyens de transports. Il n'est pas possible de demander d'entreprendre plus pour le moment : nous pensons même que l'immensité de la tâche entreprise comportera un laps de temps et des moyens d'action plus considérables qu'on ne paraît le croire. Aussi, en présence de travaux nécessaires, nous demandons que la question de priorité d'exécution soit étudiée avec soin, en tenant compte des véritables besoins de l'agriculture et de l'industrie.

En attendant la création de cet outillage nouveau, nous demandons la mise en œuvre et l'utilisation moins arbitraire de l'outillage existant.

Faut-il parler ici de la question des tarifs? Faut-il citer telle nature de produits de la région que j'habite, que la Compagnie du Midi transporte à 80 centimes, tandis que la Compagnie d'Orléans porte à 60 centimes, et la Compagnie Lyon-Méditerranée tarife à 30 centimes seulement? Nos porcs gras de l'Aveyron passent par Aurillac, Clermont, Arvant, etc., pour disputer les marchés de Montpellier et de Nîmes aux produits similaires italiens, venant de Bologne à Marseille. Nos grandes Compagnies usufruitières de nos chemins de fer peuvent-elles user du matériel national au détriment des produits nationaux, sans même tenir compte des garanties d'intérêts que l'Etat ajoute à leur capital? Les canaux si favorables aux transports agricoles doivent-ils être rendus arbitrairement inutiles par la Compagnie du Midi au détriment du Sud-Ouest? J'indique seulement ces grandes questions.

Réponse sommaire à la question n° 5 de M. le Ministre et
conclusions.

En répondant sommairement au questionnaire adressé

au nom de la Société nationale d'agriculture, j'ai énoncé les points de fait suivants, relatifs à l'état de l'agriculture dans le département de l'Aveyron, avant et après l'année 1861 :

1° La période comprise entre les années 1861 et 1873, ou 1874 environ, a été, pour le département de l'Aveyron, une période de progrès et de prospérité. La preuve en résulte :

De la capitalisation du sol, qui a augmenté dans une proportion considérable ;

De l'utilisation et de la mise en valeur du sol, car dans cette période les landes ont presque disparu et d'autres terrains, en nature de mauvaises pâtures, sont devenus des terres arables ;

De l'amélioration du sol par le drainage, les irrigations, l'application des amendements calcaires, etc., etc.

Le sol a donc augmenté en valeur vénale, en étendue productive, et aussi, je vais le dire, en valeur productive.

2° Pendant la même période, les produits agricoles ont été plus nombreux et de plus grande valeur que pendant la période antérieure :

Les terres à Seigle sont devenues, dans la proportion des deux tiers au moins, des terres à Froment.

La culture des Trèfles, des autres légumineuses et l'adoption d'un outillage perfectionné ont donné naissance à des prairies artificielles nombreuses et à des races d'animaux très-améliorées.

3° Enfin, je ne crois pas sortir de mon sujet en disant que les populations agricoles sont, aujourd'hui, mieux logées, mieux vêtues et mieux nourries que dans la période antérieure à 1861. J'ajouterai qu'elles sont aussi plus instruites et que la partie qui reste attachée au sol et ne suit pas le courant de l'émigration vers les villes est, au moins, aussi morale que par le passé.

A quelles causes faut-il attribuer cet état de prospérité et de progrès? Aux Traités de commerce incontestablement et à l'amélioration des voies de communication, ces deux grandes causes de richesse se complétant l'une par l'autre.

La région viticole de l'Aude, de l'Hérault et du Gard, spécialisant pendant longtemps son agriculture, n'aurait pas recherché nos animaux gras, si elle avait manqué de débouchés et de moyens de transports pour vendre avantageusement ses vins, soit sur le marché intérieur, soit à l'extérieur.

Paris n'aurait pas acheté nos produits d'élite, si la Normandie et les départements du Nord n'avaient vu s'ouvrir devant eux le marché anglais pour acheter leurs produits agricoles de toutes sortes.

Les fromages de Laguiole et de Roquefort n'auraient pu être de plus en plus demandés, les derniers surtout, si l'étranger n'en avait acheté une grande partie.

Enfin, les cultivateurs de l'Aveyron n'auraient pu améliorer ou constituer même à l'état de sol arable, drainé, défoncé et amendé, les landes et les autres terrains peu productifs, s'ils n'avaient pas trouvé, dans les ventes de leurs premiers produits, les encouragements et le capital nécessaires à leurs améliorations.

Je ne parle pas de l'augmentation de la consommation locale, pourtant très-importante pendant longtemps : les mégissiers et gantiers de Millau, dont l'industrie était connexe à celle du fromage de Roquefort, ainsi que je l'ai expliqué, gagnaient de gros salaires tant que le marché américain leur a été ouvert, et ils consommaient en conséquence.

Pour épuiser ce sujet, il faudrait montrer le chaulage du sol, suivant pas à pas les progrès du réseau vicinal et l'avance de capitaux de cette opération, si nécessaire à une grande partie du sol aveyronnais, obtenue au moyen de ventes avantageuses d'animaux dans le Languedoc.

Il me suffit d'avoir indiqué le progrès et la prospérité agricole, marchant pendant la période de 1861 à 1874 environ, parallèlement avec les progrès du commerce extérieur et des voies de communication.

Il me reste à parler de la période qui a suivi les années 1872 ou 1874 et je n'aurai plus qu'à conclure.

La période nouvelle, qui date de ces dernières années, semble marquer un temps d'arrêt des plus alarmants dans la prospérité agricole de l'Aveyron.

Je ne parle que pour mémoire du fait agricole le plus ancien : la mévente des laines. Par sa situation, l'Aveyron qui, sur ses plateaux calcaires, nourrit de nombreux animaux de race ovine, dont une partie seulement est à bonne portée des caves pour produire le fromage de Roquefort, a été au moins aussi gravement atteint dans ses intérêts que le reste de la France. L'élevage du mouton dans ces régions ne pourrait être guère remplacé par tout autre moyen de mise en valeur.

Les publications agricoles et les enquêtes officielles ou officieuses, relatives aux traités de commerce, expriment les craintes les plus motivées au sujet des importations du bétail étranger.

Les doléances de l'agriculture aveyrounaise portent, malheureusement, non sur des craintes plus ou moins fondées, mais sur des faits économiques actuellement réalisés.

Une vaste région de ce département tire son meilleur revenu de l'élevage et de l'engraissement du porc. Elle a soutenu pendant longtemps et non sans succès, la concurrence du bétail italien et notamment des importations de porcs gras embarqués à Livourne. Ce sont précisément les marchés de Provence et du Bas-Languedoc que ces produits étrangers viennent encombrer, et il ne faut pas croire que ces importations soient sans grande importance, car le chiffre pour l'année 1876, s'est élevé, d'après M. de Meaux, ancien ministre de l'agriculture et du commerce, à la somme de 46 ou de 48 millions. Nous avons résisté, tant bien que mal, à ces importations; mais l'introduction en France des lards et des jambons américains a constitué cette année un véritable désastre pour notre agriculture. Pour ne parler que de notre marché local, je dois dire que les vignerons de Marcillac et de Conques, les mineurs d'Aubin et de Decazeville, et les artisans des villes qui, chaque année, achetaient et préparaient un ou deux porcs gras, paraissent avoir renoncé cette année à cette habitude pour acheter des lards et des jambons importés des Etats-Unis d'Amérique. Cette même nation, cette année, nous empêche de tirer parti des quelques excédants de Blé que nous aurions pu vendre à un prix plus rémunérateur. Depuis quelques années déjà, la tannerie, la mégisserie et la ganterie, qui faisaient des affaires considérables avec l'Amérique, se sont vu fermer les marchés des Etats-Unis.

Je n'insiste que sur des désastres actuellement réalisés et je ne veux pas parler des craintes qu'occasionnent à notre agriculture les importations de bœufs vivants.

J'ai hâte de conclure.

Conclusion. — Je suis de ceux qui considèrent les traités inaugurés, en 1860, comme un événement heureux pour notre agriculture et pour notre industrie nationales. Sans demander si les négociateurs de ces traités eurent raison d'ouvrir la porte aux produits étrangers sans ménager une période de transition, je n'ai à voir, pour le moment, que ce fait économique : dans la période de 1861 à 1874, il est entré en France plus d'argent étranger qu'il n'est sorti d'argent français. L'affaire a donc été bonne et les chiffres le démontrent mieux que les raisonnements les plus subtils.

Mais la situation n'est plus la même aujourd'hui, les forces économiques des nations concurrentes ne sont plus dans le même rapport, et, si les mêmes négociateurs avaient à traiter aujourd'hui, ils auraient, sans doute, à se demander si une situation nouvelle ne leur impose pas de plus grandes précautions.

Faut-il croire que les souffrances actuelles de l'agriculture résultent de causes temporaires, conséquences d'intempéries et de mauvaises récoltes? Sans doute, ces causes existent: elles prendront fin et se reproduiront périodiquement. Mais les causes permanentes existent aussi et sont assez graves pour éveiller toute la sollicitude du législateur.

Au milieu de l'émotion générale provoquée parmi les industriels et parmi les agriculteurs par l'expiration des traités de commerce, la nécessité s'impose aujourd'hui de tenir la balance égale entre tous les intérêts.

Or, le nouveau tarif général proposé à la sanction du Parlement consacre, à mon sens, une regrettable inégalité de traitement entre l'industrie agricole et l'industrie manufacturière.

Ce tarif propose des droits d'entrée protecteurs de 25 et de 30 pour 100 en faveur des industries du coton, du lin, de la laine, etc., et tend, au contraire, à supprimer presque entièrement les droits sur les produits agricoles étrangers, venant en concurrence sur notre marché avec les produits français.

Rien ne justifie cette inégalité de traitement.

Rien n'autorise à frapper 18,000,000 d'agriculteurs français à la fois comme producteurs et comme consommateurs, en les obligeant à vendre moins cher leurs produits et à acheter plus cher les produits de l'industrie nécessaires à leurs vêtements, à leurs cultures, etc., etc.

Le problème de la vie à bon marché, pour le plus grand nombre, ne peut pas être résolu sans le concours des agriculteurs, mais il ne saurait aussi être résolu à l'encontre de leurs intérêts.

L'égalité de traitement entre les diverses branches de la production nationale; voilà, à mon avis, la vérité économique.

Cette harmonie, qui crée la richesse, ne saurait être acquise en plaçant, d'un côté, une industrie protégée outre mesure et, de l'autre, une agriculture supportant tout le poids, non-seulement de la concurrence étrangère, mais encore des principales charges publiques du pays.

Pour avoir une industrie prospère, nous dit-on, il faut non-seulement des ouvriers vivant à bon marché et des matières premières au plus bas prix possible, mais il faut encore acheter le droit d'introduire à l'étranger nos produits manufacturés en laissant entrer, en compensation, les produits naturels ou agricoles des autres nations.

Je n'insiste pas sur le peu de justesse et sur l'injustice de ce raisonnement, et je conclurai, comme premier principe, devant présider à nos relations douanières avec les nations étrangères :

1° A l'égalité de traitement entre les deux grandes branches de la production nationale : l'agriculture et l'industrie.

Un droit uniforme *ad valorem*, très-modéré, pourrait être perçu sur tous les produits étrangers, sauf quelques exceptions en faveur des matières premières qui n'ont pas de similaires sur le sol français.

2° Je demanderai également une réciprocité de traitement, aussi équitable que possible, entre les Etats contractants, de manière à ce qu'on ne voie plus, comme le département de l'Aveyron le voit malheureusement cette année, les Etats-Unis fermant leurs portes, par des tarifs prohibitifs, à de nombreux produits aveyronnais, tout en envahissant les marchés de ce département par ses salaisons, au grand détriment de l'agriculture locale.

Je ne pousserai pas plus loin cet examen. La haute compétence de la Société nationale d'agriculture me dispense de tirer les conséquences des faits économiques que j'ai signalés et que j'ai tâché de restreindre, autant que possible, au point de vue spécial à mon département.

69. — *Réponse de M. Monseignat.*

Rodez, 25 juin 1879.

1re Question. — *Division de la propriété.* — Le nombre des cotes a sensiblement augmenté, par suite de l'aisance générale des paysans qui ont la passion de la propriété territoriale. La comparaison, entre les deux époques, est facile à établir par les documents que possède l'administration des contributions directes.

2e Question. — *Production des céréales.* — L'étendue du terrain consacré aux céréales n'a pas beaucoup augmenté ; mais la production, à l'hectare, s'est élevée de 3 et peut-être de 4 hectolitres sur les terrains chaulés.

3e Question. — *Elevage, engraissement.* — L'engraissement est à peu près ce qu'il était ; l'élevage a fait des progrès sensibles, par suite de la plus grande étendue des Trèfles et des Luzernes.

4e Question. — *Production des plantes industrielles.* — Peu de culture de plantes industrielles. La situation, à cet égard, ne s'est guère modifiée depuis vingt ans.

5e Question. — *Production forestière.* — Peu de changements. Quelques modestes essais de semis d'arbres verts.

6e Question. — *Les industries agricoles.* — Pas de nouvelles industries agricoles. Augmentation considérable des fromageries produisant le Roquefort.

7e Question. — *L'outillage agricole.* — L'outillage agricole s'est perfectionné. Non-seulement les charrues à versoirs dominent, mais les faucheuses, les moissonneuses, les machines à battre se sont multipliées rapidement. Sans se répandre beaucoup, le drainage est pratiqué.

8e Question. — *Emploi des engrais commerciaux.* — L'emploi des engrais commerciaux est fort restreint. Pas de modifications sensibles dans le traitement des fumiers.

9e Question. — *Le nombre des bras employés.* — Impossible de déterminer la différence qui peut exister entre le nombre de bras employés avant 1861, et aujourd'hui. Le chiffre doit être, approximativement, le même. Pour le prix de la main-d'œuvre, il a beaucoup augmenté. Les salaires des ouvriers de ferme sont, peut-être, un tiers plus élevés qu'ils ne l'étaient il y a vingt ans. Peu de journaliers; en dehors des domestiques à l'année, on n'en trouvera bientôt plus un seul.

11ᵉ Question. — *Viabilité, transports, débouchés.* — La viabilité s'est améliorée. Paris est un nouveau débouché pour plusieurs de nos produits, pour nos bestiaux gras, notamment; mais les prix de transport, par chemin de fer, sont exorbitants.

Il est difficile de déterminer l'influence de la législation concernant les grains sur la situation présente. Mais, ce qu'on peut dire, c'est que sous le régime créé avant 1861, l'agriculture n'avait pas trop à se plaindre. Le prix des céréales s'était maintenu, en moyenne, à un taux assez élevé, et, dans nos pays d'élève, le prix des animaux allant toujours en augmentant, était arrivé à des chiffres très-satisfaisants pour les éleveurs.

Au milieu de cette prospérité relative, une panique a, soudainement, éclaté. Nous avions eu, en 1878, une assez pauvre récolte en céréales, et, malgré cela, le prix du Blé n'a pas augmenté. Pourquoi? Il y a eu baisse sur les prix des laines, des animaux de boucherie. Pourquoi? Et chacun de répondre : la cause de ces méventes est dans les arrivages d'Amérique de grains et de graisses qui nous font une concurrence désastreuse. Le plus grand nombre demande que, le mal nous venant de l'Amérique, on ferme au plus vite les barrières aux produits du dehors. D'autres se demandent si nous devons, tant que cela, redouter la liberté. Nous connaissons les prix auxquels nous arrivent les Blés et les bestiaux d'Amérique. Ces prix seront-ils toujours les mêmes? Ne pourrions-nous pas lutter, dans une certaine limite, si nos terres qui ne produisent guère, en moyenne, que 12 à 14 hectolitres à l'hectare, arrivaient, par une culture mieux entendue, à un rendement de 20 à 30 hectolitres? Si nos prairies naturelles qui donnent, en moyenne, 3,000 kilog. à l'hectare, en produisaient 5,000 et 6,000 ?

Le gouvernement seul, qui peut consulter les renseignements reçus de toutes les parties du territoire, aura la faculté de résoudre ces questions.

DÉPARTEMENT DU CANTAL.

70. — *Réponse de M. Sarrauste de Menthière.*

Nèpes, le 26 mai 1879.

1° La division de la propriété suit une marche continue qui me paraît être la conséquence obligée des partages de famille, et non de la législation sur le commerce des produits agricoles et des traités.

Le mouvement de division, très-prononcé dans les pays voisins où le morcellement est peu ou point nuisible à la culture, est enrayé dans nos pays montagneux, grâce à la faculté laissée au père de famille de précipuer un de ses enfants et à cause de l'avantage évident, on peut dire de la nécessité absolue, des étendues relativement vastes pour la culture pastorale.

2° La culture des céréales, secondaire dans nos pays, a subi peu de variations. Cependant, les surfaces ensemencées ont été réduites et les terres susceptibles d'être gazonnées, l'ont été. Pour celles qui ont dû rester en état de culture, quelques agriculteurs alternent de plus en plus les céréales avec les récoltes fourragères : Trèfles, Sainfoins, etc. Mais ce mouvement est encore lent à se produire, et il serait difficile de préciser l'époque à laquelle il a commencé. Le prix des céréales étant resté stationnaire, tandis que les frais de culture ont peut-être plus que doublé, il est évident que toute législation, ayant pour effet de maintenir cet état de choses, ne peut que nuire à la production à ce point de vue spécial, sans que l'on puisse prétendre, dans le Cantal, à une compensation par suite de cultures perfectionnées.

Du reste, je l'ai déjà dit, la production des céréales est et doit être secondaire dans nos pays montagneux. Le climat, la configuration du sol s'opposent à ce que l'on puisse s'adonner avec profit à cette culture, autrement que comme culture accessoire et obligée, ne pouvant être utilement remplacée dans la rotation d'un assolement quel qu'il soit.

3° L'élevage et les produits des animaux domestiques sont la principale ressource du département du Cantal.

Cette branche de production a subi des modifications notables et une plus value considérable. Mais ces modifications ont été, jusqu'à ces derniers temps, lentes et progressives. Il paraît difficile de leur fixer une date précise et de les attribuer à une loi, à un traité de commerce, autrement que par des effets indirects.

Il n'en est peut-être pas de même aujourd'hui. Le bas prix persistant de la race porcine, qui ruine à peu près complétement cette branche de production, paraît résulter évidemment des lois qui permettent l'introduction, en France, des viandes salées d'Amérique en franchise ou à des taux qui leur permettent d'arriver dans les plus petits villages, et d'être vendues à des prix qui ne peuvent redouter aucune concurrence.

La race bovine, elle-même, subit en ce moment, dans les foires et marchés, une dépréciation qui est attribuée généralement à l'entrée ou à la menace d'entrée en France d'animaux vivants de la même provenance, et que les progrès de la navigation permettent d'introduire en quantités

et à des prix tels que toute concurrence serait également
impossible.

On peut évaluer au quart, la baisse subie depuis six mois
par les animaux adultes de la race bovine.

Pour les animaux jeunes et dont le développement n'est
pas entier, la baisse est beaucoup plus considérable et peut
s'évaluer au tiers ou aux deux cinquièmes. Il est, de plus,
à remarquer que la vente est fort difficile et presque
nulle pour les jeunes bêtes, même à bas prix. Ce qui tendrait à prouver que le commerce ne veut tenter d'affaires
qu'à courte échéance et qu'il repousse toute affaire dans
laquelle il faudrait attendre le bénéfice.

Cette dépréciation, qui frapperait d'une manière absolue
et donnerait le coup de mort à l'agriculture pastorale du
Cantal et de tous les pays d'élevage, si elle s'aggravait ou
se prolongeait, pourrait bien être la conséquence de la
crainte que cause aux éleveurs la concurrence des animaux d'Amérique.

Et, en effet, si la concurrence ouverte par les traités de
commerce a été, jusqu'à ce jour, sans effets nuisibles, si
elle n'a été que bienfaisante, tant que ces traités n'ont
pu amener, en France, que les animaux de pays limitrophes et similaires au point de vue de la densité de la
population, de la constitution de la propriété et de toutes
les causes constitutrices de l'état agricole et commercial;
il ne pouvait pas en être de même lorsque, par suite des
progrès de la navigation, par suite des causes variées qui
demandent un long temps pour se produire, la France
allait être mise en concurrence avec ces contrées d'Amérique où la propriété n'a pas de limites, où les animaux
domestiques ne coûtent guère plus à faire naître et à élever,
que ne coûtent, en France, le gibier et les animaux à l'état
sauvage.

4° La production des plantes industrielles, très-secondaire dans le département du Cantal, n'a pas subi de
variations notables.

5° La production forestière est en progrès. Les bois de Chêne et de Hêtre ont trouvé un débouché important et en même temps des moyens de transport dans les chemins de fer. La fabrication des traverses a donné une activité très-grande, peut-être même exagérée, au point de vue de l'avenir, à l'écoulement de ces bois.

D'un autre côté, les bois de Chêne qui se dirigeaient en flottant vers Bordeaux et les pays vinicoles, travaillés en bois merrains, ont perdu ce débouché depuis l'année 1861.

Le commerce des bois merrains est à peu près anéanti dans le Cantal, par suite de la concurrence des bois étrangers qui, à dater de cette époque, sont arrivés en masse dans le port de Bordeaux.

6° Les industries agricoles sont représentées, dans le Cantal, par la fromagerie.

Cette industrie, toute rudimentaire et encore à l'état primitif, quoique en progrès, est prospère et ne paraît pas avoir été atteinte par les lois sur le libre-échange.

7° L'outillage agricole est en voie de progrès, mais ces progrès sont lents. La configuration du sol, ses déclivités, ses aspérités, qui font des surfaces planes et unies de rares exceptions, rendront toujours très-difficile l'emploi de plusieurs machines et de celles qui, dans nos pays, pourraient rendre les plus grands services à l'agriculture, telles que faucheuses, moissonneuses, faneuses, râteaux, etc. Elles rendront encore plus difficile l'emploi de la vapeur comme moteur des instruments perfectionnés.

Le drainage et les irrigations sont pratiqués de longue date, dans le Cantal, avec intelligence et habileté.

Il ne me paraît pas possible de rattacher ce chapitre à aucun des effets directs des lois sur la liberté du commerce.

Il en est de même des améliorations agricoles, et notamment de l'emploi du chaulage qui, grâce aux facilités de transport, commence à se pratiquer sur une grande échelle.

8° L'emploi des engrais commerciaux est à peu près nul. La grande quantité de fumier d'étable produite dans le Cantal, considérable relativement au peu d'étendue des surfaces cultivées, suffit largement aux besoins de la culture, dont les bénéfices ne payeraient probablement pas les engrais commerciaux arrivant surabondamment.

9° Le nombre des bras employés à l'agriculture n'a pas varié et ne peut guère varier dans un pays où la culture est et doit être pastorale.

L'émigration prend les bras surabondants, et, malgré des plaintes nombreuses et peu réfléchies, elle est un bienfait pour le pays, dans lequel elle apporte des capitaux.

Le prix de la main-d'œuvre a subi l'augmentation générale, c'est-à-dire qu'il a doublé, suivant la loi naturelle qui doit maintenir l'équilibre entre le prix des produits et celui de la main-d'œuvre.

Ce prix pourrait-il diminuer sans de grandes secousses, dans le cas où, par suite de l'application des principes du libre-échange, la valeur des produits agricoles diminuerait? Je ne le pense pas.

L'équilibre serait alors rompu et il ne pourrait pas se rétablir, sans doute, sans des luttes désastreuses ou la ruine du pays.

Je ne vous parle pas des pays pauvres, où l'équilibre est déjà rompu, et où le sol ne peut être aujourd'hui cultivé que par de pauvres fermiers qui ne peuvent vivre qu'à la condition d'employer, sans le payer, le travail de leur nombreuse famille.

Pour changer cet état de choses, il faudrait des capitaux ; mais les capitaux fuient de plus en plus les placements à longs termes, ceux dans lesquels il faut attendre longtemps les bénéfices.

10° Les impôts qui frappent la propriété ont augmenté, depuis l'année 1861, d'une manière notable.

Centimes communaux et départementaux, impôts sur les

voitures et chevaux, sont des charges nouvelles ou considérablement augmentées.

Les impôts tendent de plus en plus à faire du propriétaire un pauvre fermier de l'Etat.

Aussi voyons-nous les capitaux s'éloigner du sol. L'argent surabonde, les établissements de crédit public en regorgent, quelles que soient les causes qui, autrefois, l'en éloignaient ; mais la propriété n'acquiert pas de valeur.

11° La viabilité est en voie de progrès ; mais ces progrès sont-ils en rapport avec les sacrifices que s'impose le pays, avec les immenses ressources dont disposent l'Etat ou les communes ? Je ne le pense pas.

Il serait facile, je crois, d'établir que tous les travaux faits en régie par l'Etat, soit pour son compte, soit pour le compte des départements et des communes, coûtent beaucoup plus cher que ceux faits par les entreprises particulières.

Je crois avoir répondu à toutes les questions posées dans la lettre du 30 avril, même à celle portant le n° 5 de la lettre de M. le Ministre, et je l'ai fait sur votre demande.

Il me reste, sur cette dernière question, à conclure en disant que je crois que si les principes du libre-échange, considérés d'une manière abstraite, sont absolument vrais, il faut admettre dans l'application, et sous peine de changer en cause de ruine une source de bien-être, de nombreux tempéraments basés sur la différence de constitution, au point de vue de la propriété et de la production, des divers pays avec lesquels la France a et doit avoir des relations commerciales.

---

71. — *Réponse de M. Rames.*

Mai 1879.

Il est un point de départ obligé. Il faut d'abord, et avant tout, affirmer un fait.

C'est que les traités de commerce en vigueur, depuis dix-huit ans, ont été pour notre département, pour nos contrées de pâturages, une bonne fortune et une source de profits.

Ils ont donné un essor nouveau et une grande plus-value à notre production spéciale.

Cependant pour éviter toute exagération, il convient peut-être de réduire cette affirmation à des termes moins absolus, ou du moins de la présenter sous une autre forme.

A cet effet nous dirons :

Notre agriculture est entrée, depuis une période de plusieurs années, dans une voie d'incontestables progrès.

Toutes nos denrées d'exportation ont acquis une sensible plus-value, et le revenu net du pays s'est accru dans de notables proportions.

Nous sommes, avant tout, des éleveurs de bétail, de bêtes à cornes d'abord, de moutons en second lieu.

Le prix de vente de ces animaux s'est considérablement accru.

Nous sommes encore des fabricants et vendeurs de fromage.

Nous avons vu dans une période de quinze ans, leur prix s'élever de 40 à 60 francs, et notre industrie fromagère a suivi la même marche ascendante que l'élève du bétail.

Si nous la plaçons au second rang, c'est uniquement parce qu'elle est renfermée dans des limites plus étroites et réduite à des proportions bien plus restreintes.

Sur 260 communes que compte le Cantal, il n'en est que 100 qui possèdent des montagnes et des vacheries, tandis que l'élevage des races bovines et ovines embrasse toute la superficie de notre territoire.

Cet élevage constitue notre principale industrie agricole, il alimente notre commerce d'exportation et nous lui devons la meilleure part de notre revenu net.

Le pays cultive des céréales, mais il les consomme et au-delà.

Il élève et engraisse des porcs, mais en quantité insuffisante et il lui faut demander un supplément à l'extérieur, aux départements voisins; tout comme pour sa provision de vin et autres denrées qui complètent son alimentation.

Répétons-le, nos grandes industries agricoles sont en progrès et on ne saurait trop applaudir à cette heureuse transformation que nous avons vue s'accomplir depuis peu.

Tous en profitent et à tous les degrés.

Le propriétaire, par une augmentation de revenu, et s'il était possible de faire une statistique exacte, on arriverait, suivant toutes les probabilités, à établir que le prix des baux s'est élevé d'au moins 20 pour 100.

Nos fermiers s'enrichissent ou peuvent s'enrichir ; ils font de grosses affaires, ils sont devenus des personnages importants ; ils vont bon train et font grande figure sur nos champs de foire et marchés, qu'ils suivent avec une assiduité exagérée.

La population rurale toute entière, depuis les bouviers grands et vachers jusqu'aux derniers pâtres ou simples bergères, a pu participer au progrès de la fortune publique.

Le personnel de nos fermes a profité d'un accroissement de salaire plus notable et plus rapide encore que tout le reste.

De même pour les ouvriers, manouvriers, artisans attachés indirectement aux travaux agricoles.

Et la population toute entière du pays, sans exception, a bénéficié du nouvel état de choses et de la prospérité rurale ; car dans nos contrées, il n'y a que l'agriculture et en dehors seulement, des industries accessoires, secondaires et sans grande importance.

Telle a été, depuis quelque années, la marche des choses, marche que n'ont pu arrêter ni les désastres de la guerre, ni les troubles intérieurs.

Accroissement de la fortune publique, plus-value considérable de notre production, tel est le bilan de cette période.

Le cheptel du pays a presque doublé de valeur et ses produits annuels ont progressé à l'unisson. On trouve la preuve de ce fait à tous les renouvellements de baux, toutes les fois qu'à raison de l'entrée d'un nouveau fermier il y a lieu de procéder à un exit.

Nous pourrions citer cent exemples; prenons un des plus saillants :

Le fermier d'une des grandes fermes des environs d'Aurillac va, dit-on, se retirer après une longue gestion, et c'est là, de sa part, une spéculation qui ne peut être que très-lucrative. Il veut réaliser, en terminant sa carrière, le *coup du cheptel*; c'est là, aujourd'hui, l'expression usuelle et consacrée.

Il sait que les vaches qu'il a prises à son entrée pour le prix de 200 francs environ, seront estimées le double, soit 400 francs, et tout le reste du troupeau à l'avenant.

Il compte sur un bénéfice net de 25,000 francs et l'on reconnaît que ses calculs ne sont pas exagérés.

Il est probable, cependant, que lors de son entrée dans la propriété, le cheptel qu'il y prit des mains d'un agriculteur éminent et distingué, avait une valeur intrinsèque comme poids, comme qualité, au moins égale à celle d'aujourd'hui; cette valeur étant restée la même, la valeur vénale, d'après les cours nouveaux, a presque doublé.

Et de même pour tout, notre agriculture est en progrès.

Notre capital en animaux, le cheptel du pays a acquis une plus-value considérable et les profits annuels ont progressé dans la même proportion.

Ces résultats, on peut les attribuer, pour une part, à la facilité nouvelle des communications, à l'ouverture d'un chemin de fer à travers nos contrées montagneuses, au renchérissement général des denrées, quoiqu'il y en ait beaucoup, notamment les grains, dont les prix sont restés stationnaires.

Mais une notable part ne doit-elle pas être attribuée aussi à l'extension de notre marché dont le rayon a décuplé? A l'ouverture de nouveaux débouchés, conséquences des traités de commerce? Et à ces conséquences directes est venue se joindre l'influence exercée sur les départements voisins dont les cultures diffèrent entièrement des nôtres.

Le Cantal est une enclave dans les contrées de culture viticole.

De quelque côté que l'on sorte, par le Puy-de-Dôme, la Corrèze, le Lot, on trouve la Vigne à proximité. Or, il est un fait constant : les traités de commerce ont enrichi les départements qui produisent le vin.

Ils ont paralysé ou atténué du moins, les funestes effets du fléau dévastateur qui sévit aujourd'hui.

Le Cantal a indirectement profité et dans une large part, de la nouvelle richesse de ses voisins.

Quand le vin va chez eux, tout va chez nous.

Cet accroissement de richesse se traduit toujours par un fait inévitable : une augmentation de la consommation de la viande. C'est le premier effet produit, le nombre des boucheries s'accroît avec la prospérité d'une contrée.

Dans les départements méridionaux qui nous avoisinent, la population ne consommait, il y a quelques années, de la viande fraîche qu'accidentellement et de loin en loin.

Aujourd'hui elle va régulièrement chez le boucher deux fois la semaine.

La ration moyenne par habitant s'est élevée dans des proportions sensibles.

Conséquence de ce fait, le prix moyen de l'hectolitre de vin s'est élevé de 20 à 40 francs.

De là une grande impulsion donnée à l'élevage et à l'engraissement.

Si du Midi nous remontons au Nord, nous constaterons certainement des faits analogues.

A la suite des traités de commerce, la consommation de la viande, en Angleterre, s'est accrue dans d'énormes proportions ; elle a atteint par an et par tête d'habitant, un taux inconnu dans le passé.

Malheureusement, les données statistiques certaines nous font défaut et il nous est impossible de préciser. Toujours est-il qu'il n'est pas contesté que, depuis les traités de commerce, la consommation de la viande s'est considérablement accrue en Angleterre ; que le supplément de ration qu'il a fallu à cette grande ogresse, elle a dû le demander à la France, aux provinces de France à proximité, à la Normandie, à la Bretagne ; que là un vide s'est nécessairement produit, vide que les provinces limitrophes des premières, l'Anjou, le Poitou ont été appelées à combler ; et de proche en proche l'action s'est fait sentir jusque chez nous.

De là encore le renchérissement de prix, une plus-value de nos races bovines et ovines.

Tels sont les faits du passé ; faits constants et certains, et si l'on en tenait exclusivement compte on arriverait à conclure :

Qu'il y a lieu de renouveler purement et simplement les traités de commerce qui ont évidemment contribué à notre nouvelle fortune ;

De maintenir un régime qui nous a enrichis pendant plus de quinze années, régime qui a pu nuire à d'autres industries et léser d'autres intérêts, mais qui, pour nous, éléveurs de bétail, de bêtes à cornes et de moutons, fabricants de fromage et de beurre, a été une source de bénéfices.

Il y a peu de temps encore, le *statu quo* ne paraissait pas discutable et l'on pouvait croire qu'il n'y aurait qu'à le maintenir le plus longtemps possible, dans les mêmes conditions ou à peu près.

Lorsque tout à coup un grand cri d'alarme a retenti.

Aux avantages du passé on a opposé des craintes effrayantes pour l'avenir.

On a fait voir à l'horizon une formidable invasion : l'invasion du bétail américain. C'était d'abord par les frigorifiques que la viande de cette provenance devait nous arriver toute dépecée et prête à mettre dans la marmite ou sur le gril, parfaitement fraîche et conservée dans la glace, comme les envois de Chevet ou Potel et Chabot.

Cette première menace s'est évanouie ; il n'en est plus question aujourd'hui. Le seul *Frigorifique* mis à flot a sombré en pleine Seine, dans l'intérieur même de Paris, et on n'entend plus dire qu'il soit question d'en fréter à nouveau.

Après l'importation de la viande à la glace on a signalé, comme un péril encore plus grand pour nous, l'importation des animaux vivants.

L'invasion des *armadas* de bêtes à cornes.

On a montré les grands ports de l'Angleterre couverts de gros bâtiments bondés à la cale, de Blé, et couverts sur le pont de bandes de bœufs.

Dans le courant de l'année dernière, il en serait arrivé près de cent mille !

C'est là, en effet, une sérieuse et très-sérieuse menace, il ne faut pas se le dissimuler. La concurrence du Blé américain a porté un coup mortel à notre production nationale ; la culture des céréales est devenue, chez nous, un métier de dupe !

Si l'importation du bétail de même provenance jouait le même tour à notre principale industrie, qui est l'élevage, notre sort ne serait pas meilleur ; les heureux résultats que nous avons pu signaler dans le cours des dernières années, seraient bientôt évanouis, et à l'abondance succéderaient bientôt la gêne et la ruine.

C'est là une question des plus graves qui mérite un examen consciencieux et approfondi.

En l'abordant on se trouve en présence de ce dilemme :

D'une part, si les craintes que l'on fait entrevoir sont fondées, il faudrait d'urgence prendre toutes les mesures pour repousser une invasion désastreuse, sacrifier les avantages qu'ont pu nous procurer les traités de commerce, rompre ces traités et leur substituer des tarifs qui pourraient être modifiés à courte échéance et suivant les circonstances.

Si, au contraire, ces craintes étaient chimériques, on aurait, en brisant les conventions en vigueur, sacrifié en pure perte les avantages qui résultent nécessairement des marchés à long terme. On aurait inévitablement provoqué des représailles, on se serait fermé des débouchés actuellement ouverts, on aurait ramené notre marché à ses anciennes limites, on aurait imprudemment aliéné une source abondante de profits considérables.

Tels sont les deux écueils à redouter.

Examinons : C'est dans une réunion tenue récemment au *Grand-Hôtel*, à Paris, et à laquelle assistaient un grand nombre de délégués des associations agricoles de France, qu'a été posée la question. Et sa gravité explique suffisamment l'animation passionnée de l'assistance.

C'est là qu'a été faite la déclaration de guerre au libre-échange; c'est là que la condamnation des traités de commerce a été prononcée, en projet toutefois.

Toutes les questions qui s'y rattachent ont été examinées en détail et étudiées par les hommes les plus compétents.

Le compte-rendu de ces séances constitue un traité complet sur la matière.

A la lecture de ce compte-rendu, il est une première impression dont on ne peut se défendre; elle est provoquée par l'exagération évidente, criante, qui a présidé à ce congrès agricole.

Exagération qui surprend chez de véritables agriculteurs, gens calmes et rassis d'habitude.

La première séance a été ouverte par des phrases telles que celles-ci : « L'agriculture française marche à sa ruine!...

La population rurale toute entière va être réduite à la misère!... De toutes part se font entendre des cris de détresse! les travaux vont être suspendus, les champs abandonnés; notre sol, le sol de la France, va être envahi par les ronces et les bêtes sauvages. » (*Textuel*).

Voilà l'exorde de cette grave discussion qui a eu, avec raison, un grand retentissement.

Evidemment, de pareils écarts de parole et de pensée préviennent défavorablement et jettent la suspicion sur tout le reste.

Evidemment la France dépeinte dans ce sombre tableau n'est pas la France que nous connaissons, la véritable France.

De pareilles exagérations sont capables de nuire à la meilleure des causes.

Après cet étrange début, la discussion du Grand-Hôtel a suivi son cours.

Lorsqu'on l'a lue jusqu'au bout, il est une première remarque que l'on doit nécessairement faire, c'est qu'elle a été presque exclusivement relative à la question du Blé.

C'est là presque le seul sujet traité.

La déplorable situation de la culture des céréales en France, dans les conditions que lui fait la concurrence étrangère, les moyens de remédier au mal, tel a été l'unique problème agité, et les griefs les plus sérieux, il faut le reconnaître, ont été formulés.

L'Amérique, a-t-on affirmé, et ce fait n'a pas été contredit, peut produire 400 millions de quintaux métriques de Blé, alors que la France ne peut en produire que cent.

Ces Blés peuvent être livrés sur place au prix de 7 francs les 100 kilog., et ce bas prix s'explique par la fertilité exceptionnelle du sol; par le prix infime et presque négatif de la location de la terre; —il y a là des espaces immenses et illimités qui sont presque gratuitement à la disposition de la culture; —par l'absence complète de toute charge publique, ces grandes étendues n'étant grevées d'aucune contribution, ces Blés peuvent être amenés sur les côtes sans frais considérables, embarqués et apportés dans nos ports à bon marché.

Somme toute, mis sur wagon au Havre, ils peuvent être livrés à raison de 18 à 20 francs.

La culture française, au contraire, après avoir supporté les charges obligées et payé tous les frais, ne peut les fournir qu'au taux de 20 à 25 francs,

Il lui faut ce minimum pour acquitter l'impôt, le loyer de la terre et le salaire des travailleurs, pour pouvoir ajouter les deux bouts.

Telle est la situation, elle est des plus graves, et cette menace pour l'avenir est déjà réalisée en partie.

Il faut le reconnaître, ce problème doit dominer tous les autres.

L'agriculture est la grande industrie qui a pour but l'alimentation publique. Trois bases principales constituent cette alimentation : le pain, la viande, le vin.

Le pain d'abord et, en première ligne. Il serait déplorable qu'il ne pût être obtenu qu'en réduisant, sinon à la famine, du moins à la détresse ceux qui le produisent.

Leur venir en aide est un devoir pour la généralité; il ne saurait y avoir de dissentiment sur ce point et ce prétendu antagonisme qu'on a dit exister entre les populations agricoles et les populations industrielles ne saurait intervenir pour mettre obstacle à d'aussi légitimes revendications.

C'est animée de ce sentiment, que la réunion du *Grand-Hôtel* a clos ses séances, en émettant à l'unanimité un vœu; vœu qui doit obtenir l'adhésion générale, vœu tendant à l'établissement d'un droit d'entrée de 5 francs par 100 kilog. sur les Blés de provenance étrangère; satisfaction serait ainsi donnée à de sérieux et légitimes intérêts.

Intérêts très-graves, très-respectables, sacrés même.

Mais enfin, il faut en venir à nos affaires, ces intérêts ne sont pas les nôtres.

Nos contrées de culture pastorale, d'élevage, n'ont aucun

profit à tirer de l'adoption de semblables mesures ; bien plus, si elles ne consultaient que leur égoïsme, elles pourraient s'y opposer.

Nous ne pouvons produire le grain nécessaire à notre consommation ; il nous faut demander un supplément à l'extérieur.

Nous tirerions bénéfice de l'abaissement de prix des céréales, et si nous ne demandons pas à le faire, c'est uniquement par esprit d'équité ; il importe que cela soit bien entendu.

Nous l'avons dit, l'assemblée des délégués des Comices tenue au Grand-Hôtel ne s'est guère préoccupée que d'une question, la question des Blés.

La discussion a porté principalement sur ce point, la situation de la culture des céréales, et sur les moyens de remédier à cette situation.

Ces moyens, l'échelle mobile, les taxes à l'entrée, ont été l'objet d'un examen détaillé et approfondi ; toutes les solutions ont été proposées et discutées et cette discussion a rempli toutes les séances.

De nos intérêts à nous, pays d'élevage, il n'a été que peu ou pas question.

Le danger que pourrait nous faire courir l'introduction sur une grande échelle du bétail américain, a bien été signalé, mais les faits allégués sur ce point n'ont pas été affirmés avec précision ; ils ont été relégués sur le dernier plan et aucun document authentique n'a été fourni à l'appui.

Et lorsqu'un membre de l'assistance est venu proposer l'établissement d'un droit d'entrée par chaque tête de bétail importé, cette proposition n'a pas été prise en considération.

Tout cela porterait à douter de la gravité ou du moins de l'imminence du péril.

Sans contredit si nous étions menacés, à courte échéance, de cette grande invasion de bêtes à cornes, qu'on nous fait appréhender, les conséquences de cette concurrence auraient été signalées avec insistance. Comme pour les grains on eût fourni des chiffres précis, des documents certains ; comme pour les grains on eût proposé des remèdes au mal, des prohibitions ou tout au moins des taxes à l'entrée.

Au lieu de tout cela, rien !

Rien, en dehors de la condamnation en principe des traités de commerce, de la substitution des tarifs à courte échéance, aux conventions à long terme.

Rien en dehors de la taxe de 3 francs sur l'entrée des Blés étrangers, qui a été la seule conclusion pratique de toutes ces délibérations et la seule conséquence de toute l'agitation provoquée.

En dehors cependant, il y a là, il faut le reconnaître, un problème de la plus haute gravité pour nous et qui demande, de notre part, un très-sérieux examen.

Une solution ne saurait être proposée avant d'avoir recueilli tous les documents, contrôlé des assertions contradictoires et bien établi l'exactitude des faits avancés.

Ainsi que nous l'avons dit, la rupture des traités de commerce peut, d'un côté, nous fermer de vastes débouchés et ramener notre marché à ses anciennes limites.

De l'autre, leur maintien peut favoriser l'invasion du bétail étranger qui ferait subir à notre production principale (l'élevage) le même sort que l'entrée des grains étrangers aux producteurs de céréales.

Là est le grand point, le point qui doit nous préoccuper par-dessus tout et sur lequel nous devons demander que la lumière se fasse.

Le péril peut être très-sérieux ; déjà un premier avertissement nous a été donné dans le cours de l'hiver dernier, par l'introduction en masse des lards américains.

Cette introduction s'est faite sur la plus grande échelle et avec une surprenante rapidité : des dépôts ont été établis dans presque toutes les communes rurales, dans les régions les plus éloignées, alors que trois mois auparavant on n'avait aucun soupçon de cette concurrence nouvelle et subite à notre production indigène.

Ces lards étaient de qualité inférieure ; ils ont été vendus à bas prix, mais ils se sont écoulés avec facilité et ont entraîné sur nos marchés, une baisse sensible et générale.

Le mal n'a pas été grand pour nous, on peut même se demander s'il y a eu du mal, question qui se ramène à celle-ci : Chez nous, à l'endroit de cet article spécial, le lard, l'intérêt du consommateur ne doit-il pas primer celui du producteur ?

Le Cantal engraisse beaucoup de porcs, mais il les consomme ; il les mange et il lui faut même demander un supplément aux départements voisins.

Les salaisons de porcs, les produits laitiers, le pain de seigle et quelques légumes, voilà toute l'alimentation de nos populations rurales.

Et l'intérêt de ces populations est d'obtenir aux meilleures conditions possibles ce qui constitue sa nourriture usuelle, son pain quotidien, comme aussi de vendre aux meilleurs prix les choses qui sont envoyées au dehors, qui constituent son commerce d'exportation et qui font son revenu net.

Mais toujours est-il qu'on doit voir dans cette invasion subite, imprévue et générale, des lards d'Amérique, un avertissement très-grave et qui doit donner l'éveil.

Si le même fait pouvait se produire à l'endroit de nos races bovines et ovines, les effets seraient désastreux pour nous.

Si les grands marchés de France, celui de Paris, notamment, étaient envahis par le bétail américain, notre agriculture par contre-coup, en recevrait une atteinte mortelle. Notre grande industrie, l'élevage, serait compromise et le plus net de notre revenu s'en irait en fumée.

Ces craintes sont-elles fondées ? En présence des assertions qui ont été produites, il est impossible de répondre en parfaite connaissance de cause.

D'un côté, il est allégué que ce sont là des exagérations

grossières, mises en avant pour venir en aide à une cause
qui n'est pas la nôtre ;

Que ces importations en masse, de bétail vivant, à travers l'Atlantique ne sont pas pratiquement possibles, et que
les essais tentés récemment n'ont pas abouti ou n'ont abouti
qu'à des résultats économiques fâcheux pour leurs auteurs,
que ces tentatives ne seront pas renouvelées.

Et ce qui semblerait donner de la consistance à cette assertion, c'est le peu d'importance qui a été donnée à cette
question si grave pour nous, dans les retentissantes discussions qui ont eu lieu ; la question du Blé ayant absorbé
toute l'attention et provoqué toute l'agitation faite, celle de
l'importation du bétail n'ayant été qu'incidemment traitée
et reléguée dans un coin comme un détail sans grand intérêt.

D'autre part, cependant, des faits ayant une signification
des plus graves ont été avancés.

Ainsi, dans une séance toute récente de la Société nationale d'agriculture de France (15 février 1879), un membre
(M. Bella) a présenté un tableau de la situation actuelle de
l'agriculture en France, où l'on peut lire les passages suivants :

« La viande, dont on recommande d'accroître la production, n'échappe pas à la loi commune, c'est par milliers
que l'Amérique expédie chaque jour la viande de porc en
Europe et en France ; il en ressort une dépréciation très-
sensible de cette matière alimentaire ; c'est par milliers
aussi que l'Allemagne nous envoie chaque semaine ses
bœufs et ses moutons.

« Ce n'est pas tout, l'Amérique, ce pays des grandes
terres, et favorables aux machines, a trouvé le moyen de
faire voyager sans encombre, ses bestiaux vivants à travers
l'Atlantique ; elle surmonte ses cargaisons ordinaires de
doubles ponts chargés d'animaux qui se vendent à des conditions avantageuses et ont fait baisser les prix de la viande,
en Angleterre, d'un penny la livre.

« Voyez les états de douane.

« Ils constatent que de 1878 à 1879 les importations de matières alimentaires ont grandi de 50 pour 100.

« Je reconnais, du reste, que la souffrance n'est pas égale pour toutes les portions de la France.

« Elle est moins grande dans les pays à pâturages, comme la Normandie, la Bretagne, la Flandre, le Nivernais, etc.

« Malheureusement on ne peut pas étendre partout le domaine de l'herbage. Il faut des terrains favorables, des conditions climatériques spéciales, analogues à celles des pays océaniens. »

Tels sont les faits avancés devant un auditoire d'hommes d'élite, de savants distingués et d'agriculteurs éminents ; et il faut le dire, ils n'ont été contredits qu'en partie.

Le péril existe donc ; et la crise qui atteint la production du Blé dans d'autres contrées de la France, pourrait aussi atteindre chez nous notre production principale, qui est l'élevage du bétail.

Pour nous résumer, nous dirons : il faut d'abord reconnaître, en abordant l'examen de cette grave question, il faut d'abord, avant tout, reconnaître que, dans le passé, les traités de commerce nous ont été favorables, qu'ils ont été un bienfait pour notre agriculture en donnant à sa production spéciale une plus-value considérable, en lui permettant d'obtenir, à meilleur marché, les choses qui lui sont nécessaires, comme les fers, les produits métallurgiques et les denrées que notre sol ne peut produire.

Nous avons profité et tiré bénéfice du régime du libre-échange.

Et si nous devions nous associer à ceux qui en demandent la suppression, ce serait uniquement à raison des faits nouveaux, de circonstances imprévues que l'on assure devoir se présenter.

Le passé est pour la liberté commerciale ; l'avenir doit-il nous faire passer dans le camp de la protection ?

Telle est la question.

La solution de cette question si complexe, si obscurcie

par les assertions contradictoires, est encore rendue plus difficile pour nous par l'absence de documents certains.

Eloignés du centre, comme nous le sommes, les données précises et authentiques nous font défaut ; et tout ce que nous pouvons faire, c'est d'indiquer les points principaux sur lesquels il faudrait que la lumière se fît, d'en faire l'énumération et, en fin de compte, de dresser un questionnaire qui pourrait, sauf additions et rectifications, se présenter ainsi :

I

Le régime commercial inauguré en 1858 a été favorable à la Haute-Auvergne. Ces heureux effets ne proviennent-ils pas, pour une grande part, de la nouvelle prospérité des centres viticoles du midi de la France et notamment des départements qui nous environnent?

Est-il contestable que le libre-échange a enrichi ces contrées ?

Et, d'autre part, n'est-il pas certain que notre fortune est liée à celle de ces contrées et que lorsque le vin va bien chez elles et se vend cher, tout va bien chez nous?

Dans quelles proportions se sont élevés les prix des vins dans cette région, depuis quinze années?

II

L'ouverture des marchés étrangers, et notamment du marché anglais, à notre bétail, n'a-t-il pas aussi exercé une influence dont nous avons profité et ne doit-on pas encore lui attribuer une part dans la récente plus-value de notre bétail ?

Quel a été depuis les traités de commerce, le chiffre moyen de l'exportation du bétail français en Angleterre ?

Quelles sont les provinces de France qui ont contribué dans la plus grande mesure à cette exportation ?

L'importation des bestiaux allemands en France, qui s'est

effectuée dans le cours des dernières années, n'a-t-elle pas contrebalancé l'effet de l'exportation du bétail français en Angleterre ?

Il a été affirmé que l'Allemagne nous envoyait par milliers, chaque année, chaque semaine, ses bœufs et ses moutons. (Voir le procès-verbal de la séance de la Société nationale d'agriculture de France du 12 février 1879).

Ce fait est-il rigoureusement exact ?

III

Par une decision toute récente, mai 1879, le Parlement allemand vient de se prononcer contre la liberté commerciale et pour l'établissement de droits protecteurs modérés.

Cette détermination ne doit-elle pas exercer une influence en France, et en tout cas, ne sera-ce pas le cas d'user de légitimes représailles ?

Et si l'Allemagne repousse nos produits manufacturés, ne devra-t-on pas, par contre, exclure son bétail de nos marchés ?

IV

Reste la grande question.

Avons-nous à redouter l'invasion du bétail américain ?

Le danger est-il aussi grand qu'on a bien voulu le dire ?

Sur ce point on se trouve en présence d'assertions contradictoires. Si, d'une part, on a produit des chiffres effrayants, de l'autre ces chiffres ont été taxés d'exagération ; voir notamment l'opinion de M. Barral, secrétaire perpétuel de la Société nationale d'agriculture de France, opinion exprimée dans la séance précitée.

Et ici se présente encore une autre question.

Ce péril, s'il est réel, peut-il être entièrement conjuré ? et ne devrons-nous pas, quoi que nous fassions, en subir les conséquences ?

La France n'est pas liée avec les Etats-Unis par des traités

Enquête.   29

de commerce, elle peut, quand elle le jugera utile, fermer l'entrée de ses ports au bétail américain.

Nous ne connaissons du moins aucune stipulation qui l'en empêche.

Mais elle ne peut frapper de la même interdiction les ports anglais, les importations américaines y entreront toujours sans entraves.

L'Angleterre est entrée et persiste toujours dans la voie du libre-échange.

Ainsi que l'a dit M. Pouyer-Quertier, elle a donné son alimentation à l'entreprise, aux entreprises de l'étranger, et au nombre de ses fournisseurs de viande, figurera toujours l'Amérique, qui pourra ainsi nous enlever une grande part de notre clientèle et nous fermer un de nos plus importants débouchés.

Enfin, résumant ce dernier résumé, nous conclurons en disant :

Les traités de commerce ont été favorables au Cantal.

Une expérience de près de vingt ans (ils remontent, en effet, à 1861 et les premiers actes législatifs qui s'y rattachent datent même de 1858) a permis de les juger et d'en apprécier les effets.

Depuis cette époque, notre agriculture est entrée dans une voie de prospérité.

Nos grandes industries, l'élève du bétail et la fabrication fromagère ont largement bénéficié du nouvel état de choses.

Notre revenu net s'est accru dans de notables proportions, et si les conditions restaient les mêmes, si des circonstances nouvelles ne devaient pas les modifier dans l'avenir, si des faits imprévus et contraires à l'expérience du passé, comme l'importation du bétail américain, ne venaient pas tout changer et convertir le bien en mal, nous devrions avec empressement, sans hésitation et avec ensemble demander purement et simplement le maintien de ces traités.

De graves périls sont signalés, sont-ils fondés?

Là est toute la question.

A raison des assertions contradictoires produites, à raison du défaut de documents certains et authentiques, il est aujourd'hui impossible de la résoudre.

Il faut attendre pour se prononcer (jusqu'à ce moment la parole a été aux protectionnistes, il faut aussi entendre les partisans du libre-échange), il faut réfléchir avant de s'associer à une campagne entreprise dans l'intérêt des producteurs de Blés, dans l'intérêt, peut-être, de quelques industries qui se cachent sous le masque agricole.

Les faits du passé, une expérience de vingt ans sont une garantie et doivent nous conseiller la prudence.

Le bétail américain peut, dit-on, envahir nos marchés et écraser notre production sous le poids d'une concurrence désastreuse... Certes, c'est là une bien grave menace et qu'il faut prendre en très-sérieuse considération ; il faut examiner, avec le plus grand soin, si ce péril qu'on a signalé tout à coup et dont on ne soupçonnait pas l'existence, il y a quelques mois, n'est pas imaginaire.

Car, par contre, il y a en présence des dangers très-sérieux encore. Si de nouvelles combinaisons venaient nous fermer nos débouchés, si par représailles, les marchés de l'extérieur nous étaient fermés, si notre bétail était ramené aux anciens taux d'avant 1861, si notre production fromagère subissait la même dépréciation, si l'on allait avec notre concours, notre complicité, fermer la porte à la prospérité, qui, après une attente séculaire, a enfin pénétré dans le pays, il y aurait, avec raison un *tolle* général sur tous nos marchés, une réprobation unanime sur tous nos champs de foire et partout.

Et suivant le proverbe usuel et trivial :

« Nous aurions été chercher le bâton pour nous faire battre. »

DÉPARTEMENT DE LA CREUSE.

72. — *Réponse de M. du Miral.*

Ferme-École de la Villeneuve, 18 mai 1879

1° *Division de la propriété.*

Depuis 1861, cette division s'est continuée sans une accélération très-sensible. Ici, comme ailleurs, ce sont habituellement des agriculteurs, cultivant par eux-mêmes, qui ont remplacé, dans la possession des immeubles ruraux, les anciens propriétaires qui jouissaient par fermiers ou par colons.

Quelques grandes propriétés ont été cependant achetées par des entrepreneurs enrichis, qui ont continué l'ancien mode de jouissance, mais en réalisant des améliorations foncières généralement bien entendues.

De vastes surfaces de communaux, presque improductifs, ont été aussi, depuis la même époque, subdivisées et très-avantageusement attribuées à la propriété privée, par suite d'aliénations ou de partages ; mais le morcellement n'a été presque jamais exagéré et préjudiciable.

La transformation économique, qui s'est produite en 1861, n'a pas eu d'influence sensible sur ce mouvement territorial.

La valeur de la propriété rurale qui, sur beaucoup d'autres points, a baissé, s'est au moins maintenue dans la Marche et même augmentée ; elle se fût élevée bien davantage, si une notable partie de l'épargne n'avait été employée à l'achat de titres de Bourse.

2° *Production des céréales.*

Depuis que le département a été traversé par des chemins de fer et que le chaulage des terres est devenu possible, la production du Froment, qui était autrefois tout à fait exceptionnelle, a progressivement augmenté.

La culture des Avoines d'hiver et de printemps s'est, par la même raison, développée.

Les températures diverses qui se sont succédé pendant cette période ont eu naturellement une influence très-marquée sur les rendements annuels.

La dernière récolte de Froment, à cause des intempéries, a été extrêmement mauvaise, en qualité et quantité, et n'a pas dépassé de beauoup la moitié d'une récolte ordinaire.

Les prix, comme dans le reste de la France, sont tombés très-bas, par suite de l'importation des Blés d'Amérique. Les principaux minotiers se sont pourvus à Bordeaux, et la vente du produit indigène a été et est encore difficile.

Les conséquences préjudiciables de la libre concurrence étrangère ne se sont fait sérieusement sentir que depuis la moisson dernière.

3° *Elevage, engraissement et produits divers des animaux domestiques.*

De 1855 à la chute de l'Empire, il y avait eu une hausse progressive sur les diverses catégories d'animaux et sur leurs produits.

Le niveau qui avait été atteint au commencement de 1870 s'était rétabli vers 1874 et s'était élevé plutôt qu'abaissé, sauf des fluctuations inévitables, avant l'automne de 1877.

Jusque-là, le principal inconvénient de la concurrence extérieure pour les engraisseurs qui expédient à Paris, avait été l'irrégularité des cours qui, pour les moutons, provient de l'inégalité impossible à prévoir des apports étrangers ; irrégularité qui, quelquefois ruineuse pour le producteur, n'a jamais profité au consommateur.

Mais, depuis l'époque ci-dessus indiquée, et à partir surtout de l'automne de 1878, cette situation s'est modifiée d'une manière fâcheuse.

Une dépréciation sensible s'est produite sur les jeunes

animaux, sur les bœufs de trait, sur les bêtes grasses et particulièrement sur les porcs.

Les fromages ont aussi baissé de prix et ont eu un écoulement plus difficile.

La crise industrielle et commerciale qui, depuis cette date, n'a cessé de s'aggraver, a contribué certainement à la dépréciation que je signale ; mais la libre introduction du bétail étranger, des viandes salées du nouveau monde, des fromages d'Italie et de Suisse, y a eu aussi, à n'en pas douter, une part considérable.

4° *Production de plantes industrielles.*

Cette production est extrêmement restreinte dans la Creuse.

Le Colza et la Navette y réussissent cependant très-bien ; mais ils ne sont cultivés que sur une petite échelle, et leur culture est restée stationnaire pendant les périodes dont la comparaison est demandée. La rareté de la main-d'œuvre, et surtout la coïncidence de la récolte de ces plantes oléagineuses avec les travaux de la fenaison, sont un obstacle très-sérieux à leur extension, malgré le profit qu'elles procurent.

5° *Production forestière.*

Cette production s'est sensiblement accrue depuis que les chemins de fer en ont facilité l'écoulement.

Des semis ou des plantations d'arbres verts, d'arbres à feuilles caduques ont été pratiqués sur d'assez vastes surfaces.

Cet heureux progrès se continue ; la valeur de cette nature de produits est toujours en hausse.

6° *Industries agricoles.*

Elles sont peu nombreuses dans la Marche, à l'exception des huileries qui travaillent le Chènevis, la Navette et la

Faîne, mais dont l'installation est habituellement médiocre.

Je suis jusqu'à présent le seul qui possède une distillerie dans laquelle se traitent annuellement les produits de 16 hectares de Betteraves et 10 de Topinambours.

Il n'existe que trois fromageries à ma connaissance : celle de M. Fourot, à Evaux, qui fabrique le gruyère ; celle de M. de Montreuil, spéciale pour le Brie, et la mienne, où je fais le Hollande et le Cantal.

Des fruitières pourraient s'établir avec succès dans la portion du département où domine la race marchoise, très-bonne laitière ; le lait y est actuellement employé à faire du beurre de bonne qualité, qui s'exporte avantageusement.

7° Outillage agricole, drainage, irrigations et autres améliorations foncières.

L'amélioration la plus importante, la plus profitable, qui s'accroît rapidement chaque année, c'est le chaulage, base de tout progrès sur notre sol exclusivement granitique.

Les irrigations sont pratiquées avec intelligence, et il y a eu, sous ce rapport, de remarquables et nombreuses transformations ; le principal progrès qui reste à réaliser à cet égard, c'est l'assainissement plus complet des prairies basses et tourbeuses.

Le drainage avec des pierres est fort usité ; mais, trop fréquemment, on l'exécute à une profondeur insuffisante.

La charrue à versoir s'est, depuis quelques années, largement répandue et tend à remplacer l'ancienne *chambige* (l'araire romain) ; c'est la conséquence obligée du chaulage et de la culture des Trèfles, qui le suit.

Il en est de même de la herse.

L'outillage agricole n'est cependant complet que dans quelques exploitations ; la mienne possède, sans exception, tous les instruments perfectionnés que comporte une grande culture.

Il existe, dans le pays, beaucoup de batteuses à grand travail qui sont louées aux agriculteurs et dont l'usage se généralise chaque année.

Le fauchage des céréales a pris aussi beaucoup d'extension.

8° *Emploi des engrais commerciaux et du fumier.*

Ainsi que je l'ai déjà dit, la chaux est l'amendement le plus usité ; les phosphates sont aussi employés sur une assez grande échelle pour les défrichements de landes et l'amélioration des prés tourbeux et acides.

Tous les agriculteurs s'efforcent d'augmenter la production des fumiers : le développement de la culture du Trèfle en est le moyen le plus puissant.

La pratique des engrais verts, et notamment la culture des Lupins pour enfouissement, est fort répandue et donne les meilleurs résultats.

Les agriculteurs les plus avancés emploient, dans une assez forte proportion, surtout au début de leurs opérations, les superphosphates, les plâtres, les nitrates de soude, les sulfates d'ammoniaque, les poudrettes, le guano : c'est ce que je n'ai pas manqué de faire pour mon compte. Mon opinion personnelle est cependant que, dans une exploitation arrivée à la période normale et soumise à une rotation améliorante, la chaux rationnellement appliquée, la tourbe désacidifiée, les engrais verts, les Trèfles et les prairies temporaires composées en partie de légumineuses, suffisent habituellement, avec les fumiers proprement dits, pour dispenser de l'acquisition d'engrais commerciaux, toujours très-coûteuse et d'une efficacité fort incertaine dans les années de sécheresse ou d'humidité excessive.

9° *Nombre de bras employés à l'agriculture. Prix de la main-d'œuvre.*

L'émigration se développe chaque année et diminue le nombre des bras agricoles.

La plus grande partie des émigrants revient cependant, chaque hiver, dans ses foyers et s'occupe, dans cette saison, aux travaux d'irrigation ou d'amélioration foncière.

Le salaire des domestiques mâles à l'année a augmenté d'environ 20 pour 100 depuis 1874 ; la moyenne de leurs gages est actuellement de 400 francs ; cette progression a été encore plus sensible pour les servantes. Il est devenu bien plus difficile que par le passé de se procurer des serviteurs des deux sexes.

Cette difficulté s'est encore accrue ce printemps, et il faut prévoir qu'elle s'aggravera lorsque la construction de voies ferrées nouvelles déplacera plus de travailleurs.

Personnellement, je n'ai pas modifié, depuis plus de quinze ans, le taux de la journée de mes ouvriers agricoles, qui est en moyenne de 2 francs, sans nourriture; ils trouvent, dans mon exploitation, une régularité d'occupations et d'autres avantages peu ordinaires.

Les ouvriers d'état, comme les couvreurs, les scieurs de long, les charpentiers, les maçons, les forgerons, sont ceux dont les exigences se sont le plus accentuées.

L'alimentation, pour le personnel nourri, est devenue beaucoup plus dispendieuse. La quantité du travail obtenu n'a pas suivi la progression des salaires et l'amélioration de la nourriture.

10° *Impôts fonciers, etc.*

Les impôts de toute nature, dans la Creuse, sans compter les prestations, représentent au moins 12 pour 100 du revenu net des propriétés rurales le mieux administrées.

Je suis propriétaire dans cinq cantons de ce département, et mon appréciation mérite quelque confiance.

Ces charges s'élevaient au moins à 20 pour 100 du produit net, avant la hausse du bétail, qui a été si avantageuse pour la contrée ; mais il faut dire qu'à cette époque, si le produit brut était moindre, les impôts, et surtout les salaires, étaient moins élevés.

11° Viabilité. Transports. Débouchés.

La viabilité s'est énormément améliorée et ne laissera plus guère à désirer, lorsque le réseau complémentaire des voies ferrées aura été exécuté.

Sur les routes de terre, les rampes, à cause de la configuration du sol, sont souvent assez longues et fortes ; mais l'écoulement des eaux est facile et l'entretien peu dispendieux, à cause de l'excellence des matériaux.

Les débouchés pour les produits sont abondants : il y a, dans le département et les départements voisins, des foires importantes, en quantité plus que suffisante.

La distance des marchés de Paris, Bordeaux, Clermont, Saint-Etienne, n'a rien d'excessif ; mais nous éprouvons un préjudice notable du tarif par *tête*, adopté par la compagnie d'Orléans pour le transport des animaux gras.

Nos bêtes grasses, nos moutons particulièrement, sont de qualité supérieure ; mais nos races, à cause de notre sol granitique, sont petites, et il serait juste qu'elles fussent tarifées au poids, comme elles le sont sur d'autres réseaux.

En ce qui concerne la question n° 5, posée par M. le ministre, voici mon opinion dégagée de tout intérêt personnel, de toute préoccupation politique ou doctrinale.

Je ne suis pas, en principe, opposé aux traités de commerce ; je ne crois pas qu'on puisse y renoncer : ce sont uniquement les clauses qu'ils renferment qui les rendent, suivant les cas, préjudiciables ou favorables.

La législation sur le commerce de la boucherie et de la boulangerie, malgré d'assez nombreux abus, n'a eu qu'une influence très-secondaire sur la situation présente, mais il n'en est pas de même de celle sur les grains ; il est incontestable que si le tarif qui leur est applicable à leur introduction avait été plus élevé, l'avilissement des produits indigènes de la dernière récolte eût été moindre.

Le préjudice qui en est résulté, pour l'agriculture fran-

çaise, est-il seulement accidentel et ne doit-il plus se reproduire ?

Je ne crois pas qu'on puisse sérieusement le soutenir, devant la progression aussi certaine que rapide de la production du froment en Amérique.

Même alors que le prix de revient du blé, dans ce pays,
ne serait pas, comme cela paraît cependant démontré, de
beaucoup inférieur au prix de revient en France, il y aura
toujours pour lui nécessité de déverser sur le marché européen, et au moins en partie sur le marché français,
l'excédant de sa production sur sa consommation, excédant qui ne peut que s'accroître, surtout si nous continuons
à lui réserver un accueil aussi favorable.

Cette concurrence, absolument inévitable, sauf des cas
tout à fait exceptionnels, sera donc fatalement, si on n'y
met aucun obstacle, une cause permanente de dépréciation
pour le produit national.

L'élévation du tarif actuel, dans la proportion indiquée
par la Société des agriculteurs de France et par la presque
totalité des sociétés départementales, ne la supprimerait
pas, mais en atténuerait utilement la portée préjudiciable
pour notre agriculture.

Le Trésor y trouverait aussi une source de revenus qui ne
serait pas à dédaigner.

En admettant que le prix du Blé en fût habituellement
relevé d'environ 2 francs par hectolitre, comparativement à
celui que la libre importation aurait établi, cette différence
serait loin d'être sans importance pour les producteurs qui
ne consomment pas la totalité de leur récolte, tandis qu'elle
ne causerait au consommateur qu'une surélévation de prix
insignifiante.

La consommation moyenne du Blé est en effet, par tête,
de 2 hectolitres ; la surélévation produite par cette mesure
ne serait donc que de 4 francs par an pour chaque non-
producteur, ou à peu près un centime par jour.

Mais n'est-il pas de toute évidence que, pour le plus grand

nombre des ouvriers, des industriels, des commerçants, il
y aurait, par suite de la plus-value de la production agricole, des compensations et des avantages de natures diverses, tout autrement importants.

On ne saurait donc raisonnablement prétendre que ce
changement de tarif, si modéré et en réalité si insensible,
compromettrait, à un degré quelconque, l'alimentation des
masses et devrait, à ce titre, être repoussé par les pouvoirs
publics.

Cette objection n'est que l'écho d'un préjugé, sans fondement : un souvenir d'une époque déjà reculée, pendant
laquelle le pain, nourriture presque exclusive des populations, manquait quelquefois et subissait d'énormes écarts de
prix.

Je pourrais ajouter que la boulangerie ne ferait pas payer
le pain moins cher, si l'entrée libre était maintenue.

J'ai acquitté, les jours derniers, la facture de mon boulanger ; le pain y est porté, depuis le commencement de la
présente année, à 40 centimes le kilog., comme à l'époque
où je vendais 25 fr. l'hectolitre le Froment, qui ne vaut
actuellement que 19 fr.

Cette mesure est d'ailleurs la seule qui puisse être prise
pour donner, aux justes plaintes de l'agriculture, une satisfaction immédiate et positive.

Vainement affirme-t-on qu'il vaudrait mieux pour elle
avoir une main-d'œuvre plus abondante et moins chère
qu'une petite surélévation du prix du Blé; qui pourrait le
contester, mais comment y parvenir?

Alors que l'industrie souffre peut-être plus que l'agriculture, qu'elle diminue sa production, que ses salaires sont
réduits, que les grèves éclatent de toutes parts, serait-il
juste, sensé, opportun, praticable de supprimer ou de
restreindre une protection industrielle qui, pour le moment au moins, est loin d'être exagérée, d'amener la
suppression, la fermeture d'un grand nombre d'établissements, d'ateliers, et de généraliser la misère ? Serait-ce le

moyen d'assurer l'écoulement de nos produits ? Comment une semblable énormité pourrait-elle espérer l'adhésion du gouvernement et des Chambres?

Aucun des autres moyens de soulager l'agriculture, mis en avant par ceux qui, se cantonnant dans une doctrine de liberté absolue et inflexible, repoussent la protection modérée, mais nécessaire, que nous demandons, ne saurait résister à un examen un peu attentif et ne mérite une discussion approfondie.

Comment admettre, pour ne citer que cet exemple, que dans notre France, où la grande propriété n'est que l'exception, où les climats humides n'occupent pas la majeure partie du territoire, où les héritages sont trop souvent morcelés, on puisse substituer, comme par enchantement, le système de la culture anglaise, par la prairie et le pâturage, à celui qui, sans reposer exclusivement sur la production des céréales, leur réserve cependant une part importante et nécessaire?

Comment vouloir, comment espérer que nos petits propriétaires, si nombreux, qui ont, dans l'ensemble de notre production, une part prépondérante, veuillent ou puissent presque immédiatement changer leur mode d'exploitation et engager témérairement, dans une transformation dont l'avantage final est peut-être contestable, des capitaux qu'ils ne possèdent pas toujours ?

J'aborde maintenant l'indication des moyens qui me semblent de nature à favoriser les progrès et la prospérité de notre agriculture.

Ils sont d'ordre législatif, d'ordre gouvernemental, ou purement agricoles.

Législativement. — Il faudrait : 1° établir, dans des conditions modérées et bien étudiées, les tarifs de douane réclamés par les Sociétés d'agriculture. Cette mesure n'aurait que des avantages et n'apporterait aucune perturbation dans notre commerce extérieur. Quel motif raisonnable pourrions-nous avoir d'accorder à l'Amérique, qui frappe nos produits de droits exorbitants, une immunité sans réciprocité et sans compensations ? 2° Appliquer une plus grande partie des ressources budgétaires et spécialement celles qui résulteraient du relèvement des tarifs de douane, soit à des dégrèvements de la propriété rurale, soit à des dépenses d'une utilité agricole générale ou équitablement réparties. 3° Opérer dans nos codes les modifications nécessaires pour l'organisation d'un crédit agricole efficace. 4° Réduire la durée du service militaire au minimum exigé pour notre sécurité et notre honneur, de manière à diminuer, dans la mesure du possible, le nombre des bras enlevés par l'armée aux travaux agricoles. 5° Modifier la législation sur les biens communaux pour en faciliter l'aliénation et le partage. 6° Supprimer le n° 24 de l'art. 46 de la loi du 19 août 1871, sur les Conseils généraux, qui donne à ces assemblées le droit de statuer *souverainement* sur l'établissement des foires, et arrêter législativement le tableau général des foires de France, dont le nombre, depuis quelques années, s'est abusivement accru, dans l'intérêt unique des cabarets, au grand préjudice de l'agriculture.

Dans l'ordre gouvernemental. — Il conviendrait de : 1° favoriser la création, par les agriculteurs eux-mêmes, mais avec le concours des agents du gouvernement, de banques agricoles organisées suivant le système que j'ai formulé dans la commission supérieure de l'enquête agricole, et qui avait obtenu l'adhésion de la sous-commission chargée de son examen.

2° Favoriser également, par les mêmes moyens, la création d'une assurance mutuelle, embrassant la totalité du territoire, et s'appliquant non-seulement à l'incendie, mais aussi à la grêle et à la mortalité du bétail.

3° Augmenter l'importance et le nombre des allocations et des encouragements pour les reboisements, les irrigations, la création des prairies naturelles, la fondation de nouveaux comices.

4° Élargir la mesure qui met à la disposition des cultivateurs les travailleurs militaires pour la fenaison et la moisson, et l'étendre aux ensemencements du printemps, du 15 mars au 15 avril, aux récoltes et ensemencements d'automne, du 10 au 31 octobre.

5° Développer l'instruction agricole des populations rurales par l'enseignement primaire, les conférences, la publication et la distribution de livres ou Mémoires applicables à la région, la création de fermes-écoles dans les départements qui en manquent; des subventions, dans les mêmes départements, à l'exploitation privée qui, par sa marche, son assolement, ses exemples, mériterait le mieux le nom de ferme-modèle et dont le chef, d'une expérience notoire, s'engagerait à tenir une comptabilité régulière, ouverte à ceux qui voudraient la consulter, et à publier chaque année le compte rendu de ses travaux et de leurs résultats.

Je n'ajoute pas ici la création d'une station agronomique qui, dans mon opinion, avec une dépense égale, ne rendrait pas les mêmes services.

Moyens purement agricoles. — Voici les points sur lesquels, dans mon opinion, devrait se concentrer, quant à présent, l'action de nos sociétés centrales, des sociétés départementales, des comices, de la presse agricole, des concours, etc.

Extension de la prairie permanente irriguée, suppression de la pâture sauvage, quand elle est possible, et son remplacement par les pâtures semées sur les terres labourables. Création de prairies temporaires de courte durée, fauchables ou pâturables, dans les contrées où les Sainfoins et les Luzernes n'ont pas un succès assuré.

Culture du Maïs-fourrage où elle n'est pas pratiquée, et du Topinambour là où la Betterave ne peut être avantageusement cultivée.

Développement partout de la pratique des engrais verts, des labours profonds, des semis en lignes.

Adoption, pour chaque région, d'assolements améliorants

et appropriés au climat, au sol et aux circonstances économiques.

Invention et propagation : 1° D'un hache-paille capable de diviser économiquement les Maïs destinés à l'en-
silage et pouvant être mis en mouvement par un cheval
seul ou une paire de vaches. — 2° D'une presse à fourrage
solide, d'un prix peu élevé, produisant une compression
égale à celle de machines plus coûteuses, et pouvant être
manœuvrée par deux hommes seulement. — 3° D'un semoir
à bon marché et à toutes graines, susceptible d'être conduit
par un cheval ou par deux vaches.

La plupart des idées que je viens d'indiquer n'ont pas
besoin de développement pour les hommes si compétents
auxquels j'ai l'honneur de les soumettre. Il me paraît cependant utile d'ajouter, à ce qui précède, quelques considérations qui, je l'espère, ne sembleront pas déplacées.

Les intérêts que nous devons principalement sauvegarder,
les progrès que nous devons plus particulièrement souhaiter
sont, dans mon opinion, ceux de la moyenne et surtout de
la petite culture, dont la prépondérance, chez nous, s'accentue chaque jour davantage.

C'est cette grande catégorie, la plus nombreuse, la plus
intéressante, qu'il importe avant tout de protéger, d'aider,
d'instruire. Lorsque le progrès y aura largement pénétré,
sa cause sera définitivement gagnée.

C'est à ce point de vue que je me suis placé, lorsque j'ai
proposé, dans le temps, mon système de crédit agricole, et
que j'indique aujourd'hui l'utilité d'une grande compagnie
mutuelle d'assurances, pour tous les risques dont souffrent
plus cruellement la moyenne et la petite propriété.

Le concours de l'Etat, par la coopération de ses agents,
est indispensable pour assurer le succès de ces deux institutions si nécessaires.

En ce qui concerne les assurances, mon système en cen-
tuplerait l'usage et en réduirait, de plus de moitié, les frais,
tout en donnant, pour certains risques : la grêle et la mor-

talité du bétail, une sécurité qui n'existe pas aujourd'hui.

Il n'attribue à l'Etat aucun monopole ; il ne viole, à aucun degré, la liberté de l'industrie et ne détruit pas plus les sociétés d'assurances qui existent déjà et réalisent de si énormes bénéfices qu'on ne porte aujourd'hui atteinte à la liberté des banques, en faisant recouvrer des traites par les employés de la poste.

Relativement au crédit agricole, c'est un véritable rêve que d'espérer le voir fonctionner sérieusement, utilement, sans une modification législative et le patronage de l'Etat.

Le statu quo à cet égard, c'est inévitablement l'impuissance et le néant. Je me borne à renvoyer à la collection de l'enquête agricole, pour l'exposé de mon projet.

Un dernier mot au sujet de la protection dont j'ai essayé de démontrer les avantages et l'innocuité.

Le libre-échange, que je crois vrai en principe, n'est pas un dogme inviolable ; il a déjà reçu, en 1861, d'indéniables tempéraments, par les droits accordés à nos diverses industries. S'ils ne l'ont pas été alors à l'agriculture, c'est que le besoin ne s'en faisait pas sentir.

Mais, depuis, la situation a été profondément changée.

C'est ce changement qui a modifié mes convictions personnelles.

Lorsque j'ai présidé l'enquête agricole dans l'Indre, dans la Vienne, dans la Creuse, j'ai cru, de très-bonne foi, que la production du Froment, en France, dépasserait habituellement nos besoins et que nous devions devenir une nation d'exportation de céréales, bien plus que d'importation.

Je ne prévoyais pas non plus alors les développements de la production américaine, et l'abaissement si considérable qui s'est réalisé dans les frais de transport.

A nouveaux faits, solution nouvelle. C'est ma conviction profonde que notre agriculture a besoin de remèdes prompts et énergiques, mais que, loin d'être condamnée à déchoir, elle peut non-seulement être sauvée, mais même prendre un essor nouveau, si nous savons conserver, à l'intérieur, l'ordre, et, à l'extérieur, la paix.

Je n'ai pas la prétention d'avoir indiqué tous les moyens de salut ; mais je crois fermement à l'efficacité, à des degrés divers, de ceux que j'ai formulés.

Propriétaire dans trois départements : la Creuse, le Puy-de-Dôme, l'Allier, de nombreux domaines, dont les uns sont soumis à ma culture directe, dont les autres sont cultivés à colonage ou affermés ; directeur, depuis vingt-cinq ans, d'une vaste ferme-école pour laquelle j'ai obtenu la prime d'honneur spéciale ; ancien président de conseil général ; ancien député et rapporteur des budgets ; ancien avocat général ; ancien avocat et conseil de plusieurs ministères, je serais inexcusable si les mesures à la demande desquelles je m'associe, ou dont je prends l'initiative, étaient dénuées d'utilité ou contraires aux règles fondamentales de notre droit et de notre administration.

DÉPARTEMENT DU LOT.

73. — *Réponse de M. Célarié.*

Le Montat, le 22 mai 1879.

1° Dans le département du Lot, et plus spécialement dans l'arrondissement de Cahors, la propriété tend à se diviser de plus en plus ; le mouvement a commencé vers 1855, mais il a surtout pris en 1865 une extension qui s'accroît tous les jours. Les causes de ce parcellement sont la valeur considérable donnée aux terres par la culture du Tabac et par la culture de la Vigne, et l'aisance qu'elles produisent dans notre pays. Le petit propriétaire pouvant disposer, grâce aux bénéfices qu'il en retire, de quelques capitaux, les a employés à l'achat de terrains, dont les prix de plus en plus élevés ont encouragé le moyen propriétaire à en faire la vente. Ce dernier s'est décidé d'autant plus facilement à se dessaisir de ses terres, que les bras pour les cultiver sont devenus plus rares et que les prix des fermages sont loin d'être en rapport avec les prix de vente. Dans la partie de la plaine du Lot qui avoisine Cahors, à 15 kilomètres en amont et à 15 kilomètres en aval, l'hectare coûte de 15,000 à 25,000 francs et ne s'afferme que de 300 à 400 francs : un domaine de 50 hectares, situé sur le plateau, a une valeur moyenne de 150,000 francs et s'afferme tout au plus 2,000 francs, quand on trouve à l'affermer.

2° Depuis 1855, le nombre d'hectares consacrés à la production du Blé a diminué d'une manière considérable et progressive ; la Vigne a remplacé le Blé dans une proportion qu'on peut évaluer aujourd'hui à 25 pour 100 et, ainsi que nous venons de l'expliquer, cette modification a eu une grande influence sur le morcellement. Cette diminution de la surface occupée par les céréales n'en a guère diminué la production, parce qu'une grande partie de ces terres ont été améliorées par la culture du Tabac et que, grâce à l'augmentation croissante des fourrages, toutes peuvent recevoir des fumures plus abondantes. Je dois ajouter que les céréales n'ont jamais été pour le Lot une denrée d'exportation : elles suffisent à peu près à la consommation locale.

3° L'élevage est aujourd'hui à peu près ce qu'il était avant 1860 : la race ovine connue sous le nom de race du Causse du Lot fournit des animaux très-rustiques, sobres, qui sont la fortune des terrains maigres dépendant du Causse ou plateau calcaire ; la race chevaline de Gramat fournit d'excellents chevaux de cavalerie légère, dont les concours hippiques ont mis en lumière, depuis quelques années, les remarquables qualités ; l'élevage des porcs s'est accru depuis quelques années ; on n'a jamais élevé que peu d'animaux de l'espèce bovine.

Depuis 1855, surtout, l'engraissement est en grand progrès ; beaucoup de propriétaires, qui alors n'engraissaient pas de bœufs, en engraissent aujourd'hui une ou deux paires ; dans la vallée du Lot, il y a peu de tout petits propriétaires qui n'engraissent pas trois ou quatre brebis et leurs agneaux ; dans presque chaque ménage, on engraisse un porc pour la provision de la maison et quelquefois un autre pour la vente. Cette industrie a été en perte cette année, par suite de l'abaissement des cours provoqué par l'intro-duction des viandes américaines.

4° Trois plantes principales, dont l'importance est très-différente, composent les cultures industrielles du département du Lot. Ce sont : la Vigne, qui y occupe une place prédominante ; le Tabac, qui, depuis de longues années, y est cultivé sur la même étendue, 1,800 hectares ; et le Mûrier, qui est relégué dans quelques rares communes. L'espace réservé au Mûrier, toujours très-restreint, a encore diminué depuis quelques années ; la sériciculture entre pour une bien faible part dans les revenus agricoles.

L'Administration des Tabacs maintient la culture de cette plante aux mêmes contenances, et, de ce côté, nous n'avons pas de changements à signaler depuis 1855. Dès cette époque, les planteurs connaissaient à merveille les soins à donner au Tabac pendant sa végétation et après la récolte, de façon à en tirer le meilleur parti possible. Les planteurs sont presque tous de petits propriétaires ou de petits fermiers, utilisant bien des moments perdus en automne et en hiver pour la préparation minutieuse de ce produit avant d'en faire la livraison aux magasins de l'Etat. La fumure très-abondante et les défoncements profonds que cette plante exige sont, pour les terres qu'elle occupe, un puissant moyen de fertilisation, et c'est sans contredit cette culture qui, en doublant, par ses résultats directs ou indirects, la production agricole dans les terrains d'alluvion du Lot, a tant augmenté, depuis plus de vingt ans, la valeur vénale de ces terrains.

Le produit brut du Tabac varie de 1,000 à 2,000 francs

par hectare ; mais les frais entrent dans ces chiffres pour les 2/3 environ. D'un autre côté, l'Etat paye les Tabacs au même prix qu'il y a plus de trente ans, alors que les prix des terres et de la main-d'œuvre ont largement doublé, et, si le phylloxera ne menaçait pas de détruire toutes les Vignes, la culture du Tabac serait certainement abandonnée. Les planteurs réclament aussi depuis longtemps, sans succès, l'autorisation de faire leur graine ; l'administration s'obstine à vouloir la leur fournir elle-même, et elle n'est pas toujours heureuse dans son choix.

La Vigne a fait l'aisance de l'arrondissement de Cahors, et, depuis vingt-cinq années, elle n'a cessé d'envahir de plus en plus les terres labourables. Ce mouvement, qui s'accentuait tous les jours, va s'arrêter devant la marche croissante du phylloxera, à laquelle un sol généralement peu profond ne permet guère d'opposer utilement le sulfure de carbone.

5° La production forestière n'a pas d'importance dans notre département ; elle n'a guère varié depuis longues années. Nos bois sont généralement composés de chênes : plantés dans des terrains peu profonds, ils ne produisent pour la plupart que des bois de chauffage. Les Vignes perdues sont remplacées par des semis de glands auxquels on donne un assez grand espacement : dix ans après le semis, les jeunes chênes peuvent former des truffières, dont le produit est souvent supérieur à celui de la Vigne qu'elles ont remplacée.

6° Il n'y a pas, dans le Lot, d'industries agricoles ; à peine peut-on signaler quelques petites magnaneries.

7° L'outillage agricole est en progrès depuis une vingtaine d'années.

Le pays n'a généralement pas besoin de drainage. Dans quelques communes où il était utile, plusieurs propriétaires en ont pris l'initiative et leur succès leur a attiré des imitateurs. Des essais d'irrigations ont eu lieu dans la vallée de la Bave ; un syndicat avait été formé ; mais le succès n'a pas répondu à ses premiers efforts.

8° On emploie peu d'engrais commerciaux ; mais le développement de l'engraissement a augmenté d'une manière considérable, depuis vingt ans surtout, la masse des fumiers. Les petits cultivateurs, qui sont propriétaires ou fermiers de la plus grande partie des terres, comprennent très-bien l'importance de la production des fumiers ; ils les soignent parfaitement et leurs terres aujourd'hui, profondément défoncées et abondamment fumées, produisent des récoltes bien supérieures à ce qu'elles étaient autrefois.

9° La population du Lot est presque exclusivement agricole. Le salaire d'un valet de ferme est de 250 à 350 francs, par an et la nourriture ; celui d'une servante de ferme, de 130 à 200 francs. Les journaliers gagnent en moyenne 2 fr. 50 et, quand ils sont nourris, ils ont de 1 fr. 25 à 1 fr. 50.

10° Les impôts, déjà assez lourds, qui grèvent la propriété, sont encore augmentés par les impôts indirects qui frappent la circulation des vins : il serait bien à désirer qu'un des premiers dégrèvements à faire par les pouvoirs publics portât sur ce dernier impôt.

11° Le département du Lot a de bonnes routes nationales et départementales et un remarquable réseau de chemins vicinaux, facilitant dans le plus petit hameau les transports et les communications. Très-négligé jusqu'à ces dernières années au point de vue des chemins de fer, il est compris dans les nouveaux travaux projetés et nous avons l'espoir de voir construire bientôt les deux voies ferrées déclarées d'utilité publique, qui le relieront directement l'une avec Paris et Toulouse, l'autre avec l'Est et l'Ouest.

En résumé, depuis une vingtaine d'années, l'agriculture est en grand progrès dans le Lot : ce progrès me paraît devoir être attribué surtout à l'influence exercée par les concours régionaux, par les concours locaux et par l'exemple donné par des cultivateurs instruits. L'instruction agricole a remplacé progressivement la vieille routine : la terre est très-divisée dans le Lot, et le petit cultivateur en sait tirer un excellent parti. De là surtout le développement de la production agricole, qui a été puissamment aidé par le grand nombre et le bon état des chemins vicinaux.

10ᵉ RÉGION. — EST-CENTRAL.

Cette région renferme les départements de l'Ardèche, de la Loire, de la Haute-Loire, de la Lozère, du Puy-de-Dôme et du Rhône.

DÉPARTEMENT DE L'ARDÈCHE.

74. — *Réponse de M. de Plagniol.*

Chomérac, le 12 mai 1879.

La propriété rurale se divise de plus en plus, soit par suite des partages d'hérédité, soit surtout, pour les grandes propriétés, par les ventes à parties brisées. Les agriculteurs sont obérés par suite de mauvaises récoltes et cherchent à liquider leur situation ; avant 1861, on trouvait mieux qu'aujourd'hui à vendre de grandes contenances à raison de 3 pour 100 ; aujourd'hui, c'est presque impossible dans la région de la culture du Mûrier et de la Vigne. Il y a plus de petites bourses que de grandes et on divise le sol tant qu'on peut, pour en tirer meilleur parti ; même dans la région montagneuse ce fait se produit; mais là on vend à raison de 4 1/2 ou de 5 pour 100.

La production des céréales est à peu près la même qu'avant 1861 ; on laisse moins de jachères et, en général, la culture est plus intensive. On fait plus d'herbages, le bétail a augmenté, surtout l'élevage des bœufs; la race ovine est restée à peu près ce qu'elle était ; elle est le partage des pays montagneux ; le bétail a augmenté d'environ 2/5, valeur sur pied. L'outillage s'est perfectionné, mais est très en retard encore. La montagne récolte des Pommes de terre en quantité; mais on ne les transforme pas sur place : la facilité des transports par chemin de fer, leur donne un débouché dans le Midi. Point de Colza (ou peu), point de Betterave à sucre. Récolte suffisante pour engrais de porcs, avec mélange de Pommes de terre et farine. Les porcs sont nourris presque toute l'année avec des litières de vers à soie, qu'on mélange avec des débris du ménage et d'un peu de son ; dans la montagne l'alimentation en est un peu modifiée, mais la Betterave ne fait pas le fonds de leur entretien.

L'emploi des engrais commerciaux est peu répandu ; le fumier, guère mieux tenu que par le passé, est presque seul employé. Depuis 1861, il y a pourtant un peu de progrès. Les salaires ont augmenté d'environ 1/5. Les domestiques à gages, nourris (le vin a été en partie supprimé depuis la disette), se taxaient à 250, 280 et 300 francs l'an ; aujourd'hui, ils sont de 300 à 350 francs.

La journée du travailleur de terre a augmenté dans la même proportion : les femmes à gages, 200 à 250 francs aujourd'hui ; avant 1861, 180 à 200 francs. L'industrie de la soie florissante avant 1850, est perdue pour nos pays dont elle faisait la richesse. Sous l'Empire, on a payé les cocons depuis 7 francs jusqu'à 9 fr. 50 et 10 francs. Le prix des ouvrières pour cette éducation avait alors augmenté énormément; l'industrie des moulinages faisait une concurrence très-grande : la main-d'œuvre des femmes atteignait presque celle des hommes ; aujourd'hui, on ne trouve personne capable pour mener une éducation un peu importante, et pour avoir une femme experte, il faut donner 1 fr. 50 et nourriture par jour. Avant 1850, on donnait 90 cent. à 1 franc ; aussi l'industrie des vers à soie, très-chanceuse du reste, est-elle devenue impossible si le prix des cocons ne se relève pas.

Beaucoup de personnes ont abandonné cette récolte. Un droit protecteur pour les soies de production française, en relevant le prix des cocons français, améliorerait une situation déplorable à tous les points de vue.

Les profits d'une exploitation agricole sont si peu certains avec les Vignes mortes ou mourantes, exigeant des traitements conservatoires coûteux et encore aléatoires, avec des récoltes de vers à soie souvent ruineuses, avec des prix pour les céréales, dérisoires, qu'aujourd'hui on ne trouve plus de fermiers dans nos contrées. Les impôts, depuis 1861, ont augmenté beaucoup ; les communes sont chargées de centimes additionnels de toute nature, la plupart au maximum, soit par suite de gestions administratives déplorables, soit par suite d'embellissements que les conseils municipaux votent sans considérer la poche du contribuable dont les récoltes vont en périclitant de plus en plus.

Tant que le commerce a bien marché, on s'est peu occupé des malheurs de l'agriculture ; on payait bien, les rentrées faciles permettaient des payements faciles ; on avait encore un peu de vin, les vers à soie faisaient le pair ; on avait souvent les litières en profit pour les bestiaux, les cocons se vendaient encore 6 à 6 fr. 50 le kilog., le peu de Blé qu'on récoltait servait aux besoins du ménage et le reste se vendait 24 fr. l'hectolitre : on pouvait payer l'impôt.

Aujourd'hui, voici la situation dans les régions des céréales : Avec la concurrence des blés étrangers, il est impossible de joindre les deux bouts ; les terres sont en partie complantées en Mûriers ; les labours en sont plus difficiles ;

les rendements sont moindres que dans des terrains dépouillés, les Mûriers ne compensant pas le déchet qu'ils apportent à la récolte des céréales. Dans les pays d'herbages, la situation serait un peu meilleure ; mais il faut se rappeler que ce sont les pays de montagnes qui se livrent à l'élevage, et que là les ventes des propriétés se font à raison de 5 pour 100 du revenu. Menacés dans la valeur de leurs bestiaux par les arrivages d'Amérique, sans droit protecteur, leurs revenus baisseront on n'en peut douter, et le jour arrivera où le déficit des autres pays viendra les atteindre.

Quant au pays de Vignes, de Mûriers (peu d'Oliviers chez nous), leur ruine est complète. Les ouvriers pour travailler les Vignes ont vu baisser leur salaires de 5 francs à 2 francs, prix ordinaire de l'ouvrier qu'on occupe une partie de l'année ; on ne donne plus de vin.

Le métayer de domaine de 10 à 20 hectares ne veut plus faire de vers à soie ; il n'a plus de Vigne et laisse en friche l'ancien vignoble s'il est d'un accès difficile ; le propriétaire gémit sans pouvoir rien faire de mieux. Le petit fermier ne paye plus ; le grand fermier demande des diminutions s'il est dans un pays de céréales, et paye bien encore s'il est dans les montagnes.

Les propriétaires d'usines à soie voient chômer leurs usines, s'ils ne veulent pas se ruiner à fond, en les faisant marcher.

Quant aux causes générales et secondaires des changements signalés dans la situation de l'agriculture, il faut les voir, dans le phylloxera pour les Vignes, dans la flacherie pour les vers à soie et l'avilissement du prix des cocons. La libre entrée des soies et cocons étrangers est la cause principale de ce dernier point, si on fait abstraction de l'état de crise actuelle ; notre infériorité subsistera tant que les produits étrangers viendront faire concurrence avec leur plus bas prix d'établissement, d'impôt et de main-d'œuvre.

Il en est de même pour les céréales.

Les Blés américains et russes inondent actuellement le

marché ; il est impossible que, sans droit protecteur, les produits français puissent se maintenir ; il en sera, dans quelque temps, de même pour les produits des pâturages.

L'état actuel de la législation douanière est la ruine de notre agriculture méridionale, agricole et séricicole.

Nous ne pouvons transformer nos cultures ; on ne transforme pas sans argent, et que ferions-nous? Du bétail ! mais dans quelques jours cette industrie peut péricliter ; du reste, tous nos pays de plaine, secs, sans eaux, ne sont guère propres à la Betterave qui réussit mal dans nos sols méridionaux.

L'État doit donc donner des droits protecteurs à l'agriculture, aux céréales, au bétail, à la production de la soie. Il devrait employer une somme considérable pour faciliter aux Sociétés d'Agriculture la mission dont elles veulent se charger ; les Commissions de protection contre le phylloxera manquent de fonds pour faire quelque chose : qu'on les subventionne plus largement ; qu'on emploie enfin pour l'agriculture une portion des fonds qu'elle verse dans les coffres de l'Etat.

Qu'on rétablisse l'échelle mobile et qu'on impose largement le bétail étranger et les soies étrangères, ainsi que les cocons étrangers.

Telles sont les conditions qui permettront à l'agriculture ardéchoise de se relever un peu de la crise que les anciens traités de 1861 lui avaient préparée.

DÉPARTEMENT DE LA HAUTE-LOIRE.

75. — *Réponse de M. Isidore Hedde.*

Le Püy, le 5 juillet 1879.

1re QUESTION. — *Division de la propriété, depuis les six dernières années.* — Cette division a été très-considérable, car la propriété tend de plus en plus à se morceler ; il faudra bientôt penser à y mettre des entraves.

2e QUESTION. — *Production des céréales.* — Elle a peu varié dans notre département ; cependant elle tend à décroître, dans l'arrondissement de Brioude ; l'on abandonne les céréales, dont le culture est peu productive, pour la culture de la Vigne, qui offre moins de travaux et de dépenses, et qui prend de grands développements, par suite du bénéfice qu'on en retire.

3e QUESTION. — *Elevaye, engraissement et produits divers des animaux domestiques.* — L'élève du bétail à cornes est en progrès sensible, surtout dans la région élevée du Mezenc, où les éleveurs de notre belle race ont obtenu des succès signalés ; les prix obtenus dans les concours en font foi. Les moutons, les porcs sont à peu près dans la même situation. La race chevaline n'est pas dans le même cas, les mulets, surtout, semblent avoir un peu décliné.

4e QUESTION. — *Production de plantes industrielles.* — La Vigne seule est l'objet d'une culture importante, surtout l'arrondissement de Brioude. Le phylloxera a fait son apparition sur les bords de la Loire, à Aurec, surtout, où il est étudié avec zèle par une commission spéciale. Les Betteraves donnent lieu à quelques cultures pour la nourriture des vaches ; mais il n'est question chez nous, ni de Houblon, ni de Tabac, ni de Mûrier ; le Colza seul offre quelques faibles cultures.

5e QUESTION. — *Production forestière.* — Nos forêts se déboisent de plus en plus, à cause de l'abattage des Pins et des Sapins, pour l'emploi des mines de houille des bassins de l'Allier et de la Loire. Par suite, les terres pentueuses de nos montagnes sont entraînées; il serait urgent d'apporter un prompt et énergique remède, pour obvier à leur complète dénudation, et aux terribles inondations qui en sont la conséquence.

6e QUESTION. — *Industries agricoles.* — Presque néant. L'industrie seule des fromages de nos montagnes offre quelque distinction. Les fromages blancs de chèvre de Craponne sont très-goûtés, et le prix semble augmenter, en raison de leur bonne qualité. Les fromages bleus d'Yssengeaux, de Pradelles et de Saint-Didier ont une grande réputation, et sont même expédiés au loin. Les prix sont à peu près les mêmes, suivant l'abondance sur le marché et la qualité. Il existe quelques huileries pour la consommation locale, mais il n'est question ni de distilleries, ni de sucreries, ni de magnaneries, ni de féculeries.

7e QUESTION. — *Outillage agricole.* — Faible progrès. Les machines à moissonner et à battre commencent pourtant à se répandre. On en cite l'emploi dans une vingtaine de localités, grâce à la Société d'agriculture, à celle des sciences, et aux Comices agricoles. Le drainage, les irrigations et les autres améliorations foncières sont peu pratiquées, si ce n'est par quelques établissements agricoles spéciaux, tels que la Ferme-modèle, l'Orphelinat des frères et quelques agriculteurs avancés.

8e QUESTION. — *Emploi des engrais commerciaux et du fumier.* — L'emploi du guano et des autres engrais fournis par le commerce est absolument nul. La routine règne encore en souveraine, tant à l'égard des fumiers que des engrais humains. C'est à tel point que les écuries sont très-mal tenues, que les fumiers ne sont pas entretenus et qu'ils sont surtout mal utilisés. Il n'est pas rare de voir les fermiers jeter le purin, sans l'utiliser. La ville du Puy elle-même offre, à cet égard, un exemple déplorable. Beaucoup d'habitations sont privées de lieux d'aisances et de nombreuses rues sont infectées d'ordures et d'immondices qui nuisent à la salubrité publique, mais qui, recueillies avec soin, pourraient être d'une grande ressource pour le jardinage et l'agriculture.

9ᵉ QUESTION. — *Nombre de bras employés à l'agriculture et prix de la main-d'œuvre.* — Les bras manquent de plus en plus, pour le travail de la terre, par suite de travaux publics et industriels, ainsi que par la concentration, dans les grands centres de population, de la partie la plus vigoureuse de la classe agricole et des campagnes. Une autre cause qui n'a pas encore été signalée est le service obligatoire de la partie virile des campagnes pour l'armée. Généralement, le jeune cultivateur, qui fait son service militaire, prend le goût et les habitudes des villes, et reprend rarement avec le même entrain son dur métier de cultivateur. Il en est résulté que les travaux agricoles souffrent du manque de bras, et la main-d'œuvre s'élevant à des prix fabuleux, ne permet pas des bénéfices sur l'exploitation des denrées..

10ᵉ QUESTION. — *Impôts fonciers et autres qui grèvent la propriété.* — Parmi les nombreuses charges qui pèsent sur l'agriculture, il faut noter les nouvelles conditions, introduites par des législateurs peu éclairés. L'enregistrement des baux, surtout, est considéré, comme très-vexatoire et offre de nombreuses difficultés aux agriculteurs peu lettrés. On doit être certain que toutes les fois que le fisc introduira un nouvel impôt foncier, quelque minime qu'il soit, il apportera une entrave nouvelle au développement de l'agriculture, la principale richesse nationale. Le législateur devrait donc se garder d'inventer aucun nouvel impôt foncier.

11ᵉ QUESTION. — *Viabilité, transports, débouchés.* — L'amélioration des chemins vicinaux a fait faire un grand pas à la richesse agricole, par suite d'une plus grande facilité des communications, du mode de transport et du débouché des denrées. Les chemins de fer ont également apporté leur contingent, pour une plus grande viabilité ; mais il reste encore beaucoup à faire. Quant à ce qui concerne les chemins ruraux, le progrès est encore insensible. Lorsqu'on se sera occupé sérieusement de cette dernière question vitale, il y aura certainement un développement inouï. C'est principalement de ce côté que doivent se tourner les législateurs, s'ils veulent que la richesse nationale s'introduise partout, jusque dans les plus humbles chaumières des localités les plus reculées.

Les questions primitives, posées dans la lettre du 7 avril, de M. le Ministre de l'agriculture et du commerce, se confondent en quelque sorte avec celles subsidiaires, indiquées dans la circulaire de la Société nationale d'agriculture de France, en date du 30 avril, auxquelles je viens de répondre le mieux qu'il m'a été possible.

La seule question qui s'en écarterait le plus, serait la cinquième qui a trait à la législation sur les grains, les commerces de la boulangerie et de la boucherie, ainsi que les traités de commerce, etc.

C'est une question qui m'a paru entrer plus profondément dans l'étude du libre-échange, et qui doit être résolue avec plus d'efficacité par les grandes corporations agricoles, composées de nombreuses personnes et plus compétentes qu'un seul individu isolé. Aussi, l'ai-je aussitôt soumise à nos diverses Sociétés locales : celle d'agriculture et celle des sciences, etc., et à nos comités agricoles. Des commissions ont été nommées à cet égard, elles ne peuvent manquer d'adresser prochainement leurs rapports à M. le Ministre de l'agriculture et du commerce.

Actuellement, les récoltes de céréales paraissent mauvaises sur les hauteurs, médiocres sur les plateaux et dans les plaines, assez bonnes dans les bas-fonds. — Partout, les foins sont excellents et très-abondants. Les Orges ont bonne apparence, mais comme elles sont en retard, on ne peut préjuger du rendement. Les lentilles sont excellentes, c'est la meilleure récolte des environs du Puy.

IIe RÉGION. — SUD.

Cette région renferme les départements des Alpes-Maritimes, de l'Aude, des Bouches-du-Rhône, de la Corse, du Gard, de l'Hérault, des Pyrénées-Orientales et du Var.

DÉPARTEMENT DE L'AUDE.

76. — *Réponse de M. Louis de Martin.*

Narbonne, le 2 juin 1879.

1° *La division de la propriété.* — Celle-ci augmente sans cesse. Ce n'est qu'exceptionnellement que plusieurs enfants cèdent à l'un d'entre eux leur part d'héritage en prenant de l'argent en compensation. Avant la culture intensive de la Vigne, presque toujours les filles mariées au dehors prenaient leur douaire en argent. Aujourd'hui, les terres en vignoble donnant de gros revenus, chacun a exploité son morceau. Actuellement, le phylloxera qui nous a légèrement atteints, fera peut-être que le morcellement de la propriété n'ira pas en grandissant; mais, pour le moment, il va croissant.

2° *La production des céréales.* — Celle-ci diminue tous les ans. Plaines et côteaux ont été plantés en Vignes et ont donné des revenus bien plus considérables, malgré les frais d'établissements très-grands que nécessitent la construction de celliers et leur outillage, afin d'exploiter rationnellement ces vignobles. Malgré le phylloxera, en 1879, on a encore planté des Vignes et généralement dans les bons fonds, avec l'espoir de récolter plus vite et davantage. On espère, en admettant que l'invasion ne se généralise que dans quatre ou cinq ans, avoir, durant cette période et pendant celle de la lutte, une fois atteint, plus de revenu que n'en donnerait pendant le même temps, toute autre culture.

3° L'arrondissement de Narbonne n'engraissait que des moutons avec les marcs de Raisins distillés. Actuellement, cette industrie a presque disparu.

4° La production de la Vigne a presque envahi tout notre territoire. Le Mûrier, cultivé avec une certaine faveur, a disparu, ainsi que l'Olivier, devant la Vigne et les plantes fourragères dont l'extension si désirable n'est arrêtée que par le manque d'eau et non par l'absence de bons terrains. Notre rivière de l'Aude, non navigable mais flottable, emploie le plus souvent son eau, qu'en temps ordinaire nous voyons passer sans pouvoir y toucher, à nous enlever nos récoltes au moment de les enfermer, ainsi que depuis 1872, nous en avons eu plusieurs exemples. Du reste, même dans de mauvais sols, avec de l'eau et du fumier, nous pourrions avoir des foins et des luzernes. La Betterave, le Houblon, le Colza, etc., ne sont pas cultivés. Il serait à souhaiter que nous puissions produire du Tabac.

5° La production forestière est nulle dans l'arrondissement, ou à peu près.

6° Les industries agricoles sont peu nombreuses. Les distilleries étaient, il y a quelque vingt ans, assez multipliées. Aujourd'hui elles tendent à se concentrer en quelques mains. Du reste, sauf de rares exceptions et des accidents, on ne distille que des marcs. Point de sucreries, fromageries, huileries et féculeries. Les grandes magnaneries étaient représentées par quelques unités qui ont tota-

lement disparu , d'abord à cause des insuccès venant de
la maladie des vers à soie, et puis, ensuite, à cause de la
plantation des Vignes. Il est presque certain que nous reviendrons à cette culture trop légèrement abandonnée, et
que les travaux de M. Pasteur permettent de faire fruc-
tueusement. Nos fabriques de vert-de-gris ont diminué, et
luttent actuellement contre ce fâcheux usage de faire des
piquettes, ce qui leur enlève la matière première de leur
industrie. De ce chef, on occupe encore un assez grand
nombre d'ouvriers dans l'arrondissement.

7° L'outillage agricole s'est grandement perfectionné,
surtout depuis que, dans les concours régionaux du Midi,
les constructeurs étrangers ont été attirés par des primes
en argent. Les moissonneuses, les faucheuses et les machines à battre seront bientôt d'usage vulgaire. La vapeur
commence aussi à se généraliser dans les fermes. Les râteaux à cheval sont adoptés partout. Les appareils de culture, proprement dite, ont aussi beaucoup gagné.

En ce qui concerne les irrigations, les concours ouverts
par l'administration, dans plusieurs départements, ont
surtout mis à jour cette maxime désormais adoptée, qu'avec
du fumier rationnellement employé, et de l'eau, on obte-
nait des rendements supérieurs et des qualités de fourrages
bien plus nutritives. L'arrondissement de Narbonne a peu
de canaux, et cependant il est traversé par une rivière
dont l'eau lui serait bien utile dans des rigoles d'arrosage.
Avec notre soleil, du fumier et de l'eau, nous pourrions
réaliser, très-avantageusement, des cultures impossibles
aujourd'hui. Il nous faut de l'eau, et encore de l'eau. Nous
sommes convaincus que les échecs du sulfure de carbone,
chez nous, sont dus à une sécheresse trop grande qui a
rendu le sol trop dur pour que les pals y pénètrent, ou
trop fendillé pour que le gaz toxique y demeure empri-
sonné. Si l'on eût eu de l'eau, on aurait modifié l'état du
sol. Ceci est encore très-vrai pour les sulfocarbonates.

8° Depuis cinq ou six ans, on fume très-fort tous les vignobles, qu'ils soient ou ne soient pas en terrain fertile. On emploie, en dehors des fumiers de ferme, les engrais chimiques et les engrais commerciaux, soit qu'on les achète tout préparés, soit qu'on opère leurs mélanges. Les phosphates commencent à être assez utilisés, ainsi que les sels de potasse. On importe des fumiers d'étable et de bergerie, soit des grandes villes, Toulouse et Carcassonne, soit des pays à moutons, l'Hérault par Saint-Pons, et Marseille par ses docks de débarquement.

9° Le nombre des bras employés à l'agriculture va toujours croissant. Les indigènes n'y suffisent pas et de nombreuses familles étrangères, surtout des Espagnols, se sont fixés dans nos communes depuis la plantation des vignobles. En outre, la multiplicité des œuvres va sans cesse. Après nos trois soufrages, l'anthracnose, qui nous menace, oblige à faire des opérations supplémentaires avec de la chaux pure ou mêlée à du soufre.

Le prix de la main-d'œuvre, de 1855 à aujourd'hui, a plus que doublé, et une journée de tailleurs de Vigne, qui se payait 1 fr. à 1 fr. 25, se paye de 2 fr. à 2 fr. 50. On a même payé jusqu'à 4 francs dans le département de l'Hérault, avant l'apparition du phylloxera. La majorité des ouvriers est à la journée. Leur salaire, 1878-1879, a été de 1 fr. à 1 fr. 25, pour les femmes, et de 2 francs à 2 fr. 50 pour les hommes.

En ce qui concerne leur alimentation, celle-ci s'est grandement améliorée. On mange beaucoup plus de viande.

Les ouvriers à l'année sont les valets de ferme dont le prix a presque doublé aussi, et encore on en trouve difficilement qui vaillent ceux d'autrefois. Les premiers charretiers se payent de 350 à 400 francs. Les valets ordinaires, qui ne font que les labours, vont de 250 à 300 francs. Les ramonets, ou maîtres-valets, chargés à forfait de nourrir les ouvriers à l'année, se payent de 350 à 400 francs.

La rareté des bras et l'insouciance des ouvriers ont obligé

les propriétaires de faire à la façon une série de travaux. Ainsi le gobelet de souches se paye de 4 à 5 francs le cent. La moisson s'est payée, en moyenne, depuis huit à dix ans, 37 fr. 50 à 40 francs par hectare, avec des minimum de 27 fr. 50 (1878), et des maximum de 45 francs (1874). La fauchaison des Luzernes s'est payée de 10 à 15 francs par hectare. La coupe des foins coûte de 20 fr. 50 à 30 fr. 50 par hectare.

En ce qui concerne la moisson à la journée, on paye 4 fr. 50 à 5 fr. La coupe des Luzernes et des foins, à la journée, se paye le même prix.

10º Les impôts qui grèvent la terre ou ses produits sont beaucoup trop forts. Il y aurait, de ce côté, beaucoup à faire pour que l'agriculteur et l'industriel, qui augmentent tous deux la richesse nationale, fussent traités également par le régime intérieur aussi bien que les traités de commerce.

11º La viabilité, les transports ont énormément grandi. De tous côtés, on a fait des chemins pour aboutir aux voies ferrées; mais toutes les administrations, depuis les routes nationales jusqu'aux chemins vicinaux, ont insuffisamment entretenu les routes qui, *toutes*, sont dans un état déplorable dans notre arrondissement. Sur toutes, le trafic a augmenté, et sur toutes, l'entretien a diminué.

Les débouchés se sont peu étendus, et, en ce qui nous concerne, nos produits s'écoulent péniblement parce que, grâce aux traités de commerce et au régime intérieur, les Italiens, les Portugais et les Espagnols viennent nous faire concurrence sur notre propre marché, à des conditions bien plus avantageuses que nous ne le pouvons. Actuellement c'est là la principale cause du marasme où sont les transactions agricoles de nos pays; toutefois il faut y ajouter l'invasion phylloxérique venant compromettre l'assiette de la fortune territoriale.

DÉPARTEMENT DE LA CORSE.

77. — Réponse de M. Cunéo d'Ornano.

Ajaccio, le 2 juin 1879.

1° La propriété en Corse est très-divisée. A peu d'exceptions près, il n'est pas de famille qui ne possède quelque parcelle de terre. Sans doute, il existe des propriétés d'une étendue considérable, mais peu cultivées ; les difficultés des communications, le chiffre peu élevé de la population par rapport à l'étendue du territoire, telles sont les causes premières de cette situation.

2° La culture des céréales est entreprise sur beaucoup de points du département. La production était telle autrefois que, dans les bonnes années, l'exportation était pratiquée. Mais depuis quelque temps, la production a considérablement diminué parce que le prix des Blés n'est plus rémunérateur. Les céréales sont écoulées à bas prix, et nos cultivateurs sont dans la gêne. Ceux-ci, au lieu d'étendre leurs cultures à raison de l'augmentation de la consommation, n'ont plus d'intérêt à persévérer dans leur première résolution ; ils ont à redouter la concurrence des Blés provenant de l'étranger. Chaque semaine on débarque sur nos quais des quantités considérables de farine, dont la qualité laisse le plus souvent à désirer, mais qui s'écoulent facilement à raison de leur bas prix.

3° Jadis, la Corse produisait le gros bétail nécessaire à sa consommation. A cette heure, elle est tributaire de la Sardaigne. La suppression du libre parcours et de la vaine pâture, commandée dans l'intérêt de la propriété et de l'agriculture, a amené cette situation qui, j'espère, n'est que transitoire.

4° On fait beaucoup de vin dans le département. Les plantations de Vignes se multiplient. Toutefois la présence, dans quelques localités, du phylloxera semble paralyser l'essor de nos vignobles.

La Corse produit de l'huile en grande quantité, mais les bonnes récoltes se font attendre. On cultive le Mûrier en vue de l'éducation des vers à soie. Cette industrie, dont le développement a été arrêté par les mêmes causes dont l'influence a été signalée dans toute la France, semble reprendre aujourd'hui avec succès. La culture du Tabac réussirait parfaitement en Corse. Maintenant on fait usage de Tabac qui nous vient de Gènes. Je ne parlerai pas d'une plante particulière du pays, qui est excessivement mauvaise, que l'on appelle Herbe corse, et dont les habitants de l'intérieur se servent pour leurs pipes. Des industriels voudraient se livrer à la culture du Tabac sur une grande échelle, mais comme pour cela il faudrait faire de grandes dépenses, ils ne voudraient pas que, ces dépenses faites, on changeât, à l'égard des Tabacs, le régime financier de la Corse. La régie et les industriels pourraient s'entendre à ce sujet. Aujourd'hui les Tabacs ne rapportent rien à la régie; mais, plus tard, elle profiterait d'une industrie en pleine prospérité.

5° La Corse a beaucoup de forêts. Elles étaient très-productives, mais toutes les exploitations ont été suspendues depuis l'envahissement des marchés par les bois d'Amérique offerts à meilleur prix. Des agents forestiers m'ont dit que cela ne peut être de longue durée, parce que l'exploitation des forêts en Amérique sera, sous peu, beaucoup plus coûteuse.

6° Depuis quelque temps, on a établi à Ajaccio un moulin à vapeur pour les huiles de ressence. Cette industrie prospère. On vient aussi d'établir une distillerie d'alcool de grains, de fruits, etc. Elle est dans de bonnes conditions, mais trop récente pour qu'on puisse juger du résultat.

7° L'outillage est fort peu de chose. J'ose presque dire qu'il est à l'état primitif, à peu d'exceptions près. On n'est pas plus avancé pour le drainage. Il en est autrement pour les irrigations. Le sol arrosé a acquis de l'étendue. Malheureusement, il est par trop accidenté et dans beaucoup de localités on ne peut dévier les eaux qu'à l'aide de constructions dans des ravins assez profonds.

8° Les engrais sont employés avec peu de zèle. C'est le vice capital dans nos procédés d'agriculture.

9° La Corse n'a pas assez de bras. Chaque année une foule d'ouvriers italiens viennent travailler dans l'île pendant l'hiver, au prix de 1 fr. 75 par jour.

10° La viabilité était presque nulle, il y a une trentaine d'années. Les transports des denrées de l'intérieur, au point de vue de la consommation, ne se faisaient qu'à dos de mulet. Le prix de transport absorbait les bénéfices dans une partie notable. Maintenant elle s'améliore tous les jours davantage, mais elle a besoin d'être complétée sur bien des points.

11° L'impôt, sous toutes les formes, foncier, centimes additionnels, octroi, pèse sur les propriétaires à cause des mauvaises récoltes, du bas prix des denrées; ce qui rend difficiles les rentrées, surtout pour les habitants de l'intérieur dont les denrées ne peuvent être converties en argent qu'à la suite d'un transport coûteux.

C'est pourquoi je n'hésite pas à accuser avant tout notre régime douanier. En outre, l'autorité devrait être un peu plus vigilante et empêcher la circulation de produits altérés, tels que farines, vins, huiles, etc.

Ces produits offerts à bas prix nuisent à la santé générale et paralysent toute culture et toute industrie agricole. Sans doute, il est des causes qui disparaîtront d'elles-mêmes, surtout celles qui résultent des influences atmosphériques et de la concurrence loyale. Mais il importe de porter remède à une situation qui est le résultat de notre législation et d'une surveillance peu active.

DÉPARTEMENT DU VAR.

78. — *Réponse de M. Pellicot.*

Toulon, 16 mai 1879.

1° Division de la propriété dans l'arrondissement de Toulon et le Var.

Peu de différences existent, entre la période qui a précédé 1861 et l'époque actuelle. Toutefois la division s'est accrue par le morcellement des successions.

2° La production des céréales.

Antérieurement, quand le Var avait l'intégralité de ses Vignes, il produisait du Blé pour nourrir ses habitants durant trois mois. Les Vignes ayant succombé, une plus grande quantité de terrain a été emblavée : le Var devra, cette année, produire du Blé pour nourrir ses habitants au moins durant cinq mois. Mais le Blé, dans nos arides contrées n'est pas rémunérateur.

3° L'élevage.

On n'élève pas dans le Var. Avant 1861, il y avait dans le Var grand nombre de moutons, mais depuis l'invasion des laines australiennes, le mouton a quitté le littoral auquel il fournissait des engrais précieux. Le cochon, par contre, se trouve dans toutes les fermes, c'est le seul animal soumis à l'engraissement dans nos contrées.

4° Production des plantes industrielles.

Toutes les tentatives d'industrie sucrière, fondées sur la Betterave, ont échoué en Provence. Avant 1861, trois végétaux arborescents faisaient la richesse de la contrée, la Vigne, l'Olivier, le Mûrier.

Frappé de maladies contagieuses, le bombyx sérifère ne donna, pendant quelques années, que des déceptions, et quand, grâce aux travaux de M. Pasteur, on arriva, dans

ces derniers temps, à obtenir des réussites dans les magnaneries, la concurrence des soies de la Chine et du Japon ont
fait vendre les cocons à des prix qui n'étaient plus rémunérateurs et qui, par suite, ont découragé les éleveurs.

L'Olivier était autrefois la richesse de la Provence : au
moyen de l'Olivier, on pouvait cultiver les contreforts de nos
montagnes, qui n'étaient susceptibles d'aucune autre culture ; il payait amplement la rente du sol. Les Traités de commerce sont venus ; l'huile étrangère, qui payait à son entrée
en France 30 francs les 100 kilog. faisant 108 litres, n'a
plus été soumise qu'au droit de 5 francs, droit insignifiant
si on considère que l'Italien produit à 40 pour 100 meilleur marché, ce qui, ajouté à la concurrence des gaz et du
pétrole pour l'éclairage, des graines oléagineuses et même
du suif dans l'industrie, a tellement abaissé la valeur de
l'Olivier, qu'il ne paye plus la rente du sol et que beaucoup
de propriétaires, dans nos contrées, l'arrachent sans pitié.
Et cependant, même avec ses défaillances, l'Olivier est l'arbre populaire par excellence, et si ses produits n'enrichissent pas le propriétaire, pour le peuple, c'est une manne
bienfaisante : avec la récolte d'Olives tout le monde travaille, hommes, femmes, enfants, vieillards, tout le monde
gagne joyeusement sa vie. Sans revenir aux taxes d'autrefois,
le Comice, dans une pétition, avait indiqué un droit de
10 francs par 100 kilog. comme droit compensateur.

Vignes.—Ici la question est complexe. Sans doute, le fléau
phylloxérique, qui est venu détruire nos vignobles, a causé
la ruine de notre agriculture ; mais, en même temps, le
traité de commerce avec l'Italie lui ouvrant nos frontières
a changé les relations commerciales, et tandis qu'avant ce
traité nous fournissions du vin aux Italiens, que les navires
génois venaient s'approvisionner dans nos ports, l'Italie,
depuis, s'est mise à planter et au lieu de nous demander,
elle cherche à nous inonder de ses produits. De toutes parts
sur son territoire, s'élèvent des commissions ampélogra-
phiques et des laboratoires pour étudier et perfectionner les

vins. En l'état actuel des trois arrondissements du Var, celui
de Brignoles n'a plus de vignes ; celui de Toulon peut être
divisé en deux parties : celle de l'ouest, calcaire, n'a plus
de vignes ; celle de l'est en a encore environ la moitié ;
l'arrondissement de Draguignan, les deux tiers. Néanmoins,
malgré le faible apport des vignobles méridionaux, la
France produit autant de vin qu'avant l'invasion phylloxérique, la mission donnée par le gouvernement à M. Jules
Guyot ayant grandement développé le vignoble français.
Le Var s'empresse de reconstituer ses vignobles au moyen
des plants américains résistants, et si la réciprocité compensant les charges était admise dans les traités de commerce à établir, la loi du talion étant comme gravée dans
les fastes de l'humanité, un droit d'au moins 3 fr. 20 de
droit supplémentaire des taxes réciproques devrait être appliqué aux vins italiens. En Italie, la journée de l'ouvrier
rural est de 1 fr. 50, elle est de 3 francs en France, rédui-
sons-là toutefois à 2 fr. 50 ; c'est toujours pour l'Italie une
production de 40 pour 100 meilleur marché. Si nous ajoutons qu'en Italie le vinage est libre, tandis qu'en France
un droit de 156 fr. 25 c. écrase l'alcool du vinage, l'a-
vantage sera encore pour nos voisins. Ce que nous avançons pour l'Italie s'applique naturellement à l'Espagne, dont
les vins sans addition d'alcool ont presque toujours 15° alcooliques, tandis que nos vins arrivent rarement à 12°.

Mais les octrois, bien plus que les taxes des frontières,
sont des obstacles puissants qui empêchent la famille ouvrière de faire usage du vin, de cette boisson salutaire qui
soutient les forces des travailleurs, favorise le développement de la jeunesse et neutralise pour l'enfance l'air vicié
des agglomérations populeuses ; par suite, l'ouvrier se dé-
robe aux siens pour boire à la dérobée des alcools pernicieux. Le vin paye 30 centimes le litre aux portes de Paris,
plus que ne le vend le propriétaire du Midi ; qu'on abaisse
de moitié ces douanes intérieures, et la consommation dou-
blera et le peuple en profitera, et les finances des grandes

villes n'en souffriront pas, et tout le vin français ou du moins la plus grande partie sera consommée en France, sans qu'il soit besoin de l'offrir à l'étranger.

5ᶜ *La production forestière.*

Le Var est un des départements, après la Gironde, qui possèdent le plus de forêts ; dans la zone calcaire le Chêne blanc et le Chêne vert se partagent les terrains élevés.

Le Pin d'Alep se montre surtout sur les collines voisines du littoral, le Chêne liége et le Pin maritime sont en possession de la zone granitique. Le premier, précieux par son écorce ; le second, à croissance rapide exploité pour la bâtisse en chevrons surtout, et pour lesquels nous avons signalé aux Chambres une injustice flagrante de la Compagnie du Midi qui, de Bordeaux à Marseille, fait payer, par tonne, aux bois de la Gironde 20 francs, tandis que de Marseille à Bordeaux nos bois doivent payer 28 fr. 50 c.

6ᵉ *Les industries agricoles, etc.*

Nous n'avons en industrie agricole que les magnaneries, qui souffrent de la rivalité des soies de la Chine et du Japon ; et, ensuite, les moulins à huile d'olive, qui souffrent de l'introduction à tarif réduit des huiles italiennes.

Il y a aussi quelques tanneries.

7ᵉ *L'outillage agricole.*

A cause de la culture de la Vigne et du morcellement de la propriété, l'outillage agricole est très-restreint dans le Var ; mais les irrigations sont bien entendues et pratiquées partout où on peut les effectuer. Quelques essais de drainage ont été entrepris. Toutefois, avec le phylloxera, on se demande s'il faut retenir les eaux dans et sur le sol, ou s'en débarrasser, solution qui dépend de l'avenir.

8° *L'emploi des engrais commerciaux.*

La pauvreté relative des agriculteurs, par suite des ravages du phylloxera, fait qu'on achète peu d'engrais commerciaux. On fume aussi trop peu les terres, les fumiers d'étable manquant par suite de l'absence de bétail. Le Comice agricole a, dans le temps, fait venir par trois fois des vaches petites gavottes, par deux fois de petites bretonnes qui ont été vendues à perte. Il voulait en faire le commensal de la famille rurale ; ses efforts ont été vains, malheureusement.

9° *La main-d'œuvre.*

Par suite de la perte des Vignes, le travail agricole a sensiblement diminué ; la journée agricole de huit à cinq heures est en général de 2 fr. 50 c., elle a descendu à 2 francs dans l'arrondissement de Brignole qui n'a plus de Vignes ; mais, en somme, une grande misère commence à sévir dans nos contrées et l'émigration en est la conséquence fatale.

10° *Les impôts.*

L'impôt foncier écrase la propriété territoriale dans le Var, où l'Olivier ne paye plus la rente du sol et d'où la Vigne disparaît.

11° *La viabilité.*

Le seul privilége du Var est son climat ; le prix élevé des transports de fruits annihile les profits des producteurs. Il serait donc de la plus grande utilité pour le Var, que les tarifs des transports des fruits par grande vitesse fussent diminués et aussi ceux des produits agricoles transportés en petite vitesse. Paris est surtout le débouché de la production fruitière. Il est également à désirer que les syndicats pour les chemins ruraux soient établis sur la même base que les autres syndicats, c'est-à-dire que la majorité suffise pour les rendre valides et qu'on n'exige plus, comme avant, l'unanimité qui est une impossibilité quand il y a un certain nombre d'ayants droits. En présence des barrières que les nations étrangères semblent vouloir élever contre nos produits, l'abaissement des droits d'octroi nous semble le moyen le plus pratique d'écouler nos produits agricoles.

12ᵉ RÉGION. — SUD-EST.

Cette région renferme les départements des Basses-Alpes, des Hautes-Alpes, de la Drôme, de l'Isère, de la Savoie, de la Haute-Savoie et de Vaucluse.

DÉPARTEMENT DES BASSES-ALPES.

79. — *Réponse de M. le marquis de Jocas.*

La région du Midi a été éprouvée dans toutes les branches de sa culture à un point qui doit, semble-t-il, attirer davantage l'attention, et de plus la commisération des pouvoirs publics.

En effet, tandis que nos revenus décroissaient dans la proportion des deux tiers, nos charges de toute nature allaient, au contraire, en s'élevant. L'Etat, contraint de subvenir aux nécessitées causées par les désastres de 1870 et de 1871, réclamait de notre patriotisme de nouveaux et lourds impôts, et les nouveaux venus dans l'administration de nos communes et de nos départements nous ont écrasés de charges locales, d'autant plus lourdes, que leur situation de fortune les mettait à l'abri d'en payer quoi que ce soit. Il en résulte que l'on pourrait citer telle de nos communes, dans laquelle l'impôt foncier, augmenté des centimes additionnels devenus permanents, atteint le chiffre du tiers du revenu net de la terre.

La valeur foncière a subi, par conséquent, une dépréciation énorme et qu'il n'est pas exagéré d'évaluer à moitié.

La cause de ce grand désastre qui frappe plusieurs de nos départements, réside en principe dans la disparition ou de la ruine de la plupart de nos cultures industrielles et arbustives. La constitution foncière de notre pays et la division de la propriété seront toujours un obstacle au relèvement de notre agriculture par voie de transformation culturale, s'il devenait nécessaire de renoncer définitivement à toutes celles usitées jusqu'à ce jour.

Les circonstances atmosphériques que nous traversons depuis huit ou dix ans, ont été une aggravation, sans suffire à expliquer nos désastres.

Pour plus de clarté dans nos réponses, nous suivrons l'ordre des questions posées dans la lettre de M. le Secrétaire perpétuel.

1° La division de la propriété s'est naturellement accrue depuis 1861, tandis que la population agricole était diminuée de la manière la plus fâcheuse comme nombre d'abord, comme destination ensuite, puisqu'une partie a émigré hors de France. Ce dernier résultat amènera forcément, plus tard, une moins grande division du sol. Sera-ce au bénéfice du pays et de son agriculture? L'avenir le dira. En tous cas, la valeur du capital sera sensiblement diminuée.

2° La production des céréales s'est accrue dans une forte proportion sur le chiffre qu'elle présentait dans les années antérieures à 1861, époque à laquelle les grains récoltés dans les départements du Midi ne suffisaient pas toujours à leur consommation.

Mais les traités de commerce donnèrent un coup très-grave à la valeur de la plupart de nos produits, tels que la Garance, la soie, les huiles, et la conséquence en fut plus d'extension accordée à la culture des céréales. Depuis lors, à la suite des fléaux successifs qui ont frappé, ou rendu impossibles certaines cultures, l'espace consacré aux céréales est devenu de plus en plus considérable, et celles-ci sont, aujourd'hui, la base de notre agriculture.

Quant à leur rendement, même en tenant compte des circonstances météorologiques défavorables, il s'est amoindri comme quantité de produit à l'hectare, et ce résultat n'a pas lieu d'étonner. En effet, autrefois, le Blé et les autres grains ne revenaient qu'à intervalles beaucoup plus éloignés, sur les mêmes terres : celles-ci, consacrées à des cultures industrielles, aujourd'hui disparues, recevaient des façons très-profondes, des fumures excessivement abondantes, et leur produit, en grain et paille, était à l'avenant. Comment, aujourd'hui, en présence surtout du bas prix de toutes les céréales, le cultivateur pourrait-il suffire à des cultures et à des fumures aussi dispendieuses?

3° La conséquence de la disparition des cultures industrielles a été l'accroissement de l'élevage et de l'engraissement du bétail, mais pas dans la proportion où elle eût été désirable. Ce fait s'explique, du reste.

Tout d'abord, le sol est trop morcelé pour permettre à notre contrée de voir se généraliser l'élève du bétail : l'espace et le capital manquent à la plupart de nos petits propriétaires, qui souvent ne possèdent pas même un demi-hectare de terre. Les revenus de cette faible surface, joints à un travail bien rémunéré qu'elle trouvait chez ses voisins plus aisés, permettaient, à l'époque des cultures industrielles, à une famille de vivre à l'aise. Que faire, aujourd'hui, sur un si petit espace ? Bien peu de chose.

Un second motif réside aussi dans les conditions de notre sol et de notre climat. On ne se lasse pas de nous répéter : « Transformez vos cultures ; faites du fourrage ; produisez de la viande. » C'est absolument comme si vous disiez à un pauvre diable qui meurt de faim : « Mon ami, pourquoi n'entrez-vous pas chez le restaurateur vous faire servir un potage et un beafsteak?... »

Notre climat est d'une sécheresse telle que, la plupart du temps, nos fourrages artificiels manquent, même au printemps. Il nous faut donc de l'eau, afin de créer des prairies ou de récolter des racines. Bien des canaux ont été créés, d'autres sont en projets; mais, néanmoins, la grande majorité de nos territoires sera toujours privée d'irrigation, soit par suite de leur situation trop élevée, soit par manque d'eau. A ces populations si considérables et sans contredit les plus intéressantes, qu'offre-t-on en échange des produits qu'elles ont perdus?

Il en résulte que l'accroissement du bétail n'a pas été très-sensible depuis 1861. Son élevage ou son engraissement ne donnent pas de bénéfices assez élevés et suffisamment certains, pour qu'on ne préfère pas, toutes les fois qu'on en a l'occasion, et à quelque bas prix qu'ils descendent, vendre les fourrages, plutôt que de les faire consommer. Du reste le prix de la viande a toujours été élevé dans notre région, et il n'a pas subi depuis 1861, une plus-value équivalente à celle dont elle a bénificié dans beaucoup d'autres départements, autrefois plus déshérités que les nôtres en débouchés et en voies de communication.

4° Les années qui ont précédé 1861 ont été des années de prospérité en ce qui concerne nos cultures arbustives et industrielles. Nous n'avons plus été qu'en déclinant depuis lors; les fléaux destructeurs de certaines de nos cultures étant venus se joindre à la dépréciation que la concurrence étrangère a fait subir à beaucoup d'entre eux.

5° La production forestière, florissante autrefois, a subi aussi le contre-coup des désastres agricoles. Après l'exploitation de la plupart de nos futaies pour fournir des traverses à la construction des chemins de fer, les bois taillis ont diminué en valeur capitale et en produit, par suite de la plus grande consommation de houille dans les villes, et de la mévente des charbons de bois, dont une bonne partie était consommée par des hauts fourneaux, qui ont dû éteindre leurs feux depuis que les fontes et les fers anglais ont envahi le marché français.

Certains produits accessoires des forêts, tels que les Truffes, les fleurs de Lavanole, ont pris, au contraire, une valeur beaucoup plus considérable, depuis 1861 ; mais ils sont loin de compenser ce qui est perdu comme revenu des bois eux-mêmes : car ces produits ne se récoltent que dans des situations favorisées et exceptionnelles.

6° Les industries agricoles n'ont jamais été nombreuses dans notre région : cependant, les fabriques à mouliner et à dévider la soie, les usines à triturer la racine de Garance, et à en extraire les dérivés, situés la plupart dans le voisinage des petites villes et des villages et qui fournissaient du travail à une nombreuse population agricole, pouvaient être considérées, à bon droit, comme des industries presque agricoles. Prospères et florissantes dans les années qui ont précédé 1861, beaucoup ont été abandonnées depuis lors, et quelques-unes, seulement, se sont transformées.

7° A l'exception de certaines contrées, telles que la Camargue, et de quelques grandes propriétés agricoles, l'outillage agricole n'a pu subir de modifications considérables. Cela résulte du grand morcellement de la propriété et du défaut d'esprit d'entreprise et d'association dans nos populations rurales.

Les améliorations résultant de la création de nouveaux canaux ne sont pas assez anciennes, pour que, le prix qu'elles ont coûté étant oublié, on ne puisse plus en considérer que les bénéfices ; et, du reste, l'étendue des terres appelées à en bénéficier est restreinte, si on la compare à la masse du sol, qui reste condamnée à demeurer dans son ancien et immuable état de sécheresse. De ce côté donc, nous ne pouvons accuser de bien notables améliorations depuis 1861.

Enquête.
32

8° L'emploi des engrais commerciaux est très-sensiblement moindre que dans la partie antérieure à 1861, sauf
pour les phosphates et les superphosphates, dont on commence à faire emploi sur les Blés. — Autrefois, telle culture industrielle susceptible de fournir un produit brut
de 3,000 francs à l'hectare, recevait parfois 1,500 francs
d'engrais pour une pareille surface, et les récoltes suivantes, Blé ou fourrages, bénéficiaient de cette riche fumure. Il n'est plus possible aujourd'hui, alors que, dans
les conditions les plus favorables, on arrive à peine à produire 700 francs bruts par hectare, de mettre dans le sol
les quantités de tourteaux et de fumier employées jadis.
Il s'ensuit que les fumiers de ville et d'écurie, que l'on vendait autrefois 7 francs le mètre cube, trouvent difficilement preneurs, à présent, à des prix moindres.

9° Le nombre des bras employés à l'agriculture est de
beaucoup moindre qu'il n'était dans la période antérieure
à 1861 : cela s'explique d'abord par le déplorable entraînement qui, dans toute la France, a porté une partie des
populations rurales dans les villes : localement, c'est la
conséquence de l'émigration que nous avons signalée plus
haut, émigration telle qu'il existe, dans mon voisinage,
une grosse commune rurale (Mazan), dont la population
est descendue de 4,000 âmes, au chiffre de 2,500, dans
une période de 20 ans.

Le salaire a également diminué dans une forte mesure,
et pendant la saison d'hiver, nombreux sont les journaliers qui, même au prix de 1 franc et 1 fr. 25 par jour, non
nourris, ne trouvent pas d'ouvrage. Il y a lieu de remarquer, tout au contraire, que les domestiques loués à
l'année élèvent leurs prétentions chaque jour davantage,
au point que les gages se sont accrus de plus de moitié
depuis 1861 : il en résulte que fermiers et propriétaires
louent un moins grand nombre de domestiques, et qu'ils
s'adressent de préférence aux journaliers, au moment où
les œuvres pressent.

Le prix des journées dépasse rarement aujourd'hui, pour les hommes, 2 fr. 50, et pour les femmes, 1 fr. 50. Avant 1861, avec l'arrachage des Garances, notamment, un homme se payait, en moyenne, 4 francs par jour.

10° Le principal de l'impôt foncier n'est pas plus élevé qu'en 1861; mais, les charges départementales et communales ont de beaucoup augmenté le chiffre des contributions payées par nos propriétés, avant 1870. Une autre charge très-sensible à nos paysans, est celle qui frappe les jardinières ou petites voitures, avec lesquelles ils se rendent aux foires et marchés. Cet impôt sur les voitures est très-impopulaire.

Enfin, de tous les impôts, celui dont les conséquences seront les plus désastreuses pour l'agriculture française, et celui dont, en dépit de leur patriotisme, ils sentent le plus durement le poids, c'est le service militaire obligatoire qui leur enlève tous leurs enfants : ils se résigneraient bien encore à s'en priver pendant trois ou quatre ans, s'ils étaient certains de les voir revenir aux champs. Par malheur, un grand nombre cherchent des emplois à la ville, aussitôt qu'ils sont libérés, et beaucoup de ceux qui retournent à la terre n'y reviennent qu'avec dégoût. Le service obligatoire demeurera, dans l'avenir, la cause principale de la dépopulation de nos campagnes.

11° Pour notre région, en particulier, la viabilité, les moyens de transports et les débouchés n'ont pas été très-sensiblement améliorés depuis 1861; ils n'exigent même pas impérieusement d'être modifiés, sauf pour les régions montagneuses, qui sont demeurées déshéritées.

Tout ce que nous pouvons désirer, c'est un prix rémunérateur de nos denrées, pour lesquelles le débouché est loin de nous manquer.

Mais, par contre, les facilités de vente ont créé une légion de courtiers-marrons et de commissionnaires pour tous les objets d'alimentation, et ceux-ci ne parviennent le plus souvent aux consommateurs, qu'après avoir passé par bien des mains qui ont prélevé, tout naturellement, un bénéfice ; d'où il ressort que lorsque les denrées se paient à bas prix chez le producteur, elles n'en ressortent pas moins à un prix élevé pour le consommateur.

Cela explique ces plaintes générales que l'on entend formuler dans toutes les campagnes : « Tout ce que l'on vend est bon marché, tout ce que l'on achète est cher. » Loin de nous la pensée de contester le besoin d'intermédiaires et les services qu'ils sont appelés à rendre ; nous constatons, toutefois, que nous sommes arrivés à l'abus sous ce rapport, et dans notre pays plus que partout ailleurs peut-être, à cause du grand nombre de marchés et de foires.

Sur la question posée par le ministre, sous le n° 5 du questionnaire, adressé par lui à la Société nationale d'agriculture, nous ajouterons que la liberté laissée à la boulangerie et à la boucherie a été également contraire aux intérêts du public.

La liberté de la boulangerie a eu pour conséquence de faire hausser le prix du kilogramme de pain de *cinq* centimes ; ainsi sous le régime de la taxe, on accordait au boulanger un bénéfice de 9 à 10 francs par balle de farine transformée en pain. Depuis que la boulangerie a été librement exercée, et quoi qu'on ait pu dire sur la concurrence qui se produirait forcément, l'intérêt commun a rapproché tous les membres de la corporation, si nombreuse fussent-ils dans la même ville, et le bénéfice de chaque balle de farine convertie en pain a été porté et maintenu par les intéressés à 18 et 20 francs.

On marchande à notre agriculture un droit compensateur sur les Blés, dont les conséquences seraient à peine de frapper le prix du pain d'une augmentation de 2 centimes par kilogramme, et l'on semble trouver tout naturel, qu'une industrie prélève sur l'immense foule des consommateurs, dans laquelle la plupart des producteurs se trouvent eux-mêmes compris, un impôt plus que double.

Nous ne pouvons avoir la prétention de parler que de ce que nous connaissons bien, et nous ne pouvons dire quelle est à ce sujet la disposition des esprits dans le reste de la France ; mais ce que nous savons bien, et ce en quoi nous sommes certain de n'être pas contredit, c'est que dans toutes nos populations, on préfère voir le cours des Blés se maintenir à un taux plutôt élevé que bas, pourvu que cette élévation n'ait pas pour cause la disette. En effet, toutes les fois que le propriétaire, grand ou petit, vend son Blé et ses denrées à un prix rémunérateur, il fournit en retour du travail bien rétribué aux ouvriers agricoles d'abord et, par conséquence, aux ouvriers de toutes les industries. Si donc, de ce fait, le pain est légèrement plus cher, cet inconvénient est plus que compensé par le travail assuré à celui qui ne vit que de ses bras. Que de fois n'avons-nous pas entendu les ouvriers citadins ou agricoles nous dire : « Nous préférons, de beaucoup, payer le pain un prix un peu plus élevé et avoir du travail assuré, que de le voir à bas prix, si nous ne gagnons pas l'argent pour nous le procurer. » Et ces gens-là ont raison, car c'est dans les années de grande importation et de bas prix de vente que le travailleur a le moins d'ouvrage et qu'il gagne le moins.

Ce qui se passe, en France, depuis quelque temps, n'est-ce pas un exemple qui devrait éclairer les plus prévenus ? La misère y accompagne en proportion directe l'énorme accroissement de nos importations sur nos exportations.

Un écrivain agricole, de grand renom, soutenait, ces jours derniers, que le midi de la France est essentiellement libre-échangiste. Il n'a jugé, comme tant d'autres, que par ce qu'il a appris des commerçants des grandes villes, qui vivent principalement de commerce de transit et de spéculations sur les denrées ; mais s'il avait fait une enquête dans nos campagnes, il aurait pu constater que la majorité de nos cultivateurs (et ceci est à considérer sous un régime de suffrage universel) demandent à être défendus au moins par des droits compensateurs, et que nombre de personnes, libre-échangistes il y a quelques années, sont revenues à des idées protectionnistes, éclairées par les faits récents.

La liberté laissée à la boucherie n'a pas profité davantage que celle de la boulangerie, à la consommation, dans nos départements méridionaux, au moins. Les hauts prix de la viande une fois acquis sont fidèlement maintenus, et quelle que soit la baisse qui survienne sur le prix des bestiaux, soit indigènes soit étrangers.

L'abus est devenu si grand pour ces deux industries, aux agissements desquelles nul ne peut échapper, que beaucoup de municipalités ont rétabli la taxe, soit du pain, soit de la viande, tantôt d'une manière obligatoire, tantôt à titre officieux et à titre de renseignements pour les consommateurs.

Les remèdes à l'état de choses signalé ci-dessus découlent du simple exposé de nos souffrances, et d'une manière plus générale, ils résulteront, à notre sens, de droits compensateurs établis sur les denrées étrangères produites à meilleur compte que les nôtres, et qui toutes, *sans exception*, leur font une concurrence ruineuse. En effet, Blés et grains, Oliviers, soies et cocons, huiles, textiles, les vins et les bestiaux mêmes sont, partout, à l'étranger, produits et offerts à meilleur marché qu'en France. Ce fait économique est certainement regrettable, mais on ne peut vouloir dans l'espoir (qui serait bientôt déçu, du reste, par la crise qui en résulterait) de donner la vie à bon marché à 9 ou 10 millions de gens qui vivent de l'industrie, en sacrifier 20 millions d'autres qui, en exploitant le sol, mettent en œuvre la plus solide et réelle richesse de la nation.

Nous demanderions encore que, partout où cela est possible, les canaux d'irrigation soient créés et propagés ; que la grande et la petite voierie soient améliorées dans les situations où cela est nécessaire ; que les impôts, qui directement ou indirectement frappaient si rudement l'agriculture, soient ramenés à de plus équitables proportions ;

Qu'enfin, lorsque l'on veut apprécier l'intensité des crises agricoles et étudier les remèdes à y apporter, au lieu de ne considérer principalement que les grandes exploitations et cultures exceptionnelles, que les terres favorisées de la plaine et des bords des fleuves et canaux, on tienne compte davantage des énormes surfaces de territoire et des sols déshérités qui forment, en définitive, la majorité des étendues cultivables, et supportent la plus nombreuse, et la plus laborieuse et intéressante partie de la population ; que l'on veuille bien étudier, pour cette situation qui est le cas le plus général, d'autres remèdes que des canaux irréalisables, ou des transformations de culture inapplicables sur ces terrains-là : trouver enfin le moyen d'éviter la ruine et la dépopulation de ces vastes territoires.

Ce que nous voudrions voir également disparaître, ce sont ces tarifs spéciaux établis par les Compagnies de chemins de fer, au détriment de la production nationale, et qui permettent aux vins d'Espagne et aux bestiaux venus du fond de l'Allemagne, d'arriver à Paris à moindres frais que ceux produits en France à 200 lieues de la capitale. Il y a dans ce fait une anomalie et une injustice à réparer.

Telles sont les principales observations que nous avions à présenter à la suite du questionnaire que l'on nous a fait l'honneur de nous adresser. Tant dans la réponse aux questions que dans la rédaction des observations qui suivent, nous nous sommes abstenu de toute idée de parti pris, et nous avons la conscience de n'avoir été que l'écho, même affaibli, de l'immense majorité des populations au centre desquelles nous vivons habituellement et dont nous partageons la mauvaise fortune.

80. — *Réponse de M. Gueyraud.*

Angers, le 25 mai 1879.

1re QUESTION. — *La division de la propriété.*

Elle continue, comme les torrents, son œuvre de désagrégation de la propriété et de la famille, dans le département.

En 1862, le nombre des exploitations était de 23,707 ;
En 1873, il est devenu de. . . . . 29,283.
Accroissement du morcellement, 23 pour 100.

Et cependant, dans le même temps, la population diminuait de 146,368, en 1861, à 136,166 habitants en 1876, soit de 68 millièmes.

Dans la commune de Gréoux, de 1,356 habitants en 1860, la population est descendue à 1,260 habitants en 1876 ; diminution, 8 pour 100 en quinze ans.

Je crois ne pouvoir mieux faire, pour peindre la situation de la propriété dans les Basses-Alpes, au point de vue du morcellement, que de citer la déposition de M. le directeur des contributions directes dans l'enquête de 1866, page 109 :

« Sur 63,000 cotes, 62,000 sont en terres de petite tenue, 1,000 en terres de moyenne tenue, 2 ou 3 propriétés ont plus de 400 hectares et 4 propriétés seulement dépassent la valeur de 100,000 francs.

« L'impôt est au revenu cadastral comme 1 est à 3.

« La rentrée facile des impôts tient au dévouement des habitants, qui se font d'ailleurs un honneur d'acquitter les charges publiques. La présence du porteur de contrainte est pour eux une humiliation. »

Sur la dépréciation des propriétés, le même fonctionnaire citait ce fait : « qu'une propriété aux portes du chef-lieu, achetée 30,000 francs en 1854, améliorée, n'a pu se vendre aux enchères publiques, en 1866, que 18,000 francs. »

2ᵉ QUESTION. — *La production des céréales.*

Le département des Basses-Alpes, malgré la pauvreté proverbiale de son sol, est un département essentiellement producteur de céréales et surtout de Froment de première qualité. Seul, peut-être, parmi les départements de France, il fut toujours exportateur de céréales et n'a jamais connu la disette, bien que la moitié de sa superficie, formée de la région pastorale, ne produise presque pas de céréales.

On y récoltait, avant 1860, plus de 800,000 hectolitres de Froment d'hiver, et 80,000 hectolitres d'autres grains comestibles. La production du Froment est réduite aujourd'hui à environ 500,000 hectolitres. La production était donc de 6,000 hectolitres de céréales comestibles pour 1,000 habitants avant 1860, et 4,000 hectolitres de céréales comestibles pour 1,000 habitants aujourd'hui.

Chacun vise à produire pour sa consommation, et rien de plus.

Si nous rapportons la production au revenu cadastral qui, pour le département, est de 3,947,778 francs, nous trouvons qu'il produisait, avant 1860, 206 hectolitres de Froment par 1,000 francs de revenu ; aujourd'hui, la production est descendue à 126 hectolitres.

C'est qu'aucun département, en France, n'a été plus profondément atteint dans sa fortune par la liberté du commerce des céréales. Cette culture, la seule appropriée aux conditions climatériques, s'était développée sous l'influence du régime prohibitif ou au droit de 5 francs par hectolitre qui existait depuis 1819. Le paysan, devenu de plus en plus propriétaire du sol, a été dépouillé du fruit de ses épargnes par les lois de 1861, et la culture d'une notable partie du sol est abandonnée.

Dans la commune de Gréoux, 1,500 hectares, autrefois exploités par le système celtique ou alternatif, sont aujourd'hui abandonnés, et passent à l'état d'incultes ou vacants, notre sol n'étant pas propre à la production de l'Herbe. Ils restent sans valeur.

3ᵉ QUESTION. — *L'élevage, l'engraissement et les produits des divers animaux domestiques.*

L'élevage dominant dans les Basses - Alpes est celui des espèces *ovines* et *porcines*. En dehors de quelques portions de la contrée montagneuse, la sécheresse du climat et la température élevée des étés n'en permettrait pas d'autres.

L'élevage de ces espèces a été profondément atteint par l'introduction des laines d'Amérique et d'Océanie pour l'espèce ovine, et pour l'espèce porcine, par l'introduction des porcs d'Italie et des viandes salées d'Amérique.

Je crois inutile de citer les chiffres auxquels est arrivé l'excédant d'importation sur les exportations qui, en 1878, est de plus de 100,000,000 de kilog. de laine en suint ; de même que, pour les porcs, qui se résument en 44,716 gorets, 65,704 adultes et 30,274,167 kilog. de viande de porc, c'est-à-dire l'équivalent de 300,000 têtes, ou plus du dixième de notre consommation. Mais je crois indispensable de signaler les erreurs de la statistique sur le capital en bestiaux du département. Les chiffres de 1862 et de 1873 sont sensiblement les mêmes, tandis que la diminution est manifeste. Je pourrais citer plusieurs exploitations de notre commune où, de 1855 à 1860, il y avait des troupeaux de 12 à 15 truies portières, et où, en 1878, il n'en existe plus que deux ou trois.

4ᵉ QUESTION. — *La production des plantes industrielles (Vignes, Betteraves, Houblon, Tabac, Colza, Mûrier, etc.)*

Les articles dont il ne sera pas parlé ne sont pas cultivés dans le département des Basses-Alpes.

La Vigne disparaît sous l'étreinte du phylloxera, que ous les efforts de l'Administration tendent à propager.

Le Mûrier avait repris, sur certains points du département, de 1867 à 1872, une certaine valeur par l'industrie du grainage par le procédé Pasteur ; mais, soit par fraude ou par négligence des graineurs, la réputation des graines des Basses-Alpes est aujourd'hui perdue, et les cocons pour

la filature, en concurrence avec les cocons et les soies
étrangères, sont tombés à des prix qui n'excitent plus à
l'éducation ; une partie de la feuille reste invendue sur les
arbres et l'on ne fait plus de nouvelles plantations.

5e QUESTION. — *La production forestière.*

Elle n'a pas subi de changement ; elle ne représente
d'ailleurs qu'un très-faible produit.

6e QUESTION. — *Les industries agricoles.*

En dehors de la minoterie, il n'existe aucune industrie agricole, et la diminution de la production des céréales a amené une diminution dans la valeur de location
de ces usines : tel moulin hydraulique, affermé 1,800 francs,
ne trouve plus preneur qu'à 1,600 francs, et encore ne
rencontre-t-on plus les mêmes garanties de solvabilité. Diminution, 12 pour 100.

7e QUESTION, — *L'outillage agricole, le drainage, les
irrigations et les autres améliorations foncières.*

Aucun changement n'a été apporté, depuis 1860, à
l'outillage agricole. L'exiguité des parcelles, l'inclinaison
du sol, s'opposent à l'introduction générale du matériel
nouveau : faucheuses, faneuses, râteaux, etc. Les batteuses
seules se sont un peu répandues, mais ce sont le plus
souvent des batteuses banales, établies à côté des moulins
à farine à force hydraulique ; leur installation est antérieure à 1860, et, à ma connaissance, il n'y a pas eu
d'installation nouvelle, depuis cette époque, dans le département.

Le *drainage* a rarement occasion d'être appliqué.

Par contre, l'*irrigation* est très-pratiquée, et il existe
un grand nombre de syndicats d'arrosages, la plupart fort
anciens.

La lenteur des formalités administratives et l'insuffisance des capitaux sont les principaux obstacles qui s'opposent à leur généralisation. Quand, avec beaucoup d'efforts
et de protection, on obtient du *pouvoir central* la solution
d'une entreprise d'irrigation dans un quart de siècle, on

peut se considérer comme extrêmement favorisé. Ce sont ces lenteurs qui rebutent les populations.

Pour les syndicats d'*endiguements*, ils ont été généralement une cause de ruine pour les populations qui en ont confié la gestion aux ingénieurs des ponts et chaussées ; les syndicats de Valensole, Manosque et autres, ont englouti des sommes énormes, sans aucun résultat. Les endiguements construits par les propriétaires, sans le concours de l'Etat, et, par suite, sans l'intervention des ingénieurs, ont donné les résultats pour lesquels on les avait entrepris, avec une charge moindre pour les propriétaires. Il y en a plusieurs exemples dans la commune de Gréoux, aussi bien sur la Durance que sur le Verdon. Les formes administratives sont considérées comme ruineuses et absorbent bien au delà de la subvention du tiers de la dépense allouée par l'Etat à ces travaux.

8e QUESTION. — *L'emploi des engrais commerciaux et du fumier.*

L'ouverture du chemin de fer des Alpes a permis d'augmenter l'emploi des tourteaux de graines oléagineuses, tirés de Marseille.

Le fumier de ferme diminue, par suite de la diminution du bétail et des pailles, et du manque de main d'œuvre.

9e QUESTION. — *Le nombre des bras employés à l'agriculture et le prix de la main d'œuvre.*

La population décroît de plus en plus, et chacun étant propriétaire et travaillant pour soi, la main-d'œuvre disponible est devenue rare et chère. Mais, par suite de l'abandon bien manifeste de la culture de certaines terres, il y a tendance à la diminution du prix de la main-d'œuvre. L'apogée semble avoir été de 1866 à 1867. On payait alors un premier charretier, nourri, 400 francs par an, ce qui représentait 65 pour 100 d'augmentation sur les prix de 1840 à 1850. Aujourd'hui, on aurait un homme de même valeur intrinsèque pour 350 à 375 francs. Mais généralement on préfère donner moins et avoir des hommes moins expérimentés, ce qui augmente considérablement le fardeau de la surveillance.

10e Question. — *Les impôts fonciers et autres qui grèvent la propriété.*

Les impôts, dans le département des Basses - Alpes et dans la commune de Gréoux, sont tout à fait exagérés, eu égard à la fertilité du sol. M. Blanc, directeur des contributions directes, dont j'ai cité la déposition dans l'enquête de 1866, les estime au tiers du revenu cadastral : c'est une proportion qui n'existe dans aucun autre département. L'administration connaît les causes de cette exagération, et, si elle n'y porte pas remède, c'est qu'elle met en pratique le principe des faits accomplis. Depuis l'époque de l'enquête, les impôts n'ont fait que croître. On fait miroiter en ce moment des espérances de dégrèvement ; nous n'y croirons que quand le système économique et financier sera changé.

Ce n'est pas en exagérant toujours les dépenses improductives, telles que les chemins de fer d'intérêts locaux, là où il n'y a de trafic à espérer ni dans le présent ni dans l'avenir, et en mettant toutes les charges sur la production nationale, que l'on peut espérer un dégrèvement. Il y aura tout au plus changement d'assiette et de perception ; on prendra, sous forme indirecte, ce que l'on prenait directement sur la propriété foncière, mais le résultat sera le même pour le travailleur national.

A Gréoux, de 1855 à 1860, le revenu imposable étant de 43,384 francs, le centime le franc 0.36,2884, le produit était de 15,743 francs.

De 1873 à 1878, le revenu imposable est devenu 44,064 francs, le centime le franc 0.40,2432, le produit est devenu 17,732.

Augmentation, 12.6 pour 100.

Si nous rapportons cette quotité d'impôt 15,743 francs et 17,732 à la population de la commune aux époques respectives, on trouve que, avant 1860, chaque habitant payait 11 fr. 61.

Aujourd'hui, il paye 14 fr. 07.

Augmentation, 21 pour 100 sur l'impôt direct, sans compter les indirects.

11ᵉ QUESTION. — *La viabilité, les transports et les débouchés.*

La viabilité laisse beaucoup à désirer, dans la majeure partie du département, et elle constitue une des plus lourdes charges de la population, parce qu'il n'existe pas une proportion suffisante de routes nationales.

En 1866, les voies de communications étaient classées comme suit :

Deux routes nationales, 339 kilomètres, soit 0ᵏ.048 par kilomètre carré.

« La route n° 100 n'a jamais été faite ; c'était d'abord un chemin muletier, élargi plus tard pour le passage des voitures et classé en 1854, pentes 17 pour 100, largeur de 3 mètres à 3ᵐ.50. » (Déposition de M. Denis, ingénieur, page 173.)

		K.	
Routes départementales.		716.5	0.103
Chiffre réduit à 507 kilomètres par le classement de la route nationale d'Avignon à Nice qui n'est encore qu'en projet, les travaux sont suspendus depuis 1870.			
21 chemins de grande communication.		331	0.047
18 — d'intérêt commun. :		398	0.057
903 — de petite vicinalité. . . .		2,360	0.339
Longueur totale.		4,144.5	soit 0.595 par kil²

Le rapport des routes entretenues par l'Etat n'est que de 8 pour 100, et cette situation n'existe que depuis 1854 ; antérieurement, il n'y avait que la route de Marseille à Gap, de 70 kilomètres de longueur, dans le département, soit 0ᵏ.010 par kilomètre carré ; les 984 millièmes de la viabilité étaient donc à la charge de la population. En 1870,

la proportion de routes nationales. pour la France entière,
était de 0.068 par kilomètre carré ; infériorité, 0.28 ; jusqu'en 1854, cette infériorité était 0.85. Cet état ayant
duré pendant plus d'un demi-siècle, on comprend que
l'appauvrissement du pays s'en suive. Ce sont des considérations de cet ordre qui faisaient dire au rapporteur de
l'Enquête agricole de 1866 (page 31) :

« Vous ferez aussi, M. le Ministre, tout ce que vous
pourrez, je l'espère, pour ces *laborieuses populations qui
luttent courageusement contre des causes réelles de souffrances, que seules elles seraient impuissantes à combattre.*
Ce sera de la bonne justice et de la bonne politique, car
l'Enquête a éveillé parmi elles de sérieuses espérances.
Elles y ont vu une preuve nouvelle de la haute et géné-
reuse sollicitude de l'Empereur, et il ne faudrait pas que
cette grande information aboutît à des déceptions qui se
traduiraient peut-être par du mécontentement et de la
désaffection. »

Par le classement de la route d'Avignon à Nice comme
nationale, si elle eût été exécutée, et par la décision ministérielle du mois d'avril 1869, qui portait dans les Hautes
et Basses-Alpes la subvention aux travaux d'irrigations et
d'endiguements aux 2/3 de la dépense, l'Administration
semblait avoir tenu compte de ces avis. Mais le gouvernement de la République a suspendu la construction de la
route nationale depuis 1870 et, sans abroger la décision
de 1869, depuis 1874, elle n'en a plus tenu compte et
n'accorde que le tiers de la dépense, somme absorbée le
plus souvent par l'excès de dépense qu'entraîne la forme
administrative.

. . . . .

En ce qui concerne la Question n° 5, posée dans la
lettre de M. le Ministre de l'agriculture, nous avons déjà
montré quelle influence néfaste a eue pour le département
des Basses-Alpes et pour la commune de Gréoux, la libre

introduction des céréales. Quant au commerce de la boulangerie, voici les résultats dans notre commune. Je les emprunte à une lettre du secrétaire de la mairie :

« Le prix du pain a toujours été de un centime au-dessous du centime le franc de la charge de Blé (160 litres), depuis le rétablissement de la taxe, qui a eu lieu au commencement de 1866. Ce qui a amené le rétablissement de la taxe du pain, c'est l'abus que faisaient les boulangers de la liberté que leur avait donnée la loi sur la liberté de la boulangerie. A l'époque où la taxe a été rétablie, les boulangers de Gréoux vendaient 5 centimes au-dessus du centime le franc.

« Actuellement, à Vinon (village voisin, dans les mêmes conditions d'approvisionnement), où il n'y a pas de taxe, le pain se vend 40 centimes, le Blé valant 37 francs la charge, et le prix du pain à Gréoux étant de 36 centimes. »

Ces faits se passent de commentaires.

Note sur la fabrication du pain dans les communes rurales de Gréoux (Basses-Alpes) et Vinon (Var) contiguës, en 1879 (mai).

	Fr.
Une charge de Blé (160 litres) du poids de 124 kilog. Valeur.	37 »
Conduite du marché au moulin.	0.50
Mouture au 40ᵉ, lavage, séchage, blutage et conduite.	1.50
Dépense du boulanger.	39 »

Résultat de la mouture.

		Fr.
1 kilog.	déchet, valeur.	0 »
24 —	son et recoupe à 15 francs.	3.60
99 —	farine coûtant.	35.40
	Somme égale aux débours.	39 »

Produit en pain 148 kilog.
Produit en argent de 99 kilog. de farine :

A Gréoux taxe à 0 fr. 01 en dessous du centime le franc de la charge de Blé, soit 0 fr. 36.	A Vinon sans taxe. Vente à 0ᶠ.40 le k.

	Fr.		Fr.
148 k. à 0ᶠ.36 le k.	53.28	148 k. à 0ᶠ.40 le k.	59.20
Bénéfice à Gréoux.	17.88	Bénéfice à Vinon.	23.80

Quand on paye en Blé, le boulanger rend en pain :

	Fr.		Fr.
108 k. à Gréoux.		100 k. à Vinon.	
Bénéfice à Gréoux 40 k. à 0ᶠ.36.	14.40	Bénéfice à Vinon 48 k. à 0ᶠ.40.	19.20
— 24 k. son.	3.60	— 24 k. son.	3.60
	18 »		22.80
Frais de mouture à déduire.	1.50	Frais de mouture à déduire.	1.50
Bénéfice net.	16.50	Bénéfice net.	21.30

Exagération de bénéfice par absence de taxe. 1ᵉʳ cas. 5.92 } 5 fr. 36
— — 2ᵉ — 4.80 }

Soit 15 pour 100 de la valeur du Blé.

DÉPARTEMENT DES HAUTES-ALPES.

81. — *Réponse de M. Allier.*

Berthaud, le 21 mai 1879.

Les chiffres que je citerai peuvent être facilement contrôlés ; ils ont été puisés dans les livres de la ferme-école ou dans les bureaux de la préfecture des Hautes-Alpes. Je n'ai pu malheureusement me procurer tous les renseignements que j'aurais désirés ; mais lorsque mes assertions ne seront pas accompagnées de chiffres à l'appui, elles pourront néanmoins être facilement vérifiées, parce qu'elles concerneront des faits de notoriété publique.

Pour abréger et simplifier ce travail, je crois devoir réunir les 1ʳᵉ, 2ᵉ et 4ᵉ questions. En même temps que j'exposerai les principaux changements survenus autour de moi depuis 1860, j'indiquerai les causes de ces changements.

1re, 2e et 4e *Questions.*

1° *Division de la propriété.* — Notre malheureux département se dépeuple de jour en jour. Depuis vingt ans, ainsi qu'il est facile de le constater par les tableaux de recensement, la population des Hautes-Alpes a diminué d'environ un dixième. Cette diminution est due à l'émigration des populations rurales vers les grands centres ou à l'étranger. Aussi la propriété, loin de se morceler, tend à s'agrandir. Cet état de choses, favorable aux progrès de l'agriculture dans les pays riches et avancés, est, au contraire, funeste dans le nôtre, où les capitaux font défaut.

2° *Assolements.* — Les assolements sont toujours à peu près les mêmes; dans le midi du département, on continue à suivre l'assolement biennal : Blé, jachère; dans le nord, quelques cultivateurs pratiquent la culture alterne fourragère.

3° *Production des céréales.* — La production des céréales ne s'est pas sensiblement modifiée depuis vingt ans. Le département est loin de se suffire; il y a là un sérieux progrès à réaliser.

De **1855** à **1860**, le prix moyen du Blé dans les Hautes-Alpes a été de **25** francs l'hectolitre, soit **32** francs les 100 kilog. De 1874 à 1878, il a conservé à peu près la même valeur. Mais son prix a beaucoup baissé cette année. Malgré la mauvaise récolte de l'an dernier, malgré l'hiver exceptionnel que nous venons de traverser et l'aspect déplorable des récoltes pendantes, le Blé ne se vend actuellement que 30 francs les 100 kilog. et tend à baisser. Cette diminution provient de l'importation des Blés d'Amérique et de Russie. Sur la place de Marseille, ces derniers se vendent 24 francs les 100 kilog. et reviennent à 26 francs rendus à Gap.

4° *Élevage des animaux domestiques.* — L'élève des chevaux et mulets, qui constituait une industrie importante pour le Champsaur (canton de Saint-Bonnet), n'existe pour ainsi dire plus dans le département. En revanche, l'élevage des animaux des espèces bovine et ovine a fait quelques progrès. Je regrette de ne pouvoir donner, à ce sujet, des chiffres comparatifs; j'ai vainement cherché à me les procurer.

5° *Produit des animaux domestiques.* — Depuis la création de fruitières ou fromageries dans le département, la production de la viande a diminué; les cultivateurs trouvent plus d'avantage à produire du lait qu'à engraisser.

D'un autre côté, la création du chemin de fer de Marseille à Gap ayant facilité l'exportation du bétail, les bouchers et marchands d'Aix viennent s'approvisionner sur nos marchés. Ces deux causes réunies : diminution dans la production, facilité de l'écoulement, ont produit une hausse remarquable sur le prix des bœufs, vaches et moutons gras. On paye actuellement 900 francs une paire de bœufs qu'on avait facilement pour 600 avant 1860; le prix des vaches et moutons gras a également augmenté, mais pas dans d'aussi fortes proportions; de même que celui des brebis et agneaux il a augmenté d'un cinquième environ.

Quoique la viande de porc d'Amérique n'ait pas encore pénétré chez nous, nous éprouvons le contre-coup de ce qui se passe ailleurs. Les porcs gras qui se vendaient autrefois 90 et 100 francs le quintal métrique ne se vendent plus aujourd'hui que de 70 à 80 francs. Des gorets de deux mois qu'on vendait 16 et 18 francs se vendent à peine 10 et 12.

Le prix de la viande de boucherie a augmenté dans des proportions relativement plus fortes que celui des bestiaux. En 1860, les bouchers vendaient le kilog. de viande 1 fr. 30, prix moyen; aujourd'hui ils le vendent 1 fr. 80.

Le prix de la laine a considérablement baissé. Avant 1873, la laine commune de pays se vendait en suint environ 2 fr. 20 le kilog.; depuis la loi sur les matières premières, elle ne se vend plus que 1 fr. 50, soit une diminution d'un tiers. On ne peut attribuer cette baisse à d'autres causes qu'à l'entrée en franchise des laines du Cap et d'Australie.

6° *Cultures industrielles.* — Depuis une dizaine d'années on a planté beaucoup de Vignes dans le midi du département. Malheureusement le phylloxera étend de jour en jour ses ravages sur nos vignobles, et on peut déjà évaluer à plus d'un quart la diminution en production de vin résultant du terrible fléau. Le prix moyen du vin chez nous a été, de 1855 à 1860, de 32 francs l'hectolitre. De 1874 à ce jour il a été de 31 francs. Malgré la maladie, malgré le peu d'espoir que donne la prochaine récolte, le prix de cette denrée tend continuellement à baisser. Tandis que, en novembre dernier, on a pu vendre le vin 35 et 36 francs au rez de la cuve, il est très-difficile actuellement de le placer à 27 et 28 francs. Cette baisse anormale provient de l'introduction dans le pays des vins à bas prix, fabriqués dans le Gard, l'Hérault, le Var, fabrication qui prend tous les jours de l'extension, favorisée par l'importation des vins alcooliques d'Espagne et d'Italie.

Notre viticulture, qui aurait pu quelque jour transformer une partie du département, se trouve ainsi menacée de deux côtés : par le phylloxera et par la concurrence déloyale des vins artificiels.

Une autre industrie également en souffrance est celle des vers à soie qui, sans être d'une très-grande importance chez nous, est, ou plutôt était une source de revenu assez considérable dans les basses vallées de la Durance et du Buech. Avant la loi sur les matières premières les cocons se vendaient en moyenne 7 francs le kilog.; depuis cinq ans ils ne se vendent plus que 4 francs.

Deux causes ont produit cet avilissement du prix des cocons : 1° l'entrée en franchise des soies du Levant; 2° la mode. Cette dernière cause qui, de prime-abord, paraît insaisissable, se rattache intimement à la première. Tant que les fabricants n'ont employé que nos belles soies indigènes, ils ont produit ces magnifiques étoffes, sans rivales au monde, que leur prix élevé rendait un objet de haut luxe et par suite un objet recherché. Lorsque, avec les soies du Levant, ils se sont mis à fabriquer en masse des étoffes à bas prix, une révolution s'est opérée dans la mode; la fashion n'a plus recherché des tissus que tout le monde portait; et comme c'est elle qui dicte des lois en pareille matière, le commun des mortels l'a imitée. La soie a été dédaignée, les métiers se sont arrêtés, les filatures ont chômé, les éducateurs se sont découragés, la feuille de Mûrier s'est donnée à vil prix et beaucoup de cultivateurs commencent à arracher leurs Mûriers.

Je suis persuadé que, si un droit protecteur établi sur les soies exotiques encourageait nos fabricants à revenir aux soies indigènes et à produire beau et bon comme autrefois, fût-ce plus cher, l'industrie de la soie reprendrait rapidement et on cesserait de voir péricliter une des principales branches de l'agriculture méridionale.

7° Outillage agricole. — L'outillage agricole a fait peu de progrès dans notre département depuis vingt ans. La configuration du sol, la division de la propriété, les arbres dont sont complantés beaucoup de terrains, ne permettent pas l'emploi des instruments perfectionnés. Cependant quelques moissonneuses et faucheuses ont été introduites dans les environs de Gap. L'emploi des batteuses tend à se généraliser dans le voisinage des villes, mais n'a pas encore pénétré dans les campagnes, où les foulaisons s'exécutent au rouleau ou à pied de chevaux.

Les instruments aratoires sont généralement bien construits et appropriés au pays. Leur prix a beaucoup augmenté depuis 1860.

8° Engrais commerciaux et fumiers. — Il n'y a pas longtemps encore, les engrais commerciaux étaient à peu près inconnus dans les Hautes-Alpes. Depuis quelques années plusieurs cultivateurs emploient avec succès les tourteaux de Sésame blanc et de Coton.

La fabrication des fumiers laisse beaucoup à désirer. Par suite du manque de litières, de la négligence apportée à recueillir le purin et l'engrais fécal, on peut hardiment avancer que la moitié environ des engrais naturels est perdue pour l'agriculture.

Le prix du fumier de ferme était, en 1860, de 1 fr. 15 les 100 kilog.; il est actuellement de 1 fr. 40 à 1 fr. 50, Le fumier de mouton se vendait 2 fr. 50, il se vend 3 fr.

9° *Nombre de bras employés à l'agriculture. — Prix de la main-d'œuvre.* — Par suite de l'émigration toujours croissante, la main-d'œuvre est de plus en plus rare, les salaires sont de plus en plus élevés. En 1860, on avait pour 20 francs par mois, ou 240 francs par an, un bon domestique; aujourd'hui, il faut mettre 300 francs pour en avoir un passable. Les journaliers qu'on payait 1 fr. 50 se payent 2 francs et 2 fr. 25. Les moissonneurs qu'on avait pour 2 francs ou 2 fr. 50 prennent aujourd'hui 3 francs et 3 fr. 50. Il en est de même pour tous les ouvriers. Les prix à façon ont aussi beaucoup augmenté. La plantation d'un hectare de Vigne, qui ne coûtait que 700 francs en moyenne, revient aujourd'hui à 900 et 1,000 francs.

10° *Impôts fonciers et autres.* — Les impôts fonciers et autres, principal et centimes, sont, pour la commune de Ventavon, d'un tiers environ plus élevé qu'en 1860; il en est de même pour la plupart des communes du département.

11° *Viabilité, transports, débouchés.* — Les voies de communication sont depuis très-longtemps nombreuses et bien entretenues dans notre département; c'est un juste hommage à rendre à l'administration des ponts et chaussées, aussi bien qu'à l'administration départementale. Par contre, les voies ferrées sont tout à fait insuffisantes. La plaine du Champsaur et la basse vallée de la Durance, c'est-à-dire les deux régions agricoles les plus importantes du département, gagneraient énormément à la création d'une ligne de Sisteron à La Mure, par Gap. Les transports jusqu'à Marseille, Aix et Grenoble, nos principaux débouchés, deviendraient ainsi plus directs et moins onéreux.

3ᵉ *Question.*

La condition du propriétaire, moyen ou petit, laisse beaucoup à désirer et devient de jour en jour plus misérable. Tout ce qu'il est obligé d'acheter : vêtements, coiffure, chaussures, denrées coloniales, etc., a considérablement augmenté de prix depuis 1860 ; pour n'en citer qu'un exemple, il paye aujourd'hui 14 et 15 francs une paire de bottines ferrées qu'il avait alors pour 10 francs. Les instruments de son métier lui coûtent environ un tiers de plus qu'autrefois : une charrue qu'il payait 40 francs lui revient actuellement à 55 ou 60 francs. Les salaires des ouvriers, les impôts, en un mot tout ce qu'il est obligé de débourser, a augmenté dans la même proportion.

En face de ce surcroît de dépenses, il vend ses produits à peu près au même prix (vin, céréales) ou beaucoup moins cher (laine, cocons) qu'il y a vingt ans ; et il a la triste perspective de les vendre moins encore à l'avenir ; seule, la production animale lui assure quelque bénéfice ; mais en serait-il de même le jour où l'Amérique jetterait sur la place de Marseille et, par suite, sur nos marchés l'énorme quantité de viande qu'elle peut exporter et livrer à bas prix ?

Cette situation, déjà si précaire, devient intolérable, lorsque, à la suite de circonstances imprévues, intempéries, maladies, etc., le revenu du sol se trouve diminué du tiers ou de moitié. Aussi ne faut-il pas s'étonner si la valeur vénale de la propriété baisse tous les jours : tel domaine qui, autrefois, se serait vendu 40,000 francs trouve difficilement des acquéreurs à 30,000.

La condition du fermier est peut-être pire encore que celle du propriétaire. Les baux à long terme sont inusités chez nous ; et généralement, dès qu'un malheureux fermier a opéré une amélioration à ses risques et périls, il est certain de voir augmenter le prix de location de sa ferme.

La situation des métayers est meilleure ; aussi trouve-t-on assez facilement un bon métayer, tandis qu'il est presque impossible de trouver un bon fermier.

La partie la moins à plaindre de la population rurale est assurément celle qui comprend les domestiques, journaliers et tâcherons : leur salaire a augmenté ; leur nombre étant très-restreint, ils sont assurés de trouver de l'ouvrage. C'est pourtant cette classe de cultivateurs qui émigre le plus. N'étant pas retenus par l'amour du sol et de la propriété, attirés vers les grandes villes par l'espoir d'un salaire élevé et par l'attrait des distractions et plaisirs urbains, ils abandonnent sans regrets une position modeste, mais sûre, pour aller trop souvent traîner sur le pavé de Marseille ou de Lyon une vie inoccupée et misérable.

5ᵉ *Question.*

Les actes législatifs régissant le commerce de la viande et du pain n'ont pas contribué à modifier sensiblement les prix de ces denrées. En revanche, les traités de commerce et la loi sur les matières premières ont porté un grave préjudice à notre agriculture. J'ai déjà signalé le tort porté par eux à la production de la laine, de la soie et du vin. L'importation des Blés exotiques a déjà fait baisser le prix de nos Blés de pays, elle le fera baisser davantage ; et, qu'on y prenne garde ! si la boulangerie n'est pas taxée, deux classes de citoyens seulement profitent du bon marché du Blé : les minotiers et les boulangers. Il se passe actuellement chez nous un fait caractéristique : les minotiers et boulangers emploient pour un tiers au moins les Blés et farines exotiques qui leur coûtent environ 15 pour 100 moins cher que ceux de pays ; le pain continue pourtant à

être vendu comme précédemment 35 et 40 centimes environ le kilog.

6ᵉ Question.

Les cultivateurs des Hautes-Alpes pourraient contribuer
eux-mêmes dans une large mesure à l'amélioration de leur
sort par des réformes et des perfectionnements dans leurs
procédés culturaux : fabrication mieux entendue des fumiers, extension des prairies artificielles, adoption de races
d'animaux perfectionnées, notamment la race Tarentaise
pour l'espèce bovine et la race Mérinos-Arlésienne pour
l'espèce ovine. Il faut espérer que, par la nouvelle organisation de l'enseignement agricole, l'instruction, se répandant au sein des campagnes, provoquera et facilitera
ces importantes améliorations.

Il serait également à désirer que l'introduction des cépages américains contribuât à sauver notre viticulture menacée d'une ruine imminente.

7ᵉ Question.

L'Etat pourrait singulièrement venir en aide à nos malheureuses populations par une suite de mesures, les unes
locales, les autres générales.

Comme mesures ayant un but tout local, le Gouvernement
pourrait : 1° introduire dans le département des étalons de
races d'animaux perfectionnées ; 2° provoquer et largement subventionner la construction de canaux d'irrigation
partout où il est possible d'en créer ; 3° comprendre dans
le projet des chemins de fer, soumis à l'approbation des
Chambres, et dont une partie a été renvoyée devant la
Commission, les deux lignes de Sisteron à Gap par la Durance, et de Gap à La Mure par le Drac.

Les mesures générales se rattachent à une question
brûlante qui préoccupe et divise les meilleurs esprits : les
traités de commerce et le libre-échange.

Quand on envisage cette question sans parti pris, il est

impossible, tout d'abord, de nier deux faits incontestables :
l'état de souffrance de l'agriculture et la large part qu'on
doit attribuer de ce fait à la législation actuelle. Tout ce
qu'on peut dire à ce sujet a déjà été dit, pour et contre.
Je me bornerai donc à répéter, après bien d'autres, ce qui,
dans ma conviction profonde, me paraît être l'expression
de la plus pure vérité : le libre échange complet serait aussi
funeste aux intérêts de la France qu'une protection outrée ;
un juste équilibre doit être maintenu entre l'industrie et
l'agriculture, ces deux forces vives de la nation, et on ne
peut favoriser l'une au détriment de l'autre sans courir le
risque de les voir péricliter toutes deux.

Il ne m'appartient pas, du reste, de chercher la solution
du redoutable problème qui s'impose au Gouvernement.
Je suis persuadé que les hommes éminents qui président
aux destinées de la France sauront trancher cette question
vitale de manière à concilier les intérêts immenses qui
sont en jeu avec les principes d'une sage liberté.

Je crois, toutefois, devoir me rallier aux vœux formulés
par un grand nombre de Sociétés d'agriculture, vœux
auxquels s'associera, je l'espère, la Société nationale :

1° Que le principe des traités de commerce soit abandonné et remplacé par un tarif général des douanes établi
sur les bases de la réciprocité ;

2° Que, dans ce tarif, les produits agricoles, sans exception, soient protégés autant que les produits manufacturés.

DÉPARTEMENT DE LA DROME.

82. — *Réponse de M. Roche.*

Saillaus, le 28 mai 1879.

Division de la propriété. — Le morcellement du sol est régulièrement continu ; comme il serait difficile, peut-être même dangereux d'y remédier par des lois arbitraires, il conviendrait que le gouvernement facilitât autant que possible, par des lois spéciales sur l'enregistrement, les réunions territoriales spontanées.

Assolements. — Ils ont peu variés, la production fourragère remplaçant actuellement les vignobles détruits. Les emblavures en céréales ont été diminuées depuis le libre-échange, la petite et la moyenne culture ne pouvant pas avantageusement lutter contre l'envahissement des Blés étrangers ; les Avoines sont moins délaissées par suite de nécessités culturales multiples ; les Maïs étrangers nous sont d'un grand secours pour l'engraissement de nos animaux.

Le *prix moyen de toutes les céréales* a baissé durant ces dernières années, par suite des apports d'Amérique.

L'avilissement du prix des laines, conséquence des envois étrangers et de la mauvaise qualité de nos toisons, a fait diminuer notablement la population ovine et a encouragé les montagnards à défricher leurs pâturages, travail désastreux pour les populations des vallées qui voient les graviers de leurs cours d'eau s'élever de 5 centimètres par an en moyenne et, en très-peu de temps, leurs meilleurs terrains devenir des marécages. Ce fait nécessite l'examen très-sérieux du gouvernement qui *s'obstine à faire reboiser* pour complaire à l'administration des forêts, tout en déplaisant aux contribuables qui *de visu* remarquent que ces travaux *sont sans résultats pratiques* et que leur argent passe à payer *grassement* des ouvriers qui prennent le travail tout à leur aise. Là où l'on reboise, il n'est plus possible d'avoir des journaliers, l'Administration forestière payant 50 centimes à 1 fr. de plus que la journée courante de la localité. Chose étrange, l'on voit souvent, dans le périmètre du reboisement, des défrichements désastreux être tolérés alors qu'il se trouvera toujours un garde pour faire punir, d'amendes énormes, le malheureux berger qui, involontairement, aura laissé égarer quelques bêtes sur la limite de la propriété officiellement reboisée. Il y a des cas où l'on a vu la valeur du troupeau lui-même être insuffisante à solder la note des frais. Il serait à désirer que les règlements de cette Administration fussent soigneusement vérifiés et qu'on exigeât un travail véritablement utile. Il est de notoriété publique que les loups, les ours pullulent à leur aise dans les bois de l'Etat, alors que les riverains et les amateurs se chargeraient eux-mêmes de voir, en très-peu de temps, la fin de ces bêtes malfaisantes qui, dit-on, ne sont tolérées que pour donner du relief aux cantonnements. Une enquête sérieuse et *désintéressée* serait nécessaire pour calmer l'opinion publique fort incrédule sur le zèle de cette administration.

L'engraissement du bétail a considérablement augmenté par le fait du prix régulièrement croissant de la viande de boucherie. Au point de vue agricole et social, la liberté absolue du commerce de la boucherie est à désirer, sous la condition d'une stricte exécution des lois sur les épizooties ; il est peu probable que les viandes étrangères, sur pied ou abattues et conservées de n'importe quelle manière, soient jamais d'un usage courant dans la bonne clientèle, la seule qui fasse gagner le vendeur, et ce sera pour les populations agricoles le stimulant nécessaire pour les obliger à modifier leurs races, en général si peu avantageuses au point de vue de la boucherie.

Les races tendent à devenir mixtes et l'élevage à se spécialiser au grand bénéfice de tous.

Nous désirerions la création temporaire de dépôt d'étalons

appartenant à l'Etat; il devrait y en avoir au moins un par arrondissement *placé autant que possible au lieu central* et confié aux soins et à la responsabilité d'un propriétaire intelligent qui recevrait en échange une prime proportionnelle à l'augmentation annuelle des saillies et, au besoin, un rapide complément d'instruction spéciale au moyen d'un agent des haras délégué provisoirement auprès de lui.

La région sud-est de la France se trouve privée de tous ses revenus; elle est, en outre, probablement la plus imposée; ses terrains classés, Vignes et payant les impôts afférents, sont très-nombreux. Les terrains, valant actuellement 500 francs l'hectare et payant 13 à 14 francs d'impôt foncier réel, n'y sont pas rares et sont un sujet d'étonnement perpétuel pour les employés d'enregistrement que leurs périgrinations successives amènent dans nos pays et qui ne peuvent se faire à ces écarts entre la valeur réelle et le revenu cadastral des différentes régions où ils ont passé. Il serait donc de stricte équité que l'État nous vînt en aide et nous dotât, tous les premiers, de dépôts d'étalons dont nous avons besoin et qui lui assureraient la production de races chevalines nerveuses, robustes, pour remonter admirablement notre artillerie.

Cultures industrielles. — Nous ne redoutions pas la concurrence étrangère pour nos bons vins de côteaux; les vins additionnés et corrigés chimiquement du Midi, pouvant seuls avoir à en souffrir. Mais la Vigne indigène est morte et ne renaîtra pas de ses cendres; les insecticides connus sont actuellement sans valeur pratique, et puisque le sulfure de carbone paraît être le seul agent efficace, le prix de 100,000 francs devrait être offert à l'inventeur qui arriverait à en abaisser le prix de revient au minimum possible, dit-on, de 12 à 13 francs les 100 kilog.

L'Etat devrait également encourager à peu de frais l'émulation des instituteurs ou des propriétaires pour la création de champs d'expériences *cantonaux* spéciaux à l'étude

des plants américains ; l'école de la Gaillarde, l'appel à la
générosité des viticulteurs qui en possèdent déjà, seraient le
stimulant nécessaire pour mettre à la mode ces expériences.

La *sériciculture* se meurt heureusement ; bientôt elle
aura passé de l'agonie au trépas pour le plus grand bénéfice des éducateurs qu'elle ruine, en ce moment, par des
espérances trompeuses qui ne se réaliseront jamais plus.
Une maladie étrange, appelée ici séve jaune, dessèche le
Mûrier et ne permet pas son remplacement sur le même
sol définitivement empoisonné. En outre, l'arrachage des
Mûriers est général et la classe éclairée en donne l'exemple ;
le producteur est dorénavant impuissant à fournir économiquement la matière première. L'alimentation de la *filature* n'est qu'une question de main-d'œuvre qu'on ne
pourra ni rejeter, ni éluder ; rien ne sauvera cette industrie
de sa ruine inévitable. — Le *moulinage* ne se maintiendra
debout qu'avec la libre introduction des soies étrangères.
— Enfin, le *tissage* ne va pas si mal qu'on veut bien le
dire, si on en juge par les salaires élevés qu'il peut donner
à ses ouvriers.

La plupart des agriculteurs redoutent particulièrement
de voir imposer les soies ; les compensations que, de tout
temps, on leur a fait miroiter devant les yeux n'ayant été
le plus souvent qu'un leurre ; et comme leur voix est rarement écoutée en haut lieu, ils se méfient de la campagne
protectionniste qui s'ouvre de nouveau et qui finira, une
fois encore, par donner à leurs dépens de nouveaux priviléges à l'industrie.

Nous demandons à lutter à armes égales avec l'industrie et que tous soient égaux devant la loi du libre-
échange ; nous voulons que la sélection naturelle nous débarrasse de toutes ces concurrences anormales qui ne se
soutiennent que par des priviléges et viennent drainer nos
ouvriers vers ces agglomérations d'où sortent périodiquement les chômages, les grèves, la misère, souvent les

émeutes, et toujours la dégénérescence physique de l'individu.

L'*outillage agricole* s'est immensément perfectionné sans l'heureuse influence des concours régionaux. Les concours spéciaux de Paris sont généralement mal vus des populations qui trouvent qu'on agit avec un favoritisme qui n'exclut pas l'emploi de ce qu'ils appellent leur argent.

Les *engrais commerciaux* entrent dans la pratique courante, quelquefois comme complément des litières, le plus souvent à titre de fumure unique dans les champs d'un accès difficile.

Le ministre compétent devrait donner des instructions très-précises pour charger les parquets de surveiller et poursuivre d'office tout abus de confiance dans la vente des engrais dit chimiques. Le pays est inondé de véritables filous qui se disent représentants de maisons de commerce et vendent sur analyse détaillée comprenant un grand nombre de noms barbares d'une inefficacité parfaite. Ne pourrait-on pas :

1° Éveiller l'attention des parquets.

2° Etablir officiellement une sorte de mercuriale des matières premières engrais.

3° Vulgariser, par un dépôt cantonal, la publication de petites brochures agricoles à un sou, accompagnées de quelques-unes de ces petites recettes de ménage ou d'horticulture propres à hâter la diffusion de ces écrits.

4° Créer d'office des laboratoires départementaux.

Les *irrigations* se généralisent; elles permettront l'emploi des fourrages et par suite du fumier de ferme, le seul agent efficace pour désagréger rapidement et économiquement les couches végétales; nous espérons que le gouvernement se prêtera à toutes les simplifications possibles dans la constitution des syndicats d'arrosage.

La *main-d'œuvre* déserte de plus en plus la campagne; elle allait autrefois aux travaux des grandes villes, maintenant elle se rejette sur l'industrie qui peut mieux payer que le cultivateur et qui a la ressource de cesser ses frais généraux à peu près lorsqu'elle le désire.

En fait de concurrence à la main-d'œuvre, il est bon de laisser à chacun la responsabilité de ses actes : l'industrie de la soie, la plus criarde de toute (et comme propriétaire d'usine je suis payé pour le savoir), croule sous le poids de ses fautes. Depuis des années, la *filature* s'était endormie sous l'influence d'une fausse sécurité ; son outillage, ses procédés ont été à peu près immuables ; pendant long-temps, il s'est gagné, dans cette partie, des sommes considérables aux dépens des éducateurs qui, de temps à autre, avaient quelques miettes du gâteau ; mais aussi ces industriels menaient grand train, surveillaient peu leur travail en gagnant toujours et quand même ; la très-grande majorité dépensait ses bénéfices au jour le jour, pendant que quelques autres plus avisés trouvaient le moyen d'économiser facilement quelques millions et prenaient leurs précautions en prévision de la crise qu'ils voyaient venir par la surélévation des salaires.

Le haut prix de la soie provient non pas précisément de la difficulté d'acquérir la matière première, mais surtout de la somme de travail énorme qu'elle exige dans ses diverses manipulations ; aussi, en vue d'arriver à une économie produite par la différence des salaires, plusieurs grands industriels ont-ils établi des filatures à l'étranger, et les résultats financiers répondant à leur attente, ils ont retiré peu à peu leurs usines de France. En vain, prétendrait-on que les Asiatiques ne peuvent nous fournir d'aussi belles soies que les nôtres : ils peuvent avoir nos races de vers à soie, ils ont un climat plus favorable, et comme habileté de main-d'œuvre, nous n'avons qu'à songer à leurs cachemires et à leurs tapis.

Le *moulinage* de la soie, entre les mains de gens actifs, peut encore nous donner quelques espérances ; notre climat et la proximité des grands marchés nous sont favorables ; mais comme la mode est aux étoffes bon marché et légères, nous ne pouvons que désirer de voir entrer en franchise les soies qui les produisent.

Enfin le *tissage* des étoffes de soie d'usage courant paraît être dans un courant d'affaires supportable, puisque tout à côté de chez moi, une usine de ce genre, montée avec un vieux matériel d'un usage peu avantageux, peut payer, en moyenne, 10 francs par mois et par ouvrier de plus qu'aux filatures ou aux moulinages. Il est vrai que le travail s'y fait à façon, et il n'est pas rare de voir une ouvrière un peu habile, gagner 40 francs par mois après deux mois d'apprentissage et quelquefois 60 ou 70 au bout d'une année, alors qu'elle ne gagne que 30 ou 32 fr. francs dans les autres usines.

Les *prix usités* en agriculture sont : pour les journaliers, 2 francs en hiver, 2 fr. 25 en été, 2 fr. 50 à 3 francs pour la moisson ; un homme peut gagner 550 francs par an ; un domestique à tout faire reçoit 280 à 350 francs, plus la nourriture, chauffage, éclairage, blanchissage, et sauf le raccommodage, qui n'est pas d'un usage général ; il revient de 750 à 800 francs par an. Un berger ou un domestique de terre, c'est-à-dire n'étant ni charretier, ni bouvier, reçoit 150 à 300 francs, suivant sa valeur. Les prix tendent à baisser depuis la disparition des Vignes ; on s'efforce de trouver des procédés pour intéreser les valets de ferme au bénéfice qu'ils procurent. Un procédé à recommander, pour faciliter l'introduction des instruments perfectionnés ou nouveaux, consiste à partager, entre maîtres et domestiques, le bénéfice qui résulte de l'innovation ; l'ouvrier, dans ce cas, gagne tout en ayant le plus souvent moins de peine, et le maître trouve son avantage dans ce fait qu'il s'assure la bonne volonté dans ses expériences, et son travail gagne à être accéléré. Il est d'usage régulier que l'on déduit des gages tout temps perdu du fait de l'ouvrier. que ce soit pour absence ou pour maladie ; cette règle est appliquée d'une manière absolue et évite beaucoup de sujets de discussion. Plusieurs propriétaires, dans le même but, au lieu de payer par journée, payent par heure de travail réel.

Le *capital d'exploitation* est insuffisant; le régime dotal y est pour beaucoup. Il est difficile de fixer en quotité par une moyenne, la disparition des Vignes ayant bouleversé de fond en comble les conditions culturales de nos localités.

Le *bénéfice net* est dérisoire; l'impôt absorbe à peu près tout dans les anciens vignobles de côteaux; à peine si l'on retire 1/2 à 1 pour 100 dans les anciens vignobles de plaine; 2 pour 100 dans les fermes mixtes, enfin 3 à 4 pour 100 dans les très-rares exploitations à pâturages des régions élevées.

Un *remaniement du cadastre* est de toute urgence. L'impôt foncier est extrêmement lourd à supporter pour nos pays de Vignes; il y aura, cette année, de bien nombreuses cotes irrécouvrables, et on ne paye pas parce que, matériellement, on ne peut pas; bon nombre de nos terrains ont été imposés comme Vignes lors de l'établissement du cadastre, et, aujourd'hui, ils sont en friche ou cultivés à bras, et l'hectolitre de Blé revient à un prix supérieur à sa valeur vénale. Nous estimons que lorsque la révision du cadastre sera devenue une nécessité budgétaire et de prudence à tout point de vue, nous serons déchargés d'un gros tiers de l'impôt foncier, quand bien même on profiterait de l'occasion pour l'augmenter. Les chiffres de rehaussement, appliqués par l'enregistrement, sont inverses dans la grande majorité des anciens vignobles.

Les municipalités désireraient voir supprimer les *prestations en nature* et leur remplacement par une taxe minima exigible en argent.

La *taxe sur les chiens* n'est pas assez élevée pour ceux de luxe; il ne devrait être admis comme chiens de garde que ceux préposés à la garde des habitations isolées. On arriverait peut-être ainsi à diminuer la fréquence des cas d'hydrophobie.

Enfin, il serait à désirer que chacun prît sa part des charges publiques et que les biens de main-morte rentrassent sous la loi commune à toutes les *successions*.

La *situation des propriétaires*, dans le sud-est, devient intolérable: ils ne trouvent ni à vendre, ni tout à l'heure à louer, et ils se ruinent à faire valoir directement :

Le régime dotal, fréquemment en usage, paralyse le crédit des cultivateurs ;

La liberté du fractionnement illimité des héritages crée des difficultés culturales de toute sorte et fournit le pain quotidien des hommes de lois ;

Les productions spéciales font défaut et l'aridité du terrain et du climat empêche beaucoup d'innovations ; les impôts de répartition ne diminuent pas avec la diminution des ressources ; l'enregistrement lui écorne périodiquement son patrimoine alors qu'il est sans action sur la fortune ecclésiastique qui menace de tout englober ; à la longue il ne se trouve à peu près plus que des métayers sans argent, pour les bonnes terres seules, dont ils sucent la quintescence de la fertilité au su et au vu du propriétaire qui, n'ayant pas le choix, ferme les yeux ; enfin, l'ouvrier agricole émigre des villages et va chercher fortune dans les villes ou à l'étranger.

Une curieuse statistique à établir serait celle qui indiquerait pour les écoles d'agriculture, quelle est la proportion des anciens élèves qui réussissent dans leur carrière et se proposent de faire suivre la même voie à leurs enfants. Comme ancien élève d'une de nos écoles régionales, je suis porté à croire que l'on trouverait là d'utiles révélations dont le public, même agricole, ne se doute guère.

Que l'on y prenne garde dans les sphères officielles ; notre agriculture, toujours traitée en paria, se meurt, et l'on sait ce que deviennent les peuples qui s'abandonnent ou s'écartent des conditions où la Providence les a placés, et que l'on n'oublie pas que nous sommes une population essentiellement agricole.

Quelles sont en résumé les causes qui ont amené cet état de malaise et quels sont les remèdes applicables à notre région?

1° Disparition de nos revenus. Nous demandons :

La stabilité du ministère d'agriculture et, pour cela, un sous-secrétaire vraiment agriculteur et pratique qui aurait la vraie direction et serait, en quelque sorte, inamovible, mais auquel la politique serait rigoureusement étrangère.

L'instruction primaire agricole. La création obligatoire d'une petite bibliothèque agricole, communale. La réunion à toute école communale d'un jardin qui servirait à l'étude des éléments de botanique, d'arboriculture et aux essais d'engrais commerciaux, de plantes fourragères ou industrielles étrangères à la région.

La création d'un laboratoire départemental d'analyse à prix réduit.

La publication périodique d'une sorte de mercuriale des matières premières pour engrais chimiques.

La création de dépôt d'étalons dans les formes indiquées ci-dessus.

L'exécution sévère des lois sur le défrichement.

La surveillance attentive du parquet sur les sociétés de crédit, principalement sur celles offrant des intérêts hors d'usage, ainsi que la vente des engrais de commerce.

La révision du cadastre et la création d'un terrier positif qui supprimerait la plupart des procès de campagne.

Les encouragements de toutes façons pour aider aux réunions parcellaires.

L'interdiction d'un morcellement abusif.

Des encouragements à la viticulture : fabrication et emploi du sulfure de carbone, pépinière expérimentale de Vignes américaines, publications spéciales.

Le maintien des concours régionaux.

Des encouragements à la création des syndicats pour l'irrigation ou la location de matériel agricole.

Le remplacement des prestations par une taxe en argent.

2° Que l'inégalité de la lutte pour la main-d'œuvre entre industriels et cultivateurs cesse par le fait d'une égalité absolue dans les traités de commerce à intervenir.

3° Modification au système militaire. — Réduction du service actif jusqu'aux limites qu'indique la prudence ; à cet effet, pousser activement l'instruction des recrues et supprimer d'office toutes les permissions, sauf pour urgence constatée. — Suppression de la conscription. — Interdiction d'entrer dans aucun ordre religieux avant d'avoir satisfait au service militaire actif.

4° Les impôts excessifs et leur mauvaise répartition budgétaire. Nous proposons : pression sur la diplomatie pour s'inspirer d'une politique loyale qui amène à l'évidente nécessité d'un désarmement général.

Egalité de tous devant l'impôt, y compris les corporations religieuses.

Nécessité d'une direction ferme, raisonnée, positive, pour économiser, sans inconvénients, les coûteuses expériences sur la forme des boutons de guêtre.

Révision des lois d'enregistrement sur les successions.

Nécessité, enfin, d'arriver à une entente générale pour unifier les monnaies.

Les *intempéries* sont sans effets appréciables sur la nature du malaise dont souffre l'agriculture.

Le *libre-échange*, décrété à l'improviste, a rudement éprouvé en son temps la production en Blé de la région sud-est. Nous ne sommes pas en état de lutter contre les Blés étrangers ; nous n'avons plus ni vins ni soies, ni laines, ni huiles, ni garance comme revenus ; mais si nous obtenons les réformes que nous demandons, nous nous sentons assez d'énergie pour trouver d'autres productions. Mais toute création demande un temps d'arrêt pendant lequel il est coûteux de vivre, et notre véritable ennemie, l'industrie, que nos tarifs protégent, nous enlève le crédit et la main-d'œuvre.

Nous voulons la *libre concurrence entre toutes les industries nationales, l'agriculture y comprise,* et nous admettons comme juste l'élimination naturelle de tout ce qui est anormal en fait de concurrence.

L'égalité dans la lutte a toujours créé l'émulation et les perfectionnements ; que l'industrie, surtout la soierie qui, plus que tout autre, se désole malgré ses millions, perfectionne son outillage comme nous l'avons fait nous-même et cherche de ce côté la source de bénéfices loyalement acquis. La filature seule se meurt par suite du manque de matière première, dont la production, *quoi que l'on fasse,* *est devenue économiquement impossible* ; mais elle a dans le temps assez gagné et assez gaspillé pour qu'elle rentre dans le droit commun. Que notre fausse sécurité dans des lois protectionnistes dont la compensation, entre diverses productions, est impossible, ne fasse pas réveiller notre industrie au lendemain d'un Sadowa manufacturier et que le brusque envahissement des produits américains soit pour nous un avertissement salutaire qui nous éclaire sur notre optimisme naturel à l'égard de la perfection de nos moyens de lutte avec l'étranger. Une nation qui s'isole est une nation qui se meurt et une production, qui ne peut vivre que par la protection, est une anomalie qui ne peut trouver de comparaison que dans l'enseignement pratique officiel qui fut jadis donné à Grignon.

Il est à remarquer que s'il se produit, dans les sphères élevées du monde agricole, des divergences d'opinion s étranges, on le doit le plus souvent à ce fait que les grands dropriétaires officiels sont très-souvent aussi grands industriels ou grands manufacturiers ; leurs terres ne sont, le plus souvent pour eux, qu'un objet d'agrément ou un capital de prévoyance qui, chaque année, peut se solder indéfiniment, et alors la vérité n'est souvent pas assez puissante pour maintenir l'équilibre entre ces intérêts divers. Dernièrement, au sein du bureau d'une Société d'agricuture, on procédait à la nomination d'une commission pour préparer un Rapport sur les traités de Commerce, et l'on interrogeait l'un des membres présents — à la fois un grand propriétaire et grand industriel, d'une loyauté et d'une intelligence ainsi que d'un franc parler connu de vieille date. — Il ne put que se récuser, disant sans rire et sans faire rire, qu'en conscience il ne pouvait prendre part à la discussion, son intérêt lui disant d'être « protectionniste « comme industriel et libre-échangiste comme agricul- « teur. »

En résumé, égalité avec l'industrie ou préférablement libre-échange pour tous. Voilà notre désir, voilà le seul vrai moyen de rendre à l'avenir la confiance et l'énergie à notre population agricole si rudement éprouvée.

Il a été répondu précédemment aux questions 6 et 7.

DÉPARTEMENT DE L'ISÈRE.

85. — *Réponse de M. Michel Perret.*

Tullins, le 22 juin 1879.

1re Question. — La division de la propriété n'a cessé de se produire. Les grandes propriétés n'existent plus qu'à l'état d'exceptions.

2e Question. — La production des céréales a augmenté notablement dans les plaines. Le contraire a eu lieu dans les districts montagneux.

3e Question. — L'élevage, l'engraissement et les produits divers d'animaux domestiques, ont augmenté.

4e Question. — La production des plantes industrielles a éprouvé des variations. La Vigne a augmenté. Le Chanvre a diminué. On fait peu de Tabac, peu de Colza. Pas de

Houblon. Betteraves seulement pour le bétail. On arrache le Mûrier en désespoir de la guérison des vers à soie.

5e Question. — La production forestière est importante dans les montagnes. Le Sapin y est d'assez bonne qualité, excepté dans les versants Nord. Les routes manquent encore pour l'exploitation des grands massifs.

6e Question. — Les industries agricoles sont peu nombreuses. Les sucreries et distilleries qui se sont élevées ont successivement succombé. Il y a quelques huileries pour les noix, quelques distillateurs ambulants pour les marcs des cuves à vin. Les magnaneries n'ont presque plus d'aliments.

7e Question. — L'outillage agricole est peu perfectionné. Le drainage avec tuyaux est rare. Les irrigations sont peu modifiées, excepté pour les prairies marécageuses, qu'on appelle bauchères, et dont on obtient d'assez beaux produits par des nivellements de terrain bien entendus.

8e Question. — L'emploi des engrais commerciaux n'a lieu que par exception. Le fumier est peu abondant par insuffisance de bétail.

9e Question. — Le nombre des bras employés à l'agriculture décroît toujours. Le prix de la main-d'œuvre est de 2 fr. 25 la journée.

10e Question. — Les impôts fonciers sont augmentés d'une contribution écrasante pour la construction de digues sur l'Isère. Ces digues de la plaine de Tullins, n'ayant pu être achevées, n'ont pu produire les résultats attendus.

11e Question. — La viabilité est encore insuffisante. Les communes se grèvent pour augmenter les chemins vicinaux aboutissant à la grande artère qui traverse le Graisivaudan.

Question n° 5 posée par M. le Ministre de l'agriculture.

Réponse. — L'influence de la législation sur les grains

a été très-sensible dans les districts montagneux qui ont diminué leurs emblavures, par la certitude de trouver du Blé dans de bonnes conditions sur les marchés. D'autre part, le prix très-élevé de la viande a permis d'augmenter l'élève du bétail dans ces mêmes districts.

A mon sens, le prix de la main-d'œuvre n'a pas encore assez augmenté pour mettre nos agriculteurs dans la nécessité absolue de se servir des machines. L'usage de ces engins nouveaux, ainsi que celui des engrais auxiliaires du fumier, ne se propagera que par la jeune génération, si on lui donne l'instruction agricole nécessaire.

DÉPARTEMENT DE LA SAVOIE.

84. — *Réponse de M. Tochon.*

La Motte-Servolex, le 15 mai 1879.

1° En ce qui concerne la période qui a précédé 1861, la Savoie ne fournira pas de données qui puissent être prises comme point de comparaison avec l'époque actuelle.

Il y avait en effet, à ce moment, un an à peine que son annexion à la France avait eu lieu, et avant cette époque sous le régime sarde, elle se trouvait soumise à un régime protecteur qui s'accentuait dans les moments de disette, en prohibant la sortie des denrées alimentaires, lorsqu'elles atteignaient un certain prix et en ouvrant ces mêmes frontières aux produits étrangers.

Du reste, alors comme aujourd'hui, la propriété était très-divisée, les exploitations petites. Notons que la Savoie produit à peine assez de céréales, dans les bonnes années, pour la consommation locale.

Il est même assez rare que la plupart de nos petits tenanciers, métayers ou fermiers, atteignent la nouvelle récolte

sans avoir à acheter quelques hectolitres de seigle pour
compléter leur approvisionnement.

2° La production des céréales reste stationnaire, dans
notre département ; d'abord, parce que toutes les terres qui
ont pu être mises en culture le sont depuis longtemps ;
ensuite, parce que toutes nos fermes étant soumises à un
assolement alterne de 4 ou de 5 ans, selon que le sol se prête
ou ne se prête pas à la culture du Seigle, il n'est pas possible d'en étendre ou d'en réduire la surface cultivée.

Quant au rendement des céréales, bien que l'on ait apporté d'importantes améliorations au nettoyage et à la fumure des terres, il n'a pas augmenté dans les six dernières
années, peut-être même, en prenant une moyenne, aurait-il
un peu diminué.

3° On engraisse exceptionnellement les bestiaux en Savoie ; quant à l'élevage de l'espèce bovine, il a augmenté
dans une forte proportion depuis 1861, par suite des demandes, toujours plus nombreuses, que l'on fait de la race
de Tarentaise.

On évalue, au moins, à un tiers du prix primitif la plus-
value qui s'est produite, en Savoie, non-seulement sur les
élèves et les vaches laitières, mais encore sur les animaux
de travail.

La production des espèces ovine et porcine se maintient
dans l'état qu'elle avait avant 1861 ; seulement le prix de
vente s'est amélioré.

4° La flacherie et la pébrine ont annihilé la production
de la soie dans le département de la Savoie, et déjà l'on a
arraché une bonne partie des mûriers, pour les remplacer
par des arbres fruitiers.

On peut juger de la décadence de cette industrie, en Savoie, en rappelant que, pendant la campagne 1870-1871,
75 communes ont mis à l'éclosion 5,092 onces de graines,
donnant 70,000 kilog. de cocons, vendus 413,000 fr.,
après avoir occupé 1,915 personnes.

En 1877, la mise à éclosion n'était plus que de 1,227

onces produisant 17,000 kilog., d'une valeur de 100,000 fr., occupant 950 personnes.

Nous n'avons pas les chiffres de 1878, qui sont encore inférieurs à ceux de 1877.

On ne cultive ni le Houblon, ni la Betterave comme plante industrielle ; quant au Colza, par suite des atteintes du puceron lanigère, il tend à être complétement remplacé par la Navette. Du reste, Betteraves et Colza ou Navettes, ne sont cultivés que pour les seuls besoins du ménage.

La culture du Tabac n'a été autorisée en Savoie qu'à dater de 1865. Elle n'a pas pris une grande extension : cependant, en 1877, parmi les 19 départements admis à se livrer à cette culture, la Savoie occupe le 11ᵉ rang, avec 255,874 kilog. de feuilles, d'une valeur de 250,000 francs.

La Vigne occupe en Savoie une superficie assez restreinte, 12,000 hectares environ ; c'est cependant une de nos principales sources de richesse ; depuis 1861, l'étendue des Vignes basses s'est peu augmentée, mais l'on a beaucoup planté de treillages.

Grâce au prix élevé des vins, cette culture s'est améliorée, et l'on peut estimer que la moyenne du rendement s'est élevé de 25 à 50 hectolitres par hectare.

Nous attribuons une grande part de la gêne qui s'est produit dans nos campagnes, en 1878-1879, au mauvais résultat de la récolte en vin de 1878 ; l'anthracnose et l'oïdium, mal combattus, ont été la cause de la destruction, à peu près complète, du raisin dans les treillages.

5° La production forestière s'est sensiblement améliorée depuis 1861 ; nos bois, mieux gardés, mieux aménagés que sous le régime sarde, ont sans doute prospéré, mais nous n'avons pas de données à ce sujet.

6° La seule industrie agricole qui existe en Savoie, en dehors de la production de la soie et du Tabac, dont nous avons parlé, est celle des fromageries de montagne.

La Savoie, pays de pâturage par excellence, utilise le lait de ses vaches et de ses brebis, en les transformant en beurre, en fromage de fantaisie et en fromage façon Gruyère : cette industrie, qui se chiffre annuellement par 12 millions de francs, a gagné en importance depuis six ans. Avant 1861, le courant de l'exportation de cette denrée se dirigeait vers l'Italie; après l'annexion, il a fallu ouvrir de nouveaux débouchés. Il y a eu pendant quelque temps un arrêt dans les transactions ; cet arrêt a porté un grave préjudice aux intérêts de nos montagnards. Peu à peu cet état de choses a disparu, et aujourd'hui c'est la France qui est le principal acheteur de nos beurres et de nos fromages.

Cette industrie, comme beaucoup d'autres, a éprouvé une crise en 1878 et le prix des fromages a considérablement baissé.

7° L'outillage agricole s'est légèrement amélioré depuis 1861; mais si le nombre des machines à battre a augmenté, il y a encore beaucoup à faire sous le rapport des instruments de culture.

La petite propriété a le grave inconvénient, non-seulement de ne pouvoir acheter des instruments perfectionnés d'un certain prix, mais encore de ne pouvoir les faire manœuvrer avec la force dont elle dispose.

On n'a pas fait de grands travaux de drainage et d'irrigation, mais chaque cultivateur débarrasse son terrain des eaux surabondantes, et l'on sait utiliser les eaux.

8° L'emploi des engrais commerciaux n'a pas pénétré en Savoie : quelques propriétaires ont fait des essais partiels; ils ne se sont pas continués, parce que le cultivateur refuse de prêter son concours à leur achat. Quant aux engrais animaux, on en produit le plus possible et l'on peut affirmer que l'on est arrivé à les mieux traiter qu'avant 1861; les fosses à purin se sont multipliées, on en comprend l'importance.

9° Il est des vérités pénibles à dire, mais la Savoie a vu augmenter la dépopulation de ses campagnes depuis 1861.

Avant 1860, nos jeunes gens restaient au pays parce que le service militaire appelant nos soldats au-delà des Alpes, aucun d'eux ne restait en Italie ; après leur temps de service, les jeunes soldats revenaient dans leurs familles pour s'y établir.

Il n'en est plus de même aujourd'hui : la communauté de langage, l'éducation que nos jeunes soldats reçoivent pendant leur service militaire, l'élévation croissante des gages, déterminent la plupart des soldats libérés à rester loin de chez eux.

Ils prennent du service à un titre quelconque et ils sont perdus pour leur famille.

Cette émigration à l'intérieur n'est pas limitée aux jeunes gens ; les jeunes filles partent aussi, et bien peu de familles, en Savoie, ont moins de deux enfants qu'il a fallu élever, mais qui ne rendent aucun service à leurs parents.

La conséquence de cet état de choses c'est la rareté de la main-d'œuvre et l'élévation de son prix. Depuis 1861, elle a augmenté d'un tiers environ, et les exigences des travailleurs, sous le rapport de la nourriture, se sont augmentées dans de bien plus grandes proportions ; car on ne trouve plus d'ouvriers, si on ne leur assure du vin, quel qu'en soit le prix.

11° La viabilité a gagné dans son ensemble ; mais la petite vicinalité a encore beaucoup à espérer. Quant aux transports par chemin de fer, ils sont faciles ; mais leurs prix, surtout pour les petits envois, sont encore très-élevés.

Conclusion. — Le but de l'enquête poursuivie par M. le ministre de l'agriculture avec le concours de la Société nationale d'agriculture est, il nous semble, de connaître quelle est l'opinion de l'agriculture sur la protection à accorder aux produits français pour les défendre contre l'envahissement des produits similaires étrangers.

Nous répondrons à cette question, en nous plaçant exclusivement au point de vue de notre département.

Nous l'avons dit, la Savoie, composée de petites exploitations, produit à peine assez de céréales dans les bonnes années pour sa consommation locale ; les marchés sont alimentés concurremment par les cultivateurs ayant des domaines de quelque importance, mais surtout par les céréales de provenance étrangère.

La plupart des métayers produisent à peine de quoi fournir à leur alimentation ; les journaliers achètent la presque totalité de leur nécessaire.

Dans ces conditions, la position des fermiers vendeurs est sans doute bien intéressante ; mais celle des acheteurs qui forment la majorité l'est bien plus encore, et lorsque l'on considère que l'échelle mobile, que l'on propose de rétablir, aura pour effet d'augmenter de 1 à 3 francs le prix de 100 kilog. de Blé, on se demande si la masse de notre population aura plus à gagner qu'à perdre par l'établissement de ce droit protecteur, qui aura l'inconvénient d'éloigner de nos marchés des Blés de provenances étrangères, aussitôt qu'il se produira une mauvaise récolte en France.

Nous estimons donc que tout ce que nous pouvons demander, dans notre intérêt, est une juste et équitable réciprocité dans les conditions douanières des Etats avec lesquels nous aurons à conclure des traités.

DÉPARTEMENT DE VAUCLUSE.

85. — *Réponse de M. Bonnet.*

Paris, mai 1879.

1° Il est certain que la propriété se divise de plus en plus dans les environs d'Apt, par la raison que le pays est pauvre et foncièrement agricole. Où les héritages se composent exclusivement de terres, on ne peut partager autre chose.

2° La production des céréales y a positivement augmenté

à raison des fumures plus abondantes, des cultures plus
profondes, des défrichements des terres vaines existantdans
le pays, ou de l'emblavement des quelques Vignes phylloxé-
rées dont le sol pouvait porter semblable récolte. Mais, en
admettant même que, dans le reste du département de Vaucluse, on cultive en céréales les terres précédemment
occupées par la Garance, la production des grains n'a pas
augmenté au point d'amener la baisse de prix dont se
plaint notre agriculture.

. 3° L'élevage et l'engraissement des animaux, dans l'arrondissement d'Apt, sont bornés à celui du mouton et du
porc. — Depuis une dizaine d'années, surtout, l'élevage et
l'engraissement des bêtes à laine ont été rendus plus difficiles par les sécheresses qui ont brûlé notre Sud-Est. Pour,
tant bien que mal, nourrir mes troupeaux, l'an dernier,
force a été de louer des pâturages : cela n'était pas arrivé
depuis longtemps. Je comprends très-bien que, dans de
semblables circonstances, l'élevage, l'engraissement, surtout,, donnent d'assez maigres bénéfices; malheureusement, l'épizootie vient encore assombrir la situation. Les
moutons d'Afrique arrivent chaque semaine en grand
nombre à Marseille. Exténués par une marche forcée et
plus ou moins longue, de l'intérieur des terres au port
d'embarquement, ils sont entassés dans un navire sans que
l'on ait, au moment du départ, vérifié leur état sanitaire.
Mettons les choses au mieux, qu'ils aient trouvé place à
bord d'un bateau à vapeur, par un temps favorable, ils y
passeront, au minimum, soixante heures mal couchés et
aussi mal nourris. A l'arrivée, nul vétérinaire ne les exa-
mine, ils sont parqués Dieu sait comment, et nourris
de même, quand ils le sont. Il n'y a pas lieu de s'étonner,
dès lors, que ces malheureuses bêtes, n'ayant que la peau
sur les os, fournissent une viande détestable et malsaine,
et qu'elles apportent, chez nous, toutes sortes de maladies
contagieuses et épizootiques, piétain, clavelée, etc., etc.,

dont elles empoisonnent nos troupeaux. Ainsi vient s'ajouter, pour le cultivateur, une perte, toujours considérable, à celle que lui impose une concurrence dont l'activité s'accroît avec la création progressive de nouveaux moyens de transports rapides en Algérie.

4° La production des plantes industrielles est maintenant réduite chez nous, à peu près exclusivement à la Vigne et au Mûrier. On ne multiplie guère ce dernier, parce que, si, grâce à M. Pasteur, les graines de vers à soie sont plus saines et mieux choisies, les cocons se vendent moins avantageusement, par suite des importations croissantes des soies d'Italie, de Chine et du Japon. L'habitude de boire du vin à chacun de ses repas est si bien établie chez l'ouvrier industriel ou agricole de notre pays, qu'on plante toujours de la Vigne. Le phylloxera a beau étendre ses ravages, notre paysan n'en plante pas moins; il espère que son vignoble sera oublié par le dévastateur.

Plus intelligents, divers propriétaires riverains de la Durance ont converti ses bords en Vignes soumises à la submersion, et commencent à retirer de beaux bénéfices de leurs ventes de Raisins. D'autres, moins heureux, et je suis du nombre, se trouvant dans l'impossibilité de submerger leurs plantiers, cultivent la Vigne américaine, soit comme porte-greffe, soit comme producteur direct de fruits exempts de ce goût de cassis, auquel, je crois, les Européens et surtout les Français se feront difficilement.

Le Chardon à foulon vient de plus en plus mal sur nos terres; le sous-sol en est épuisé.

La Garance est abandonnée, et pour cause.

Le Chanvre se cultive de moins en moins aujourd'hui; il prospère mal dans un pays sans eau.

5° Pendant un temps, seule, la production forestière se maintenait. L'augmentation des salaires, jointe au manque de bras, et il faut bien en convenir, à la stagnation des affaires (1) a fait baisser le prix des coupes de bois et de leurs produits, écorces à tan et autres. Depuis quelques années, les acquéreurs de mes coupes emploient presqu'exclusivement des Italiens (Piémontais, Lucquois, Milanais). Cette année, entre autres, les Truffes se sont très-mal vendues, de 3 francs à 7 francs le kilog., au lieu de 10 à 12 francs, prix moyen des années précédentes.

6° Les industries agricoles sont au nombre de deux, au plus, dans l'arrondissement d'Apt; les magnaneries, qui rendent de moins en moins chaque année, et les huileries. Celles-ci comprennent d'abord les moulins où se fabrique l'huile d'Olive; ils sont peu nombreux, généralement à manége, deux ou trois sont mus par un courant d'eau et un par une machine à vapeur — au moins, je n'en connais pas d'autres; — leur outillage et leur travail s'est fort amélioré; quand la récolte d'Olives est bonne, ces moulins marchent pendant un mois et demi. Quant aux moulins où l'on extrait l'huile de Noix, ils sont rares et fonctionnent quand il y a des Noix, c'est-à-dire tous les quatre ou cinq ans.

7° L'outillage agricole n'est pas très-considérable dans la vallée du Coulon, surtout; mais, il est approprié à notre sol à pentes déclives, caillouteux et semé de rochers. Il se compose de charrues Dombasle, plus ou moins altérées dans leurs formes primitives par des constructeurs maladroits, de l'éternel araire romain ou *fourcat*, de charrues défonçeuses travaillant, dans la plaine, les sols profonds et faciles, de divers modèles de herses, de rouleaux à dépiquer et d'excellents tarares pour débourrer et nettoyer les grains. Comme instruments à main, des houes possédant la bêche à lame légèrement concave, large de dix-huit à

(1) La tannerie ayant ralenti sa fabrication, le prix des écorces a baissé de 4 à 5 francs les 100 kilog. (je parle des Chênes verts, celles de Rouvre n'étant plus acceptées à aucun prix); celui des coupes de bois a subi une baisse proportionnelle. Aussi j'ai dû céder à 8,600 francs un taillis dont j'avais refusé 9,300 francs en 1877, perdant 700 francs sur le prix, plus une feuille, soit le 20e du prix. En tout, 1,165 francs.

Enquête.   35

vingt centimètres et longue de trente à trente-cinq ; la bêche à deux dents ayant les mêmes dimensions que la première, et servant à retourner les terrains compactes ou pierreux , leur travail est parfait ; le bêchard, sorte de houe à deux dents de force variée, et des houes à lame pleine, de divers modèles. Nos moissonneurs abandonnent la faucille (le volant) pour la faux, dont le travail plus rapide est moins soigné. On cherche à corriger l'œuvre imparfaite de la faux par un râtelage des chaumes exécuté à l'aide d'un râteau à cheval en bois, qui ne fonctionne pas très-bien lui-même, ce qui met le cultivateur dans l'obligation de repasser presque partout avec le râteau ordinaire. Dans la vallée de la Durance, on voit fonctionner, en outre, deux ou trois brabants doubles, une ou deux moissonneuses-faucheuses et autant de batteuses à manège ou à vapeur. Mettez, en plus, deux ou trois houes à cheval, même nombre de scarificateurs, de charrues à sous-sols, quelques rouleaux squelettes ou en Chêne massif, pour briser les mottes et plomber les terres soulevées par la gelée, et des trieurs Vachon, Pernollet et Marot, qui semblent, chaque jour, être appréciés davantage, les derniers surtout, et j'aurai donné, je pense, la liste complète de l'outillage en usage dans l'arrondissement.

Le drainage proprement dit, avec tuyaux en terre cuite, n'est pas très-usité dans nos pays de montagnes où l'on préfère employer les pierres, ne fût-ce que pour s'en débarrasser.

Les eaux sont tellement rares dans les trois quarts de l'arrondissement d'Apt, que l'on cherche à les utiliser du mieux possible. Je crains, seulement, que l'on manque un peu d'intelligence à cet égard.

Il serait grandement à souhaiter que, subventionné par l'État, le barrage d'Oppedette fournît promptement à nos agriculteurs le moyen de pratiquer l'irrigation sur une plus grande échelle. Notre sol est presque aussi aride que notre climat ; à peine arrive-t-on à lui conserver le peu de fraîcheur dont il jouit, en opérant des défoncements de 50 centimètres de profondeur, très-bien exécutés et renouvelés de trois en trois ans.

8° L'emploi des engrais commerciaux grandit chaque année; celui des tourteaux, parmi lesquels dominent les sésames noir et blanc, est ancien; j'avouerai même qu'on en abuse, vu leur pauvreté constitutionnelle. Heureusement, il s'est fondé, à Avignon, deux importantes manufactures qui nous fournissent des phosphates minéraux de l'Ardèche et d'Apt, convenablement traités et adaptés à nos besoins par divers mélanges scientifiques. On n'avait pas attendu ce moment, cela n'est pas douteux, pour améliorer notre sol au moyen d'engrais chimiques, de guanos, de phospho-guanos, de viandes desséchées, d'engrais salins de Berre, etc., etc. Mais, je ne considère pas moins l'adoption d'engrais riches, vraiment réparateurs, amenant l'usage plus modéré et probablement plus raisonné des tourteaux de toutes natures, comme un avantage sérieux pour nos populations.

Partout on trouve des fumiers d'écurie, d'ailleurs assez mal soignés; seulement la quantité regardée comme suffisante pour une fumure, ne l'est peut-être pas autant qu'on veut bien le croire. En général, on grossit leur masse dans les pays de montagne, en les mêlant avec des rameaux de Buis, de Genévriers, de Genêts, de Cistes, etc.; un simple arrosement provoque une fermentation rapide, que l'on affaiblit en retournant le tas et en arrosant copieusement.

9° Le nombre des bras employés à l'agriculture diminue tous les jours sous l'influence des causes suivantes : 1° la privation de bénéfices suffisants par suite de l'abandon forcé de la culture de la Garance et du Chardon; 2° le découragement des sériculteurs qui, voyant leurs éducations souvent détruites par les maladies, la flacherie, notamment, le prix des cocons et des soies diminuer chaque année à raison de la concurrence que viennent leur faire, sur nos marchés, les soies étrangères, n'espèrent plus retirer un bénéfice proportionné à leurs risques, à leurs avances et à leurs fatigues; 3° l'abaissement du prix des laines, et la crainte de voir celui de la viande le suivre dans sa marche descendante; l'éleveur se sait menacé, non-seulement par l'introduction des moutons d'Afrique, qui, somme toute, viennent d'un pays français, mais par l'importation des viandes conservées, et plus encore, par celle des moutons vivants qui nous arrivent de l'Amérique du Sud; 4° par la mort des Vignes et l'augmentation progressive du prix du vin; 5° par les pertes subies annuellement sur le prix des céréales.

La réunion des causes précitées pousse les habitants des campagnes de Vaucluse à se réfugier dans les départements voisins, à émigrer en Algérie, ou ce qui est pire, à abandonner l'agriculture toutes les fois qu'il trouvent un commerce à entreprendre ou les portes d'une usine ouverte devant eux.

A quelle cause doit-on attribuer la mortalité dont, suivant le *Journal officiel*, le chiffre, en 1877, a dépassé de 389 celui des naissances, et qui sévissait plus cruellement encore sur nos populations les deux années précédentes?

Reste enfin, comme une des causes de la rareté des bras employés à l'agriculture, l'augmentation de l'armée, triste, mais indispensable conséquence de nos désastres.

De cet abandon volontaire ou forcé de la vie rurale, provient nécessairement une augmentation de la main-d'œuvre, sous quelque forme qu'elle se produise. Cette augmentation est, en effet, de plus du tiers des prix anciens. Je n'ai pas mes écritures sous la main; toutefois, je ne crois pas me tromper en disant que de 1860 à 1862, jusqu'en 1863 peut-être, je payais 1 fr. 50 une journée de travail d'hiver, et 1 fr. 75 une journée de travail de printemps et d'automne (mars, avril, août et septembre). On me demande aujourd'hui 2 fr. 25 pour le travail exécuté pendant les mêmes saisons, hiver compris; s'il est besoin d'un homme plus soigneux ou plus intelligent que le commun des journaliers, il faut lui donner 2 fr. 50. Et veuillez le remarquer, je ne parle point ici du temps des coupes de bois, des moissons, du dépiquage des grains ou des semailles, pendant lequel le prix des journées varie de 3 à 6 francs, et parfois davantage, suivant la force, l'habileté de l'ouvrier, les apparences atmosphériques ou l'état des récoltes.

10° L'impôt foncier est lourd, on ne saurait le nier, et ce n'est pas en amoindrissant le coût du timbre des mandats de commerce ou celui des patentes, que l'on favorisera l'agriculture sur laquelle pèsent, entre autres, les droits sur les héritages, droits d'autant plus écrasants que la propriété est grevée d'un plus grand nombre de dettes; des droits de mutation, d'enregistrement, enrichis de décimes, de doubles décimes, etc. L'agriculteur, le fermier, le métayer savent qu'il faut payer l'impôt, et ils acquitteraient leur dette, je ne dirai pas gaiement, mais sans trop de peine, s'ils ne voyaient sur nos marchés, entrer en concurrence avec les leurs des denrées apportées en franchise des quatre points cardinaux. Et ce qu'il y a de plus extraordinaire, c'est que certaines de ces denrées voyagent en France à des conditions plus avantageuses que leurs similaires françaises.

11° La viabilité des routes nationales et départementales laisse rarement à désirer. Celle des chemins vicinaux est moins satisfaisante. Beaucoup de ces voies de communication de village à village manquent à peu près entièrement ou consistent en sentiers étroits, mal entretenus et à peine praticables. Or, les communes les plus mal pourvues de ce côté sont toujours les plus pauvres, en d'autres termes, celles qui peuvent le moins s'imposer de centimes additionnels pour créer ou réparer leurs chemins, et remplir les conditions qui leur donnent le droit de réclamer des subventions des Conseils généraux et du gouvernement. On pourrait dire, en général, plus mauvais sont les chemins, plus pauvre est la commune et partant plus dénuée de ressources pour sortir du cercle vicieux où l'étreint sa misère. Et, comme les transports coûtent d'autant moins qu'ils se font sur de meilleurs chemins, les plus chers pèsent sur les villages pauvres dont les chemins sont mal entretenus.

Les débouchés de l'arrondissement d'Apt sont : Avignon et Lyon, qui reçoivent des Blés, des fruits, des bois et surtout des écorces à tan ; Aix et Marseille, le plus important de tous, où s'expédient nos Blés meuniers si estimés, nos bois, nos charbons de bois, nos écorces à tan et nos Pommes de terre, dites de Pertuis. C'est la Bourse de Marseille qui fixe le prix de nos céréales. D'où il résulte que, plus mauvaise est la récolte en France, plus abondants, plus nombreux sont les arrivages dans le port de cette ville, et moins cher se vend notre Blé. Avant 1861, disaient nos paysans, sur dix récoltes, cinq étaient vendues au profit de l'acheteur et cinq à celui du vendeur, d'où une moyenne acceptable par l'un et l'autre; aujourd'hui, nous vendons toujours en perte. Il n'est pas douteux que la sécheresse n'ait influé très-fâcheusement sur le rendement de nos terres, puisque dans plusieurs localités voisines, les céréales ont produit seulement 2, 3, 4 et 5 pour un de semence. Grâce à l'attitude de mes terres, à leur nature argileuse, je n'ai pas obtenu moins de 9 1/2 pour un, avec des pailles plus ou moins longues. En fait, une mauvaise récolte de grains se compliquant, en général, d'une mauvaise récolte de paille, c'est-à-dire, d'une perte d'aliment pour le bétail, et d'une perte de litière, pèse toujours fort lourdement sur la récolte qui la suit.

Quoi qu'il en soit, si mes Blés n'ont pas été trop mauvais, j'ai vu mes prairies naturelles se convertir en maigres pâturages brûlés par un soleil implacable, malgré les fumures, les pluies d'hiver et quelques arrosements donnés au printemps. Dans la rapide excursion qu'il a faite à la Roche-d'Espeil, il y a deux ans, M. le Secrétaire perpétuel a trouvé mes prés dans cet état misérable, devenu pire l'an dernier. Les Sainfoins, les Vesces, les Luzernes ont compensé en partie le manque de foins naturels; les prairies des bords de la Durance et celles des environs d'Avignon, arrosées de nombreux canaux, ont complété notre approvisionnement de fourrage.

Je crois certainement représenter la très-grande majorité de mes compatriotes en reproduisant l'opinion émise, le 15 mars dernier, par le Comice agricole d'Apt, que la législation de ces dernières années a été pernicieuse, non-seulement au département de Vaucluse, mais à la France entière, à l'exception des viticulteurs de Bordeaux, peut-être. Je crois, en outre, qu'elle a amené un résultat diamétralement opposé à celui que l'on se proposait, celui de donner à l'ouvrier *la vie à bon marché.* Fils d'industriel, industriel moi-même pendant trente-cinq ans, j'aime les ouvriers au milieu desquels j'ai toujours vécu; j'ai la présomption, peut-être mal fondée, de les connaître, de connaître leurs besoins et leurs manières de voir. Pour l'ouvrier honnête et conséquemment laborieux, il impore infiniment moins d'acheter à tel ou tel prix le vivre et le vêtement, que d'avoir un travail régulier et ininterrompu au moyen duquel il puisse se donner le nécessaire, élever ses enfants et faire des économies pour ses vieux jours, en plaçant à la Caisse d'épargne, un argent qu'il aura la sagesse de ne point dépenser au café, plus attrayant et plus dispendieux que le cabaret d'autrefois. D'un autre côté, le cultivateur représente, en France, la classe la plus nombreuse, celle qui fait prospérer les fabriques et les usines lorsque la vente des produits qu'elle arrache à la terre le lui permet. Quand le paysan est riche, il achète, répare ou construit, il donne la vie au commerce, du travail aux manufactures; alors le bâtiment va, et, comme on l'a dit, tout va. Il n'est plus question de chômage. Dans ces conditions, l'ouvrier payera son pain un peu plus cher sans en souffrir; cette augmentation légère constituera en sa faveur une prime d'assurance contre le chômage et la réduction du nombre des journées de travail. Pour enrichir le paysan, fermier, métayer, le petit et moyen propriétaire, qui, tous cultivant sans profit, souffrent du même mal, il faut leur donner les moyens de combattre l'étranger à armes égales. Nos malheurs ont aggravé nos charges, l'impôt s'est fait lourd, l'armée prend une partie importante de nos bras, alors que la division croissante de la propriété s'oppose plus impérieusement de jour en jour à l'adoption des procédés économiques et rapides de culture. Il devient donc nécessaire de protéger le paysan et l'ouvrier français contre l'invasion des produits étrangers par un droit compensateur, par le rétablissement de l'échelle mobile, si l'on ne trouve pas un moyen plus efficace. Les républiques, les monarchies nous donnent l'exemple du retour à la protection, et il y aurait folie à ne pas le suivre. Le fer et les instruments de labour étant restés pour le paysan ce qu'ils étaient sous l'ancienne législation, n'auront pas à changer de valeur ; s'il doit subir une augmentation de prix sur le vêtement ou la journée de travail, il ne regrettera pas d'acquitter ainsi sa prime d'assurance contre la misère. J'ai traversé les années 1846 et 1847, dirigeant simultanément mes exploitations industrielle et agricole ; le Blé coûtait 42 francs l'hectolitre, ce que j'ai entendu appeler, avec raison, un prix de famine ; les Pommes de terre, les légumes et le vin étaient pareillement fort chers. Eh bien, les ouvriers n'ont pas eu à se plaindre de ces années calamiteuses, et que j'espère ne plus revoir. Le fermier, le propriétaire dépensaient largement en achats de toute espèce, en cultures, en réparations, en constructions ; les prix des journées s'était élevé proportionnellement à celui des denrées, et l'on put attendre sans souffrances la récolte exceptionnelle de 1848. Dans une sage protection seulement se trouvera le remède aux maux qui frappent à la fois notre industrie et notre agriculture.

Je serai bref en ce qui touche au commerce de la boulangerie et de la boucherie. Son organisation est tellement défectueuse qu'un mois après la promulgation de la loi abolissant l'ancienne réglementation de la boulangerie et de la boucherie, on a dû revenir chez nous à la taxe du pain et de la viande. En donnant à chacun la liberté d'établir une boulangerie, un étal, on espérait faire naître une concurrence avantageuse au public : on est arrivé à rendre plus nombreux les co-partageants du bénéfice produit par la vente du pain et de la viande. Mais ce bénéfice, qui nourrissait très-largement cinq bouchers et cinq boulangers, étant devenu trop faible pour en entretenir une dizaine, parfaitement associés entre eux comme devant, et ne se faisant pas la moindre concurrence, force a été d'augmenter le prix du pain et de la viande, parce que les besoins étaient restés les mêmes pour une même population.

Pour que le cultivateur, fermier ou propriétaire, puisse, dans le Midi, opérer des améliorations et des réformes culturales, trois choses sont indispensables. De l'argent d'abord, et l'agriculture, en ce moment, travaillant à perte, ne fait pas d'économies, et n'en pourra faire tant qu'elle ne sera point protégée par des droits réellement compensateurs. De l'eau ensuite. Nous avons dit plus haut, que le barrage d'Oppedette, construit conformément au vœu émis par le Conseil général de Vaucluse, possédant, en d'autres termes, toute la hauteur réclamée par les populations, permettrait d'arroser près de 3,000 hectares dans l'arrondissement d'Apt ou dans une petite portion des Basses-Alpes, qui ne peuvent espérer, comme les contrées voisines, de voir transformer leur agriculture sans l'action bienfaisante des canaux d'irrigation dérivés du Rhône ou de la Durance. De nombreuses minoteries et d'autres usines trouveraient, en outre, dans les eaux de ce barrage, un moteur assuré pendant les mois de sécheresse. Enfin, des chemins vicinaux en bon état de viabilité, permettant aux communes les plus pauvres d'amener leurs produits sur les marchés, ou sur le parcours des voies ferrées, avec les moindres prix de transport possible.

Je suis convaincu qu'en voyant le gouvernement lui venir

en aide, le cultivateur Vauclusien, ruiné par le phylloxera et l'abandon forcé des riches cultures industrielles d'où naissait la prospérité de son pays, renaîtra à l'espérance qui donne la force et la santé. La famille agricole pourra se reconstituer et l'émigration (1) n'enlèvera plus à la France, ni à notre département, éprouvés par tant et de si rudes secousses, les bras les plus robustes et les plus laborieux.

---

86. — *Réponse de M. le marquis de l'Espine.*

Avignon, le 22 mai 1879.

1ʳᵉ QUESTION. — Quelle était la situation de l'agriculture avant l'année **1861**, c'est-à-dire avant l'époque où les traités de commerce, ainsi que les différents actes législatifs qui régissent actuellement la production et le commerce des grains, le commerce de la boulangerie et celui de la boucherie, aient modifié le régime économique de notre industrie agricole ?

Il conviendrait d'indiquer cette situation aux points de vue :

1° *De la division de la propriété.* — La propriété était déjà très-divisée en **1861** dans Vaucluse. Les fermiers, les cultivateurs qui réalisaient des bénéfices en cultivant la Garance, le Tabac, la Vigne, les vers à soie, s'empressaient *alors* d'acheter un coin de terre pour placer leurs économies dès qu'ils avaient une bonne récolte ; mais, depuis la disparition graduelle de ces cultures, la situation a complètement changé.

Les propriétés ont perdu 50 pour 100 de leur valeur ; elles sont aujourd'hui presque toutes offertes à la vente ; elles trouvent très-difficilement des acquéreurs, excepté

(1) D'après des documents positifs, une partie de l'émigration vauclusienne se serait dirigée vers l'Amérique.

toutefois celles qui sont à l'arrosage ; ces dernières deviennent chaque jour plus recherchées.

2° *Des assolements.* — Il n'y a plus de système d'assolement régulier, depuis la perte de la Garance, chacun fait ce qu'il peut : la misère, le besoin d'argent obligent souvent à suivre un système que l'on reconnait défectueux.

3° *De la production des céréales.* — Cette production a augmenté dans les propriétés irriguées où l'on a établi des luzernières et des cultures potagères. Elle a diminué dans celles où la jachère a été supprimée et où on ne jouit pas du bienfait de l'irrigation.

4° *De l'élevage des animaux domestiques et de leurs produits (lait, laine, viande, travail, volailles).* — L'élevage des animaux domestiques est presque nul dans Vaucluse pour les races bovines et ovines, excepté dans la partie montagneuse du département où l'on rencontre encore quelques troupeaux et dans les communes de Saint-Saturnin et du Thor, où un certain nombre de bœufs sont soumis à l'engraissement en hiver ; il a pris une certaine extension pour la race porcine depuis une dizaine d'années. Il devrait être encouragé pour la race chevaline, dans l'intérêt de l'État et des petits agriculteurs.

La Société départementale d'agriculture a présenté des observations plusieurs fois à ce sujet ; elle a fait de grands efforts pour encourager l'élève du cheval. C'est à son initiative que sont dues les courses, les concours hippiques qui ont été établis de Lyon à Marseille depuis *vingt ans* ; c'est grâce à ces encouragements qu'un haras privé très-utile et assez important a été créé à Avignon. Malheureusement les observations de la Société départementale d'agriculture ont toujours passé inaperçues, et n'ont pas été prises en considération par l'administration.

5° *De la production des cultures industrielles, en distinguant particulièrement celles de la Vigne, de la Betterave à sucre, du Houblon, du Tabac, du Colza, du Mûrier, etc.* — La culture du Tabac est réclamée depuis dix ans, avec

instance, par les départements du Midi, et plus particulièrement par le département de Vaucluse, comme compensation, comme dédommagement à la perte des produits
principaux : Garance, vers à soie.

Le Ministre des finances s'est toujours refusé à nous
accorder cette satisfaction, pour des raisons fiscales, et en
motivant son refus sur les difficultés de la culture et sur
la qualité des Tabacs dans Vaucluse. Nous pensons que
l'intérêt bien entendu du fisc serait de relever notre agriculture, si cruellement éprouvée depuis dix ans, en ne lui
refusant pas de cultiver des produits rémunérateurs. Quant
à la qualité des Tabacs, aux difficultés de la culture, qualités
du terrain, nous avons répondu trop souvent à ces repro-
ches d'une manière victorieuse pour revenir aujourd'hui
sur ce sujet. Du reste, M. le Ministre des finances a un
moyen bien simple et bien certain de se renseigner d'une
manière exacte sur la qualité de nos Tabacs, c'est de s'en
rapporter à M. le directeur de l'Ecole d'agriculture de
Montpellier, au directeur de la station agronomique d'A-
vignon et au professeur départemental d'agriculture de
Vaucluse, s'il n'a pas confiance en nous.

Les nombreux rapports adressés au ministère par la
Société départementale d'agriculture de Vaucluse ont établi
dans quelles proportions les cultures industrielles avaient
diminué dans Vaucluse.

La Vigne, qui occupait une superficie de 32,000 hectares
en 1868, n'en occupait plus que 4,000 en 1872, dont
1,500 seulement restant de l'ancien vignoble.

Les Mûriers, qui avaient permis aux sériciculteurs vauclusiens de récolter près de 4 millions de kilogrammes de
cocons en 1847, ont été arrachés dans plusieurs localités,
ont péri par la sécheresse dans beaucoup d'autres et n'ont
pas permis de réaliser plus de 1,800,000 kilog. de cocons
en 1877, année de très-bonne réussite.

*Des industries annexes (distilleries, magnaneries. fro-
mageries, sucreries, etc.).* — Peu de changement.

De l'outillage agricole. —Amélioration sensible dans les grandes propriétés.

De l'emploi des engrais commerciaux et du fumier. — L'emploi des engrais commerciaux s'est beaucoup développé, dans Vaucluse, depuis quatre ans. Cet heureux résultat est dû à l'initiative prise par la compagnie de Saint-Gobain, qui a établi une usine au Pontet pour la fabrication des superphosphates de chaux. L'exemple donné par la compagnie de Saint-Gobain a été suivi à Avignon par d'honorables négociants en Garance qui ont transformé leurs usines, désormais inutiles pour triturer les Garances absentes, et qui les ont affectées à la fabrication des superphosphates et des engrais chimiques. M. Pernod, M. Thomas et autres livrent à l'agriculture des quantités considérables de superphosphates naturels, potassiques ou azotés, appropriés aux différentes cultures. Les réunions mensuelles et hebdomadaires de la Société départementale d'agriculture, son bulletin, ses encouragements et l'exemple donné par ses principaux membres, ont beaucoup contribué à propager l'emploi des engrais chimiques qui ont très-bien réussi partout où ils ont été mis en usage et qui paraissent destinés à rendre de grands services aux agriculteurs vauclusiens.

Les fumiers de ferme sont généralement bien traités par les petits cultivateurs ; ils sont peut-être moins bien soignés dans les exploitations importantes, où le manque de capitaux fait défaut pour refaire les étables, établir toutes choses de manière à soigner convenablement les fumiers.

De la quantité relative des bras à la disposition des cultivateurs (gens à gages, tâcherons et journaliers). — La population agricole a diminué d'une manière inquiétante, dans Vaucluse, depuis 1870.

M. le député Poujade s'était ému de cette situation, il y a peu d'années. Il s'était rendu en Afrique pour étudier les mesures à prendre pour faciliter l'émigration en Algérie de ceux de ses compatriotes qui étaient obligés de quitter leur pays pour chercher ailleurs des moyens d'existence.

Les gens de la c mpagne ont à peu près tous la même ambition, aujourd'hui : ne plus travailler à la terre, obtenir dans les villes une place, quelque infime qu'elle soit, et déserter ainsi complètement les champs. Il faut reconnaître que l'état précaire de notre agriculture, les mécomptes qu'y rencontrent tous les jours les agriculteurs les plus intelligents et les plus instruits, sont bien faits pour pousser les populations agricoles de notre région dans cette voie d'abandon des champs.

Des salaires des ouvriers agricoles (en distinguant ceux des ouvriers loués à l'année de ceux des journaliers pris temporairement). — Les salaires ont diminué dans la généralité du département de Vaucluse. Toutefois, dans le voisinage des villes, et dans les zones où la nature du sol et les irrigations permettent la culture maraîchère, les salaires sont restés stationnaires et ont même une tendance à la hausse ; partout ailleurs, malgré la diminution du prix de la journée, beaucoup de bras restent inactifs.

De la dépense en main-d'œuvre nécessaire pour les diverses cultures. — Voir l'enqnête agricole de 1860.

Des prix à façon des divers travaux de culture. — Idem.

Du capital d'exploitation et des profits. — Idem.

Des charges pesant sur le sol (impôts, prestations, taxes diverses). — Ces charges vont toujours en augmentant, non pas parce que l'État demande davantage à l'impôt foncier, mais parce que les maires abusent des prestations en nature, parce que les municipalités ne ménagent pas assez les centimes additionnels, parce qu'on établit des taxes supplémentaires tous les ans, et que l'on augmente constamment les droits d'octroi d'une manière exagérée, et, par suite, le prix des choses indispensables à la vie.

Ainsi, pendant qu'on cherche à faire disparaître les barrières extérieures, on les relève d'une façon continue et écrasante à l'intérieur.

Des frais de transport et de vente. — Les voies de communication ont été beaucoup améliorées, elles répondent aujourd'hui à peu près à tous les besoins; mais les frais de transport des produits agricoles, des engrais, des machines agricoles sur les chemins de fer sont beaucoup trop élevés. Le gouvernement ne s'en préoccupe pas assez. Les agriculteurs devraient être protégés plus efficacement contre l'arbitraire et les tarifs exagérés des compagnies de chemins de fer.

Quant aux voies fluviales, les agriculteurs sont unanimes à regretter de voir jeter tous les ans, en vue soi-disant de la navigation, des millions dans le Rhône, depuis Lyon jusqu'à la tour Saint-Louis, pour n'obtenir que des résultats négatifs. Ils estiment que si tous ces millions avaient été dépensés depuis vingt ans à construire des canaux agricoles, le canal Dumont et bien d'autres seraient terminés aujourd'hui ; les canaux qui traversent le département de Vaucluse auraient reçu les améliorations nécessaires, et la prospérité renaîtrait dans nos campagnes.

Des débouchés. — Voir l'enquête agricole.

2ᵉ QUESTION. — Quelle est actuellement, en prenant la moyenne des six dernières années, la situation de l'industrie agricole aux différents points de vue énoncés dans la question précédente :

Dans la région des céréales. — Elle est en souffrance, inférieure à ce qu'elle était avant 1860.

Dans les pays d'herbage. — Elle va en s'améliorant, mais les agriculteurs ne sont pas sans inquiétude sur l'accroissement de l'importation des bestiaux d'Italie et d'Afrique, importation qui a pris une grande extension depuis 1870 et qui leur cause un grand préjudice. Il est à remarquer également que les fourrages ont baissé du tiers de leur valeur dans Vaucluse, depuis que les départements de l'Hérault et du Gard ont arraché leurs Vignes et se sont adonnés à la culture de la Luzerne et du Sainfoin.

Dans les contrées à cultures arbustives (région des Vignes, de l'Olivier et du Mûrier). — Elle est déplorable dans les trois régions. La région des Vignes ne peut pas donner de produits rémunérateurs par la culture des Céréales et autres produits.

Celle de l'Olivier non plus.

Le prix des huiles d'Olive va toujours en diminuant, depuis quelques années ; il n'est plus rémunérateur depuis que les huiles du Maroc, de l'Algérie, de Tunis, d'Italie, de Grèce, et surtout les huiles de graines, débarquent à Marseille par grandes quantités. Le mélange des huiles de graines et des huiles d'Olives étrangères constitue un produit qui fait à nos huiles de pays une concurrence ruineuse pour nos producteurs.

On commence à replanter des Mûriers et des Amandiers dans la région du Mûrier ; c'est la seule chose pratique à faire, avec la plantation des Vignes américaines.

3ᵉ QUESTION. — Quelle est la condition, dans ces diverses régions naturelles, du propriétaire (grand, moyen et petit) ? — Elle est mauvaise pour tous.

Des fermiers (grande culture, moyenne, petite). — Ils demandent presque tous à résilier leurs baux, ou une forte diminution sur leurs fermages.

Du métayer. — Situation misérable, lorsque le propriétaire ne peut pas ou ne sait pas venir à son aide.

De l'ouvrier agricole. — L'ouvrier agricole est très-malheureux ; non-seulement les salaires ont diminué pour lui, mais il ne trouve pas toujours du travail, en offrant ses bras à vil prix.

4ᵉ QUESTION. — Quelles sont les causes générales et secondaires, permanentes et accidentelles, qui ont amené les changements signalés dans la situation de l'agriculture ?

La concurrence étrangère ;

Le défaut de capitaux ;

La sécheresse ;

Le phylloxera ;

L'alizarine artificielle ;

La maladie des vers à soie ;

Enfin le manque de protection, ou plutôt, pour mieux exprimer notre pensée, l'établissement d'un système de libre-échange faux qui a sacrifié les intérêts de l'agriculture française à celui de certaines industries nationales, au grand avantage de l'agriculture étrangère ;

Le manque de crédit et d'encouragements efficaces ;

L'obligation, pour les agriculteurs, de supporter presque toutes les charges, et de les voir encore s'augmenter pendant qu'ils sont éprouvés par la perte de leurs plus riches produits, pendant que la sécheresse fait périr, en grande partie, presque toutes les récoltes.

Dans quelle mesure chacune d'elles a-t-elle agi ? — Il serait difficile d'indiquer dans quelle mesure chacune de ces causes a agi, et, en particulier, dans quelles proportions les intempéries, quand elles sont persistantes, comme en **1878**, peuvent réduire le rendement d'une récolte de Froment, diminuer la qualité du grain et augmenter les frais du cultivateur. Mais on peut dire que l'opinion générale des agriculteurs est que la sécheresse exceptionnelle des dernières années, sécheresse qui a commencé à éprouver le département, il y a vingt ans, est la cause principale des souffrances de l'agriculture du Midi, en dehors, bien entendu, des causes particulières et accidentelles, telles que le phylloxera, l'alizarine artificielle et la maladie des vers à soie.

Par quels moyens (procédés culturaux, moissonnage et autres), l'agriculteur peut-il remédier partiellement à ces mauvais effets ? — En obtenant de l'eau pour noyer le phylloxera et pour faire venir des récoltes abondantes ; du crédit pour acheter les instruments agricoles et les engrais qui lui font défaut ; en fréquentant davantage les associations agricoles où se réunissent tous les amis de l'agriculture, et où l'on rencontre des propriétaires, des négociants, des savants toujours disposés à venir en aide aux agriculteurs, à les éclairer de leurs conseils.

5ᵉ QUESTION. — Quelle influence la législation sur les grains, le commerce de la boulangerie, celui de la boucherie et les traités de commerce ont-ils exercée sur la situation précédente?

La législation sur les grains a découragé les agriculteurs du Midi, qui savent très-bien, ainsi que cherchait à le leur démontrer un savant inspecteur général de l'agriculture au concours régional de 1866, que la culture du Blé ne sera jamais bien rémunératrice dans notre contrée. Les protectionnistes ont pensé qu'ils étaient livrés sans défense à la concurrence étrangère. Les libres-échangistes n'ont pas été satisfaits davantage d'un système qui protégeait les uns et sacrifiait les autres, et qui consistait à faire supporter aux agriculteurs seuls tous les inconvénients du libre-échange, sans leur permettre d'en profiter, puisque, alors qu'ils ne pouvaient pas se garer des produits étrangers qui entraient en France sans payer des droits, ils voyaient les leurs écartés des pays voisins par des droits protecteurs ou prohibitifs, et qu'ils n'avaient pas même la ressource de pouvoir se procurer des machines agricoles et autres objets de première nécessité à des prix modérés, puisque ces machines, ces autres objets payaient des droits considérables à leur entrée en France. Ils ont donc pensé, non sans quelque raison, que le libre-échange avait été établi pour les uns et pas pour les autres. Ils n'ont pas cessé de réclamer l'établissement d'un droit de douane fixe et invariable à l'entrée des Blés étrangers en France.

La liberté du commerce de la boulangerie et de la boucherie ne nous paraît pas avoir eu encore une grande influence ni en bien ni en mal sur la situation présente; mais nous sommes très-partisans de cette liberté.

6ᵉ QUESTION. — Quelles sont les améliorations et les réformes culturales qu'il serait possible aux cultivateurs de réaliser dans un avenir prochain, pour changer leur situation, accroître leur profit et les mettre davantage, et autant que cela est possible, à l'abri des crises qui se produisent périodiquement ?

Comme nous l'avons déjà dit, les améliorations principales ne dépendent pas des agriculteurs; il faudrait, pour leur venir en aide utilement, pratiquement, leur permettre d'utiliser les eaux des fleuves et des rivières qui s'écoulent en pure perte à la mer, au lieu de dépenser des millions improductifs à vouloir créer sur le Rhône des voies de transport qui n'ont plus leur raison d'être.

L'eau doit féconder la terre sous notre ciel brûlant.

La vapeur doit être mise au service de l'industrie ; elle suffira à tous ses besoins, elle créera tous les moyens de transport qui sont nécessaires au commerce et à l'agriculture.

Il faut procurer du crédit aux agriculteurs, favoriser leur initiative, lorsqu'ils élèvent la voix pour faire connaître leurs besoins au gouvernement et surtout lorsqu'ils font appel à tous les hommes de bonne volonté, à tous les amis de l'agriculture pour étudier avec eux les importantes questions dont la solution plus ou moins prochaine doit exercer une si grande influence sur la prospérité publique.

7ᵉ QUESTION. — Par quelles mesures et par quels encouragements spéciaux l'Etat pourrait-il coucourir à cette œuvre de progrès ?

La Société d'agriculture de Vaucluse a émis les vœux suivants, dans la séance du 22 mars 1879 que j'avais l'honneur de présider; je ne crois pas pouvoir mieux faire, pour vous faire connaître l'opinion des agriculteurs vauclusiens, que de les reproduire :

« Etablissement à l'entrée des produits agricoles et industriels étrangers, d'un droit compensateur représentant le montant des charges pesant sur les produits similaires français.

« Dans tous les cas, là Société réclame instamment l'égalité la plus complète entre l'agriculture et l'industrie, dans le tarif général projeté, et la réciprocité la plus absolue s'il intervient des traités de commerce avec les nations étrangères.

« De plus, la Société émet les vœux les plus pressants en faveur de la fondation d'institutions de crédit agricole, la création de nouveaux canaux d'arrosage et l'amélioration de ceux qui existent. »

M. Enjalbert a proposé d'ajouter, après le premier paragraphe, le vœu suivant :

« Droit d'entrée sur les soies avec prime d'exportation à la sortie. »

---

87. — *Réponse de M. Eugène Raspail.*

Gigondas, le 25 mai 1879.

1° *La division de la propriété.*

Aucun changement notable ne s'est manifesté dans l'état de la propriété rurale depuis dix années, c'est-à-dire depuis que la crise agricole sévit dans notre département et continue à déprécier, dans une trop large mesure, la valeur de cette propriété.

Pendant le demi-siècle qui a précédé cette désastreuse période, la valeur du sol avait suivi une remarquable et rapide progression, à cause de la facilité avec laquelle le petit cultivateur, devenu acquéreur, parvenait à se libérer, à bref délai, à l'aide de la culture de la Garance et de celle de la Vigne.

Cette division de la propriété avait contribué à créer une situation des plus prospères, en transformant le simple manouvrier en petit propriétaire, désormais attaché invariablement au sol et offrant ses bras à la grande et moyenne propriété pendant une grande partie de l'année.

Il en est tout autrement aujourd'hui. Les ventes ont subi un temps d'arrêt considérable, ainsi qu'il est facile de le constater par le relevé des actes d'acquisition soumis à l'enregistrement.

Les travaux des champs sont ralentis ou suspendus, la terre reste improductive, et l'émigration des ouvriers augmente constamment. Ce fâcheux état de choses ne prendra fin que le jour où la création des canaux, la reconstitution du vignoble et l'introduction de nouvelles cultures plus rémunératrices amélioreront la situation du propriétaire et, par suite, celle des ouvriers ruraux.

On ne peut, en outre, se dissimuler qu'une autre cause plus générale, et dont l'action devient de plus en plus manifeste, contribue à mettre obstacle à la division de la propriété et au goût du travail des champs.

L'accroissement inouï de la fortune mobilière a opéré une révolution dans les habitudes des diverses classes rurales à tous les degrés et a singulièrement amorti cette fièvre des acquisitions foncières qui avait été de tout temps la passion dominante du cultivateur. Il n'en saurait être autrement. Quel contraste, en effet, entre la sécurité des revenus mobiliers régulièrement servis et les chances aléatoires des produits si laborieusement obtenus, lorsqu'ils ont pu toutefois échapper aux intempéries? Dans notre département, cette attraction des placements financiers, jointe à la crise agricole, a, plus que dans tout autre, amené l'abandon et, par suite, la dépréciation de la propriété rurale.

Peut-être le remède se trouvera-t-il plus tard, à côté du mal. Car il ne serait pas impossible que l'abaissement continu de l'intérêt de capitaux de plus en plus abondants ne provoquât un heureux retour vers les acquisitions immobilières.

2° La production des céréales.

La culture des céréales était primée, il y a quelques an-

nées, par celles de la Garance, de la Vigne, du Mûrier et
de l'Olivier, qui résistaient beaucoup mieux à la sécheresse du sol et dont, en outre, les produits étaient beaucoup
plus rémunérateurs.

Après la ruine et l'abandon de ces plantes industrielles,
force a été de donner un plus grand développement aux
céréales, sans que la situation du cultivateur se soit améliorée ; car, outre les conditions météorologiques défavorables, il a vu les prix des céréales amoindris par l'importation des Blés étrangers.

Bien que la redoutable question de l'alimentation publique ne permette pas de porter un obstacle à cette importation, il faut bien reconnaître que les doléances de
l'agriculture ne sont que trop justifiées, lorsqu'elle se plaint
d'avoir à soutenir une lutte que l'aggravation des charges
foncières en France rend si inégale.

**3• *L'élevage, l'engraissement et les produits divers des animaux
domestiques.***

L'élevage et l'engraissement des animaux domestiques
n'ont occupé qu'un rang secondaire dans notre département, malgré les moyens d'irrigation fournis par la célèbre
fontaine de Vaucluse et par la création de divers canaux.

La production fourragère est certainement en voie de
progrès, mais elle reste encore bien inférieure à celle de
beaucoup d'autres régions de la France. Aussi y compte-t-on
fort peu de bovidés. La grande étendue de montagnes dans
la partie septentrionale et de *garrigues* sur les autres points,
permettait d'élever un nombre assez considérable d'animaux appartenant aux races ovines, sans pouvoir néanmoins
les pousser à un état d'engraissement suffisant. Il était facile de constater une augmentation sensible dans l'élevage
du petit bétail, depuis surtout la ruine du vignoble vauclusien, qui avait laissé beaucoup de terres en friche. Malheureusement, depuis deux années, le prix des bêtes à
laine s'est tellement abaissé, par suite de l'introduction, à

l'est, des moutons de l'Allemagne et de la Russie, au midi des moutons algériens, que la plupart des éleveurs commencent à se décourager et à réduire leur cheptel.

4° *La production des plantes industrielles.*

Ainsi que nous l'avons déjà dit, cette production est gravement atteinte, sinon ruinée.

Des essais se font avec quelque succès pour la reconstitution du sol du vignoble vauclusien, soit par le système de la submersion, soit par l'adoption des cépages américains. Ce dernier mode, qui peut être appliqué sur une beauconp plus grande échelle, trouve un obstacle dans la cherté des plants américains. L'État aurait le plus grand intérêt à en faire réduire le prix par la création de pépinières départementales ou régionales, dans lesquelles on emploierait les plus rapides moyens de multiplication.

Quant au Mûrier, dont les produits sont si aléatoires et tendent à disparaître devant l'importation des cocons et des soies de l'Orient, nous aurons cette année-ci à constater un grave insuccès dû aux intempéries des mois d'avril et de mai. Ici encore force nous est de reconnaître les avantages qu'ont sur nos éducateurs, les producteurs asiatiques soumis à une bien moindre élévation des impôts et du prix de la main-d'œuvre.

Enfin, pour l'Olivier, il y a lieu à présenter les mêmes observations. Les huiles d'Olive sont tombées aux plus bas prix, depuis l'abaissement à 3 francs du droit d'entrée qui, antérieurement, était de 50 francs par hectolitre. Aussi, dans le Var, arrache-t-on à force l'Olivier. Dans le département de Vaucluse, au contraire, les plantations de cet arbre prennent plus d'extension, parce qu'on n'a point d'autre moyen d'utiliser les terrains maigres d'où la Vigne a disparu. Mais les cultivateurs qui créent ces vergers ne se font pas illusion sur le bien maigre bénéfice qu'ils espèrent en retirer.

Cependant, il faut bien reconnaître que le Mûrier et

l'Olivier assurent du travail aux ouvriers de tout âge et de tout sexe : le premier, pendant le printemps, et le second, pendant la morte-saison de l'hiver. Aussi l'abandon de ces deux cultures serait une véritable calamité pour les populations du littoral méditerranéen, et ne ferait que précipiter leur émigration. L'établissement de droits compensateurs, du moins pour l'huile d'Olive, paraît indispensable sous peine de sacrifier une culture plusieurs fois séculaire, et offrant l'avantage de donner, pendant l'hiver, du travail aux enfants, aux femmes et aux vieillards.

Depuis quelques années, des plantations de la Ramie ont été faites sur divers points de notre région ; mais cette culture n'a pas pris encore un développement assez grand pour qu'il soit nécessaire d'en faire mention.

5° *La production forestière.*

Sur plusieurs points montagneux imprudemment dévastés depuis un siècle, l'administration poursuit avec succès des travaux qui, indépendamment de leur utilité au point de vue du régime des eaux et de la production du bois, auront un autre avantage non moins important ; je veux parler de la culture de la Truffe. C'est même dans le but d'obtenir ce précieux cryptogame, que plusieurs particuliers, dans les arrondissements d'Apt et de Carpentras, sont entrés dans la voie de plantations de Chêne blanc et de Chêne yeuse. D'après les résultats satisfaisants déjà obtenus, on peut affirmer que la création de truffières sera, sans contredit, la principale cause de nombreuses tentatives de reboisement qui s'exécutent ou qui sont à la veille d'être exécutés autour du massif du mont Ventoux.

6° *Les industries agricoles.*

Les industries fonctionnent en petit nombre, surtout celles des usines de Garance ou de Garancine, presque toutes en chômage.

Plusieurs filatures de cocons et moulinages restent fermées à cause des perturbations que subit l'industrie de la soie.

On ne pourrait guère citer dans le département de Vaucluse de grandes magnaneries construites d'après les systèmes de Robinet, de Darcet, etc. Il est généralement reconnu que les grands établissements, même avec les meilleurs moyens d'aération et de ventilation indiqués par la science, offrent peu d'avantages, les grandes agglomérations de chenilles produisant des cas plus nombreux de flacherie.

Les succès sont plus facilement obtenus avec la dissémination des éducations, et leur réduction à de moindres proportions, même dans des locaux qui paraissent défectueux.

Les huileries consacrées à la fabrication des huiles d'Olive et à celles des ressences, travaillent pendant deux ou trois mois de l'hiver.

En fait d'autres industries agricoles, nous ne connaissons qu'une féculerie à Sorgues, une amidonnerie à Bédarrides et une fabrique à broyer la Ramie près du Pontet.

7° *L'outillage agricole.*

La main-d'œuvre à bras est la plus usitée dans notre département, et il n'en saurait être autrement à cause de la division de la propriété. Les machines perfectionnées ne sont employées (et encore en petit nombre) que dans quelques grandes exploitations. L'usage ne s'est pas encore répandu de transporter les instruments d'un rapide travail d'une ferme à l'autre. Il est vrai qu'un climat habituellement sec n'exige pas une très-grande célérité dans la rentrée des récoltes. Diverses opérations, en suivant les anciens usages, prennent un peu plus de temps, mais se font avec une extrême économie. Je citerai entr'autres le dépiquage au rouleau, qui offre l'avantage de mieux diviser la paille. L'institution des concours généraux contribuera à la dissémination et à la vulgarisation d'instruments si utiles, et que le manque de bras rendra indispensables sous peu de temps. Elle a du reste contribué, depuis plusieurs années, à substituer à l'usage de l'ancien araire et autres instruments défectueux, l'emploi des charrues Dombasle, des houes et des extirpateurs à cheval.

Dans une région soumise à des sécheresses persistantes, le drainage est une opération dont l'utilité se fait peu sentir. Par contre, nos cultivateurs réclament à grands cris l'exécution de canaux d'irrigation et surtout de celui du Rhône, connu sous le nom de canal Dumont, appelé à rendre de si grands services, non-seulement à des contrées si malheureuses, mais encore à la fortune publique.

8° L'emploi des engrais commerciaux et du fumier.

Le fumier de ferme est peu abondant dans un département où l'élevage et l'engraissement des animaux domestiques se trouvent fort réduits. Dans le voisinage des montagnes, on supplée à cette insuffisance par l'emploi des feuilles sèches, du buis et d'autres débris d'essences résineuses. On faisait également un usage immodéré et exclusif des tourteaux, dont l'élément principal était l'azote. On s'est ravisé, et on emploie simultanément les tourteaux avec les superphosphates, afin d'avoir un engrais plus complet.

La découverte toute récente de nodules phosphatés dans le département de Vaucluse mettra ce dernier engrais à la portée des cultivateurs.

9° Le nombre des bras employés à l'agriculture.

Ainsi que nous l'avons déjà fait observer, le nombre des bras a subi une grande diminution, surtout dans les contrées exclusivement viticoles. Ainsi, la commune de Sainte-Cécile a perdu le tiers de sa population.

L'émigration dans les autres localités est loin, il faut le reconnaître, d'atteindre cette proportion.

Le prix de la main-d'œuvre qui, dès le début de la crise agricole, avait fléchi, tend à se relever à cause de la rareté des bras produite par cette exode.

Dans les localités les plus maltraitées, le prix de la journée varie pour les hommes de 1 fr. 50 à 2 fr. 50 ; et, pour les femmes, de 1 franc à 1 fr. 50 sans nourriture. Dans les communes les plus favorisées, la moyenne du prix de la journée des ouvriers et des ouvrières des champs subit une augmentation de 50 centimes à 75 centimes. Le prix des travaux à la tâche n'a pas éprouvé de variations.

Le sciage du Blé avec la faucille et le liage des gerbes se paient 26 francs par hectare.

Le fauchage du Blé et le liage se paient 14 francs l'hectare.

Le fauchage des prairies naturelles se paie également au dernier prix.

10° *Les impôts fonciers.*

Les malheurs qui ont accablé la France ne permettent pas l'exonération des impôts fonciers; mais, néanmoins, ne devrait-on pas dégrever les propriétés atteintes par de redoutables fléaux ? N'est-il pas souverainement injuste, par exemple, que le propriétaire d'un vignoble détruit et en grande partie resté en friche, soit contraint de payer les mêmes impôts qu'il payait lorsque son vignoble était en pleine prospérité ?

L'Etat ne devrait-il pas, afin d'encourager la reconstitution des vignobles perdus, dégrever les nouvelles plantations pendant un délai déterminé ?

11° *La viabilité, les transports, les débouchés.*

L'état de la vicinalité, celui surtout des chemins ruraux, laisse à désirer. Le Conseil général de Vaucluse vient de contracter un emprunt de 1,500,000 francs pour compléter le réseau de la grande et petite vicinalité. Il est probable que peu d'années suffiront pour améliorer la viabilité dans notre département.

Les agriculteurs ont applaudi aux projets présentés au Parlement par M. de Freycinet. Leur accomplissement ne peut que faciliter les transports de leurs produits et leur ouvrir de nouveaux débouchés ; mais, avant tout, il faut des produits, et on les obtiendra par l'exécution du canal d'irrigation du Rhône, qui, seul, peut changer le régime économique de l'industrie agricole de Vaucluse.

En terminant, je crois exprimer quelques *desiderata*, en vue des articles 6 et 7 de la lettre adressée par M. le Ministre de l'agriculture à la Société nationale d'agriculture :

1° Création du canal Dumont ;

2° Obligation pour les syndicats des canaux d'irrigation de fournir, à des prix modérés, l'eau aux Vignes submersibles (dans les mois de septembre, d'octobre et de novembre).

3° Allocations de l'Etat en faveur de pépinières départementales et régionales de plants américains reconnus les plus résistants ;

4° Dégrèvement temporaire des impôts sur les jeunes vignobles américains et sur les Vignes indigènes soumises à la submersion ;

5° Réciprocité absolue dans les traités de commerce pour les vins et les eaux-de-vie ;

6° Droits compensateurs sur les huiles d'Olive exotiques ;

7° Facilité pour les échanges de parcelles et leur agglomération, suivant le système de consolidation appliqué en Allemagne, etc. ;

8° Simplification de la procédure civile et diminution des frais de justice ;

9° Diminution des impôts fonciers, des droits de mutation dans les successions, surtout pour les propriétés grevées de dettes ;

10° Réformes fiscales, surtout pour les contributions indirectes, auxquelles on substituerait un droit sur les transactions de bourse à terme ;

11° Organisation d'un service médical gratuit et de l'assistance publique dans les communes rurales, pour les infirmes et les invalides du travail des champs ;

12° Instruction primaire mieux appropriée à l'intelligence, à l'avenir des jeunes élèves, fils de cultivateurs, et de nature à leur inspirer le goût des travaux et de la vie agricoles.

APPENDICE.

La Note suivante a été envoyée à la Société lorsque le volume était en cours d'impression, et trop tardivement pour occuper sa place dans la classification adoptée.

DÉPARTEMENT DE L'OISE.

88. — *Réponse de M. Louis Gossin.*

Beauvais, 8 novembre 1879.

Le 20 juin dernier, à une époque où l'état de ma santé ne me permettait aucun travail, j'ai reçu, de la Société nationale d'agriculture, une circulaire qui me rappelait les questions adressées par M. le Ministre de l'agriculture, à cette Société, sur les modifications que l'agriculture française a subies depuis six années.

Pour donner le plus de valeur possible à ma réponse, je dois faire remarquer que je suis cultivateur depuis 1833. Jusqu'à 1848 j'ai cultivé à la Tour-Andry (Ardennes), une terre que M. Charles Gossin, mon frère, exploite encore.

Devenu, dans le département de l'Oise, professeur d'agriculture, il m'a fallu, en 1855, reprendre l'agriculture pratique en Lorraine sur une terre de 90 hectares, *la Fonderie*, où, lors du choléra, ce fléau avait sévi d'une manière effrayante. Cinq personnes y étaient mortes et tous les travaux y avaient été presque abandonnés.

Je repris cette terre, voisine de Varennes, en Argonne, et aidé d'un contre-maître belge, je parvins à la rétablir en sept ans, au point qu'il fallut doubler les bâtiments pour pouvoir mettre à couvert les récoltes et le bétail.

Alors la Fonderie fut affermée de nouveau ; les locataires étaient belges et leurs méthodes de culture étaient assez bonnes. Malheureusement, certains défauts graves, surtout les goûts frivoles de la mère de famille, troublaient tout. Lors de la guerre de 1870, ils s'enfuirent pendant la nuit et je me vis encore dans la nécessité de cultiver ma terre.

Dans cette nouvelle entreprise, j'ai établi plusieurs locations de champs et de prés ; de plus, j'ai organisé un métayage, planté des bois et établi des herbages. Mon exploitation marche bien et j'en attends de bons résultats.

En résumé, tout en étant professeur d'agriculture dans le département de l'Oise depuis 1848, je n'ai pas cessé d'exercer l'agriculture pratique dans les Ardennes et dans la Meuse.

Les impressions que je donne actuellement se rapportent donc, non-seulement à la Picardie, mais aussi à la Lorraine et à la Champagne.

1° *Division de la propriété.*

En 1833, lorsque mon père, mon frère et moi, nous commençâmes à cultiver dans les Ardennes, la propriété foncière nous parut généralement très-divisée.

Dans chaque village, on apercevait beaucoup de petits cultivateurs vivant du travail de une ou deux charrues. Ces petites exploitations étaient elles-mêmes morcelées en un grand nombre de champs.

La terre de la Tour-Andry sur laquelle nous allions opérer, était composée d'environ 115 hectares présentant plusieurs enclaves.

Nous corrigeâmes ce défaut, ce qui rendit pour nous la culture et le pâturage beaucoup plus faciles que par le passé.

La Fonderie, cette ferme de la Meuse où j'opérai en second lieu, comptait, au début, 90 hectares de terres et de prés morcelés en 65 parcelles.

Aujourd'hui, grâce à beaucoup d'achats et d'échanges, les 90 hectares sont d'un seul tenant.

Ainsi, nos opérations agricoles, celles de mon frère et les miennes, ont commencé par la réunion complète d'une foule de champs morcelés.

Autour de nous, rien de semblable ne s'est fait. Les territoires communaux sont restés morcelés en petits champs dont la plupart sont d'une étendue de moins d'un demi-hectare. Aussi, les systèmes de culture n'ont pas été modifiés. On n'a pas créé d'herbages ; des troupeaux sont restés soumis au régime de vaine pâture.

2° Production des céréales.

Il faut convenir cependant que, la classe agricole étant devenue plus nombreuse et plus laborieuse à partir de 1820, les terres ont été généralement mieux cultivées que par le passé ; que les prairies artificielles, Trèfle, Luzerne, Sainfoin, ont gagné du terrain ; d'où il suit que les jachères (qui, dans l'assolement triennal, précèdent le Blé) ont été généralement mieux cultivées et mieux fumées qu'autrefois.

Par suite, la production des céréales est devenue plus abondante.

Dans les pays naturellement pauvres, tels que la Champagne et les Ardennes, le Blé a remplacé le Seigle sur de grands espaces. Ainsi la France a produit beaucoup plus de Froment qu'elle n'en donnait avant ce progrès.

Supposé qu'en 1820 la France rendît en moyenne 75 millions d'hectolitres de Blé, nous pensons que, vers 1860, cette récolte moyenne en Froment a souvent dépassé 100 millions d'hectolitres.

Depuis six ans, par suite d'accidents atmosphériques, nous avons souffert de plusieurs rendements faibles par rapport aux céréales. Les deux dernières récoltes surtout ont été mauvaises en quantité et en qualité.

3° *Élevage, engraissement et produits divers des animaux domestiques.*

De **1820** à **1860**, la production du gros bétail a notablement gagné en Champagne, en Lorraine et en Picardie. En même temps que le cultivateur produisait plus de bétail, il vendait plus cher la plupart des denrées animales, telles que viande, laitage, beurre, volailles.

La laine seule a subi une forte dépréciation résultant des immenses introductions de laines étrangères. Les troupeaux mérinos ont alors fortement baissé de valeur.

Depuis **1861**, cette baisse des laines s'est encore accentuée. Il est visible aux yeux de tous qu'elle a déterminé une diminution constante des troupeaux d'espèce ovine.

Cependant, il faut convenir que généralement ces troupeaux ont gagné en qualité comme producteurs de viande de boucherie.

Les croisements anglais sont pour beaucoup dans cette amélioration.

En ce qui concerne le gros bétail, nous maintenons que la production s'en est fortement accrue de **1820** à **1860** ; la viande, le laitage, le beurre ont alors doublé de prix.

Ces cours élevés se soutiennent, et la production du bœuf, du cheval, des laitages, augmentera encore, malgré les craintes sérieuses que l'on commence à avoir sur les introductions de bœufs, de vaches et de chevaux américains ou africains.

L'élève et l'engraissement de l'espèce porcine avaient prospéré assez régulièrement de **1820** à **1860**.

Depuis **1870**, cet état de choses est complétement changé à cause des importations énormes de lard envoyé par l'Amérique. Les jeunes porcelets, ainsi que les porcs engraissés, se vendent maintenant à vil prix.

Enquête.　　　　　　　　　　　　　　· 37

Le prix des volailles n'a pas cessé de s'accroître. Il dépasse actuellement les cours de **1860**.

5° *Production forestière.*

Le progrès industriel et le défrichement de beaucoup de bois, ces deux causes réunies ont produit, de **1840** à **1860**, une hausse très-prononcée dans le prix des productions forestières.

Depuis quelques années, certains de ces produits, notamment les écorces, ont baissé à cause de la concurrence étrangère.

6° *Industries agricoles.*

La distillerie des betteraves a baissé dans ces derniers temps par suite de la concurrence étrangère, comme aussi par suite de la distillation des mélasses.

La sucrerie, à son tour, est en grande souffrance par l'effet d'intempéries graves qui ont nui depuis deux ans à la bonne production des Betteraves. Il en est de même de la féculerie. La fromagerie, elle, est en progrès.

7° *Outillage agricole.*

L'outillage agricole s'est beaucoup amélioré depuis 30 ans. Le progrès de ce côté-là n'est pas arrêté.

Pour le drainage, les irrigations et autres améliorations foncières, il n'y a pas de progrès.

8° *Engrais commerciaux.*

L'usage des engrais commerciaux avait beaucoup progressé de **1850** à **1870**.

On remarque aujourd'hui un fort ralentissement.

Les fumiers ne sont guère mieux traités qu'autrefois.

Les marnages continuent en Picardie comme par le passé. En Lorraine et dans les Ardennes, ils ne s'éablissent pas.

9° *Main-d'œuvre agricole.*

La population ouvrière des villages a baissé et elle baisse encore. Aussi, la main-d'œuvre agricole est toujours rare et chère. En ce moment, il y aurait, toutefois, tendance à une certaine baisse provoquée par la pénurie des subsistances.

10° *Impôts fonciers.*

L'impôt foncier s'aggrave constamment par des centimes additionnels. Il y a de ce côté-là une charge très-lourde pour l'agriculture.

La loi de 1875, en supprimant la réduction du droit d'enregistrement sur les échanges, a aggravé encore les charges de l'agriculture progressive.

11° *Viabilité, transport, débouché.*

Sous le rapport des débouchés, la Lorraine et la Picardie sont infiniment mieux qu'il y a 40 ans.

Toutefois, les transports par petite vitesse coûtent trop cher sur les voies ferrées. Il y aurait beaucoup à perfectionner de ce côté-là.

En terminant ce court exposé, disons que ces deux années d'intempéries pluvieuses ont singulièrement aggravé les souffrances générales de l'agriculture.

Ces souffrances ne peuvent trop attirer l'attention publique ; car *quand l'agriculture souffre, tout souffre.*

Le signe le plus évident de la baisse agricole actuelle, c'est la forte diminution vénale et locative que subit en ce moment la propriété foncière.

Cette baisse est d'un quart, d'un tiers, de moitié.

AVIS.

———

10 novembre 1879.

Aux termes de l'art. 9 du décret du **23** août **1878**, les correspondants de la Société nationale d'agriculture n'ont que voix consultative.

Leurs opinions n'engagent pas la Société.

Mais il sera fait un résumé des réponses qu'ils ont données aux diverses questions qui leur ont été posées.

Ce résumé paraîtra, s'il y a lieu, dans un second volume, avec les discussions qui se produiront dans le sein de la Société.

Le Secrétaire perpétuel,

J.-A. BARRAL.

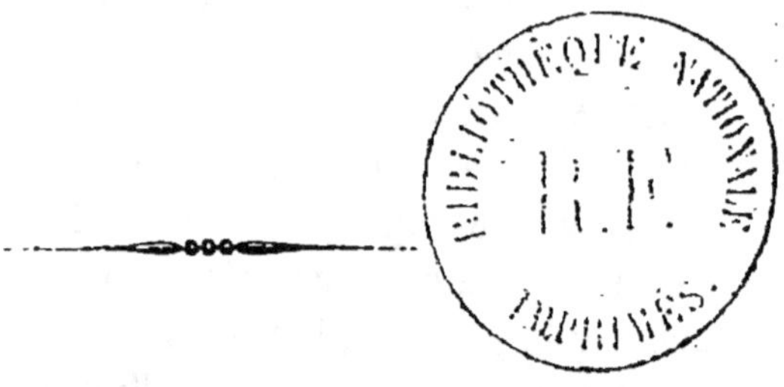

TABLE DES MATIÈRES.

RÉPONSES DES CORRESPONDANTS.

1re Région. — Nord-Ouest.

2e Région. — Ouest.

3e Région. — Nord.

FIN DE LA TABLE DES MATIÈRES.

PARIS. — IMPRIMERIE DE Mᵐᵉ Vᵉ BOUCHARD-HUZARD, RUE DE L'ÉPERON, 5;
JULES TREMBLAY, GENDRE ET SUCCESSEUR.

www.ingramcontent.com/pod-product-compliance
Lightning Source LLC
LaVergne TN
LVHW020127030726
842520LV00001B/68